U0157593

建筑与市政工程施工现场专业人员职业标准培训教材

材料员岗位知识与专业技能

（第三版）

中国建设教育协会　组织编写

魏鸿汉　主　编

中国建筑工业出版社

图书在版编目（CIP）数据

材料员岗位知识与专业技能 / 中国建设教育协会组织编写；魏鸿汉主编. — 3 版. — 北京：中国建筑工业出版社，2023.3（2024.11重印）
建筑与市政工程施工现场专业人员职业标准培训教材
ISBN 978-7-112-28412-2

Ⅰ. ①材… Ⅱ. ①中… ②魏… Ⅲ. ①建筑材料－职业培训－教材 Ⅳ. ①TU5

中国国家版本馆 CIP 数据核字（2023）第 033279 号

本书根据《建筑与市政工程施工现场专业人员职业标准》JGJ/T 250—2011 及与其配套的考核评价大纲的材料员岗位知识和专业技能两部分要求编写。

本书共 11 章，内容包括材料管理相关的法规和标准，市场的调查与分析，招标投标与合同管理，材料、设备配置的计划，材料、设备的采购，建筑材料、设备的进场验收与符合性判断，材料的仓储、保管与供应，材料、设备的成本核算，现场危险物品及施工余料、废弃物的管理，现场材料的计算机管理，施工材料、设备的资料管理和统计台账的编制、收集。根据建筑与市政工程专业的不同要求，使用时可选择相关内容进行组合。

本书形式新颖、深度适中、针对性强，培训、实操双适用，既是各地材料员岗位培训考核的指导用书，也可供施工项目现场材料管理人员的实用工具书以及各类院校相关专业师生参考使用。

责任编辑：赵云波　李　杰　李　明
责任校对：李辰馨

建筑与市政工程施工现场专业人员职业标准培训教材

材料员岗位知识与专业技能

（第三版）

中国建设教育协会　组织编写

魏鸿汉　主　编

*

中国建筑工业出版社出版、发行（北京海淀三里河路9号）

各地新华书店、建筑书店经销

北京红光制版公司制版

建工社（河北）印刷有限公司印刷

*

开本：787毫米×1092毫米　1/16　印张：22¾　字数：563千字

2023年3月第三版　　2024年11月第四次印刷

定价：**59.00**元

ISBN 978-7-112-28412-2

（40636）

建筑与市政工程施工现场专业人员职业标准培训教材

编 审 委 员 会

　　建筑与市政工程施工现场专业人员队伍素质是影响工程质量和安全生产的关键因素。我国从 20 世纪 80 年代开始，在建设行业开展关键岗位培训考核和持证上岗工作，对于提高建设行业从业人员的素质起到了积极的作用。进入 21 世纪，在改革行政审批制度和转变政府职能的背景下，建设行业教育主管部门转变行业人才工作思路，积极规划和组织职业标准的研发。在住房和城乡建设部人事司的主持下，由中国建设教育协会、苏州二建建筑集团有限公司等单位主编了建设行业的第一部职业标准——《建筑与市政工程施工现场专业人员职业标准》，已由住房和城乡建设部发布，作为行业标准于 2012 年 1 月 1 日起实施。为推动该标准的贯彻落实，进一步编写了配套的 14 个考核评价大纲。

　　该职业标准及考核评价大纲有以下特点：（1）系统分析各类建筑施工企业现场专业人员岗位设置情况，总结归纳了 8 个岗位专业人员核心工作职责，这些职业分类和岗位职责具有普遍性、通用性。（2）突出职业能力本位原则，工作岗位职责与专业技能相互对应，通过技能训练能够提高专业人员的岗位履职能力。（3）注重专业知识的完整性、系统性，基本覆盖各岗位专业人员的知识要求，通用知识具有各岗位的一致性，基础知识、岗位知识能够体现本岗位的知识结构要求。（4）适应行业发展和行业管理的现实需要，岗位设置、专业技能和专业知识要求具有一定的前瞻性、引导性，能够满足专业人员提高综合素质和适应岗位变化的需要。

　　为落实职业标准，规范建设行业现场专业人员岗位培训工作，我们依据与职业标准相配套的考核评价大纲，组织编写了《建筑与市政工程施工现场专业人员职业标准培训教材》。

　　本套教材覆盖《建筑与市政工程施工现场专业人员职业标准》涉及的施工员、质量员、安全员、标准员、材料员、机械员、劳务员、资料员 8 个岗位 14 个考核评价大纲。每个岗位、专业，根据其职业工作的需要，注意精选教学内容、优化知识结构、突出能力要求，对知识、技能经过合理归纳，编写为《通用与基础知识》和《岗位知识与专业技能》两本，供培训配套使用。本套教材共 28 本，作者基本都参与了《建筑与市政工程施工现场专业人员职业标准》的编写，使本套教材的内容能充分体现《建筑与市政工程施工现场专业人员职业标准》，促进现场专业人员专业学习和能力提高的要求。

　　第三版教材在上版教材的基础上，依据《建筑与市政工程施工现场专业人员考核评价大纲》，总结使用过程中发现的不足之处，参照最新法律法规及现行标准规范，结合"四新"内容对教材内容进行了调整、修改、补充，使之更加贴近学员需求，方便学员顺利通过培训测试。

　　我们的编写工作难免存在不足，因此，我们恳请使用本套教材的培训机构、教师和广大学员多提宝贵意见，以便进一步的修订，使其不断完善。

建筑与市政工程施工现场专业人员职业标准培训教材编审委员会

本书根据住房和城乡建设部颁布的《建筑与市政工程施工现场专业人员职业标准》JGJ/T 250—2011 及与其配套的考核评价大纲的材料员岗位知识和专业技能两部分要求，由中国建设教育协会组织编写。本书自 2013 年第一版出版后，在全国各地建设系统的施工现场专业人员培训测试中广泛使用。为及时反映相应新标准和新规范的更新，配合全国住房和城乡建设领域专业人员统一的考核评价题库的启用，在第一版、第二版的基础上进行了全面修订，推出本书的第三版供全国各地培训使用。

本书仍采取岗位知识和专业技能合一组合内容的编写方法，部分内容在相关章节后的"示例、实务与案例"中以实务、示例或案例的形式呈示，本书的内容包括材料管理相关的法规和标准，市场的调查与分析，招标投标与合同管理，材料、设备配置的计划，材料、设备的采购，建筑材料、设备的进场验收与符合性判断，材料的仓储、保管与供应，材料、设备的成本核算，现场危险物品及施工余料、废弃物的管理，现场材料的计算机管理，施工材料、设备的资料管理和统计台账的编制、收集等十一章。根据建筑与市政工程专业的不同要求，使用中可选择相关内容进行组合。本书以建筑与市政工程施工项目现场材料管理为主线，同时提供了较充分的示例、实务、案例以及现场管理所必需的常用材料的技术信息，使本书除培训用外，还可作为一本便捷实用的现场材料管理的工作手册。力图使本书达到形式新颖、深度适中、针对性强、培训、实操双适用的编写目标。

参加本书编写的有中国建设教育协会专家委员会魏鸿汉，包头铁道职业技术学院闫宏生、常州大学王伯林、天津建工集团三建建筑工程有限公司高国强、徐州建筑职业技术学院林丽娟、四川建筑职业技术学院杨魁、内蒙古建筑职业技术学院李晓芳、广东建设职业技术学院肖利才。本书由魏鸿汉教授任主编，天津建材协会副秘书长薛国威高级工程师任主审。

天津建设教育培训中心、天津三建建筑工程有限公司、中建三局建设工程股份有限公司（北京）物资部、中建六局北方公司等单位对编写工作提供了积极支持。本书在编写中引用最新的国家技术标准，同时也参考一定的相关资料，在此谨向有关作者致以衷心感谢。

同时，感谢住房和城乡建设部人事司、中国建设教育协会、中国建筑工业出版社对本书编写、出版工作给予的指导和支持。

推行施工现场专业人员职业标准和考核评价机制，对加强建设工程项目管理、提高施工现场专业人员素质、规范施工管理行为、保证施工项目的质量和安全具有重要的意义，同时也必将推进各施工企业和一线的技术管理人员在实践中的管理创新。诚挚希望本书的读者和各地培训单位在使用中提出宝贵意见，以便及时予以修订。

　　本书根据住房和城乡建设部颁布的《建筑与市政工程施工现场专业人员职业标准》JGJ/T 205—2011 及与其配套的考核评价大纲的材料员岗位知识和专业技能两部分要求，由建筑与市政工程施工现场专业人员职业标准培训教材编审委员会、中国建设教育协会组织编写。本书自 2013 年第一版出版后，在全国各地建设系统的施工现场专业人员考核培训中广泛使用。为及时反映相应新标准和新规范的更新，配合全国住房和城乡建设领域专业人员统一的考核评价题库的启用，在第一版的基础上进行了全面修订，推出本书的第二版供全国各地培训使用。

　　本书仍采取岗位知识和专业技能合一组合内容的编写方法，部分内容在相关章节后的"示例、实务与案例"中以实务、示例或案例的形式呈示。

　　本书的内容包括材料管理相关的法规和标准，市场调查分析的内容和方法，招投标与合同管理，材料、设备配置的计划，材料、设备的采购，建筑材料、设备的进场验收与符合性判断，材料的仓储、保管与供应，材料、设备的成本核算，现场危险物品及施工余料、废弃物的管理，现场材料的计算机管理，施工材料、设备的资料管理和统计台账的编制、收集等十一章。根据建筑与市政工程专业的不同要求，使用中可选择相关内容进行组合。本书以建筑与市政工程施工项目现场材料管理为主线，同时提供了较充分的示例、实务、案例以及现场管理所必需的常用材料的技术信息，使本书除培训用外，还可作为一本便捷实用的现场材料管理的工作手册。力图使本书达到形式新颖，深度适中，针对性强，培训、实操双适用的目标。

　　参加本书编写的有中国建设教育协会专家委员会魏鸿汉，包头铁道职业技术学院闫宏生、常州大学王伯林、天津建工集团三建建筑工程有限公司高国强、徐州建筑职业技术学院林丽娟、四川建筑职业技术学院杨魁、内蒙古建筑职业技术学院李晓芳、广东建设职业技术学院肖利才。本书由魏鸿汉教授任主编，天津建材协会副秘书长薛国威高级工程师任主审。

　　天津建设教育培训中心、天津建工集团三建建筑工程有限公司、中建三局建设工程股份有限公司（北京）物资部、中建六局北方公司等单位对编写工作提供了积极支持。本书在编写中引用最新的国家技术标准，同时也参考一定的相关资料，在此谨向有关作者致以衷心感谢。

　　同时，感谢住房和城乡建设部人事司、中国建设教育协会、中国建筑工业出版社对编写、出版工作给予的指导和支持。

　　推行施工现场专业人员职业标准和考核评价机制，对加强建设工程项目管理、提高施工现场专业人员素质、规范施工管理行为，保证施工项目的质量和安全具有重要的意义，同时也必将推进各施工企业和一线的技术管理人员在实践中的管理创新。诚挚希望本书的读者和各地培训单位在使用中提出宝贵意见，以便及时予以修订。

本书根据《建筑与市政工程施工现场专业人员职业标准》（JGJ/T 250—2011）及与其配套的考核评价大纲的材料员岗位知识和专业技能两部分要求编写。

本书采取岗位知识和专业技能合一组合内容的编写方法，专业技能的内容主要在相关章节和各章节后"示例、实务与案例"中以实务、示例或案例的形式呈现。

本书的内容包括材料管理相关的法规和标准；市场的调查与分析；招投标与合同；材料、设备配置的计划；材料、设备的采购；材料的验收与复验；材料的仓储、保管与供应；材料的核算；危险物品及施工余料、废弃物的管理；现场材料的计算机管理等。根据建筑与市政工程专业的不同要求，具体使用中可选择相关内容进行组合。

本书以建筑与市政工程施工项目现场材料管理为主线，同时提供了较充分的示例、实务、案例以及现场管理所必需的常用材料的技术信息，本书除培训使用外，还可作为一本便捷实用的现场材料管理的工作手册。力图使本书达到形式新颖，深度适中，针对性强，培训、实操双适用的建设目标。

参加本书编写的有中国建设教育协会专家委员会魏鸿汉、包头铁道职业技术学院闫宏生、常州大学王伯林、天津建工集团三建建筑工程有限公司高国强、徐州建筑职业技术学院林丽娟、四川建筑职业技术学院杨魁、内蒙古建筑职业技术学院李晓芳、广东建设职业技术学院肖利才。本书由魏鸿汉教授任主编，由北京建工集团原总工程师艾永祥和天津建材业协会副秘书长薛国威高级工程师担任主审。

天津建设教育培训中心、天津建工集团三建建筑工程有限公司、中建三局建设工程股份有限公司（北京）物资部、中建六局北方公司等单位对编写工作提供了积极支持。本书在编写中引用最新的国家技术标准，同时也参考一定的相关资料，在此谨向有关作者致以衷心感谢。

同时感谢住房和城乡建设部人事司、中国建设教育协会、中国建筑工业出版社对编写、出版工作给予的指导和支持。

推行施工现场专业人员职业标准和考核评价机制，对加强建设工程项目管理、提高施工现场专业人员素质、规范施工管理行为、保证施工项目的质量和安全具有重要的意义，同时也必将推进各施工企业和一线的技术管理人员在实践中的管理创新。诚挚希望本书的读者和各地培训单位在使用中提出宝贵意见，以便及时予以修订。

目　录

一、材料管理相关的法规和标准

（一）材料管理的相关法规

1. 建设工程项目材料管理的相关规定

（1）《中华人民共和国建筑法》

1）第二十五条

按照合同约定，建筑材料、建筑构配件和设备由工程承包单位采购的，发包单位不得指定承包单位购入用于工程的建筑材料、建筑构配件和设备或者指定生产厂、供应商。

2）第三十四条

工程监理单位应当在其资质等级许可的监理范围内，承担工程监理业务。

工程监理单位应当根据建设单位的委托，客观、公正地执行监理任务。

工程监理单位与被监理工程的承包单位以及建筑材料、建筑构配件和设备供应单位不得有隶属关系或者其他利害关系。

工程监理单位不得转让工程监理业务。

3）第五十七条

建筑设计单位对设计文件选用的建筑材料、建筑构配件和设备，不得指定生产厂、供应商。

（2）建筑工程质量管理条例

1）第八条

建设单位应当依法对工程建设项目的勘察、设计、施工、监理以及与工程建设有关的重要设备、材料等的采购进行招标。

2）第三十五条

工程监理单位与被监理工程的施工承包单位以及建筑材料、建筑构配件和设备供应单位有隶属关系或者其他利害关系的，不得承担该项建设工程的监理业务。

3）第五十一条

供水、供电、供气、公安消防等部门或者单位不得明示或者暗示建设单位、施工单位购买其指定的生产供应单位的建筑材料、建筑构配件和设备。

2. 确保材料质量的相关规定

（1）建筑法

1）第五十六条

建筑工程的勘察、设计单位必须对其勘察、设计的质量负责。勘察、设计文件应当符合有关法律、行政法规的规定和建筑工程质量、安全标准、建筑工程勘察、设计技术规范以及合同的约定。设计文件选用的建筑材料、建筑构配件和设备，应当注明其规格、型号、性能等技术指标，其质量要求必须符合国家规定的标准。

2）第五十九条

建筑施工企业必须按照工程设计要求、施工技术标准和合同的约定，对建筑材料、建筑构配件和设备进行检验，不合格的不得使用。

（2）产品质量法

1）第二十七条

产品或者其包装上的标识必须真实，并符合下列要求：

① 有产品质量检验合格证明；

② 有中文标明的产品名称、生产厂厂名和厂址；

③ 根据产品的特点和使用要求，需要标明产品规格、等级、所含主要成分的名称和含量的，用中文相应予以标明。需要事先让消费者知晓的，应当在外包装上标明，或者预先向消费者提供有关资料；

④ 限期使用的产品，应当在显著位置清晰地标明生产日期和安全使用期或者失效日期；

⑤ 使用不当，容易造成产品本身损坏或者可能危及人身、财产安全的产品，应当有警示标志或者中文警示说明。裸装的食品和其他根据产品的特点难以附加标识的裸装产品，可以不附加产品标识。

2）第二十九条

生产者不得生产国家明令淘汰的产品。

3）第三十三条

销售者应当建立并执行进货检查验收制度，验明产品合格证明和其他标识。

4）第三十四条

销售者应当采取措施，保持销售产品的质量。

5）第三十五条

销售者不得销售国家明令淘汰并停止销售的产品和失效、变质的产品。

（3）建筑工程质量管理条例

1）第十四条

按照合同约定，由建设单位采购建筑材料、建筑构配件和设备的，建设单位应当保证建筑材料、建筑构配件和设备符合设计文件和合同要求。

2）第二十二条

设计单位在设计文件中选用的建筑材料、建筑构配件和设备，应当注明规格、型号、性能等技术指标，其质量要求必须符合国家规定的标准。

除有特殊要求的建筑材料、专用设备、工艺生产线等外，设计单位不得指定生产厂、供应商。

3）第二十九条

施工单位必须按照工程设计要求、施工技术标准和合同约定，对建筑材料、建筑构配件、设备和商品混凝土进行检验，检验应当有书面记录和专人签字；未经检验或者检验不合格的，不得使用。

4）第三十一条

施工人员对涉及结构安全的试块、试件以及有关材料，应当在建设单位或者工程监理单位监督下现场取样，并送具有相应资质等级的质量检测单位进行检测。

5）第三十七条

工程监理单位应当选派具备相应资格的总监理工程师和监理工程师进驻施工现场。未经监理工程师签字，建筑材料、建筑构配件和设备不得在工程上使用或者安装，施工单位不得进行下一道工序的施工。未经总监理工程师签字，建设单位不拨付工程款，不进行竣工验收。

（4）实施工程建设强制性标准监督规定（2021年修订版）

1）第二条

在中华人民共和国境内从事新建、扩建、改建等工程建设活动，必须执行工程建设强制性标准。

2）第三条

本规定所称工程建设强制性标准是指直接涉及工程质量、安全、卫生及环境保护等方面的工程建设标准强制性条文。

国家工程建设标准强制性条文由国务院建设行政主管部门会同国务院有关行政主管部门确定。

3）第五条

建设工程勘察，设计文件中规定采用的新技术、新材料，可能影响建设工程质量和安全，又没有国家技术标准的，应当由国家认可的检测机构进行试验、论证，出具检测报告，并经国务院有关主管部门或者省、自治区、直辖市人民政府有关主管部门组织的建设工程技术专家委员会审定后，方可使用。

4）第十条

强制性标准监督检查的内容包括：

① 有关工程技术人员是否熟悉、掌握强制性标准；

② 工程项目的规划、勘察、设计、施工、验收等是否符合强制性标准的规定；

③ 工程项目采用的材料、设备是否符合强制性标准的规定；

④ 工程项目的安全、质量是否符合强制性标准的规定；

⑤ 工程中采用的导则、指南、手册、计算机软件的内容是否符合强制性标准的规定。

5）第十六条

建设单位有下列行为之一的，责令改正，并处以20万元以上50万元以下的罚款：

① 明示或者暗示施工单位使用不合格的建筑材料、建筑构配件和设备的；

② 明示或者暗示设计单位或者施工单位违反工程建设强制性标准，降低工程质量的。

6）第十九条

工程监理单位违反强制性标准规定，将不合格的建设工程以及建筑材料、建筑构配件和设备按照合格签字的，责令改正，处50万元以上100万元以下的罚款，降低资质等级或者吊销资质证书；有违法所得的，予以没收；造成损失的，承担连带赔偿责任。

（5）安全生产法

第二十六条

生产经营单位采用新工艺、新技术、新材料或者使用新设备，必须了解、掌握其安全技术特性，采取有效的安全防护措施，并对从业人员进行专门的安全生产教育和培训。

（二）材料的技术标准

标准一词广义上讲是指对重复事物和概念所作的统一规定，它以科学、技术和实践的综合成果为基础，经有关方面协商一致，由主管部门批准发布，作为共同遵守的准则和依据。

与工程项目材料的生产和选用有关的标准主要有产品标准和工程建设标准两类。产品标准是为保证建筑材料产品的适用性，对产品必须达到的某些或全部要求所制定的标准，其中包括：品种、规格、技术性能、试验方法、检验规则、包装、储藏、运输等内容。工程建设标准是对工程建设中的勘察、规划、设计、施工、安装、验收等需要协调统一的事项所制定的标准，其中结构设计规范、施工质量验收规范中也有与建筑材料的选用相关的内容。

现场材料验收和复验主要依据的是国内标准。它分为国家标准、行业标准两类。国家标准由各行业主管部门和国家质量监督检验防疫总局联合发布，作为国家级的标准，各有关行业都必须执行。国家标准代号由标准名称、标准发布机构的组织代号、标准号和标准颁布时间四部分组成。如《混凝土强度检验评定标准》GB/T 50107—2010 为国家推荐标准（"T"代表"推荐"），标准名称为"混凝土强度检验评定标准"、标准发布机构的组织代号为 GB（国家标准）、标准号为 50107、颁布时间为 2010 年。行业标准由各行业主管部门批准，在特定行业内执行，其分为建筑材料（JC）、建筑工程（JGJ）、石化工业（SH）、冶金工业（YB）等，其标准代号组成与国家标准相同。除此两类，国内各地方和企业还有地方标准和企业标准供使用。

我国加入 WTO 后，采用和参考国际通用标准和先进标准是加快我国建筑材料工业与世界步伐接轨的重要措施，对促进工程材料工业的科技进步，提高产品质量和标准化水平，扩大工程材料的对外贸易有着重要作用。

常用的国际标准有以下几类：美国材料与试验协会标准（ASTM）等，属于国际团体和公司标准。联邦德国工业标准（DIN）、欧洲标准（EN）等，属于区域性国家标准。国际标准化组织标准（ISO）等，属于国际性标准化组织的标准。

实务、示例与案例

［实务］ 规范标准的版本更新情况的查阅

在此实务中将应用网络进行工程材料国内技术标准版本的查阅，掌握相应的渠道和方法，能准确找到被查阅规范标准的版本更新情况，并能够保存有用的信息。

步骤 1：请选取教材中提供的 3～4 个国家标准的名称、标准号，进入当地（省级）质量技术主管部门（如天津质量技术监督信息研究所官网网站的相应查询模块，输入标准号并选择标准级别，即可获取所查寻规范标准的版本信息，以便进一步查询。版本查询一般免费。

步骤2：应用步骤1所获得的版本信息，进一步查阅全文。查阅全文可直接将已获取的版本信息［如《混凝土强度检验评定标准》GB/T 50107—2010］输入搜索门户网站，选择有下载或阅读功能的网站即可查询全文。

可将查询结果填入表1-1备用。

查询结果表 表1-1

待查询标准代号	查询网站	版本相符性	查询结论

二、市场的调查与分析

（一）市场的相关概念

1. 市场和建筑市场

（1）市场

"市场"的原始定义是指"商品交换的场所"，但随着商品交换的发展，市场突破了村镇、城市、国家，最终实现了世界贸易乃至网上交易，因而市场的广义定义是"商品交换关系的总和"。

一般说，市场是由市场主体、市场客体、市场规则、市场价格和市场机制构成的。市场有不同的分类方法，如根据市场交易场所的实体性，市场可分为有形市场和无形市场，根据供货的时限特征，市场又可分为现货市场和期货市场等。

（2）建筑市场

1）建筑市场的概念

建筑市场是建筑活动中各种交易关系的总和。这是一种广义市场的概念，既包括有形市场，如建设工程交易中心，又包括无形市场，如在交易中心之外的各种交易活动及各种关系的处理。建筑市场是一种产出市场，它是国民经济市场体系中的一个子体系。

所谓建筑活动，按《中华人民共和国建筑法》的规定，是指各类房屋建筑及其附属设施的建造和与其配套的线路、管道、设备的安装活动。

所谓交易关系，包括供求关系、竞争关系、协作关系、经济关系、服务关系、监督关系、法律关系等。

2）建筑产品的特点

在商品经济条件下，建筑企业生产的产品大多是为了交换而生产的，建筑产品是一种商品，但它是一种特殊的商品，它与其他商品不同的特点主要体现在以下几方面：

① 建筑产品的固定性及生产过程的流动性；

② 建筑产品的个体性和其生产的单件性；

③ 建筑产品的投资额大，生产周期和使用周期长，而且建筑产品工程量巨大，消耗大量的人力、物力。在较长时期内，投资可能受到物价涨落、国内国际经济形势的影响，因而投资管理非常重要；

④ 建筑产品的整体性和施工生产的专业性；

⑤ 产品交易的长期性，决定了风险高、纠纷多，应有严格的合同制度；

⑥ 产品生产的不可逆性。

2. 建筑市场的特点与构成

（1）建筑市场的特点

建筑市场的特点主要体现在以下三方面：

1）建筑产品交易一般分三次进行，即可行性研究报告阶段，业主与咨询单位之间的交易；勘察设计阶段，业主与勘察设计单位之间的交易；施工阶段，业主与施工单位之间的交易。

2）建筑产品价格是在招标投标竞争中形成的。

3）建筑市场受经济形势与经济政策影响大。

故政府在以下四方面对建筑市场进行管理，即：

1）制定建筑法律、法规、规范和标准；

2）安全和质量管理；

3）对业主、承包商、勘察设计和咨询监理等机构进行资质管理；

4）发展国际合作和开拓国际市场等。

（2）建筑市场的构成

建筑市场的构成主要包括主体、客体及建设工程交易中心。

1）建筑市场的主体

建筑市场的主体指参与建筑市场交易活动的主要各方，即业主、承包商和工程咨询服务机构、物资供应机构和银行等。

① 业主

业主指具有进行某个工程项目的需求，拥有相应的建设资金，办妥项目建设的各种准建手续，承担在建筑市场上发包项目建设的咨询、设计、施工任务，以建成该项目、达到其经营使用目的的政府部门、企事业单位和个人。

② 承包商

承包商指有一定生产能力、机械装备、技术专长、流动资金，具有承包工程建设任务的营业资质，在工程市场中能按业主方的要求，提供不同形态的建筑产品，并最终得到相应工程价款的建筑施工企业。

上述各类型的业主，只有在其从事工程项目的建设全过程中才成为建筑市场的主体，但承包商在其整个经营期间都是建筑市场的主体，因此，一般只对承包商进行从业资格管理。

承包商可按生产的主要形式、专业和承包方式进行分类。

③ 中介服务组织

中介服务组织指具有相应的专业服务能力，在建筑市场上受承包方、发包方或政府管理机构的委托，对工程建设进行估算测量、咨询代理、建设等高智能服务，并取得服务费用的咨询服务机构和其他建设专业中介服务机构。

从市场中介服务组织所承担的职能和发挥的作用看，中介组织可分为以下五类：

A. 协调和约束市场主体行为的自律性组织；

B. 为保证公平交易、公平竞争的公证机构；

C. 为监督市场活动、维护市场正常秩序的检查认证机构；

D. 为保证社会公平，建立公正的市场竞争秩序的各种公益机构；

E. 为促进市场发育、降低交易成本和提高效益服务的各种咨询、代理机构，即工程咨询服务机构。

建筑市场的各主体（业主、承包商、各类中介组织）之间的合同关系可由图2-1表示。

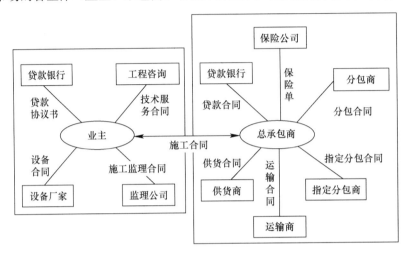

图2-1　建筑市场的各主体之间的合同关系

2）建筑市场的客体

建筑市场的客体指建筑市场的交易对象，即建筑产品，既包括有形的产品，如建筑工程、建筑材料和设备、建筑机械、建筑劳务等，也包括无形的产品，如各种咨询、监理等智力型服务。

3）建设工程交易中心

建设工程交易中心是经政府主管部门批准，为建设工程交易提供服务的有形建筑市场。实践证明，设立有形建筑市场是我国建设工程领域的一项有益尝试，从源头上预防工程建设领域腐败行为，具有重要作用。

交易中心是由建设工程招标投标管理部门或政府建设行政主管部门授权的其他机构建立的、自收自支的非营利性事业法人，它根据政府建设行政主管部门委托实施对市场主体的服务、监督和管理。

根据我国有关规定，所有建设项目的报建、招标信息发布、合同签订、施工许可证的申领、招标投标、合同签订等活动均应在建设工程交易中心进行，并接受政府有关部门的监督。建设工程交易中心应具有集中办公、信息服务、为承发包交易活动提供场所及相关服务三大功能。

根据建设部《建设工程交易中心管理办法》规定，建设工程交易中心是为政府有关部门提供办理有关手续和依法监督招标投标活动的场所，还应设有信息发布厅、开标室、洽谈室、会议室、商务中心和有关设施。

我国有关法规规定，建设工程交易中心必须经政府建设主管部门认可后才能设立，而且每个城市一般只能设立一个中心，特大城市可增设若干个分中心，但三项基本功能必须健全。

4）建筑市场的资质管理

我国《中华人民共和国建筑法》规定，对从事建筑工程的勘察设计单位、施工单位和工程咨询监理单位实行资质管理。资质管理是指对从事建设工程的单位和专业技术人员进行从业资格审查，以保证建设工程质量和安全。

① 从业单位的资质管理

A. 勘察设计单位资质管理

我国工程勘察专业分为工程地质勘察、岩土工程、水文地质勘察和工程测量 4 个专业。工程设计分为建筑工程、市政工程、建材、电力等共 28 个专业。

工程勘察设计单位参加建设工程招标投标时，所投标工程必须在其勘察设计资质证书规定的营业范围内。

B. 施工企业（承包商）的资质管理

我国施工企业可分为建筑、设备安装（共三级）、机械施工（共三级）、市政工程建设施工（共四级）和建筑装饰施工（共三级）五类。

我国建筑法明确规定，承包商资质评定的基本条件为注册资本、专业技术人员的人数和水平、技术装备和工程业绩四项内容。

C. 咨询、监理单位资质管理

建设工程咨询与监理在我国起步已 20 多年。全国中等以上的建设工程已完全实行监理制。监理单位的资质分为甲级、乙级和丙级。其业务范围为：甲级监理单位可以跨地区、跨部门监理一、二、三等的工程；乙级监理单位只能监理本地区、本部门二、三等的工程；丙级监理单位只能监理本地区、本部门三等的工程。

建设工程咨询公司的业务范围主要包括为建设单位服务和为施工企业服务两个方面。其中为施工企业服务的内容包括有：协助施工企业制定投标报价方案，进行有关投标的工作；中标后协助承包商与业主、分包商和材料供应商签订合同；施工期间处理各种索赔等事项；安排各阶段验收和工程款结算；进行成本、质量和进度等控制和竣工结算。

② 专业人员资质管理

专业人员是指从事工程项目设计、建造、造价、监理、咨询等工作的专业工程师。他们在建筑市场运作中起着很重要的作用。尽管有完善的建筑法规，但没有专业人员的知识和技能的支持，政府一般难以对建筑市场进行有效的管理。

我国目前已建立了监理工程师、建筑师、结构工程师、造价工程师以及建造师的专业人士资质管理制度。资格注册条件为：大专以上或同等的专业学历，通过相应专业人士的全国统一考试并获得资格证书，具有相应专业实际工程经验。

（二）市场的调查分析

市场的调查分析根据调查主、客体的不同可分为营销市场的调查分析和采购市场的调查分析，前者是指商品提供方（生产厂家或供应商）对消费者或应用厂家进行的需求市场调查分析，而后者是指产品消费者或应用厂家对商品提供方进行的采购市场调查分析，本节所介绍的施工单位对所需设备材料的市场调查即属于后一种，即对采购市场的调查分析。

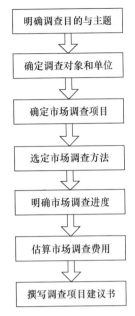

图 2-2　市场调查的
组织过程

1. 采购市场调查

采购市场调查是进行需求确定和编制采购计划的基础环节，对于施工企业来说，材料、设备采购市场调查的核心是市场供应状况的调查与分析。市场调查的组织过程如图 2-2 所示。

（1）明确调查的目的与主题

虽然不同企业、不同状态下的采购市场调查目的与主题往往不尽相同，但不外乎是针对企业采购活动的需求确定问题，并据以发现解决问题的途径和方法，通常，以采购为核心的企业市场调查目的与主题主要有以下四个方面：

1）为编制和修订采购计划进行需求确定

旨在进行需求确定的市场调查，是要解决企业"买什么""买多少"的计划是否妥当、可能的问题，这往往是与企业总体的市场调查一起进行的。在生产和经营过程中，受市场和供求关系变化的影响，企业生产和销售会出现这样或那样的困难，如销售出现困难，导致产品积压；采购出现困难，导致生产停工待料，从而给采购的需求确定带来变数，需要进行市场调查，为编制和修订采购计划提供资料和依据。

2）供应商之间的关系和市场竞争状况

诸如供应能力、市场垄断地位、竞争程度、合作倾向、价格变化和定价策略等。

3）企业潜在市场和潜在供应商开发

通俗地讲，这一调查主题就是发现谁是未来的主要供应商，以及它们的市场地位和变化走势。

4）规划企业采购与供应战略

由于市场环境的变化，施工企业为了生存与发展，就必须在分析环境变化所带来的机会与威胁，以及挖掘自身优势的基础上，制定一套合乎企业未来发展需要的采购与供应规划。

（2）确定调查对象和调查单位

这主要是为了解决向谁调查和由谁来具体提供资料的问题。在确定调查对象和调查单位时，应该注意以下问题：一是严格规定调查对象的范围，以免造成由于界限不清而发生差错；二是调查单位的确定取决于调查的目的和对象，调查目的和对象变化了，调查单位也要随之变化；三是不同的调查方式会产生不同的调查单位。

（3）确定市场调查项目

调查项目是为了获得统计资料而设立的，它必须依据调查的目标和主题进行设置，这是市场调查策划的基本内容。调查项目必须紧扣调查主题，其具体作业程序是：为达到调查目的，需要收集哪些材料和基本数据；在哪里可以取得数据，以及如何取得数据。

（4）选定市场调查方法

为达到既定的调查目的，必须解决的问题是在何处、由何人、以何种方法进行调查，才能得到必要的资料，这是保证调查目的实现的基本手段。因此，在调查目的和调查项目确定之后，就要研究采用什么方法进行调查，调查方法选择必须考虑以下原则：第一，用什么方法才能获取尽可能多的情况和资料；第二，用什么方法才能如实地获得所需要的情况和资料；第三，用什么方法才能以最低调查费用获得最好的调查效果。

市场调查的方法大致分为文案调查法、实地调查法、问卷调查法、实验调查法等几类。选择调查方法要考虑收集信息的能力，调查研究的成本、时间要求、样本控制和人员效应的控制程度。

1）文案调查法

文案调查法是对已经存在的各种资料档案，以查阅和归纳的方式进行的市场调查，又称为二手资料法或文献调查法。

文案资料来源很多，主要有国际组织和政府机构资料；行业资料、公开出版物、相关企业和行业网站，有关企业的内部资料。

2）实地调查法

实地调查法是调查人员通过跟踪、记录被调查事物和人物行为痕迹来取得第一手资料的调查方法。这种方法是调查人员直接到市场或某些场所（商品展销会、商品博览会等）通过耳闻目睹和触摸的感受方式以及借助于某些摄录设备和仪器，跟踪、记录被调查人员的活动、行为和事物的特点，获取所需信息资料。

3）问卷调查法

问卷调查法是通过设计调查问卷，让被调查者填写调查表的方式获得所需信息的调查方法。问卷调查法可以通过面谈、电话咨询、网上填表或邮寄问卷等方式进行，这是市场调查常用的方法，其核心工作是问卷设计、实施和调查。在调查中将调查的资料设计成问卷后，让接受调查对象将自己的意见或答案填入问卷中。在一般进行的实地调查中，以问答卷采用较广，同时问卷调查法在目前网络市场调查中运用得较为普遍。

4）实验调查法

实验调查法是指调查人员在调查过程中，通过改变某些影响调查对象的因素，来观察调查对象消费行为变化，从而获得消费行为和某些因素之间的内在因果关系的调查方法。

上述方法相比而言，文案调查是所有调查方法中最简单、最一般和常用的方法，同时也是其他调查方法的基础。实地调查能够控制调查对象，应用灵活，调查信息充分，但是调查周期长，费用高，调查对象人员受到调查的心理暗示影响，存在不够客观的可能性。问卷调查适应范围广，操作简单易行，费用相对较低，因此得到了大量的应用。试验调查是最复杂、费用较高、应用范围有限的方法，但调查结果可信度较高。

（5）明确市场调查进度

调查进度表示将调查过程每一个阶段需完成的任务作出规定，避免重复劳动、拖延时间。确定调查进度，一方面可以知道和把握计划的完成进度，另一方面可以控制调查成本，以达到用有限的经费获得最佳效果的目的。

市场调查的进度一般可分为如下几个阶段：①策划、确立调查目标；②查找文字资料；③进行实地调查；④对资料进行汇总、整理、统计、分析；⑤市场调查报告初稿完成、征求意见；⑥市场调查报告的修改与定稿；⑦完成调查报告，提交企业或有关部门。

（6）估算市场调查费用

市场调查费用的估算对于调查的整体方案是必不可少的环节，在估算中要将可能发生的费用考虑周全，如差旅费、住宿费、人员的出差补助等常规费用，对于其他的非常规费用的可能支出也要充分估计，以便领导决策，估算后要填写市场调查费用估算表，根据管理权限履行审批手续。

（7）撰写调查项目建议书

通过对调查项目、方式、资料来源及经费估算等内容的确定，调查人员可按所列项目向企业提出调查项目建议书，对调查程序进行简要的说明，以便对企业提出的调查任务作更具体更详细的说明。因此，调查项目建议书完全是以调查者的角度对调查目标及调查程序所作的说明。但由于调查项目建议书是供企业审阅及参考之用的，所以其中的内容一般都比较简明扼要，以便于企业有关人员阅读和理解，如图2-3所列。

调查题目：

调查单位：

调查人员：

调查负责人：

日期：　　年　　月　　日至　　年　　月　　日

1. 问题以及背景材料

2. 调查内容

3. 调查所要达到的目的

4. 调查方式

5. 调查对象

6. 调查地点

7. 经费估算

负责人审批意见：　　　　　　　　申请人：

财务审批意见：　　　　　　　　　申请日期：　　年　　月　　日

图2-3　调查项目建议书

2. 采购市场分析

（1）确定市场分析目标

确定市场分析目标就是明确分析预测目的。分析预测目的有一般目的和具体目的之分。一般目的往往比较笼统、抽象，如反映市场变化趋势、市场行情变动、供求变化等；具体目的是进一步明确这次为什么要预测，预测什么具体问题，要达到什么效果。

市场分析具体操作时，往往遇到较抽象的目标，如供货企业经营状况、供应商的变化、未来企业采购绩效等，这就需要把问题转化为可操作的具体问题。如经营状况可分解为销售量、销售率、供给量、合同出现率、价格变动程度等，否则将无法选择重点、舍弃相类似项目。选择重点的方法很多，可以以商品为重点，选择销售量较大的商品，或者供不应求的商品、价值较高的商品、利润较大的商品；可以偏重竞争问题，也可以偏于商品质量问题、企业形象问题、产品更新问题。

（2）收集、分析调查资料

1）搜集资料

市场分析中搜集资料的过程就是调查过程。按照分析预测目的，主要搜集以下两类资料：

① 市场现象的发展过程资料。现象发展具有连贯性特点。现象未来变动趋势和结果，必定受该现象现实情况、历史情况影响。因此要搜集预测对象的历史资料和现实资料。

② 影响市场现象发展的各因素资料。现象发展具有关联性特点。一种现象的变动，往往受许多因素或现象变动的共同影响，因此要搜集与预测对象相联系的、影响较大的各因素资料，同样包括现实资料和历史资料。如预测水泥价格变化，则要搜集主要水泥的产量变化、主要水泥消耗需求等资料。

搜集的预测资料可以选各种文献记录的已有二手资料，也可以直接组织调查，获取第一手资料，搜集的资料必须符合预测目标要求，要真实、全面、系统，不可残缺不全，也不宜过多，搜集的资料要进行有用性的筛查，然后分类整理，使之系统化。

2）分析资料

对调查搜集的资料只有经过综合分析、判断，才能正确判断具体市场现象的运行特点和规律，判断市场环境和企业条件变化与影响程度，然后直接预测市场走向，为采购策略的确定提供坚实依据，预测离不开分析，分析工作的主要内容有以下三点：

① 分析观察期内影响市场诸因素同采购需求的依存关系。

② 分析其的产供销关系，产供销是一个有机的整体，相互依存。采购预测的关键是要分析生产与市场需求的矛盾和流通渠道的变化。生产环节主要分析生产与市场需求的矛盾和供需结构适应程度，以及生产能力的变化，供应主要分析原材料、设备的产量以及消耗使用量的变化。

③ 分析市场整体的采购心理、采购倾向的变化趋势。同类物资市场需求环境的变动、物资营销和促销的程度，以及市场购销观念的转变等，都可能导致采购需求和需求结构的变化。

3. 采购市场的调查分析

熟悉分析市场情况是施工项目资源采购准备的重要内容之一，依此可掌握有关项目所需要的物资及服务的市场信息，作为物资采购决策的重要依据。缺乏可靠的市场信息，采购中往往会导致错误的判断，以致采取不恰当的采购方法，或在编制预算时作出错误的估算。良好的市场分析机制应该包括以下三个方面。

（1）建立重要的物资来源的记录，以便需要时就能随时提出不同的供应商所能供应的材料、设备的规格性能及其可靠性的相关信息。

（2）建立同一类目物资的价格目录，以便采购者能利用竞争性价格得到好处，比如：商业折扣和其他优惠服务。

（3）对市场情况进行分析研究，作出预测，使采购者在制定采购计划、决定如何捆包及采取何种采购方式时，能有比较可靠的依据作为参考。

当然，施工企业和项目部不大可能全面掌握所需物资及服务在市场上的供求情况和各供应商的产品性能规格及其价格等信息。这一任务要求施工企业、项目部、业主、采购代理机构通力合作来承担。采购代理机构尤其应该重视市场调查和市场信息。必要时还需要聘用咨询专家来帮助制定采购计划，提供有关信息，直至参与采购的全过程。

（三）调查分析与调查报告

1. 调查分析

（1）定性分析

定性分析就是确定数据资料的性质，是通过对构成事物"质"的有关因素进行理论分析和科学阐述的一种分析方法。定性分析常用来确定市场的发展态势与市场发展的性质，主要用于市场探究性分析。定性调查是市场调查和分析的前提与基础，没有正确的定性分析，就不能对市场作出科学而合理的描述，也不能建立其正确的理论假设，定量调查也就因此失去了理论指导。而没有理论指导的定量分析，也不可能得出科学和具有指导意义的调查结论。

定性分析的一般操作步骤为：

1）审读资料数据

首先，对于要分析的资料数据进行认真的审查和阅读。审读时，要对访问或观察记录所反映的调查对象的收集情况作好实施鉴别，将数据资料按问题分类，选取有意义的事例，为下一步定性分析作好准备。

2）知识准备

分析人员在分析前要作好定性分析的知识准备，查找有关分析知识、理论及推导逻辑过程，实际上这种知识准备主要是有关理论的进一步学习。在市场调查实践中，整个工作过程都可能会涉及一些理论知识准备，定性分析的知识准备主要是做进一步分析工作的准备。

3）制定分析方案

制定分析方案是指整体性考虑分析什么材料、用什么理论、从什么角度对调查资料数据进行解释。当然，资料的审查与理论知识的准备过程也就是设计方案的过程，但完整的分析方案的形成一般是在前面两个步骤之后进行。

4）分析资料

从这一阶段开始对市场调查资料研究和解释。当资料证明了前面设定的假设时，要从理论上找出两者一致的意义，并加以说明，这也是定性分析的关键。在对资料进行分析研究的基础上，研究的结果证明了研究的假设时，应该从理论上探讨和解释为什么研究假设被证明，并根据研究资料和理论提出新的问题和研究假设。这样一步一步，才能更深层次地揭示市场的问题，更好地达到要调查的目标。

（2）定性分析的方法

1）对比分析

对比分析的具体操作：将被比较的实物和现象进行比较，找出其异同点，从而分清事物和现象的特征及其相互联系。

在市场调查中，就是把两个或两类问题的调查资料对比，确定它们之间的相同点和不同点。市场调查的对象不是孤立存在的，而是和其他事物存在或多或少的联系，并且相互影响，而对比分析有助于找出调查事物的本质属性和非本质属性。

在运用比较分析法时要注意，可以在同类对象间进行，也可以在异类对象间进行，要分析可比性，对比可以是多层次的。

2）推理分析

推理分析的操作由一般性的前提推导出个别性的结论。

市场调查中的推理分析，就是把调查资料的整体分解为各个因素、各个方面，形成分类资料进行研究，分别把握其本质和特征，然后将这些通过分类研究得到的认识联系起来，形成对调查资料整体和综合性认识的逻辑方法。使用时需要注意，推理的前提是正确的，推理的过程要合理，而且要有创造性思维。

3）归纳分析

归纳的操作是由具体、个别或特殊性的事例推导出一般性规律及特征。

在市场调查所收集的资料中，应用归纳法可以概括出一些理论观点。归纳分析法是市调查中应用最广泛的一种方法，具体操作可以分为完全归纳、简单枚举和科学归纳。

① 完全归纳

根据调查问题中的每一个对象的某种特征属性，概括出该类问题的全部对象整体所拥有的本质属性。应用完全归纳法要求分析者准确掌握某类问题全部对象的具体数量，而且还要调查每个对象，了解它们是否具有所调查的特征。但在实际应用中，调查者往往很难满足这些条件，因此，使完全归纳法的使用范围受到一定限制。

② 简单枚举

根据目前调查所掌握的某类问题一些对象所具有的特征，而且没有个别不同的情况，来归纳出该问题整体所具有的这种特征。这种方法建立在应用人员经验的基础上，操作简单易行。但简单枚举法的归纳可能会出现偶然性，要提高结论的可靠性，则分析考察的对象就应尽量多一些。

③ 科学归纳

根据某类问题中的部分对象与某种特征之间的必然联系，归纳出该类问题所有对象都拥有某种特征。这种方法用起来复杂，但很科学。

（3）定量描述分析

分析数据的集中趋势，数据的集中趋势分析在于解释被调查者回答的集中度，通常用最大频数或最大频率对应的类别选项来衡量。数据的集中趋势是指大部分变量值趋向于某一点，将这点作为数据分布的中心，数据分布的中心可以作为整个数据的代表值，也是准确描述总体数量特征的重要内容。

1）平均数

平均数是数列中全部数据的一般水平，是数据数量规律性的一个基本特征值，反映了一些数据必然性的特点。平均数包括算术平均数、调和平均数和几何平均数，其中最简单的是算术平均数。算术平均数的计算方法为：

$$\bar{x} = \frac{x_1 + x_2 + \cdots + x_n}{n} = \frac{\sum x}{n} \tag{2-1}$$

利用平均数，可以将处在不同空间的现象和不同时间的现象进行比较，反映现象一般水平的变化趋势或规律，分析现象间的相互关系等。

2）众数

众数是数据中出现次数最多的变量值，也是测定数据集中趋势的一种方法，它克服了平均数指标数据中极端值影响的缺陷。在市场调查得到的统计数据中，众数能够反映最大数数据的代表值，可以使我们在实际工作中抓住事物的主要问题，有针对性地解决问题。需要注意的是，由于众数只依赖于变量出现的次数，所以对于一组数据，可能会出现两个或两个以上的众数，也可能没有众数。同时，众数虽然可以用于各种类型的变量，但是由于对定序和定距的变量，用众数捕获数据的分布中心会损失很多有用的信息，所以一般只用众数描述定类变量的分布中心。

在调查实践中，有时没有必要计算算术平均数，只需要掌握最普遍、最常见的标志值就能说明社会经济现象的某一水平，这时就可以采用众数。

3）中位数

中位数是将数据按某一顺序（从大到小或从小到大）排列后，处在最中间位置的数值。

计算中位数很简单，对于 N 个数据，若 N 为奇数则排序之后的 (N+1)/2 位置的数据就是中位数，如 N 为偶数则排序之后的第 N/2 与 (N/2)+1 个数据的平均值就是中位数。在中位数的应用中，因为先进行了排序，所以对于定序变量的分布中心，中位数是一个很好的统计量。但是，在这里中位数不适用于定类变量，因为定类变量无法排序。

另外，中位数是将定序数据分成了两等分，将其划分为相等的四部分，就可以得到三个分位点，这三个分位点由大到小依次称为第一四分位点、第二四分位点和第三四分位点。在将来的应用中，可能会根据不同的需要对数据进行更多的划分，但具体原理和过程都是不变的。

平均数、众数和中位数都是反映总体一般平均水平的平均指标，彼此之间存在着一定的关系，但其含义不同，确定方法各异，适用范围也不一样。在实际应用中，应注意对这几个指标的特征进行细致的把握，根据不同调查数据类型，采用不同的指标进行分析，以期能够把被调查总体数据的集中趋势最准确地描述出来。

（4）分析数据的离散程度

如果需要用一个数值来概括变量的特征，那么集中趋势的统计就是最合适的。所谓集中趋势就是一组数据向一个代表值集中的情况。

但仅有集中趋势的统计还不能完全准确地描述各个变量，这是因为它没有考虑到变量的离散趋势，所谓离散趋势就是指一组数据间的离散程度。其最常用的统计量就是标准差，它是一组数据中各数值与算术平均值相减之差的平方和的算术平均数的平方根。

在描述性条件中，集中趋势的统计量包括众数、中位数和平均数，离散趋势则包括异众比、全距、四分位数、方差和标准差。前者体现了数据的相似性、同质性，后者体现了数据的差异性、异质性。

数据的离散程度分析就是指数据在集中分布趋势状态下，同时存在的偏离数值分布中心的趋势。离散程度分析是用来反映数据之间的差异程度的。

数据的离散程度通常由全距（也称极差）、平均差、方差和标准差等来反映。

（5）综合数据分析

综合数据分析是指根据一定时期的资料和数据，从静态上对总体各数据进行分析的方法。它主要说明观测总体的规模、水平、速度、效益、比例关系等综合数量特征，通过总体数量的汇总、运算和分析，排除个别偶然因素的影响，认识观测现象的本质及其发展规律。它包括确定总量指标、平均指标、相对指标、强度指标等。

1）确定总量指标

总量指标反映的是观察现象在具体时间和空间内的总体规模和水平。总量指标是认识现象的起点，也是计算相对指标和平均指标的基础，因此，它也称作基础指标。

2）确定平均指标

平均指标又称统计平均数，它反映现象总体中各单位某一数量标志在一定时间、地点、条件下所达到的一般水平，是统计中最常用的指标之一。它体现了同质总体内各单位某一数量标志的一般水平。其主要作用有：

① 利用平均指标可以将不同总体的某一变量值进行比较。如要比较甲乙两个城市的住房条件差别情况，就不能用两个城市的部分或住宅总面积进行比较，只能用人均居住面积这个平均标准，才能进行有针对性的比较。

② 利用平均指标可以研究总体中某一标志值的一般水平在时间上的变动，从而说明现象发展的规律性。

③ 利用平均指标可以分析现象之间的相互依存关系。

3）确定相对指标

相对指标是两个有联系的指标的数值之间对比的比值，也就是用抽象化了的数值来表示两个指标数值之间的相互关系差异程度。相对指标是统计分析的重要方法，是费用调查信息之间数量关系的重要手段。市场调查分析中常用的相对指标，主要有结构相对指标、比较相对指标、比例相对指标和强度相对指标等。

结构相对指标是总体中各构成部分与总体数值对比所得到的比率。它从静态现象总体内部的结构，揭示了事物的本质特征，它的动态变化还能反映事物结构变化的趋势和规律。其计算方法为：

$$结构相对指标 = 各组（或部分）总量 / 总体总量 \qquad (2\text{-}2)$$

比较相对指标是不同总体同类现象指标数值的比率。它反映了同类现象在不同空间中数量对比的关系，通常应用于某一现象在不同地区、不同单位之间的差异程度比较。其计算公式为：

$$比较相对指标 = 甲单位某指标值 / 乙单位同类指标值 \qquad (2\text{-}3)$$

比例相对指标是总体中不同部分数量对比的相对指标，用来分析总体范围内各个局部、各个分组之间的比例关系和协调平衡状况。其计算公式为：

$$比例相对指标 = 总体中某一部分数值 / 总体中另一部分数值 \qquad (2\text{-}4)$$

强度相对指标是两个性质不同但与一定联系的总量指标之间的对比，用来表示某一现象在另一现象中发展的强度、密度和普遍程度。它和其他相对指标不同就在于它不是同类现象指标的对比。其计算公式为：

$$强度相对指标 = 某种现象总量指标 / 另一个有联系而性质不同的现象总量指标 \quad (2\text{-}5)$$

2. 调查报告

调查报告是调查活动的结果，是对调查活动工作的介绍和总结。调查活动的成败以及调查结果的实际意义都表现在调查报告上。所以，调查报告的撰写十分重要。一份好的调查报告，能对企业的市场活动提供有效的导向作用，同时对各部门管理者了解情况、分析问题、制定决策和编制计划以及控制、协调、监督等各方面都起到积极的作用。

市场调查报告有较为规范的格式，其目的是便于阅读和理解。一般来说，我国现有的市场调查报告包括标题、前言、主体、结尾四个部分。

（1）标题

标题即报告的题目。有直接在标题中写明调查的单位、内容和调查范围的，如《××市场的调查》；有的标题直接揭示调查结论；还有的标题除正题之外，再加副题。

（2）前言

前言部分用简明扼要的文字写出调查报告撰写的依据，报告的研究目的或是主旨，调查的范围、时间、地点及所采用的调查方法、方式。

（3）主体

主体部分是报告的正文。它主要包括三部分内容。

1）情况部分。这是对调查结果的描述与解释说明。可以用文字、图表、数字加以说明。对情况的介绍要详尽而准确，为结论和对策提供依据。该部分是报告中篇幅最长和最重要的部分。

2）结论或预测部分。该部分通过对资料的分析研究，得出针对调查目的的结论，或者预测市场未来的发展、变化趋势。该部分为了条理清楚，往往分为若干条叙述，或列出小标题。

3）建议和决策部分。经过调查资料的分析研究之后，发现了市场的问题，预测了市场未来的变化趋势后，应该为准备采取的市场对策提出建议或看法。这就是建议和决策部分的主要内容。

（4）结尾

结尾即对报告的总结与提炼。

三、招标投标与合同管理

（一）建设项目招标与投标

根据《中华人民共和国招标投标法实施条例》，工程建设项目是指工程以及与工程建设有关的货物、服务。其中所称工程，是指建设工程，包括建筑物和构筑物的新建、改建、扩建及其相关的装修、拆除、修缮等。与工程建设有关的货物，是指构成工程不可分割的组成部分，且为实现工程基本功能所必需的设备、材料等，而与工程建设有关的服务，是指为完成工程所需的勘察、设计、监理等服务。

1. 建设项目招标分类

根据不同的分类方式，建设项目招标具有不同的类型。

（1）按建设项目建设程序分类

建设项目建设过程可划分为建设前期阶段、勘察设计阶段和施工阶段，因而按工程项目建设程序招标可分为建设项目开发招标、勘察设计招标和工程施工招标三种类型。

1）建设项目开发招标

这种招标是业主为选择科学、合理的投资开发建设方案，为进行项目的可行性研究，通过投标竞争寻找满意的咨询单位的招标。投标人一般为工程咨询单位，中标人最终的工作成果是项目的可行性研究报告。中标人须对自己提供的研究成果负责，并得到业主的认可。

2）勘察设计招标

勘察设计招标是指根据批准的可行性研究报告，择优选择勘察设计单位的招标。勘察和设计是两种不同性质的工作，可由勘察单位和设计单位分别完成。勘察单位最终提出包括施工现场的地理位置、地形、地貌、地质、水文等在内的勘察报告。设计单位最终提供设计图纸和成本预算结果，施工图设计可由中标的设计单位承担。

3）工程施工招标

工程施工招标是在建设项目的初步设计或施工图设计完成后，用招标的方式选择施工单位的招标。施工单位最终向业主交付按招标设计文件规定的的建筑产品。

（2）按工程承包的范围分类

1）项目总承包招标

项目总承包招标，即选择项目总承包人招标。这种招标又可分为两种类型：其一是建设项目实施阶段的全过程招标；其二是建设项目建设全过程的招标。前者是在设计任务书完成后，从项目勘察、设计到交付使用进行一次性招标；后者则是从项目的可行性研究到交付使用进行一次性招标，业主只需提供项目投资和使用要求及竣工、交付使用期限，其可行性研究、勘察设计、材料和设备采购、施工安装、生产准备和试运行、交付使用，均由一个总承包商负责承包，即所谓"交钥匙工程"。

2）专项工程承包招标

专项工程承包招标指在工程承包招标中，对其中某项比较复杂或专业性强、施工和制作要求特殊的单项工程进行单独招标。

（3）按行业类别分类

按行业类别分类，即按与工程建设相关的业务性质分类的方式，按不同的业务性质，可分为工程招标、勘察设计招标、材料设备采购招标、安装工程招标、生产工艺技术转让招标、咨询服务（工程咨询）招标等。

2. 政府采购及分类

（1）政府采购的类型

政府采购，也称公共采购，是指各级国家机关和实行预算管理的政党组织、社会团体、事业单位，使用财政性资金，以公开招标为主要形式，从国内外市场上购买商品、工程和服务的行为。政府采购分为集中采购和分散采购两种。

集中采购，是指采购人将列入集中采购目录的项目委托集中采购机构代理采购或者进行部门集中采购的行为；分散采购，是指采购人将采购限额标准以上的未列入集中采购目录的项目自行采购或者委托采购代理机构代理采购的行为。

（2）政府采购的特征

1）政策性

政府采购以实现公共政策为主要出发点，从计划的制订到合同的履行，都要体现政府的政策，实现政府某一阶段的工作目标，为国家经济、社会利益和公众利益服务。

2）公平性

政府采购强调的是公平、公开，平等待遇。

3）守法性

政府采购的行为不能超出其职权范围，不能超出政府和法律的规定。

4）社会责任性

政府要承担社会责任或公共责任。它不但要满足某一时刻的社会需要，同时还要考虑环境问题、就业问题等其他因素对社会的影响。

（3）政府采购的原则

政府采购原则是贯穿在政府采购计划中为实现政府采购目标而设立的一般性原则。我国政府采购的原则是不营利、不经营，其意义在于实施宏观调控，优化配置资源。

1）公开性原则

政府采购的公开性原则是指有关采购的法律、政府、程序和采购活动都要公开，增加政府采购的透明度，坚决反对搞"暗箱操作"。

2）公平性原则

政府采购应以市场方式进行，所有参加竞争的投标商机会均等，并受到同等待遇。允许所有有兴趣参加投标的供应商、承包商、服务提供者参加竞争，资格预审和报标评价对所有的投标人都应使用同一标准；采购机构向所有投标人提供的信息都应一致；不应对国内或国外投标商进行歧视等。

3）效率性原则

效率性原则要求政府在采购的过程中，能大幅度地节约开支。强化预算约束，有效提高资金使用效率。政府采购部门通过公平竞争、货比三家，好中选优，使有限的财政资金可以购买到更多的物美价廉的商品，得到高效、优质的服务，实现货币价值的最大化，实现市场机制与财政改革的最佳结合。

4）适度集权的原则

国际上通行的做法是由财政部门归口管理政府采购，而我国政府采购目前需要由许多部门协调配合进行。因此，在政府采购管理体制的集中、统一过程中，要注意发挥部门、地方的积极性，在对主要商品和劳务进行集中采购的前提下，小型采购可由各部门在财政监督下来完成。

3. 建设项目招标的方式和程序

（1）招标的方式

建设项目招标主要有公开招标、邀请招标、询价采购和直接定购四种方式。

1）公开招标

公开招标又称为无限竞争招标，是由招标单位通过报刊、电台、电视台等信息媒介或委托招标投标管理机构发布招标信息，公开邀请投标单位参加投标竞争，凡符合招标单位规定条件的投标单位，可在规定时间内向招标单位申请投标。

公开招标时招标单位必须做好以下准备工作。

① 发布招标信息

公开发布的招标信息应包括：建设单位名称，建设项目名称，结构形式，层数，建筑面积，设备的名称、规格、性能参数等；对投标单位资质要求；招标单位的联系人、联系地址和联系电话等内容。

这种招标方式的优点是：投标的承包商多、范围广、竞争激烈，业主有较大的选择余地，有利于降低工程造价，提高工程质量和缩短工期。其缺点是：由于投标的承包商多，招标工作量大，组织工作复杂，需投入较多的人力、物力，招标过程所需时间较长，因而此类招标方式主要适用于投资额度大，工艺、结构复杂的较大型建设项目。

② 受理投标申请

投标单位在规定期限内向招标单位申请参加投标，招标单位向申请投标单位发放资格审查表格，以表示需经资格预审查后才能决定是否同意对方参加投标。

③ 确定投标单位名单

申请投标单位按规定填写《投标申请书》及资格审查表格，并提供相关资料，接受招标单位的资格预审查。一般选定参加投标的单位为4～10个。

④ 发出招标文件

招标单位向选定的投标单位发函通知，领取或购买招标文件。对那些发给投标申请书而未被选定参加投标的单位，招标单位也应该及时通知。

公开招标使招标单位有较大的选择范围，可在众多的投标单位之间选择报价合理、工期较短、信誉良好的投标单位。公开招标有助于开展竞争，打破垄断，促使投标单位努力提高工程质量和服务质量水平，缩短工期和降低成本。但是招标单位审查投标者资格及其证书的工作量比较大，招标费用的支出也比较大。

2）邀请招标

邀请招标又称为有限竞争性招标。这种方式不发布广告，业主根据自己的经验和所掌握的各种信息资料，向有承担该项工程施工能力的 3 个以上（含 3 个）承包商发出招标邀请书，收到邀请书的单位才有资格参加投标。

选择投标单位的条件一般有以下几点：

① 近期内承担过类似建设项目，工程经验比较丰富；

② 企业的信誉较好；

③ 对本项目有足够的管理组织能力；

④ 对本项目的承担有足够的技术力量和生产能力保证；

⑤ 投标企业的业务、财务状况良好。

这种方式的优点是：目标集中，招标的组织工作较容易，工作量比较小。其缺点是：由于参加的投标单位较少，竞争性较差，使招标单位对投标单位的选择余地较小，如果招标单位在选择邀请单位前所掌握信息资料不足，则会失去发现最适合承担该项目的承包商的机会。

邀请招标中的投标单位数量有限，招标单位可以减少资格审查的工作量，节省招标费用，也提高了招标单位的中标率，这样对招标投标双方都有利。但这种招标方式限制了竞争范围，把许多可能的竞争者排除在外，不符合自由竞争机会均等的原则。我国部分地区试行一种"半公开"的招标方式，即由招标单位邀请一半数量的投标单位，再从公开报名参加投标的单位中抽选一半数量进行投标，这样做既有利于增大透明度和竞争性，也有利于规范招标行为。

3）询价采购

询价采购方式是指对几个供货商（通常至少 3 家）的报价进行比较以确保价格具有竞性的一种采购方式。适用于采购现成的并非按采购实体的特定规格特别制造或提供的货物或服务；采购合同的估计价值低于采购条例规定的数额。询价采购具有以下特点：

① 邀请报价的供应商数量至少为 3 家。

② 只允许供应商提供一个报价。每一供应商或承包商只许提出一个报价，而且不许改变其报价。不得同某一供应商或承包商就其报价进行谈判。报价的提交形式，可以采用电传或传真形式。

③ 报价的评审应按照买方公共或私营部门的良好惯例进行。采购合同一般授予符合采购实体需求的最低报价的供应商或承包商。

4）直接订购

不进行产品的价格和质量比较，直接从供应商、市场、生产企业的销售机构购买所需的材料、设备的方式。适合于增购与现有采购合同类似货物而且使用的合同价格也较低廉的场合。

（2）招标的程序

建设项目的招标投标是一个连续完整的过程，它涉及的单位较多，协作关系较复杂，所以要按一定的程序进行。

1）建立招标组织

招标组织应具备一定的条件，经招标投标管理机构审查批准后才可开展工作。招标组织的主要工作包括：各项招标条件的落实；招标文件的编制及向有关部门报批；组织或委托编制标底并报有关单位审批；发布招标公告或邀请书，审查投标企业资质；向投标单位发放招标文件、设计图纸和有关技术资料；组织投标单位勘察现场并对有关问题进行解释；确定评标办法；发出中标或失标通知书；组织中标单位签订合同等。

2）提出招标申请并进行招标登记

由建设单位向招标投标管理机构提出申请，申请的主要内容有：招标建设项目具备的条件，准备采用的招标方式，对投标单位的资质要求或准备选择的投标企业。经招标投标管理机构审查批准后，进行招标登记，领取有关招标投标用表。

3）编制招标文件

招标文件可以由建设单位自己编制，也可委托其他机构代办。招标文件是投标单位编制投标书的主要依据。主要内容有建设项目概况与综合说明、设计图纸和技术说明书、工程量清单和单价表、投标须知、合同主要条款及其他有关内容。

4）编制标底

编制标底是建设项目招标前的一项重要准备工作。标底是建设项目的预期价格，通常由建设单位或其委托设计单位或建设监理单位制定。如果是由设计单位或其他咨询单位编制，建设监理单位在招标前还要对其进行审核。但标底不等同于合同价，合同价是建设单位与中标单位经过谈判协商后，在合同书中正式确定下来的价格。

5）发布招标公告或邀请函

建设单位根据招标方式的不同，发布招标公告或招标邀请函；采用公开招标的建设项目，由建设单位通过报刊等新闻媒介发布公告；采用邀请招标和议标的工程，由建设单位向有承包能力的投标单位发出招标邀请函。

6）投标单位资格预审

评审组织由建设单位、委托编制标底单位和建设监理单位组成，政府主管部门参加，在收到投标单位的资格预审申请后即开始评审工作。一般先检查申请书的内容是否完整，在此基础上拟订评审方法。

资格评审的主要内容包括：法人地位、信誉、财务状况、技术资格、项目实施经验等。

7）发售招标文件

招标单位向经过资格审查合格的投标单位分发招标文件、设计图纸和有关技术资料。

8）组织现场勘察及交底

招标文件发出后，招标单位应按规定的日程，组织投标单位勘察建设项目现场，介绍项目情况。在对项目交底的同时，解答投标单位对招标文件、设计图纸等提出的问题，并作为招标文件的补充形式通知所有的投标单位。

9）接受投标单位的标书

投标书须由投标单位编制，且盖有投标单位的印鉴、法定代表人或其委托代理人的印鉴，密封后在投标截止日期前送到指定地点。

10）开标、评标、定标

开标时间应当在招标文件确定的提交投标文件截止时间的同一时间公开进行，开标地点应当为招标文件中预先确定的地点。

评标由招标人依法组建的评标委员会负责。中标人的投标应当符合下列条件之一：

① 能够最大限度地满足招标文件中规定的各项综合评价标准。

② 能够满足招标文件的实质性要求，并且经评审的投标价格报低；但是投标价格低于成本的除外。若不符合前述条件或投标人少于 3 个的，招标人应当依法重新招标。

11）发中标或落标通知书

① 中标人确定后，招标人应当向中标人发出中标通知并同时将中标结果通知所有未中标的投标人。

② 在招标投标过程中有下列情形之一的，中标结果无效：中标通知发出后，招标人改变中标结果的；招标代理机构违反保密义务或者招标人、投标人串通损害国家利益、社会公共利益或他人合法权益的；招标人有泄露应当保密情况行为的；投标人互相串通投标或者与招标人串通投标的；弄虚作假，骗取中标的；违法进行实质性内容谈判的；中标候选人以外确定中标人的、依法必须招标的项目在所有投标被评标委员会否决后自行确定中标人的。

12）组织签订合同、备案

招标人和中标人应当自中标通知书发出之日起 30 日内，按照招标文件和中标人的投标文件订立书面合同。依法必须进行招标的项目，招标人应当自确定中标人之日起 15 日内，向有关行政监督主管部门提交招标投标情况的书面报告。

4. 政府采购的方式和程序

（1）政府采购的方式

政府采购采用的方式有公开招标、邀请招标、竞争性招标、单一来源采购、询价和国务院政府采购监督管理部门认定的其他采购方式。

1）公开招标

公开招标应作为政府采购的主要采购方式。

2）邀请招标

《中华人民共和国政府采购法实施条例》第二十九条规定，符合下列情形之一的货物或者服务，可以采用邀请招标方式采购：

① 具有特殊性，只能从有限范围的供应商处采购的。

② 采用公开招标方式的费用占政府采购项目总价值的比例过大的。

3）竞争性招标

《中华人民共和国政府采购法实施条例》第三十条规定，符合下列情形之一的货物或者服务，可以采用竞争性谈判方式采购：

① 招标后没有供应商投标或者没有合格标的或者重新招标未能成立的。

② 技术复杂或者性质特殊，不能确定详细规格或者具体要求的。

③ 采用招标所需时间不能满足用户紧急需要的。

④ 不能事先计算出价格总额的。

4）单一来源采购

《中华人民共和国政府采购法实施条例》第三十一条规定，符合下列情形之一的货物或者服务，采用单一来源方式采购：

① 只能从唯一供应商处采购的。

② 发生了不可预见的紧急情况不能从其他供应商处采购的。

③ 必须保证原有采购项目一致性或者服务配套的要求，需要继续从原供应商处添购，且添购资金总额不超过原合同采购金额百分之十的。

5）询价

《中华人民共和国政府采购法实施条例》第三十二条规定，采购的货物规格、标准统一、现货货源充足且价格变化幅度小的政府采购项目，可以依照本法采用询价方式采购。

（2）政府采购程序

公开招标应作为政府采购的主要方式。使用财政性资金的政府采购工程，应纳入政府采购管理。采购人或采购代理机构应在招标文件确定的时间和地点组织开标，政府采购一般遵循以下程序：

1）招标项目进行论证分析、确定采购方案

① 制定总体实施方案

制定总体实施方案即对招标工作作总体安排，包括确定招标项目的实施机构和项目负责人及其相关责任人、具体的时间安排、招标费用测算、采购风险预测以及相应措施等。

《中华人民共和国政府采购法实施条例》第三十九条规定，除国务院财政部门规定的情形外，采购人或者采购代理机构应当从政府采购评审专家库中随机抽取评审专家。

② 项目综合分析

对要招标采购的项目，应根据政府采购计划、采购人提出的采购需求（或采购方案），从资金、技术、生产、市场等几个方面对项目进行全方位综合分析，为确定最终的采购方案及其清单提供依据。必要时可邀请有关方面的咨询专家或技术人员参加对项目的论证、分析，同时也可以组织有关人员对项目实施的现场进行踏勘，或者对生产、销售市场进行调查，以提高综合分析的准确性和完整性。

③ 确定招标采购方案

通过进行项目分析，会同采购人及有关专家确定招标采购方案。也就是对项目的具体要求确定出最佳的采购方案，主要包括项目所涉及产品和服务的技术规格、标准以及主要商务条款，以及项目的采购清单等，对有些较大的项目在确定采购方案和清单时有必要对项目进行分包。

2）编制招标文件

招标人根据招标项目的要求和招标采购方案编制招标文件。招标文件一般应包括招标公告（投标邀请函）、招标项目要求、投标人须知、合同格式、投标文件格式等五个部分。

① 招标公告（投标邀请函）：主要是招标人的名称、地址和联系人及联系方式等；招标项目的性质、数量；招标项目的地点和时间要求；对投标人的资格要求；获取招标文件的办法、地点和时间；招标文件售价；投标时间、地点以及需要公告的其他事项。

② 招标项目要求：主要是对招标项目进行详细介绍，包括项目的具体方案及要求、技术标准和规格、合格投标人应具备的资格条件、竣工交货或提供服务的时间、合同的主

要条款以及与项目相关的其他事项。

③ 投标人须知：主要是说明招标文件的组成部分、投标文件的编制方法和要求、投标文件的密封和标记要求、投标价格的要求及其计算方式、评标标准和方法、投标人应当提供的有关资格和资信证明文件、投标保证金的数额和提交方式、提供投标文件的方式和地点以及截止日期、开标和评标及定标的日程安排以及其他需要说明的事项。

④ 合同格式：主要包括合同的基本条款、工程进度、工期要求、合同价款包含的内容及付款方式、合同双方的权利和义务、验收标准和方式、违约责任、纠纷处理方法、生效方法和有效期限及其他商务要求等。

⑤ 投标文件格式：主要是对投标人应提交的投标文件作出格式规定，包括投标函、开标一览表、投标价格表、主要设备及服务说明、资格证明文件及相关内容等。

3）组建评标委员会

① 评标委员会由招标人负责组建。

② 评标委员会由采购人的代表及其技术、经济、法律等有关方面的专家组成，总人数一般为 5 人以上单数，其中专家不得少于 2/3。与投标人有利害关系的人员不得进入评标委员会。

③《中华人民共和国政府采购法》以及财政部制定的相关配套办法对专家资格认定、管理、使用有明文规定，因此，政府采购项目需要招标的，专家的抽取须从其规定。

④ 在招标结果确定之前，评标委员会成员名单应相对保密。

4）招标

① 发布招标公告（或投标邀请函）。公开招标应当发布招标公告（邀请招标，发布投标邀请函），招标公告必须在财政部门指定的报刊或者媒体发布。招标公告（或投标邀请函）的内容格式与招标文件的第一部分相同。

② 资格审查。招标人可以对有兴趣投标的供应商进行资格审查。资格审查的办法和程序可以在招标公告（或投标邀请函）中载明，或者通过指定报刊、媒体发布资格预审公告，由潜在的投标人向招标人提交资格证明文件，招标人根据资格预审文件规定对潜在的投标人进行资格审查。

③ 发售招标文件。在招标公告（或投标邀请函）规定的时间、地点向有兴趣投标且经过审查符合资格要求的供应商发售招标文件。招标文件应当包括采购项目的商务条件、采购需求、投标人的资格条件、投标报价要求、评标方法、评标标准以及拟签订的合同文本等。

④ 招标文件的澄清、修改。对已售出的招标文件需要进行澄清或者非实质性修改的，招标人一般应当在提交投标文件截止日期 15 天前以书面形式通知所有招标文件的购买者，该澄清或修改内容为招标文件的组成部分。这里应特别注意，必须是在投标截止日期前 15 天发出招标文件的澄清和修改部分。

⑤ 投标

编制投标文件。投标人应当按照招标文件的规定编制投标文件，投标文件应载明的事项有：投标函；投标人资格、资信证明文件；投标项目方案及说明；投标价格；投标保证金或者其他形式的担保；招标文件要求具备的其他内容。

投标文件的密封和标记。投标人对编制完成的投标文件必须按照招标文件的要求进行密封、标记。

送达投标文件。投标文件应在规定的截止时间前密封送达投标地点。招标人对在提交投标文件截止日期后收到的投标文件，应不予开启并退还。招标人应当对收到的投标文件签收备案。投标人有权要求招标人或者招标投标中介机构提供签收证明。

投标人可以撤回、补充或者修改已提交的投标文件，但是应当在提交投标文件截止日之前书面通知招标人，撤回、补充或者修改也必须以书面形式。这里特别要注意的是，招标公告发布或投标邀请函发出之日到提交投标文件截止之日，一般不得少于 20 天。

⑥ 开标、评标

举行开标仪式。招标人应当按照招标公告（或投标邀请函）规定的时间、地点和程序以公开方式举行开标仪式。开标应当作记录，存档备查。

开标仪式结束后，由招标人召集评标委员会，向评标委员会移交投标人递交的投标文件。

评标应当按照招标文件的规定进行。评标由评标委员会独立进行评标，评标过程中任何一方、任何人不得干预评标委员会的工作。

询标。评标委员会可以要求投标人对投标文件中含义不明确的地方进行必要的澄清，但澄清不得超过投标文件记载的范围或改变投标文件的实质性内容。

综合评审。评标委员会按照招标文件的规定和评标标准、办法对投标文件进行综合评审和比较。综合评审和比较时的主要依据是：招标文件的规定和评标标准、办法，以及投标文件和询标时所了解的情况。

政府采购招标评标方法分为最低评标价法和综合评分法。

最低评标价法，是指投标文件满足招标文件全部实质性要求且投标报价最低的供应商为中标候选人的评标方法。

综合评分法，是指投标文件满足招标文件全部实质性要求且按照评审因素量化指标评审得分最高的供应商为中标候选人的评标方法。

⑦ 评标结论。评标委员会根据综合评审和比较情况，得出评标结论，评标结论中应具体说明收到的投标文件数、符合要求的投标文件数、无效的投标文件数及其无效的原因，评标过程的有关情况，最终的评审结论等，并向招标人推荐 1～3 个中标候选人（应注明排列顺序并说明按这种顺序排列的原因以及最终方案的优劣比较等内容）。

评标委员会、竞争性谈判小组或者询价小组成员应当在评审报告上签字，对自己的评审意见承担法律责任。对评审报告有异议的，应当在评审报告上签署不同意见，并说明理由，否则视为同意评审报告。

5）定标

① 审查评标委员会的评标结论

招标人对评标委员会提交的评标结论进行审查，审查内容应包括评标过程中的所有资料，即评标委员会的评标记录、询标记录、综合评审和比较记录、评标委员会成员的个人意见等。

② 定标

招标人应当按照招标文件规定的定标原则，在规定时间内从评标委员会推荐的中标候选人中确定中标人，中标人必须满足招标文件的各项要求，且其投标方案为最优，在综合评审和比较时得分最高。

③ 中标通知

招标人应当在招标文件规定的时间内定标，在确定中标后应将中标结果书面通知所有投标人。若采用询价方式采购，通过网络公开，广泛"询价"。采购过程中，要求采购人向 3 家以上的供应商发出询价单，对各供应商一次性报出的价格进行比较，最后按照符合采购需求、质量和服务相等且报价最低的原则，确定成交供应商。若采用竞争性谈判方式采购，则要求采购人可就有关事项，如价格、设计方案、技术规格、服务要求等，与不少于 3 家供应商进行谈判，最后按照预先规定的成交标准，确定成交供应商。

④ 签订合同

中标人应当按照中标通知书的规定，并依据招标文件的规定与采购人签订合同（如采购人委托招标人签订合同的，则直接与招标人签订合同）中标通知书、招标文件及其修改和澄清部分、中标人的投标文件及其补充部分是签订合同的重要依据。

采购人或者采购代理机构应当自中标、成交供应商确定之日起 2 个工作日内，发出中标、成交通知书，并在省级以上人民政府财政部门指定的媒体上公告中标、成交结果，招标文件、竞争性谈判文件、询价通知书随中标、成交结果同时公告。中标、成交结果公告内容应当包括采购人和采购代理机构的名称、地址、联系方式，项目名称和项目编号，中标或者成交供应商名称、地址和中标或者成交金额，主要中标或者成交标的名称、规格、型号、数量、单价、服务要求以及评审专家名单。

（3）政府采购与招标投标的区别

《中华人民共和国招标投标法》是 1999 年全国人大常委会专门制定的用于指导招标投标活动的程序法，《中华人民共和国政府采购法》是 2003 年全国人大专门为规范政府采购行为制定的一部实体法。之所以在《中华人民共和国招标投标法》出台 3 年后，又要颁布实施《中华人民共和国政府采购法》，其根本在于两部法律的主要内容不同，调整范围不同。《中华人民共和国招标投标法》主要是对招标的程序内容进行规范，尽管该法也论及政府采购问题，但仅限于通过招标投标方式所进行的采购，而对其他采购方式，如直接采购或参与拍卖采购，则无法解决。因此，招标投标只是有关招标方面的一部基本性法律，而非一部全面的政府采购法。作为不同法律规范范畴的政府采购和招标投标，两者调整的是不同的法律关系，是有严格区别的。政府采购是作为先进的政府财政支出管理改革、调节经济运行的一种基本制度，其着重点是要解决政府内部财政资金如何支出的问题，属于政府内部的事务；而招标投标是指业主率先提出建设工程采购的条件和要求，邀请众多投标人参加投标并按照规定格式从中选择交易对象的一种市场交易行为。因此，在法律规范上存在明显差异并具体表现在：

1）法律界定的范围不同。政府采购是涵盖使用财政性资金的所有政府采购活动，包括货物、服务和工程。其中服务项目的采购属于政府采购独有，如会议定点、加油、修车、保险、印刷等。

2）招标投标使用的是资金性质不同，其范围只有建设工程和相关货物，不包含服务。实施的主体不同。遵照《中华人民共和国政府采购法》的规定，政府依法在每一个行政区划单位成立一个政府采购中心管理政府内部的采购事务，是一个纯服务性机构，承担实施本级《政府采购集中采购目录》内的项目采购行政职能，其经费列入财政预算，人员参照公务员管理。与招标投标机构在性质上完全不同。根据政府采购的特殊性，各省从实行政府采购制度一开始，就设立独立的采购中心。对招标投标而言，国家有关部门批准登记设立的各类建设工程招标投标机构，其性质属于营利性企业，不是政府的内设机构，没有行政职能。

3）组织形式有区别。政府采购是由财政部门、政府采购中心、采购人、评标专家、供应商、监察、审计机关六方共同组织采购工作，实行"采""管"分离，并接受纪检部门的全程监督，在程序、方式、人员等方面具有很强的规范性，从而更有利于实现"三公"原则和避免暗箱操作。而招标投标是由业主单位加招标机构和投标企业有时甚至是两方组织完成采购活动。

4）资金保障不同。政府采购实行严格的预算管理，并有坚实的政府采购资金作采购项目的保障，由国库统一集中支付，减少了拨款环节，避免了资金流失占用和拖欠资金等弊端，维护了政府形象。而招标投标不具有上述特点。

5）服务结果不同。政府采购中心作为政府内部的服务机构不收取任何费用，全部免费服务，同时对政府采购资金的节余部分全部归财政，充分体现了反腐倡廉目的，这是招标投标企业所无法做到的。

5. 建设项目材料、设备及政府采购投标的工作机构及投标程序

进行建设项目承包的施工企业为了占领工程承包市场，扩大业务范围，就必须参与投标竞标工作。而参与建设项目投标活动不仅要花费投标单位大量的精力和时间，而且还要耗费大量的资金。因此，对于要进行建设项目投标的工程公司，就必须了解和熟悉有关投标活动的业务和方法，认真研究作为投标者去参与投标活动成功的概率，投标工作中将会遇到什么风险，以决定是否去参与投标竞争。如果决定参加该建设项目投标，则要做好充分准备，知己知彼，以利于夺标。

（1）投标的工作机构

建设项目招标投标的市场情况千变万化，为适应这种变化，进而在投标竞争中获胜，项目实施单位应设置投标工作机构，积累各种资料，掌握市场动态，遇到招标项目则研究投标策略，编制标书，争取中标。

1）投标工作机构的职能

① 收集和分析招标、投标的各种信息资料

这项工作主要内容为：收集各类与招标投标文件有关的政策规定；收集整理本单位内部的各项资质证书、资信证明、优良工程证书等竞争性材料；收集本单位外部的市场动态资料；收集整理主要竞争对手的有关资料；收集整理工程技术经济指标。

② 从事建设项目的投标活动

这项工作主要内容为：接受招标通知、研究分析招标文件；研究分析各种信息，提出投标方案；安排投标工作程序，编制投标文件，办理投标手续；参加投标会议，勘察建设项目现场；中标后负责起草合同，参加合同洽谈等。

③ 总结投标经验，研究投标策略

这项工作包括：投标中的策略、方法、标价计算；分析比较同类建设项目报价、技术经济指标等资料；积累有关报价的各种原始数据、基础资料等。这可为以后搞好投标工作

打下良好的基础。

2）投标工作机构的组成

① 投标工作组织机构分为两个层次。第一个层次是决策层，由施工企业有关领导组成，负责全面投标活动的决策；第二个层次是工作层，担任具体工作，为决策层提供信息和决策的依据。

② 投标工作机构的人员组成一般为：经理或业务副经理作为决策者；总工程师或主任工程师负责施工方案及技术措施的编审；合同预算或经营部门负责投标报价的具体工作。此外，材料部门提供材料价格信息；劳务部门提供人员工资信息；设备管理部门提供机械设备供应与价格信息；财务部门提供有关成本信息。

③ 为了保守投标报价的秘密，投标工作机构的人员不宜过多，特别是最后的决策阶段，应尽量缩小范围，并采取一定的保密措施。

（2）建设项目投标的程序

投标的程序主要包括：报名参加投标、办理资格审查、取得招标文件、研究招标文件、调查投标环境、确定投标策略、制定施工方案、编制标书、投送标书等工作内容。

1）投标准备工作

准确、全面、及时地收集各项技术经济信息是投标准备工作的主要内容，也是投标成败的关键。需要收集的信息涉及面很广，其主要内容可以概括为以下几方面。

① 通过各种途径，尽可能在招标公告发出前获得建设项目信息。所以必须熟悉当地政府的投资方向、建设规划，综合分析市场的变化和走向。

② 招标项目所在地的信息，包括当地的自然条件、交通运输条件、价格行情等。

③ 施工技术发展的信息，包括新规范、新标准、新结构、新技术、新材料、新工艺的有关情况。

④ 招标单位的情况，包括招标单位的资金状况、社会信誉以及对招标工程的工期、质量、费用等方面的要求。

⑤ 及时了解其他投标单位的情况，有哪些竞争者，分析它们的实力、优势、在当地的信誉以及对工程的兴趣、意向。

⑥ 有关报价的参考资料，包括当地近几年类似工程的施工方案、报价、工期及实际成本等资料。

⑦ 投标单位内部资料，包括能反映本单位技术能力、信誉、管理水平、工程业绩的各种资料。

2）投标资格预审资料

投标工作机构日常要做好投标资格预审资料的准备工作，资格预审资料不仅起到通过资格预审的作用，而且还是施工企业重要的宣传材料。

3）研究招标文件

单位报名参加或邀请参加某一项目的投标，通过资格审查并取得招标文件后，首先要仔细认真地研究招标文件，充分了解其内容和要求，以便统一安排投标工作，并发现应提请招标单位予以澄清的疑点。

招标文件的研究工作包括以下几方面：

① 研究招标项目综合说明，熟悉建筑项目全貌。

② 研究设计文件，为制定报价或制定施工方案提供确切的依据。所以，要认真阅读设计图纸，详细弄清楚各部门做法及对材料品种规格的要求，发现不清楚或互相矛盾之处，可在招标答疑会上提请招标单位解释或更正。

③ 研究合同条款，明确中标后的权利与义务。其主要内容有承包方式、开竣工时间、工期奖罚、材料供应方式、价款结算办法、预付款及工程款支付与结算方法、工程变更及停工、窝工损失处理办法、保险办法、政策性调整引起价格变化的处理办法等。这些内容直接影响施工方案的安排、施工期间的资金周转，最终影响施工企业的获利，因此应在标价上有所反映。

④ 研究投标单位须知，提高工作效率，避免造成废标。

4）调查投标环境

招标建设项目的社会、自然及经济条件会影响项目成本，因此在报价前应尽可能了解清楚。主要调查内容有以下三方面：

① 经济条件，如劳动力资源及工资标准、专业分包能力、地产材料的供应能力等。

② 自然条件，如影响施工的天气、山脉、河流等因素。

③ 施工现场条件，如场地地质条件、承载能力，地上及地下建筑物、构筑物及其他障碍物，地下水位，道路、供水、供电、通信条件，材料及构配件堆放场地等。

5）确定投标策略

竞争的胜负不仅取决于参与竞争单位的实力，而且取决于竞争者的投标策略是否正确，研究投标策略的目的是为了取得竞争的胜利。

6）施工组织设计或施工方案

施工组织设计或施工方案是投标的必要条件，也是招标单位评标时需要考虑的因素之一。为投标而编制的施工组织设计与指导具体施工的施工方案有两点不同：一是读者对象不同。投标中的施工方案是向招标单位或评标小组介绍施工能力，应简洁明了，突出重点和长处；二是作用不同。投标中的施工方案是为了争取中标，因此应在技术措施、工期、质量、安全以及降低成本方面对招标单位有恰当的吸引力。

7）报价

报价是投标的关键工作。报价的最佳目标是既接近招标单位的标底，又能胜过竞争对手，而且能取得较大的利润。报价是技术与决策相协调的一个完整过程。

8）编制及投送标书

投标单位应按招标文件的要求，认真编制投标书。投标书的主要内容有以下几方面：

① 综合说明；

② 标书情况汇总表，工期、质量水平承诺，让利优惠条件等；

③ 详细造价及主要材料用量；

④ 施工方案和选用的机械设备、劳动力配置、进度计划等；

⑤ 保证工程质量、进度、施工安全的主要技术组织措施；

⑥ 对合同主要条件的确认及招标文件要求的其他内容。

投标书、标书情况汇总表、密封签，必须有法人单位公章、法定代表人或其委托代理人的印鉴。投标单位应在规定时间内将投标书密封送达招标文件指定的地点。若发现标书有误，需在投标截止时间前用正式函件更正，否则以原标书为准。

投标单位可以提出设计修改方案、合同条件修改意见，并作出相应标价和投标书，同时密封寄送招标单位，供招标单位参考。

6. 标价的计算与确定

（1）标价的计算依据

投标建设项目的标底按定额编制，代表行业的平均水平。标价是企业自定的价格，反映企业的管理水平、装备能力、技术力量、劳动效率和技术措施等。因此，不同投标单位对同一建设项目的报价是不同的。计算标价的主要依据有以下几方面：

1）招标文件，包括工程范围、技术质量和工期的要求等；

2）施工图纸和工程量清单；

3）现行的预算基价、单位估价表及收费标准；

4）材料预算价格、材差计算的有关规定；

5）施工组织设计或施工方案；

6）施工现场条件；

7）影响报价的市场信息及企业的内部相关因素。

（2）标价的费用组成

投标标价的费用由直接费、间接费、利润、税金、其他费用和不可预见费等组成。投标费用，包括购买标书文件费、投标期间差旅费、编制标书费等。承包企业委托中介人办理各项承包手续、协助收集资料、通报信息、疏通环节等需支付的报酬以及为日常应酬而发生的少量礼品及招待费，也可按国家政策和规定考虑计算。

不可预见费是指标价中难以预料的工程费用，在标价中可视情况适当考虑。

（3）标价的计算与确定

1）计算工程预算造价

按计价方法计算工程预算造价，这一价格接近于标底，是投标报价的基础。

2）分析各项技术经济指标

把投标建设项目的各项技术经济指标与同类型建设项目的相关指标对比分析，或用其他单位报价资料加以分析比较，从而发现报价中的不合理的内容，并作调整。

3）考虑报价技巧与策略，确定标价

投标报价应根据建设项目条件和各种具体情况来确定。报"高标"利润高，但中标概率小；报"低标"中标概率大，但利润薄；多数投标单位报"中标"。一般情况下，报价为工程成本的1.15倍时，中标概率较高，企业的利润也较好。

（二）合同与合同管理（民法典合同编）

1. 合同的一般规定

（1）第四百六十三条

本篇调整因合同产生的民事关系。

（2）第四百六十四条

合同是民事主体之间设立、变更、终止民事法律关系的协议。

（3）第四百六十五条

依法成立的合同，受法律保护。

依法成立的合同，仅对当事人具有法律约束力，但是法律另有规定的除外。

（4）第四百六十六条

当事人对合同条款的理解有争议的，应当依据本法第一百四十二条第一款的规定，确定争议条款的含义。

合同文本采用两种以上文字订立并约定具有同等效力的，对各文本使用的词句推定具有相同含义。各文本使用的词句不一致的，应当根据合同的相关条款、性质、目的以及诚信原则等予以解释。

（5）第四百六十七条

本法或者其他法律没有明文规定的合同，适用本编通则的规定，并可以参照适用本编或者其他法律最相类似合同的规定。

在中华人民共和国境内履行的中外合资经营企业合同、中外合作经营企业合同、中外合作勘探开发自然资源合同，适用中华人民共和国法律。

（6）第四百六十八条

非因合同产生的债权债务关系，适用有关该债权债务关系的法律规定；没有规定的，适用本编通则的有关规定，但是根据其性质不能适用的除外。

2. 合同的订立

（7）第四百六十九条

当事人订立合同，可以采用书面形式、口头形式或者其他形式。

书面形式是合同书、信件、电报、电传、传真等可以有形地表现所载内容的形式。

以电子数据交换、电子邮件等方式能够有形地表现所载内容，并可以随时调取查用的数据电文，视为书面形式。

（8）第四百七十条

合同的内容由当事人约定，一般包括下列条款：

1）当事人的姓名或者名称和住所；

2）标的；

3）数量；

4）质量；

5）价款或者报酬；

6）履行期限、地点和方式；

7）违约责任；

8）解决争议的方法。

当事人可以参照各类合同的示范文本订立合同。

（9）第四百七十一条

当事人订立合同，可以采取要约、承诺方式或者其他方式。

（10）第四百七十二条

要约是希望与他人订立合同的意思表示，该意思表示应当符合下列条件：

1）内容具体确定；

2）表明经受要约人承诺，要约人即受该意思表示约束。

（11）第四百七十三条

要约邀请是希望他人向自己发出要约的表示。拍卖公告、招标公告、招股说明书、债券募集办法、基金招募说明书、商业广告和宣传、寄送的价目表等为要约邀请。

商业广告和宣传的内容符合要约条件的，构成要约。

（12）第四百七十四条

要约生效的时间适用本法第一百三十七条的规定。

（13）第四百七十五条

要约可以撤回。要约的撤回适用本法第一百四十一条的规定。

（14）第四百七十六条

要约可以撤销，但是有下列情形之一的除外：

1）要约人以确定承诺期限或者其他形式明示要约不可撤销；

2）受要约人有理由认为要约是不可撤销的，并已经为履行合同做了合理准备工作。

（15）第四百七十七条

撤销要约的意思表示以对话方式作出的，该意思表示的内容应当在受要约人作出承诺之前为受要约人所知道；撤销要约的意思表示以非对话方式作出的，应当在受要约人作出承诺之前到达受要约人。

（16）第四百七十八条

有下列情形之一的，要约失效：

1）要约被拒绝；

2）要约被依法撤销；

3）承诺期限届满，受要约人未作出承诺；

4）受要约人对要约的内容作出实质性变更。

（17）第四百七十九条

承诺是受要约人同意要约的意思表示。

（18）第四百八十条

承诺应当以通知的方式作出；但是，根据交易习惯或者要约表明可以通过行为作出承诺的除外。

（19）第四百八十一条

承诺应当在要约确定的期限内到达要约人。

要约没有确定承诺期限的，承诺应当依照下列规定到达：

1）要约以对话方式作出的，应当即时作出承诺；

2）要约以非对话方式作出的，承诺应当在合理期限内到达。

（20）第四百八十二条

要约以信件或者电报作出的，承诺期限自信件载明的日期或者电报交发之日开始计算。信件未载明日期的，自投寄该信件的邮戳日期开始计算。要约以电话、传真、电子邮件等快速通讯方式作出的，承诺期限自要约到达受要约人时开始计算。

（21）第四百八十三条

承诺生效时合同成立，但是法律另有规定或者当事人另有约定的除外。

（22）第四百八十四条

以通知方式作出的承诺，生效的时间适用本法第一百三十七条的规定。

承诺不需要通知的，根据交易习惯或者要约的要求作出承诺的行为时生效。

（23）第四百八十五条

承诺可以撤回。承诺的撤回适用本法第一百四十一条的规定。

（24）第四百八十六条

受要约人超过承诺期限发出承诺，或者在承诺期限内发出承诺，按照通常情形不能及时到达要约人的，为新要约；但是，要约人及时通知受要约人该承诺有效的除外。

（25）第四百八十七条

受要约人在承诺期限内发出承诺，按照通常情形能够及时到达要约人，但是因其他原因致使承诺到达要约人时超过承诺期限的，除要约人及时通知受要约人因承诺超过期限不接受该承诺外，该承诺有效。

（26）第四百八十八条

承诺的内容应当与要约的内容一致。受要约人对要约的内容作出实质性变更的，为新要约。有关合同标的、数量、质量、价款或者报酬、履行期限、履行地点和方式、违约责任和解决争议方法等的变更，是对要约内容的实质性变更。

（27）第四百八十九条

承诺对要约的内容作出非实质性变更的，除要约人及时表示反对或者要约表明承诺不得对要约的内容作出任何变更外，该承诺有效，合同的内容以承诺的内容为准。

（28）第四百九十条

当事人采用合同书形式订立合同的，自当事人均签名、盖章或者按指印时合同成立。在签名、盖章或者按指印之前，当事人一方已经履行主要义务，对方接受时，该合同成立。

法律、行政法规规定或者当事人约定合同应当采用书面形式订立，当事人未采用书面形式但是一方已经履行主要义务，对方接受时，该合同成立。

（29）第四百九十一条

当事人采用信件、数据电文等形式订立合同要求签订确认书的，签订确认书时合同成立。

当事人一方通过互联网等信息网络发布的商品或者服务信息符合要约条件的，对方选择该商品或者服务并提交订单成功时合同成立，但是当事人另有约定的除外。

（30）第四百九十二条

承诺生效的地点为合同成立的地点。

采用数据电文形式订立合同的，收件人的主营业地为合同成立的地点；没有主营业地的，其住所地为合同成立的地点。当事人另有约定的，按照其约定。

（31）第四百九十三条

当事人采用合同书形式订立合同的，最后签名、盖章或者按指印的地点为合同成立的地点，但是当事人另有约定的除外。

（32）第四百九十四条

国家根据抢险救灾、疫情防控或者其他需要下达国家订货任务、指令性任务的，有关民事主体之间应当依照有关法律、行政法规规定的权利和义务订立合同。

依照法律、行政法规的规定负有发出要约义务的当事人，应当及时发出合理的要约。

依照法律、行政法规的规定负有作出承诺义务的当事人，不得拒绝对方合理的订立合同要求。

（33）第四百九十五条

当事人约定在将来一定期限内订立合同的认购书、订购书、预订书等，构成预约合同。

当事人一方不履行预约合同约定的订立合同义务的，对方可以请求其承担预约合同的违约责任。

（34）第四百九十六条

格式条款是当事人为了重复使用而预先拟定，并在订立合同时未与对方协商的条款。

采用格式条款订立合同的，提供格式条款的一方应当遵循公平原则确定当事人之间的权利和义务，并采取合理的方式提示对方注意免除或者减轻其责任等与对方有重大利害关系的条款，按照对方的要求，对该条款予以说明。提供格式条款的一方未履行提示或者说明义务，致使对方没有注意或者理解与其有重大利害关系的条款的，对方可以主张该条款不成为合同的内容。

（35）第四百九十七条

有下列情形之一的，该格式条款无效：

1）具有本法第一编第六章第三节和本法第五百零六条规定的无效情形；

2）提供格式条款一方不合理地免除或者减轻其责任、加重对方责任、限制对方主要权利；

3）提供格式条款一方排除对方主要权利。

（36）第四百九十八条

对格式条款的理解发生争议的，应当按照通常理解予以解释。对格式条款有两种以上解释的，应当作出不利于提供格式条款一方的解释。格式条款和非格式条款不一致的，应当采用非格式条款。

（37）第四百九十九条

悬赏人以公开方式声明对完成特定行为的人支付报酬的，完成该行为的人可以请求其支付。

（38）第五百条

当事人在订立合同过程中有下列情形之一，造成对方损失的，应当承担赔偿责任：

1）假借订立合同，恶意进行磋商；

2）故意隐瞒与订立合同有关的重要事实或者提供虚假情况；

3）有其他违背诚信原则的行为。

（39）第五百零一条

当事人在订立合同过程中知悉的商业秘密或者其他应当保密的信息，无论合同是否成立，不得泄露或者不正当地使用；泄露、不正当地使用该商业秘密或者信息，造成对方损失的，应当承担赔偿责任。

3. 合同的效力

（40）第五百零二条

依法成立的合同，自成立时生效，但是法律另有规定或者当事人另有约定的除外。

依照法律、行政法规的规定，合同应当办理批准等手续的，依照其规定。未办理批准等手续影响合同生效的，不影响合同中履行报批等义务条款以及相关条款的效力。应当办理申请批准等手续的当事人未履行义务的，对方可以请求其承担违反该义务的责任。

依照法律、行政法规的规定，合同的变更、转让、解除等情形应当办理批准等手续的，适用前款规定。

（41）第五百零三条

无权代理人以被代理人的名义订立合同，被代理人已经开始履行合同义务或者接受相对人履行的，视为对合同的追认。

（42）第五百零四条

法人的法定代表人或者非法人组织的负责人超越权限订立的合同，除相对人知道或者应当知道其超越权限外，该代表行为有效，订立的合同对法人或者非法人组织发生效力。

（43）第五百零五条

当事人超越经营范围订立的合同的效力，应当依照本法第一编第六章第三节和本编的有关规定确定，不得仅以超越经营范围确认合同无效。

（44）第五百零六条

合同中的下列免责条款无效：

1）造成对方人身损害的；

2）因故意或者重大过失造成对方财产损失的。

（45）第五百零七条

合同不生效、无效、被撤销或者终止的，不影响合同中有关解决争议方法的条款的效力。

（46）第五百零八条

本编对合同的效力没有规定的，适用本法第一编第六章的有关规定。

4. 合同的履行

（47）第五百零九条

当事人应当按照约定全面履行自己的义务。

当事人应当遵循诚信原则，根据合同的性质、目的和交易习惯履行通知、协助、保密等义务。

当事人在履行合同过程中，应当避免浪费资源、污染环境和破坏生态。

（48）第五百一十条

合同生效后，当事人就质量、价款或者报酬、履行地点等内容没有约定或者约定不明确的，可以协议补充；不能达成补充协议的，按照合同相关条款或者交易习惯确定。

（49）第五百一十一条

当事人就有关合同内容约定不明确，依据前条规定仍不能确定的，适用下列规定：

1）质量要求不明确的，按照强制性国家标准履行；没有强制性国家标准的，按照推荐性国家标准履行；没有推荐性国家标准的，按照行业标准履行；没有国家标准、行业标准的，按照通常标准或者符合合同目的的特定标准履行。

2）价款或者报酬不明确的，按照订立合同时履行地的市场价格履行；依法应当执行政府定价或者政府指导价的，依照规定履行。

3）履行地点不明确，给付货币的，在接受货币一方所在地履行；交付不动产的，在不动产所在地履行；其他标的，在履行义务一方所在地履行。

4）履行期限不明确的，债务人可以随时履行，债权人也可以随时请求履行，但是应当给对方必要的准备时间。

5）履行方式不明确的，按照有利于实现合同目的的方式履行。

6）履行费用的负担不明确的，由履行义务一方负担；因债权人原因增加的履行费用，由债权人负担。

（50）第五百一十二条

通过互联网等信息网络订立的电子合同的标的为交付商品并采用快递物流方式交付的，收货人的签收时间为交付时间。电子合同的标的为提供服务的，生成的电子凭证或者实物凭证中载明的时间为提供服务时间；前述凭证没有载明时间或者载明时间与实际提供服务时间不一致的，以实际提供服务的时间为准。

电子合同的标的物为采用在线传输方式交付的，合同标的物进入对方当事人指定的特定系统且能够检索识别的时间为交付时间。

电子合同当事人对交付商品或者提供服务的方式、时间另有约定的，按照其约定。

（51）第五百一十三条

执行政府定价或者政府指导价的，在合同约定的交付期限内政府价格调整时，按照交付时的价格计价。逾期交付标的物的，遇价格上涨时，按照原价格执行；价格下降时，按照新价格执行。逾期提取标的物或者逾期付款的，遇价格上涨时，按照新价格执行；价格下降时，按照原价格执行。

（52）第五百一十四条

以支付金钱为内容的债，除法律另有规定或者当事人另有约定外，债权人可以请求债务人以实际履行地的法定货币履行。

（53）第五百一十五条

标的有多项而债务人只需履行其中一项的，债务人享有选择权；但是，法律另有规定、当事人另有约定或者另有交易习惯的除外。

享有选择权的当事人在约定期限内或者履行期限届满未作选择，经催告后在合理期限内仍未选择的，选择权转移至对方。

（54）第五百一十六条

当事人行使选择权应当及时通知对方，通知到达对方时，标的确定。标的确定后不得变更，但是经对方同意的除外。

可选择的标的发生不能履行情形的，享有选择权的当事人不得选择不能履行的标的，但是该不能履行的情形是由对方造成的除外。

（55）第五百一十七条

债权人为二人以上，标的可分，按照份额各自享有债权的，为按份债权；债务人为二人以上，标的可分，按照份额各自负担债务的，为按份债务。

按份债权人或者按份债务人的份额难以确定的，视为份额相同。

（56）第五百一十八条

债权人为二人以上，部分或者全部债权人均可以请求债务人履行债务的，为连带债权；债务人为二人以上，债权人可以请求部分或者全部债务人履行全部债务的，为连带债务。

连带债权或者连带债务，由法律规定或者当事人约定。

（57）第五百一十九条

连带债务人之间的份额难以确定的，视为份额相同。

实际承担债务超过自己份额的连带债务人，有权就超出部分在其他连带债务人未履行的份额范围内向其追偿，并相应地享有债权人的权利，但是不得损害债权人的利益。其他连带债务人对债权人的抗辩，可以向该债务人主张。

被追偿的连带债务人不能履行其应分担份额的，其他连带债务人应当在相应范围内按比例分担。

（58）第五百二十条

部分连带债务人履行、抵销债务或者提存标的物的，其他债务人对债权人的债务在相应范围内消灭；该债务人可以依据前条规定向其他债务人追偿。

部分连带债务人的债务被债权人免除的，在该连带债务人应当承担的份额范围内，其他债务人对债权人的债务消灭。

部分连带债务人的债务与债权人的债权同归于一人的，在扣除该债务人应当承担的份额后，债权人对其他债务人的债权继续存在。

债权人对部分连带债务人的给付受领迟延的，对其他连带债务人发生效力。

（59）第五百二十一条

连带债权人之间的份额难以确定的，视为份额相同。

实际受领债权的连带债权人，应当按比例向其他连带债权人返还。

连带债权参照适用本章连带债务的有关规定。

（60）第五百二十二条

当事人约定由债务人向第三人履行债务，债务人未向第三人履行债务或者履行债务不符合约定的，应当向债权人承担违约责任。

法律规定或者当事人约定第三人可以直接请求债务人向其履行债务，第三人未在合理期限内明确拒绝，债务人未向第三人履行债务或者履行债务不符合约定的，第三人可以请求债务人承担违约责任；债务人对债权人的抗辩，可以向第三人主张。

（61）第五百二十三条

当事人约定由第三人向债权人履行债务，第三人不履行债务或者履行债务不符合约定的，债务人应当向债权人承担违约责任。

（62）第五百二十四条

债务人不履行债务，第三人对履行该债务具有合法利益的，第三人有权向债权人代为履行；但是，根据债务性质、按照当事人约定或者依照法律规定只能由债务人履行的除外。债权人接受第三人履行后，其对债务人的债权转让给第三人，但是债务人和第三人另有约定的除外。

（63）第五百二十五条

当事人互负债务，没有先后履行顺序的，应当同时履行。一方在对方履行之前有权拒绝其履行请求。一方在对方履行债务不符合约定时，有权拒绝其相应的履行请求。

（64）第五百二十六条

当事人互负债务，有先后履行顺序，应当先履行债务一方未履行的，后履行一方有权拒绝其履行请求。先履行一方履行债务不符合约定的，后履行一方有权拒绝其相应的履行请求。

（65）第五百二十七条

应当先履行债务的当事人，有确切证据证明对方有下列情形之一的，可以中止履行：

1）经营状况严重恶化；

2）转移财产、抽逃资金，以逃避债务；

3）丧失商业信誉；

4）有丧失或者可能丧失履行债务能力的其他情形。

当事人没有确切证据中止履行的，应当承担违约责任。

（66）第五百二十八条

当事人依据前条规定中止履行的，应当及时通知对方。对方提供适当担保的，应当恢复履行。中止履行后，对方在合理期限内未恢复履行能力且未提供适当担保的，视为以自己的行为表明不履行主要债务，中止履行的一方可以解除合同并可以请求对方承担违约责任。

（67）第五百二十九条

债权人分立、合并或者变更住所没有通知债务人，致使履行债务发生困难的，债务人可以中止履行或者将标的物提存。

（68）第五百三十条

债权人可以拒绝债务人提前履行债务，但是提前履行不损害债权人利益的除外。

债务人提前履行债务给债权人增加的费用，由债务人负担。

（69）第五百三十一条

债权人可以拒绝债务人部分履行债务，但是部分履行不损害债权人利益的除外。

债务人部分履行债务给债权人增加的费用，由债务人负担。

（70）第五百三十二条

合同生效后，当事人不得因姓名、名称的变更或者法定代表人、负责人、承办人的变动而不履行合同义务。

（71）第五百三十三条

合同成立后，合同的基础条件发生了当事人在订立合同时无法预见的、不属于商业风险的重大变化，继续履行合同对于当事人一方明显不公平的，受不利影响的当事人可以与对方重新协商；在合理期限内协商不成的，当事人可以请求人民法院或者仲裁机构变更或者解除合同。

人民法院或者仲裁机构应当结合案件的实际情况，根据公平原则变更或者解除合同。

（72）第五百三十四条

对当事人利用合同实施危害国家利益、社会公共利益行为的，市场监督管理和其他有关行政主管部门依照法律、行政法规的规定负责监督处理。

5. 合同的保全

（73）第五百三十五条

因债务人怠于行使其债权或者与该债权有关的从权利，影响债权人的到期债权实现的，债权人可以向人民法院请求以自己的名义代位行使债务人对相对人的权利，但是该权利专属于债务人自身的除外。

代位权的行使范围以债权人的到期债权为限。债权人行使代位权的必要费用，由债务人负担。

相对人对债务人的抗辩，可以向债权人主张。

（74）第五百三十六条

债权人的债权到期前，债务人的债权或者与该债权有关的从权利存在诉讼时效期间即将届满或者未及时申报破产债权等情形，影响债权人的债权实现的，债权人可以代位向债务人的相对人请求其向债务人履行、向破产管理人申报或者作出其他必要的行为。

（75）第五百三十七条

人民法院认定代位权成立的，由债务人的相对人向债权人履行义务，债权人接受履行后，债权人与债务人、债务人与相对人之间相应的权利义务终止。债务人对相对人的债权或者与该债权有关的从权利被采取保全、执行措施，或者债务人破产的，依照相关法律的规定处理。

（76）第五百三十八条

债务人以放弃其债权、放弃债权担保、无偿转让财产等方式无偿处分财产权益，或者恶意延长其到期债权的履行期限，影响债权人的债权实现的，债权人可以请求人民法院撤销债务人的行为。

（77）第五百三十九条

债务人以明显不合理的低价转让财产、以明显不合理的高价受让他人财产或者为他人的债务提供担保，影响债权人的债权实现，债务人的相对人知道或者应当知道该情形的，债权人可以请求人民法院撤销债务人的行为。

（78）第五百四十条

撤销权的行使范围以债权人的债权为限。债权人行使撤销权的必要费用，由债务人负担。

（79）第五百四十一条

撤销权自债权人知道或者应当知道撤销事由之日起一年内行使。自债务人的行为发生之日起五年内没有行使撤销权的，该撤销权消灭。

（80）第五百四十二条

债务人影响债权人的债权实现的行为被撤销的，自始没有法律约束力。

6. 合同的变更和转让

（81）第五百四十三条

当事人协商一致，可以变更合同。

（82）第五百四十四条

当事人对合同变更的内容约定不明确的，推定为未变更。

（83）第五百四十五条

债权人可以将债权的全部或者部分转让给第三人，但是有下列情形之一的除外：

1）根据债权性质不得转让；

2）按照当事人约定不得转让；

3）依照法律规定不得转让。

当事人约定非金钱债权不得转让的，不得对抗善意第三人。当事人约定金钱债权不得转让的，不得对抗第三人。

（84）第五百四十六条

债权人转让债权，未通知债务人的，该转让对债务人不发生效力。

债权转让的通知不得撤销，但是经受让人同意的除外。

（85）第五百四十七条

债权人转让债权的，受让人取得与债权有关的从权利，但是该从权利专属于债权人自身的除外。

受让人取得从权利不因该从权利未办理转移登记手续或者未转移占有而受到影响。

（86）第五百四十八条

债务人接到债权转让通知后，债务人对让与人的抗辩，可以向受让人主张。

（87）第五百四十九条

有下列情形之一的，债务人可以向受让人主张抵销：

1）债务人接到债权转让通知时，债务人对让与人享有债权，且债务人的债权先于转让的债权到期或者同时到期；

2）债务人的债权与转让的债权是基于同一合同产生。

（88）第五百五十条

因债权转让增加的履行费用，由让与人负担。

（89）第五百五十一条

债务人将债务的全部或者部分转移给第三人的，应当经债权人同意。

债务人或者第三人可以催告债权人在合理期限内予以同意，债权人未作表示的，视为不同意。

（90）第五百五十二条

第三人与债务人约定加入债务并通知债权人，或者第三人向债权人表示愿意加入债务，债权人未在合理期限内明确拒绝的，债权人可以请求第三人在其愿意承担的债务范围内和债务人承担连带债务。

（91）第五百五十三条

债务人转移债务的，新债务人可以主张原债务人对债权人的抗辩；原债务人对债权人享有债权的，新债务人不得向债权人主张抵销。

（92）第五百五十四条

债务人转移债务的，新债务人应当承担与主债务有关的从债务，但是该从债务专属于原债务人自身的除外。

（93）第五百五十五条

当事人一方经对方同意，可以将自己在合同中的权利和义务一并转让给第三人。

（94）第五百五十六条

合同的权利和义务一并转让的，适用债权转让、债务转移的有关规定。

7. 合同的权利义务终止

（95）第五百五十七条

有下列情形之一的，债权债务终止：

1）债务已经履行；

2）债务相互抵销；

3）债务人依法将标的物提存；

4）债权人免除债务；

5）债权债务同归于一人；

6）法律规定或者当事人约定终止的其他情形。

合同解除的，该合同的权利义务关系终止。

（96）第五百五十八条

债权债务终止后，当事人应当遵循诚信等原则，根据交易习惯履行通知、协助、保密、旧物回收等义务。

（97）第五百五十九条

债权债务终止时，债权的从权利同时消灭，但是法律另有规定或者当事人另有约定的除外。

（98）第五百六十条

债务人对同一债权人负担的数项债务种类相同，债务人的给付不足以清偿全部债务的，除当事人另有约定外，由债务人在清偿时指定其履行的债务。

债务人未作指定的，应当优先履行已经到期的债务；数项债务均到期的，优先履行对债权人缺乏担保或者担保最少的债务；均无担保或者担保相等的，优先履行债务人负担较重的债务；负担相同的，按照债务到期的先后顺序履行；到期时间相同的，按照债务比例履行。

（99）第五百六十一条

债务人在履行主债务外还应当支付利息和实现债权的有关费用，其给付不足以清偿全部债务的，除当事人另有约定外，应当按照下列顺序履行：

1）实现债权的有关费用；

2）利息；

3）主债务。

（100）第五百六十二条

当事人协商一致，可以解除合同。当事人可以约定一方解除合同的事由。解除合同的事由发生时，解除权人可以解除合同。

（101）第五百六十三条

有下列情形之一的，当事人可以解除合同：

1）因不可抗力致使不能实现合同目的；

2）在履行期限届满前，当事人一方明确表示或者以自己的行为表明不履行主要债务；

3）当事人一方迟延履行主要债务，经催告后在合理期限内仍未履行；

4）当事人一方迟延履行债务或者有其他违约行为致使不能实现合同目的；

5）法律规定的其他情形。

以持续履行的债务为内容的不定期合同，当事人可以随时解除合同，但是应当在合理期限之前通知对方。

（102）第五百六十四条

法律规定或者当事人约定解除权行使期限，期限届满当事人不行使的，该权利消灭。

法律没有规定或者当事人没有约定解除权行使期限，自解除权人知道或者应当知道解除事由之日起一年内不行使，或者经对方催告后在合理期限内不行使的，该权利消灭。

（103）第五百六十五条

当事人一方依法主张解除合同的，应当通知对方。合同自通知到达对方时解除；通知载明债务人在一定期限内不履行债务则合同自动解除，债务人在该期限内未履行债务的，合同自通知载明的期限届满时解除。对方对解除合同有异议的，任何一方当事人均可以请求人民法院或者仲裁机构确认解除行为的效力。

当事人一方未通知对方，直接以提起诉讼或者申请仲裁的方式依法主张解除合同，人民法院或者仲裁机构确认该主张的，合同自起诉状副本或者仲裁申请书副本送达对方时解除。

（104）第五百六十六条

合同解除后，尚未履行的，终止履行；已经履行的，根据履行情况和合同性质，当事人可以请求恢复原状或者采取其他补救措施，并有权请求赔偿损失。

合同因违约解除的，解除权人可以请求违约方承担违约责任，但是当事人另有约定的除外。

主合同解除后，担保人对债务人应当承担的民事责任仍应当承担担保责任，但是担保合同另有约定的除外。

（105）第五百六十七条

合同的权利义务关系终止，不影响合同中结算和清理条款的效力。

（106）第五百六十八条

当事人互负债务，该债务的标的物种类、品质相同的，任何一方可以将自己的债务与对方的到期债务抵销；但是，根据债务性质、按照当事人约定或者依照法律规定不得抵销的除外。

当事人主张抵销的，应当通知对方。通知自到达对方时生效。抵销不得附条件或者附期限。

（107）第五百六十九条

当事人互负债务，标的物种类、品质不相同的，经协商一致，也可以抵销。

（108）第五百七十条

有下列情形之一，难以履行债务的，债务人可以将标的物提存：

1）债权人无正当理由拒绝受领；

2）债权人下落不明；

3）债权人死亡未确定继承人、遗产管理人，或者丧失民事行为能力未确定监护人；

4）法律规定的其他情形。

标的物不适于提存或者提存费用过高的，债务人依法可以拍卖或者变卖标的物，提存所得的价款。

（109）第五百七十一条

债务人将标的物或者将标的物依法拍卖、变卖所得价款交付提存部门时，提存成立。

提存成立的，视为债务人在其提存范围内已经交付标的物。

（110）第五百七十二条

标的物提存后，债务人应当及时通知债权人或者债权人的继承人、遗产管理人、监护人、财产代管人。

（111）第五百七十三条

标的物提存后，毁损、灭失的风险由债权人承担。提存期间，标的物的孳息归债权人所有。提存费用由债权人负担。

（112）第五百七十四条

债权人可以随时领取提存物。但是，债权人对债务人负有到期债务的，在债权人未履行债务或者提供担保之前，提存部门根据债务人的要求应当拒绝其领取提存物。

债权人领取提存物的权利，自提存之日起五年内不行使而消灭，提存物扣除提存费用后归国家所有。但是，债权人未履行对债务人的到期债务，或者债权人向提存部门书面表示放弃领取提存物权利的，债务人负担提存费用后有权取回提存物。

（113）第五百七十五条

债权人免除债务人部分或者全部债务的，债权债务部分或者全部终止，但是债务人在合理期限内拒绝的除外。

（114）第五百七十六条

债权和债务同归于一人的，债权债务终止，但是损害第三人利益的除外。

8. 违约责任

（115）第五百七十七条

当事人一方不履行合同义务或者履行合同义务不符合约定的，应当承担继续履行、采取补救措施或者赔偿损失等违约责任。

（116）第五百七十八条

当事人一方明确表示或者以自己的行为表明不履行合同义务的，对方可以在履行期限届满前请求其承担违约责任。

（117）第五百七十九条

当事人一方未支付价款、报酬、租金、利息，或者不履行其他金钱债务的，对方可以请求其支付。

（118）第五百八十条

当事人一方不履行非金钱债务或者履行非金钱债务不符合约定的，对方可以请求履行，但是有下列情形之一的除外：

1）法律上或者事实上不能履行；

2）债务的标的不适于强制履行或者履行费用过高；

3）债权人在合理期限内未请求履行。

有前款规定的除外情形之一，致使不能实现合同目的的，人民法院或者仲裁机构可以根据当事人的请求终止合同权利义务关系，但是不影响违约责任的承担。

（119）第五百八十一条

当事人一方不履行债务或者履行债务不符合约定，根据债务的性质不得强制履行的，对方可以请求其负担由第三人替代履行的费用。

（120）第五百八十二条

履行不符合约定的，应当按照当事人的约定承担违约责任。对违约责任没有约定或者约定不明确，依据本法第五百一十条的规定仍不能确定的，受损害方根据标的的性质以及损失的大小，可以合理选择请求对方承担修理、重作、更换、退货、减少价款或者报酬等违约责任。

（121）第五百八十三条

当事人一方不履行合同义务或者履行合同义务不符合约定的，在履行义务或者采取补救措施后，对方还有其他损失的，应当赔偿损失。

（122）第五百八十四条

当事人一方不履行合同义务或者履行合同义务不符合约定，造成对方损失的，损失赔偿额应当相当于因违约所造成的损失，包括合同履行后可以获得的利益；但是，不得超过违约一方订立合同时预见到或者应当预见到的因违约可能造成的损失。

（123）第五百八十五条

当事人可以约定一方违约时应当根据违约情况向对方支付一定数额的违约金，也可以约定因违约产生的损失赔偿额的计算方法。

约定的违约金低于造成的损失的，人民法院或者仲裁机构可以根据当事人的请求予以增加；约定的违约金过分高于造成的损失的，人民法院或者仲裁机构可以根据当事人的请求予以适当减少。

当事人就迟延履行约定违约金的，违约方支付违约金后，还应当履行债务。

（124）第五百八十六条

当事人可以约定一方向对方给付定金作为债权的担保。定金合同自实际交付定金时成立。

定金的数额由当事人约定；但是，不得超过主合同标的额的百分之二十，超过部分不产生定金的效力。实际交付的定金数额多于或者少于约定数额的，视为变更约定的定金数额。

（125）第五百八十七条

债务人履行债务的，定金应当抵作价款或者收回。给付定金的一方不履行债务或者履行债务不符合约定，致使不能实现合同目的的，无权请求返还定金；收受定金的一方不履行债务或者履行债务不符合约定，致使不能实现合同目的的，应当双倍返还定金。

（126）第五百八十八条

当事人既约定违约金，又约定定金的，一方违约时，对方可以选择适用违约金或者定金条款。

定金不足以弥补一方违约造成的损失的，对方可以请求赔偿超过定金数额的损失。

（127）第五百八十九条

债务人按照约定履行债务，债权人无正当理由拒绝受领的，债务人可以请求债权人赔偿增加的费用。

在债权人受领迟延期间，债务人无须支付利息。

（128）第五百九十条

当事人一方因不可抗力不能履行合同的，根据不可抗力的影响，部分或者全部免除责任，但是法律另有规定的除外。因不可抗力不能履行合同的，应当及时通知对方，以减轻可能给对方造成的损失，并应当在合理期限内提供证明。

当事人迟延履行后发生不可抗力的，不免除其违约责任。

（129）第五百九十一条

当事人一方违约后，对方应当采取适当措施防止损失的扩大；没有采取适当措施致使损失扩大的，不得就扩大的损失请求赔偿。

当事人因防止损失扩大而支出的合理费用，由违约方负担。

（130）第五百九十二条

当事人都违反合同的，应当各自承担相应的责任。

当事人一方违约造成对方损失，对方对损失的发生有过错的，可以减少相应的损失赔偿额。

（131）第五百九十三条

当事人一方因第三人的原因造成违约的，应当依法向对方承担违约责任。当事人一方和第三人之间的纠纷，依照法律规定或者按照约定处理。

（132）第五百九十四条

因国际货物买卖合同和技术进出口合同争议提起诉讼或者申请仲裁的时效期间为四年。

9. 买卖合同

（133）第五百九十五条

买卖合同是出卖人转移标的物的所有权于买受人，买受人支付价款的合同。

（134）第五百九十六条

买卖合同的内容一般包括标的物的名称、数量、质量、价款、履行期限、履行地点和方式、包装方式、检验标准和方法、结算方式、合同使用的文字及其效力等条款。

（135）第五百九十七条

因出卖人未取得处分权致使标的物所有权不能转移的，买受人可以解除合同并请求出卖人承担违约责任。

法律、行政法规禁止或者限制转让的标的物，依照其规定。

（136）第五百九十八条

出卖人应当履行向买受人交付标的物或者交付提取标的物的单证，并转移标的物所有权的义务。

（137）第五百九十九条

出卖人应当按照约定或者交易习惯向买受人交付提取标的物单证以外的有关单证和资料。

（138）第六百条

出卖具有知识产权的标的物的，除法律另有规定或者当事人另有约定外，该标的物的知识产权不属于买受人。

（139）第六百零一条

出卖人应当按照约定的时间交付标的物。约定交付期限的，出卖人可以在该交付期限内的任何时间交付。

（140）第六百零二条

当事人没有约定标的物的交付期限或者约定不明确的，适用本法第五百一十条、第五百一十一条第四项的规定。

（141）第六百零三条

出卖人应当按照约定的地点交付标的物。

当事人没有约定交付地点或者约定不明确，依据本法第五百一十条的规定仍不能确定的，适用下列规定：

1）标的物需要运输的，出卖人应当将标的物交付给第一承运人以运交给买受人；

2）标的物不需要运输，出卖人和买受人订立合同时知道标的物在某一地点的，出卖人应当在该地点交付标的物；不知道标的物在某一地点的，应当在出卖人订立合同时的营业地交付标的物。

（142）第六百零四条

标的物毁损、灭失的风险，在标的物交付之前由出卖人承担，交付之后由买受人承担，但是法律另有规定或者当事人另有约定的除外。

（143）第六百零五条

因买受人的原因致使标的物未按照约定的期限交付的，买受人应当自违反约定时起承担标的物毁损、灭失的风险。

（144）第六百零六条

出卖人出卖交由承运人运输的在途标的物，除当事人另有约定外，毁损、灭失的风险自合同成立时起由买受人承担。

（145）第六百零七条

出卖人按照约定将标的物运送至买受人指定地点并交付给承运人后，标的物毁损、灭失的风险由买受人承担。

当事人没有约定交付地点或者约定不明确，依据本法第六百零三条第二款第一项的规定标的物需要运输的，出卖人将标的物交付给第一承运人后，标的物毁损、灭失的风险由买受人承担。

（146）第六百零八条

出卖人按照约定或者依据本法第六百零三条第二款第二项的规定将标的物置于交付地点，买受人违反约定没有收取的，标的物毁损、灭失的风险自违反约定时起由买受人承担。

（147）第六百零九条

出卖人按照约定未交付有关标的物的单证和资料的，不影响标的物毁损、灭失风险的转移。

（148）第六百一十条

因标的物不符合质量要求，致使不能实现合同目的的，买受人可以拒绝接受标的物或者解除合同。买受人拒绝接受标的物或者解除合同的，标的物毁损、灭失的风险由出卖人承担。

（149）第六百一十一条

标的物毁损、灭失的风险由买受人承担的，不影响因出卖人履行义务不符合约定，买受人请求其承担违约责任的权利。

（150）第六百一十二条

出卖人就交付的标的物，负有保证第三人对该标的物不享有任何权利的义务，但是法律另有规定的除外。

（151）第六百一十三条

买受人订立合同时知道或者应当知道第三人对买卖的标的物享有权利的，出卖人不承担前条规定的义务。

（152）第六百一十四条

买受人有确切证据证明第三人对标的物享有权利的，可以中止支付相应的价款，但是出卖人提供适当担保的除外。

（153）第六百一十五条

出卖人应当按照约定的质量要求交付标的物。出卖人提供有关标的物质量说明的，交付的标的物应当符合该说明的质量要求。

（154）第六百一十六条

当事人对标的物的质量要求没有约定或者约定不明确，依据本法第五百一十条的规定仍不能确定的，适用本法第五百一十一条第一项的规定。

（155）第六百一十七条

出卖人交付的标的物不符合质量要求的，买受人可以依据本法第五百八十二条至第五百八十四条的规定请求承担违约责任。

（156）第六百一十八条

当事人约定减轻或者免除出卖人对标的物瑕疵承担的责任，因出卖人故意或者重大过失不告知买受人标的物瑕疵的，出卖人无权主张减轻或者免除责任。

（157）第六百一十九条

出卖人应当按照约定的包装方式交付标的物。对包装方式没有约定或者约定不明确，依据本法第五百一十条的规定仍不能确定的，应当按照通用的方式包装；没有通用方式的，应当采取足以保护标的物且有利于节约资源、保护生态环境的包装方式。

（158）第六百二十条

买受人收到标的物时应当在约定的检验期限内检验。没有约定检验期限的，应当及时检验。

（159）第六百二十一条

当事人约定检验期限的，买受人应当在检验期限内将标的物的数量或者质量不符合约定的情形通知出卖人。买受人怠于通知的，视为标的物的数量或者质量符合约定。

当事人没有约定检验期限的，买受人应当在发现或者应当发现标的物的数量或者质量不符合约定的合理期限内通知出卖人。买受人在合理期限内未通知或者自收到标的物之日起二年内未通知出卖人的，视为标的物的数量或者质量符合约定；但是，对标的物有质量保证期的，适用质量保证期，不适用该二年的规定。出卖人知道或者应当知道提供的标的物不符合约定的，买受人不受前两款规定的通知时间的限制。

10. 建设工程合同

（160）第七百八十八条

建设工程合同是承包人进行工程建设，发包人支付价款的合同。建设工程合同包括工程勘察、设计、施工合同。

（161）第七百八十九条

建设工程合同应当采用书面形式。

（162）第七百九十条

建设工程的招标投标活动，应当依照有关法律的规定公开、公平、公正进行。

（163）第七百九十一条

发包人可以与总承包人订立建设工程合同，也可以分别与勘察人、设计人、施工人订立勘察、设计、施工承包合同。发包人不得将应当由一个承包人完成的建设工程支解成若干部分发包给数个承包人。

总承包人或者勘察、设计、施工承包人经发包人同意，可以将自己承包的部分工作交由第三人完成。第三人就其完成的工作成果与总承包人或者勘察、设计、施工承包人向发包人承担连带责任。承包人不得将其承包的全部建设工程转包给第三人或者将其承包的全部建设工程支解以后以分包的名义分别转包给第三人。

禁止承包人将工程分包给不具备相应资质条件的单位。禁止分包单位将其承包的工程再分包。建设工程主体结构的施工必须由承包人自行完成。

（164）第七百九十二条

国家重大建设工程合同，应当按照国家规定的程序和国家批准的投资计划、可行性研究报告等文件订立。

（165）第七百九十三条

建设工程施工合同无效，但是建设工程经验收合格的，可以参照合同关于工程价款的约定折价补偿承包人。

建设工程施工合同无效，且建设工程经验收不合格的，按照以下情形处理：

1）修复后的建设工程经验收合格的，发包人可以请求承包人承担修复费用；

2）修复后的建设工程经验收不合格的，承包人无权请求参照合同关于工程价款的约定折价补偿。

发包人对因建设工程不合格造成的损失有过错的，应当承担相应的责任。

（166）第七百九十四条

勘察、设计合同的内容一般包括提交有关基础资料和概预算等文件的期限、质量要求、费用以及其他协作条件等条款。

（167）第七百九十五条

施工合同的内容一般包括工程范围、建设工期、中间交工工程的开工和竣工时间、工程质量、工程造价、技术资料交付时间、材料和设备供应责任、拨款和结算、竣工验收、质量保修范围和质量保证期、相互协作等条款。

（168）第七百九十六条

建设工程实行监理的，发包人应当与监理人采用书面形式订立委托监理合同。发包人与监理人的权利和义务以及法律责任，应当依照本编委托合同以及其他有关法律、行政法规的规定。

（169）第七百九十七条

发包人在不妨碍承包人正常作业的情况下，可以随时对作业进度、质量进行检查。

（170）第七百九十八条

隐蔽工程在隐蔽以前，承包人应当通知发包人检查。发包人没有及时检查的，承包人可以顺延工程日期，并有权请求赔偿停工、窝工等损失。

（171）第七百九十九条

建设工程竣工后，发包人应当根据施工图纸及说明书、国家颁发的施工验收规范和质量检验标准及时进行验收。验收合格的，发包人应当按照约定支付价款，并接收该建设工程。

建设工程竣工经验收合格后，方可交付使用；未经验收或者验收不合格的，不得交付使用。

（172）第八百条

勘察、设计的质量不符合要求或者未按照期限提交勘察、设计文件拖延工期，造成发包人损失的，勘察人、设计人应当继续完善勘察、设计，减收或者免收勘察、设计费并赔偿损失。

（173）第八百零一条

因施工人的原因致使建设工程质量不符合约定的，发包人有权请求施工人在合理期限内无偿修理或者返工、改建。经过修理或者返工、改建后，造成逾期交付的，施工人应当承担违约责任。

（174）第八百零二条

因承包人的原因致使建设工程在合理使用期限内造成人身损害和财产损失的，承包人应当承担赔偿责任。

51

（175）第八百零三条

发包人未按照约定的时间和要求提供原材料、设备、场地、资金、技术资料的，承包人可以顺延工程日期，并有权请求赔偿停工、窝工等损失。

（176）第八百零四条

因发包人的原因致使工程中途停建、缓建的，发包人应当采取措施弥补或者减少损失，赔偿承包人因此造成的停工、窝工、倒运、机械设备调迁、材料和构件积压等损失和实际费用。

（177）第八百零五条

因发包人变更计划，提供的资料不准确，或者未按照期限提供必需的勘察、设计工作条件而造成勘察、设计的返工、停工或者修改设计，发包人应当按照勘察人、设计人实际消耗的工作量增付费用。

（178）第八百零六条

承包人将建设工程转包、违法分包的，发包人可以解除合同。

发包人提供的主要建筑材料、建筑构配件和设备不符合强制性标准或者不履行协助义务，致使承包人无法施工，经催告后在合理期限内仍未履行相应义务的，承包人可以解除合同。

合同解除后，已经完成的建设工程质量合格的，发包人应当按照约定支付相应的工程价款；已经完成的建设工程质量不合格的，参照本法第七百九十三条的规定处理。

（179）第八百零七条

发包人未按照约定支付价款的，承包人可以催告发包人在合理期限内支付价款。发包人逾期不支付的，除根据建设工程的性质不宜折价、拍卖外，承包人可以与发包人协议将该工程折价，也可以请求人民法院将该工程依法拍卖。建设工程的价款就该工程折价或者拍卖的价款优先受偿。

（180）第八百零八条

以上没有规定的，适用承揽合同的有关规定。

（三）建设工程施工合同示范文本（GF—2017—0201）（摘录）及建筑材料采购合同范本

1. 施工合同示范文本的结构

（1）《建设工程施工合同（示范文本）》的组成

《建设工程施工合同（示范文本）》GF—2017—0201（简称《示范文本》）由合同协议书、通用合同条款和专用合同条款三部分组成。

附件有《承包人承揽工程项目一览表》《发包人供应材料设备一览表》《工程质量保修书》《主要建设工程文件目录》《承包人用于本工程施工的机械设备表》《承包人主要施工管理人员表》《分包人主要施工管理人员表》《履约担保格式》《预付款担保格式》《支付担保格式》。附件十一包括《材料暂估价表》《工程设备暂估价表》和《专业工程暂估价表》。

1）合同协议书

《示范文本》合同协议书共计 13 条，主要包括：工程概况、合同工期、质量标准、签约合同价和合同价格形式、项目经理、合同文件构成、承诺以及合同生效条件等重要内容，集中约定了合同当事人基本的合同权利义务。

2）通用合同条款

通用合同条款是合同当事人根据《中华人民共和国建筑法》《中华人民共和国民法典》等法律法规的规定，就工程建设的实施及相关事项，对合同当事人的权利义务作出的原则性约定。通用合同条款共计 20 条。

3）专用合同条款是对通用合同条款原则性约定的细化、完善、补充、修改或另行约定的条款。合同当事人可以根据不同建设工程的特点及具体情况，通过双方的谈判、协商对相应的专用合同条款进行修改补充。

（2）《示范文本》的性质和适用范围

《示范文本》为非强制性使用文本。《示范文本》适用于房屋建筑工程、土木工程、线路管道和设备安装工程、装修工程等建设工程的施工承发包活动，合同当事人可结合建设工程具体情况，根据《示范文本》订立合同，并按照法律法规规定和合同约定承担相应的法律责任及合同权利义务。

（3）构成建设工程施工合同的文件

1）中标通知书（如果有）；

2）投标函及其附录（如果有）；

3）专用合同条款及其附件；

4）通用合同条款；

5）技术标准和要求；

6）图纸；

7）已标价工程量清单或预算书；

8）其他合同文件。

在合同订立及履行过程中形成的与合同有关的文件均构成合同文件组成部分。上述各项合同文件包括合同当事人就该项合同文件所作的补充和修改，属于同一类内容的文件，应以最新签署的为准。专用合同条款及其附件须经合同当事人签字或盖章。

2. 施工合同中相关方的权利和义务

发包人

（1）许可或批准

发包人应遵守法律，并办理法律规定由其办理的许可、批准或备案，包括但不限于建设用地规划许可证、建设工程规划许可证、建设工程施工许可证、施工所需临时用水临时用电、中断道路交通、临时占用土地等许可和批准。发包人应依据法律规定的有关施工证件和批件。因发包人原因未能及时办理完毕前述许可、批准或备案，由发包人承担由此增加的费用和（或）延误的工期，并支付承包人合理的利润。

（2）发包人代表

发包人应在专用合同条款中明确其派驻施工现场的发包人代表的姓名、职务、联系方式及授权范围等事项。发包人代表在发包人的授权范围内，负责处理合同履行过程中与发包人有关的具体事宜。发包人代表在授权范围内的行为由发包人承担法律责任。发包人更换发包人代表的，应提前7天书面通知承包人。

发包人代表不能按照合同约定履行其职责及义务，并导致合同无法继续正常履行的，承包人可以要求发包人撤换发包人代表。

不属于法定必须监理的工程，监理人的职权可以由发包人代表或发包人指定的其他人员行使。

（3）发包人人员

发包人应要求在施工现场的发包人人员遵守法律及有关安全、质量、环境保护、文明施工等规定，并保障承包人免于承受因发包人人员未遵守上述要求给承包人造成的损失和责任。

发包人人员包括发包人代表及其他由发包人派驻施工现场的人员。

（4）施工现场、施工条件和基础资料的提供

1）提供施工现场

除专用合同条款另有约定外，发包人应最迟于开工日期7天前向承包人移交施工现场。

2）提供施工条件

除专用合同条款另有约定外，发包人应负责提供施工所需要的条件。包括：将施工用水、电力、通信线路等施工所必需的条件接至施工现场内；保证向承包人提供正常施工所需要的进入施工现场的交通条件；协调处理施工现场周围地下管线和邻近建筑物、构筑物、古树名木的保护工作，并承担相关费用；按照专用合同条款约定应提供的其他设施和条件。

3）提供基础资料

发包人应当在移交施工现场前向承包人提供施工现场及工程施工所必需的毗邻区域内供水、排水、供电、供气、供热、通信、广播电视等地下管线资料，气象和水文观测资料，地质勘察资料，相邻建筑物、构筑物和地下工程等有关基础资料，并对所提供资料的真实性、准确性和完整性负责。

按照法律规定确需在开工后方能提供的基础资料，发包人应尽其努力及时地在相应工程施工前的合理期限内提供，合理期限应以不影响承包人的正常施工为限。

4）逾期提供的责任

因发包人原因未能按合同约定及时向承包人提供施工现场、施工条件、基础资料的，由发包人承担由此增加的费用和（或）延误的工期。

（5）资金来源证明及支付担保

除专用合同条款另有约定外，发包人应在收到承包人要求提供资金来源证明的书面通知后28天内，向承包人提供能够按照合同约定支付合同价款的相应资金来源证明。

除专用合同条款另有约定外，发包人要求承包人提供履约担保的，发包人应当向承包人提供支付担保。支付担保可以采用银行保函或担保公司担保等形式，具体由合同当事人在专用合同条款中约定。

（6）支付合同价款

发包人应按合同约定向承包人及时支付合同价款。

（7）组织竣工验收

发包人应按合同约定及时组织竣工验收。

（8）现场统一管理协议

发包人应与承包人、由发包人直接发包的专业工程的承包人签订施工现场统一管理协议，明确各方的权利义务。施工现场统一管理协议作为专用合同条款的附件。

承包人

（1）承包人的一般义务

承包人在履行合同过程中应遵守法律和工程建设标准规范，并履行以下义务：

1）办理法律规定应由承包人办理的许可和批准，并将办理结果书面报送发包人留存；

2）按法律规定和合同约定完成工程，并在保修期内承担保修义务；

3）按法律规定和合同约定采取施工安全和环境保护措施，办理工伤保险，确保工程及人员、材料、设备和设施的安全；

4）按合同约定的工作内容和施工进度要求，编制施工组织设计和施工措施计划并对所有施工作业和施工方法的完备性和安全可靠性负责；

5）在进行约定各项工作时，不得侵害发包人与他人使用公用道路、水源、市政管网等公共设施的权利，避免对邻近的公共设施产生干扰。承包人占用或使用他人的施工场地，影响他人作业或生活的，应承担相应责任；

6）按照环境保护条款约定负责施工场地及其周边环境与生态的保护工作；

7）按安全文明施工条款约定采取施工安全措施，确保工程及其人员、材料、设备和设施的安全，防止因工程施工造成的人身伤害和财产损失；

8）将发包人按合同约定支付的各项价款专用于合同工程，且应及时支付其雇用人员工资，并及时向分包人支付合同价款；

9）按照法律规定和合同约定编制竣工资料，完成竣工资料立卷及归档，并按专用合同条款约定的竣工资料的套数、内容、时间等要求移交发包人；

10）应履行的其他义务。

（2）项目经理

1）项目经理应为合同当事人所确认的人选，并在专用合同条款中明确项目经理的姓名、职称、注册执业证书编号、联系方式及授权范围等事项，项目经理经承包人授权后代表承包人负责履行合同。

项目经理应是承包人正式聘用的员工，承包人应向发包人提交项目经理与承包人之间的劳动合同，以及承包人为项目经理缴纳社会保险的有效证明。承包人不提交上述文件的，项目经理无权履行职责，发包人有权要求更换项目经理，由此增加的费用和（或）延误的工期由承包人承担。

项目经理应常驻施工现场，且每月在施工现场时间不得少于专用合同条款约定的天数。项目经理不得同时担任其他项目的项目经理。项目经理确需离开施工现场时，应事先通知监理人，并取得发包人的书面同意。

项目经理的通知中应当载明临时代行其职责的人员的注册执业资格、管理经验等资料，该人员应具备履行相应职责的能力。

承包人违反上述约定的，应按照专用合同条款的约定，承担违约责任。

2）项目经理按合同约定组织工程实施。在紧急情况下为确保施工安全和人员安全，在无法与发包人代表和总监理工程师及时取得联系时，项目经理有权采取必要的措施保证与工程有关的人身、财产和工程的安全，但应在 48 小时内向发包人代表和总监理工程师提交书面报告。

3）承包人需要更换项目经理的，应提前 14 天书面通知发包人和监理人，并征得发包人书面同意。通知中应当载明继任项目经理的注册执业资格、管理经验等资料，继任项目经理继续履行第 3.2.1 项约定的职责。

未经发包人书面同意，承包人不得擅自更换项目经理。承包人擅自更换项目经理的，应按照专用合同条款的约定承担违约责任。

4）发包人有权书面通知承包人更换其认为不称职的项目经理，通知中应当载明要求更换的理由。承包人应在接到更换通知后 14 天内向发包人提出书面的改进报告。发包人收到改进报告后仍要求更换的，承包人应在接到第二次更换通知的 28 天内进行更换，并将新任命的项目经理的注册执业资格、管理经验等资料书面通知发包人。

5）项目经理因特殊情况授权其下属人员履行其某项工作职责的，该下属人员应具备履行相应职责的能力，并应提前 7 天将上述人员的姓名和授权范围书面通知监理人。

3. 施工合同中的控制与管理性条款

（1）发包人供应材料与工程设备

发包人自行供应材料、工程设备的，应在签订合同时在专用合同条款的附件《发包人供应材料设备一览表》中明确材料、工程设备的品种、规格、型号、数量、单价、质量等级和送达地点。

承包人应提前 30 天通过监理人以书面形式通知发包人供应材料与工程设备进场。承包人按照施工进度计划的修订约定修订施工进度计划时，需同时提交经修订后的发包人供应材料与工程设备的进场计划。

（2）承包人采购材料与工程设备

承包人负责采购材料、工程设备的，应按照设计和有关标准要求采购，并提供产品合格证明及出厂证明，对材料、工程设备质量负责。合同约定由承包人采购的材料、工程设备，发包人不得指定生产厂家或供应商，发包人违反本款约定指定生产厂家或供应商的，承包人有权拒绝，并由发包人承担相应责任。

（3）材料与工程设备的接收与拒收

1）发包人应按《发包人供应材料设备一览表》约定的内容提供材料和工程设备，并向承包人提供产品合格证明及出厂证明，对其质量负责。发包人应提前 24 小时以书面形式通知承包人、监理人材料和工程设备到货时间，承包人负责材料和工程设备的清点、检验和接收。发包人提供的材料和工程设备的规格、数量或质量等级不符合合同约定的，或因发包人原因导致交货日期延误或交货地点变更等情况的，按照第 16.1 款（发包人违约）约定办理。

2）承包人采购的材料和工程设备，应保证产品质量合格，承包人应在材料和工程设备到货前 24 小时通知监理人检验。承包人进行永久设备、材料的制造和生产的，应符合相关质量标准，并向监理人提交材料的样本以及有关资料，并应在使用该材料或工程设备之前获得监理人同意。

承包人采购的材料和工程设备不符合设计或有关标准要求时，承包人应在监理人要求的合理期限内将不符合设计或有关标准要求的材料、工程设备运出施工现场，并重新采购符合要求的材料、工程设备，由此增加的费用和（或）延误的工期，由承包人承担。

（4）材料与工程设备的保管与使用

1）发包人供应材料与工程设备的保管与使用

发包人供应的材料和工程设备，承包人清点后由承包人妥善保管，保管费用由发包人承担，但已标价工程量清单或预算书已经列支或专用合同条款另有约定除外。因承包人原因发生丢失毁损的，由承包人负责赔偿；监理人未通知承包人清点的，承包人不负责材料和工程设备的保管，由此导致丢失毁损的由发包人负责。发包人供应的材料和工程设备使用前，由承包人负责检验，检验费用由发包人承担，不合格的不得使用。

2）承包人采购材料与工程设备的保管与使用

承包人采购的材料和工程设备由承包人妥善保管，保管费用由承包人承担。法律规定材料和工程设备使用前必须进行检验或试验的，承包人应按监理人的要求进行检验或试验，检验或试验费用由承包人承担，不合格的不得使用。发包人或监理人发现承包人使用不符合设计或有关标准要求的材料和工程设备时，有权要求承包人进行修复、拆除或重新采购，由此增加的费用和（或）延误的工期，由承包人承担。

（5）禁止使用不合格的材料和工程设备

1）监理人有权拒绝承包人提供的不合格材料或工程设备，并要求承包人立即进行更换。监理人应在更换后再次进行检查和检验，由此增加的费用和（或）延误的工期由承包人承担。

2）监理人发现承包人使用了不合格的材料和工程设备，承包人应按照监理人的指示立即改正，并禁止在工程中继续使用不合格的材料和工程设备。

3）发包人提供的材料或工程设备不符合合同要求的，承包人有权拒绝，并可要求发包人更换，由此增加的费用和（或）延误的工期由发包人承担，并支付承包人合理的利润。

（6）样品

1）样品的报送与封存

需要承包人报送样品的材料或工程设备，样品的种类、名称、规格、数量等要求均应在专用合同条款中约定。样品的报送程序如下：

承包人应在计划采购前 28 天向监理人报送样品。承包人报送的样品均应来自供应材料的实际生产地，且提供的样品的规格、数量足以表明材料或工程设备的质量、型号、颜色、表面处理、质地、误差和其他要求的特征。

承包人每次报送样品时应随附申报单，申报单应载明报送样品的相关数据和资料，并标明每件样品对应的图纸号，预留监理人批复意见栏。监理人应在收到承包人报送的样品后 7 天向承包人回复经发包人签认的样品审批意见。

经发包人和监理人审批确认的样品应按约定的方法封样，封存的样品作为检验工程相关部分的标准之一。承包人在施工过程中不得使用与样品不符的材料或工程设备。

发包人和监理人对样品的审批确认仅为确认相关材料或工程设备的特征或用途，不得被理解为对合同的修改或改变，也并不减轻或免除承包人任何的责任和义务。如果封存的样品修改或改变了合同约定，合同当事人应当以书面协议予以确认。

2）样品的保管

经批准的样品应由监理人负责封存于现场，承包人应在现场为保存样品提供适当和固定的场所并保持适当和良好的存储环境条件。

（7）材料与工程设备的替代

1）出现下列情况（之一）需要使用替代材料和工程设备的，承包人应按照第 2）项约定的程序执行：基准日期后生效的法律规定禁止使用的；发包人要求使用替代品的；因其他原因必须使用替代品的。

2）承包人应在使用替代材料和工程设备 28 天前书面通知监理人，并附下列文件：被替代的材料和工程设备的名称、数量、规格、型号、品牌、性能、价格及其他相关资料；替代品的名称、数量、规格、型号、品牌、性能、价格及其他相关资料；替代品与被替代产品之间的差异以及使用替代品可能对工程产生的影响；替代品与被替代产品的价格差异；使用替代品的理由和原因说明；监理人要求的其他文件。

监理人应在收到通知后 14 天内向承包人发出经发包人签认的书面指示；监理人逾期发出书面指示的，视为发包人和监理人同意使用替代品。

3）发包人认可使用替代材料和工程设备的，替代材料和工程设备的价格，按照已标价工程量清单或预算书相同项目的价格认定；无相同项目的，参考相似项目价格认定；既无相同项目也无相似项目的，按照合理的成本与利润构成的原则，由合同当事人按照《建设工程施工合同》第 4.4 款（商定或确定）确定价格。

（8）施工设备和临时设施

1）承包人提供的施工设备和临时设施

承包人应按合同进度计划的要求，及时配置施工设备和修建临时设施。进入施工场地的承包人设备需经监理人核查后才能投入使用。承包人更换合同约定的承包人设备的，应报监理人批准。

除专用合同条款另有约定外，承包人应自行承担修建临时设施的费用，需要临时占地的，应由发包人办理申请手续并承担相应费用。

2）发包人提供的施工设备和临时设施

发包人提供的施工设备或临时设施在专用合同条款中约定。

3）要求承包人增加或更换施工设备

承包人使用的施工设备不能满足合同进度计划和（或）质量要求时，监理人有权要求承包人增加或更换施工设备，承包人应及时增加或更换，由此增加的费用和（或）延误的工期由承包人承担。

（9）材料与设备专用要求

承包人运入施工现场的材料、工程设备、施工设备以及在施工场地建设的临时设施包括备品备件、安装工具与资料，必须专用于工程。未经发包人批准，承包人不得运出施工现场或挪作他用；经发包人批准，承包人可以根据施工进度计划撤走闲置的施工设备和其他物品。

4. 施工合同中的材料试验与检验条款

（1）试验设备与试验人员

1）承包人根据合同约定或监理人指示进行的现场材料试验，应由承包人提供试验场所、试验人员、试验设备以及其他必要的试验条件。监理人在必要时可以使用承包人提供的试验场所、试验设备以及其他试验条件，进行以工程质量检查为目的的材料复核试验，承包人应予以协助。

2）承包人应按专用合同条款的约定提供试验设备、取样装置、试验场所和试验条件，并向监理人提交相应进场计划表。承包人配置的试验设备要符合相应试验规程的要求并经过具有资质的检测单位检测，且在正式使用该试验设备前，需要经过监理人与承包人共同校定。

3）承包人应向监理人提交试验人员的名单及其岗位、资格等证明资料，试验人员必须能够熟练进行相应的检测试验，承包人对试验人员的试验程序和试验结果的正确性负责。

（2）取样

试验属于自检性质的，承包人可以单独取样。试验属于监理人抽检性质的，可由监理人取样，也可由承包人的试验人员在监理人的监督下取样。

（3）材料、工程设备和工程的试验和检验

1）承包人应按合同约定进行材料、工程设备和工程的试验和检验，并为监理人对上述材料、工程设备和工程的质量检查提供必要的试验资料和原始记录。按合同约定应由监理人与承包人共同进行试验和检验的，由承包人负责提供必要的试验资料和原始记录。

2）试验属于自检性质的，承包人可以单独进行试验。试验属于监理人抽检性质的，监理人可以单独进行试验，也可由承包人与监理人共同进行。承包人对由监理人单独进行的试验结果有异议的，可以申请重新共同进行试验。约定共同进行试验的，监理人未按照约定参加试验的，承包人可自行试验，并将试验结果报送监理人，监理人应承认该试验结果。

3）监理人对承包人的试验和检验结果有异议的，或为查清承包人试验和检验成果的可靠性要求承包人重新试验和检验的，可由监理人与承包人共同进行。重新试验和检验的结果证明该项材料、工程设备或工程的质量不符合合同要求的，由此增加的费用和（或）延误的工期由承包人承担；重新试验和检验结果证明该项材料、工程设备和工程符合合同要求的，由此增加的费用和（或）延误的工期由发包人承担。

（4）现场工艺试验

承包人应按合同约定或监理人指示进行现场工艺试验。对大型的现场工艺试验，监理人认为必要时，承包人应根据监理人提出的工艺试验要求，编制工艺试验措施计划，报送监理人审查。

5. 建筑材料采购合同范本

建筑材料采购合同

合同编号：＿＿＿＿＿＿＿

买方：＿＿＿＿＿＿＿	卖方：＿＿＿＿＿＿＿
法定住址：＿＿＿＿＿＿＿	法定住址：＿＿＿＿＿＿＿
法定代表人：＿＿＿＿＿＿＿	法定代表人：＿＿＿＿＿＿＿
职务：＿＿＿＿＿＿＿	职务：＿＿＿＿＿＿＿
委托代理人：＿＿＿＿＿＿＿	委托代理人：＿＿＿＿＿＿＿
身份证号码：＿＿＿＿＿＿＿	身份证号码：＿＿＿＿＿＿＿
通讯地址：＿＿＿＿＿＿＿	通讯地址：＿＿＿＿＿＿＿
邮政编码：＿＿＿＿＿＿＿	邮政编码：＿＿＿＿＿＿＿
联系人：＿＿＿＿＿＿＿	联系人：＿＿＿＿＿＿＿
电话：＿＿＿＿＿＿＿	电话：＿＿＿＿＿＿＿
传真：＿＿＿＿＿＿＿	传真：＿＿＿＿＿＿＿
账号：＿＿＿＿＿＿＿	账号：＿＿＿＿＿＿＿
电子信箱：＿＿＿＿＿＿＿	电子信箱：＿＿＿＿＿＿＿

根据《中华人民共和国民法典》及其他有关法律、法规的规定，买卖双方在平等、自愿、公平、诚实信用的基础上就建材买卖事宜达成协议如下：

第一条 所购建材基本情况

主体及配件							品牌		
	品名	产地	材质	颜色	规格	单位	数量	单价	总价
主体									
配件									
备注									

合计人民币（大写）：拾　万　仟　佰　拾　元　角　分

合计人民币（小写）：　　　　　　　元

第二条 质量标准：国家标准＿＿＿＿＿＿＿行业标准＿＿＿＿＿＿＿企业标准＿＿＿＿＿＿＿

第三条 包装标准

标的物包装必须牢固，卖方应保障商品在运输途中的安全。买方对商品包装有特殊要求，双方应在合同中注明，增加的包装费用由买方负担。

第四条 合理损耗标准及计算方法：＿＿＿＿＿＿＿＿。

第五条 设计

1. 卖方需要实地测量的，测量时间为：＿＿＿＿＿＿＿＿；

2. 卖方设计方案经买方签字确认后，作为本合同的附件与本合同具有同等的法律效力；

3. 设计方案确认后不得单方擅自更改，否则因更改方案造成的延期责任和费用由更改方承担。

第六条　定金

买方应在＿＿＿年＿＿＿月＿＿＿日前向卖方交付总价款＿＿＿＿＿＿＿＿＿％的定金（此比例不得超过 20％），卖方交货后，定金抵作价款。买方违约中途解除合同的，无权要求返还定金；卖方违约中途解除合同的，应双倍返还定金。

第七条　交货

交货方式为（卖方送货/买方取货）；交货时间：＿＿＿＿＿＿＿＿；交货地点：＿＿＿＿＿＿＿＿。安装方式为（卖方安装/买方自装）；选择卖方安装的，安装标准为＿＿＿＿＿＿＿，安装费用由＿＿＿＿＿＿＿承担，买方应为卖方提供必要的安装条件。

第八条　换货

交货验收完毕后买方因对货物的规格、颜色等需求发生变化而提出换货要求的，在包装完好且没有损伤等影响二次销售的情况下，买方可凭本合同在交货之日起＿＿＿＿＿＿＿＿日内办理换货手续，换货费用由买方承担。

第九条　余货处理

安装后的剩余货物，在包装完好且没有损坏等影响二次销售的情况下，买方可凭本合同在交货之日起＿＿＿＿＿＿＿＿日内办理退货手续，退货费用由买方承担。

第十条　验收

对于货物的规格、颜色与约定不符或有其他表面瑕疵的，买方应在交货时当场提出异议，异议经核实卖方应无条件换货或补足；选择卖方安装的，双方应在安装完毕后＿＿＿＿＿＿＿＿日内共同验收安装质量，经验收未达到约定安装标准的，卖方应无条件返工。

第十一条　提出异议的时间和方法

1. 买方在验收中如发现货物的品种、型号、规格、花色和质量不合规定或约定，应在妥善保管货物的同时，自收到货物后＿＿＿＿＿＿＿＿日内向卖方提出书面异议；在异议期间，买方有权拒付不符合合同规定部分的货款。买方未及时提出异议或者自收到货物之日起＿＿＿＿＿＿＿＿日内未通知卖方的，视为货物合乎规定。

2. 买方因使用、保管、保养不善等造成产品质量下降的，不得提出异议。

3. 卖方在接到买方书面异议后，应在＿＿＿＿＿＿＿＿日内负责处理并通知买方处理情况，否则，即视为默认买方提出的异议和处理意见。

第十二条　产品价格如需调整，必须经双方协商，并报请物价部门批准后方能变更。在物价主管部门批准前，仍应按合同原订价格执行。如卖方因价格问题而影响交货，则每延期交货一天，卖方应按延期交货部分总值的万分之＿＿＿＿＿＿＿＿作为罚金付给买方。

第十三条　付款时间＿＿＿＿＿＿＿＿

双方约定以第＿＿＿＿＿＿＿＿种方式支付价款。

1. 签订本合同时，买方支付预付款＿＿＿＿＿＿＿＿元，收到货物后一次性支付余款；

2. 签订本合同时，支付定金（货款的 20％），收到货物后，支付（货款的 40％），验收合格后，支付货款的 20％。

3. _____

第十四条　保险

1. _____方应以_____方为保险受益人向_____方指定的保险公司对货物投保_____方指定的险种，并应使该保险在本合同履行完毕前持续有效，保险费用及维持该保险所需费用均由_____方承担。如因_____方未及时投保和续保而造成损失的，由_____方自行承担。

2. 保险事故发生后，_____方须立即通知_____方，并将受保险金所需的一切有关必要的文件及时交付给_____方。

第十五条　卖方撤离展销会或市场的，由展销会和市场主办单位先行承担赔偿责任；主办单位承担责任之后，有权向卖方追偿。

第十六条　保证人

1. 买方委托_____为本合同买方的保证人，保证人向卖方出具不可撤销的《担保函》。买方负责将本合同复印件转交保证人。

2. 保证人根据《担保函》就买方在本合同项下应向卖方支付的全部费用承担连带保证责任，该费用包括相关一切费用。

第十七条　通知

1. 根据本合同需要发出的全部通知以及双方的文件往来及与本合同有关的通知和要求等必须用书面形式，可采用_____（书信、传真、电报、当面送交等方式）传递。以上方式无法送达的，方可采取公告送达的方式。

2. 各方通讯地址如下：_____。

3. 一方变更通知或通讯地址，应自变更之日起_____日内，以书面形式通知对方；否则，由未通知方承担由此而引起的相应责任。

第十八条　保密

双方保证对从另一方取得且无法自公开渠道获得的商业秘密（技术信息、经营信息及其他商业秘密）予以保密。未经该商业秘密的原提供方同意，一方不得向任何第三方泄露该商业秘密的全部或部分内容。但法律、法规另有规定或双方另有约定的除外。保密期限为_____年。

一方违反上述保密义务的，应承担相应的违约责任并赔偿由此造成的损失。

第十九条　违约责任

1. 卖方违约责任：

（1）卖方不能交货的，向买方偿付不能交货部分货款_____%的违约金。

（2）卖方所交货物品种、型号、规格、花色、质量不符合同规定的，如买方同意利用，应按质论价；买方不能利用的，应根据具体情况，由卖方负责包换或包修，并承担修理、调换或退货而支付的实际费用。

（3）卖方因货物包装不符合合同规定，须返修或重新包装的，卖方负责返修或重新包装，并承担因此支出的费用。买方不要求返修或重新包装而要求赔偿损失的，卖方应赔偿买方该不合格包装物低于合格物的差价部分。因包装不当造成货物损坏或灭失的，由卖方负责赔偿。

（4）卖方逾期交货的，应按照逾期交货金额每日万分之_____计算，向买方支付逾期交货的违约金，并赔偿买方因此所遭受的损失。如逾期超过_____日，买方有权终止合同并可就遭受的损失向卖方索赔。

（5）卖方提前交的货物、多交的货物，如其品种、型号、规格、花色、质量不符合约定，买方在代保管期间实际支付的保管、保养等费用以及非因买方保管不善而发生的损失，均应由卖方承担。

（6）货物错发到货地点或接货人的，卖方除应负责运到合同规定的到货地点或接货人外，还应承担买方因此多支付的实际合理费用和逾期交货的违约金。

（7）卖方提前交货的，买方接到货物后，仍可按合同约定的付款时间付款；合同约定自提的，买方可拒绝提货。卖方逾期交货的，卖方应在发货前与买方协商，买方仍需要货物的，卖方应按数补交，并承担逾期交货责任；买方不再需要货物的，应在接到卖方通知后_____日内通知卖方，办理解除合同手续，逾期不答复的，视为同意卖方发货。

（8）其他：_____

2. 买方违约责任：

（1）买方中途退货的，应向卖方赔偿退货部分货款的_____％违约金。

（2）买方未按合同约定的时间和要求提供有关技术资料、包装物的，除交货日期得以顺延外，应按顺延交货部分货款金额每日万分之_____计算，向卖方支付违约金；如_____日内仍不能提供的，按中途退货处理。

（3）买方自提产品未按卖方通知的日期或合同约定日期提货的，应按逾期提货部分货款金额每日万分之_____计算，向卖方支付逾期提货的违约金，并承担卖方实际支付的代为保管、保养的费用。

（4）买方逾期付款的，应按逾期货款金额每日万分之_____计算，向卖方支付逾期付款的违约金。

（5）买方违反合同规定拒绝接收货物的，应承担因此给卖方造成的损失。

（6）买方如错填到货的地点、接货人，或对卖方提出错误异议，应承担卖方因此所受到的实际损失。

（7）其他约定：_____。

第二十条　声明及保证

1. 买方：

（1）买方为一家依法设立并合法存续的企业，有权签署并有能力履行本合同。

（2）买方签署和履行本合同所需的一切手续_____均已办妥并合法有效。

（3）在签署本合同时，任何法院、仲裁机构、行政机关或监管机构均未作出任何足以对买方履行本合同产生重大不利影响的判决、裁定、裁决或具体行政行为。

（4）买方为签署本合同所需的内部授权程序均已完成，本合同的签署人是买方的法定代表人或授权代表人。本合同生效后即对合同双方具有法律约束力。

2. 卖方：

（1）卖方为一家依法设立并合法存续的企业，有权签署并有能力履行本合同。

（2）卖方签署和履行本合同所需的一切手续_____均已办妥并合法有效。

（3）在签署本合同时，任何法院、仲裁机构、行政机关或监管机构均未作出任何足以对卖方履行本合同产生重大不利影响的判决、裁定、裁决或具体行政行为。

（4）卖方为签署本合同所需的内部授权程序均已完成，本合同的签署人是卖方的法定代表人或授权代表人。本合同生效后即对合同双方具有法律约束力。

第二十一条 争议解决方式：

1. 本合同项下发生的争议，双方应协商或向市场主办单位、消费者协会申请调解解决，也可向行政机关提出申诉。

2. 协商、调解、申诉解决不成的，应向人民法院提起诉讼，或按照另行达成的仲裁条款或仲裁协议申请仲裁。

第二十二条 其他约定事项：_____

第二十三条 对本合同的变更或补充不合理地减轻或免除卖方应承担的责任的，仍以本合同为准。

第二十四条 任何一方如要求全部或部分注销合同，必须提出充分理由，经双方协商。提出注销合同一方须向对方偿付注销合同部分总额_____％的补偿金。

第二十五条 客观条件变化

1. 买方如发生破产、关闭、停业、合并、分立等情况时，应立即书面通知卖方并提供有关证明文件，如本合同因此不能继续履行时，卖方有权采取相关措施。

2. 买方和担保人的法定地址、法定代表人等发生变化，不影响本合同的执行，但买方和担保人应立即书面通知卖方。

3. 卖方在参加买方破产清偿后，其债权未能全部受偿的，可就不足部分向保证人追偿。

4. 卖方决定不参加买方破产程序的，应及时通知买方的保证人，保证人可以就保证债务的数额申报债权参加破产分配。

第二十六条 如因生产资料、生产设备、生产工艺或市场发生重大变化，买方须变更产品品种、规格、质量、包装时，应提前_____天与卖方协商。

第二十七条 不可抗力

1. 本合同所称不可抗力是指不能预见、不能克服、不能避免并对一方当事人造成重大影响的客观事件，包括但不限于自然灾害如洪水、地震、火灾和风暴等以及社会事件如战争、动乱、政府行为等。

2. 如因不可抗力事件的发生导致合同无法履行时，遇不可抗力的一方应立即将事故情况书面告知另一方，并应在_____天内，提供事故详情及合同不能履行或者需要延期履行的书面资料，双方认可后协商终止合同或暂时延迟合同的履行。本合同可以不履行或延期履行或部分履行，并免予承担违约责任。

第二十八条 解释

本合同的理解与解释应依据合同目的和文本原义进行，本合同的标题仅是为了阅读方便而设，不应影响本合同的解释。

第二十九条 补充与附件

本合同未尽事宜，依照有关法律、法规执行，法律、法规未作规定的，双方可以达成书面补充协议。本合同的附件和补充协议均为本合同不可分割的组成部分，与本合同具有同等的法律效力。

第三十条 本合同一式_____份。

经法定代表人签章后生效。

有效期从_____年____月____日起至_____年____月____日止。

买方（盖章）：_____ 　　卖方（盖章）：_____

法定代表人（签字）：_____ 　　法定代表人（签字）：_____

开户银行：_____ 　　开户银行：_____

账号：_____ 　　账号：_____

_____年_____月_____日 　　_____年_____月_____日

签订地点：_____ 　　签订地点：_____

实务、示例与案例

[案例]　　　　　　　　　　合同签约违规调整中标价

某工程材料采购招标项目，发出中标通知书后，招标人希望中标人在原中标价基础上再优惠两个百分点，即中标价由 136.00 万元人民币调整为 133.28 万元人民币，以便更好地向上级领导汇报招标成果。招标人与中标人进行了协商，双方达成了一致意见。合同签订时，招标人认为可用以下两种合法方法处理：

第 1 种：书面合同中填写的合同价格仍为 136.00 万元人民币，由中标人另行向招标人出具一个优惠承诺，在合同结算时扣除。招标人认为这种方法的好处是在合同备案时不易被行政监督部门发现，缺点是没有经过行政监督部门备案，如果双方发生争议，不能拿到桌面上。

第 2 种：书面合同中填写的合同价格直接填写为 133.28 万元人民币，同时双方向行政监督部门出具一个补充说明，详细阐明理由。招标人认为这种方法的好处是在合同履行过程中如果当事人双方发生争议，可以直接按照经过备案合同处理，缺点是如果行政监督部门审查仔细，发现后有可能不予备案，同时会受到处罚。

权衡再三，招标人选定了第 1 种处理方法，双方同时协商一致，在合同备案后，再另行签订一份合同，将合同价格调整为 133.28 万元人民币。

该案例有以下两个问题需要分析：

（1）招标人要求中标人在原中标价基础上再优惠两个百分点的做法是否违法？如果中标人同意优惠，并按优惠价签订协议是否违法？如果按第 1 种意见，由中标人出具一个优惠承诺，在结算时直接扣除的做法是否违法？为什么？

（2）合同执行过程中，当事人双方是否可以另行签订补充协议直接修改中标价？为什么？

法律法规依据、分析及结论如下：

本案涉及招标人、中标人在签订合同过程中是否可以直接调整签约合同价一事。《招标投标法》第四十六条规定，招标人和中标人按照招标文件和中标人的投标文件订立书面合同。招标人和中标人不得再行订立背离合同实质性内容的其他协议。第五十九条规定了本条的法律责任，即招标人与中标人不按照招标文件和中标人的投标文件订立合同的，或者招标人、中标人订立背离合同实质性内容的，责令改正，可以处中标项目金额 5‰以上10‰以下的罚款。这里的实质性内容主要指两方面内容：一是投标价格，二是投标方案。《工程建设项目货物招标投标办法》（27 号令）第四十九条又作了进一步规定，招标人不得向中标人提出压低报价、增加配件或者售后服务量以及其他超出招标文件规定的违背中标人意愿的要求，以此作为发出中标通知书和签订合同的条件。所以，无论是签订合同过程中还是合同执行过程中，法律都不允许招标人、中标人签订背离合同实质性内容的其他协议。

合同执行的依据是当事人双方签署的有效合同文件，这里需要强调的是构成合同的有效合同文件。一般合同的组成文件中，均包括双方当事人签署的补充协议，但并不是双方签署同意的所有文件都是有效文件，都构成合同。至少，双方违反法律法规强制性规定签署的协议就不能构成有效合同，因为《民法典》（合同编）明确规定违反法律法规强制性规定的合同为无效合同。

根据以上分析，得出以下结论：

（1）招标人在发出中标通知书后要求中标人在原中标价基础上再优惠两个百分点的做法违反法律规定。《招标投标法》第四十六条规定，招标人和中标人按照招标文件和中标人的投标文件订立书面合同，招标人和中标人不得再行订立背离合同实质性内容的其他协议。这里的实质性内容主要指两方面内容：一是投标价格，二是投标方案。《工程建设项目货物招标投标办法》（27号令）第四十九条又作了进一步规定，招标人不得向中标人提出压低报价、增加配件或者售后服务量以及其他超出招标文件规定的违背中标人意愿的要求，以此作为发出中标通知书和签订合同的条件。所以，签订合同过程中，招标人不能提出压低中标价格，并以此作为签订合同的条件。

同样，投标人同意优惠价格，然后双方按照优惠后的价格签订合同，无论是按照优惠后的价格签订合同，还是由中标人出具一个优惠承诺，在结算时直接扣除的做法，均属于签订了背离合同实质性内容，即中标价格的其他协议，招标人和中标人同时违法。

（2）货物采购合同一般设有变更条款，合同履约过程中，涉及价格变更的事项一般有供货量、备品备件、执行周期等条件，变动合同价格按照双方合同约定处理，但不允许在没有出现合同变更条件的前提下，双方通过签订补充协议的方式直接修改合同价格，因为这种行为属于招标人与中标人另行订立了背离合同实质性内容的协议，即《招标投标法》第五十九条明令禁止的情形。

四、材料、设备配置的计划

（一）材料、设备的计划管理

材料计划就是为实现材料工作目标所做的具体部署和安排，是对建筑企业所需材料的质量、品种、规格、数量等在时间和空间上作出的统筹安排。对于满足施工生产需要，提高企业经济效益，具有十分重要的作用。

材料计划管理首先应确立材料供求平衡的观念。供求平衡是材料计划管理的首要目标，宏观上供求平衡，使建设投资规模建立在社会资源条件允许的前提下，才有材料市场的供求平衡，才有企业内部的供求平衡。材料部门应积极组织资源，在供应计划上不留缺口，使企业具有坚实的物质保证，以完成施工生产任务。其次，材料计划管理应确立指令性计划、指导性计划和市场调节相结合的观念。同时材料计划管理还应确立多渠道、多层次筹措和开发资源的观念。

1. 材料、设备计划管理的任务与工作要点

材料、设备计划管理的基本任务是：

（1）为实现企业经济目标做好物质准备。

（2）做好平衡协调工作。

（3）采取措施，促进材料的合理使用。

（4）建立健全材料、设备计划管理制度。

材料、设备计划管理主要应做好以下工作：

（1）根据建筑施工生产经营对材料的需求，核实材料用量，了解企业内外资源情况，做好综合平衡，正确编制材料计划，保证按期、按质、按量、配套组织供应。

（2）贯彻节约原则，有效利用材料资源，减少库存积压和各种浪费现象，组织合理运输，加速材料周转，发挥现有材料的经济利益。

（3）经常检查材料计划的执行情况，即时采取措施调整计划，组织新的平衡，发挥计划的组织、指导、调节作用。

（4）了解实际供应和消耗情况，积累定额资料，总结经验教训，不断提高材料计划管理水平。

（5）建立健全供应台账和资料管理档案制度。这些制度的建立健全，有利于及时了解、核实实际供应和消耗情况，积累定额资料，总结经验教训，不断提高材料计划的管理水平。

为了完成材料计划管理的任务，建筑企业材料计划管理一般分为两个层次，即基层组织材料计划管理与企业一般材料计划管理，不同层次在材料计划编制、执行过程中的分工责任是：

单位工程施工生产用料计划以及脚手架、模板、施工工具、辅助生产用料计划由基层施工组织编制。机械制造、维修、配件用料计划由制造维修单位编制。技术革新、技术措施用料计划由技术部门编制。企业一级材料部门负责整个企业用料计划的汇总和编制。

基层组织材料计划员工作要点：

为了正确核定、编制和执行用料计划，基层组织材料计划员要做到"五核实、四查清、三依据、两制度、一落实"，即：

（1）五核实：核实计划用料；核实单位工程项目材料节约和超支；核实周转材料需用量；核实地方材料计划执行情况；核实基层材料消耗情况及统计报表数据。

（2）四查清：查耗用量是否超计划供应；查需用量与预算数量是否相符；查内部调度平衡材料的落实；查需要采购、储备材料的库存情况。

（3）三依据：工作量及工程量；施工进度；套用定额。

（4）两制度：严格计划供应制度；坚持定期碰头会制度。

（5）一落实：计划需用量落实到单位工程和个人（施工班组）。

企业材料部门材料计划管理的工作要点：

企业一级的材料部门，在汇总基层组织用料计划，并与内外资源进行综合平衡的基础上，编制材料供应、申请、订货、采购等计划。为了与基层组织的材料计划工作相配合，适应施工多变性的需要，企业一级材料计划员在编制和执行计划中应做到"把两关、三对口、四核算、五勤、六有数"，即：

（1）把两关：按预（决）算督促各建设单位（或主管部门）给足指标；按预（决）算用料量控制基层用料，掌握项目节约和超支情况。

（2）三对口：与建设单位（或供料单位）备料对口；需用计划与施工项目对口；月度需用计划与项目总用量对口。

（3）四核算：核算分部、分项工程材料需用量；核算单位工程材料需用量；核算大、小厂水泥需用量；核算木材（分为正材、副材）需用量。

（4）五勤：勤联系；勤整理；勤登记；勤催料；勤核对。

（5）六有数：三大构件（金属、木材、混凝土）加工地点及原材料供应情况；建设单位备料、交料及余、缺情况；单位工程主要材料、特殊材料的总需用数量；月度计划供应情况；合同规定有关供料责任分工；重点工程、竣工项目材料缺口情况。

2. 材料计划管理工作流程

材料计划管理工作流程如图 4-1 所示。

3. 材料、设备计划的种类

建筑材料计划按照材料的使用方向分为生产材料计划和基本建设材料计划等；按照材料计划的用途分为材料需用计划、供应计划、申请计划、订货计划、采购计划、用款计划、储备计划、周转材料租赁计划、主要材料节约计划等。

按照计划期限分为年度计划、季度计划、月（旬）计划、一次性用料计划、临时追加材料计划等。按供货渠道分为物资企业供料计划、建设单位供料计划、施工企业自供料计划等。

（1）按照材料、设备的使用方向分类

1）生产材料计划

生产材料计划是指为完成生产任务而布置的材料计划，包括附属辅助生产用材料计划、经营维修用材料计划、建材产品生产用材料计划等。所需材料的数量按生产的产品数量和该产品的消耗定额计划确定。

2）基本建设材料计划

基本建设材料计划是指为完成基本建设任务而编制的材料计划。包括对外承包工程用材料计划、企业自身基本建设用材料计划等，通常应根据承包协议和分工范围及供应方式编制。

（2）按照材料计划的用途分类

1）材料需用量计划

材料需用量计划是指完成计划期内工程任务所必需的物资用量，一般由最终使用处理的施工项目部门编制。材料需用量计划是处理计划中最基本的计划，是编制其他计划的基础。处理需用计划应根据不同的使用方向，以单位工程为对象，结合材料消耗定额，逐项计算需用材料的品种、规格、质量、数量、最终汇总成实际需用数量。材料需用量计划的准确与否，决定了材料供应计划和材料采购计划保证生产需求的程度。

2）材料申请计划

材料申请计划是根据需用计划，经过项目或部门内部平衡后，分别向有关供应部门提出的材料计划。

3）材料供应计划

材料供应计划是负责材料供应的部门为完成材料供应任务，组织供需衔接的实施计划，也是进行材料供应的依据。除包括供应材料的品种、规格、质量、数量、使用项目外，还应包括供应时间。材料供应计划按保证时间分为年度、季度和月度供应计划等。

物资供应量＝需用量－库存量＋储备量

4）材料加工订货计划

材料加工订货计划是项目或供应部门为获得材料或产品资源而编制的计划。

5）材料采购计划

材料采购计划是企业为向各种材料市场采购材料而编制的计划。

6）材料运输计划

材料运输计划是指为组织材料运输而编制的计划。

7）材料用款计划

材料用款计划为尽可能少的占用资金、合理使用有限的备料资金，而制定的材料用款计划，资金是材料物资供应的保证。把备料控制在资金能承受的范围内，急用先备、快用多备，迅速周转，是编制物资用款计划的主要思路。

（3）按照计划期限分类

1）年度材料计划

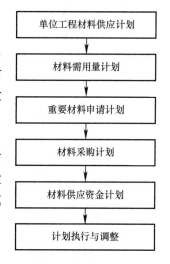

图 4-1　材料计划管理
流程简图

流程图内容：
单位工程材料供应计划 → 材料需用量计划 → 重要材料申请计划 → 材料采购计划 → 材料供应资金计划 → 计划执行与调整

69

年度材料计划必须与年度施工生产计划任务密切结合，计划质量（施工生产任务落实的准确程度）的好坏与全年施工生产的各项指标能否实现存在着密切的关系。

2）季度材料计划

季度材料计划是根据企业施工任务的落实和安排情况编制的季度计划。

3）月度材料计划

月度材料计划是基层单位根据当月施工生产进度安排编制的需用材料计划，比年度、季度计划更细致，内容要求更全面、及时准确。它以单位工程为对象，按形象进度实物工程量逐项分析计算汇总使用项目及材料名称、规格、型号、质量、数量等，是供应部门组织配套供料、安排运输，基层安排收料的具体行动计划。它对材料供应与管理活动的重要环节完成月度施工生产任务有更直接的影响。凡列入月计划的施工项目需用材料，都要进行逐项落实，如个别品种、规格有缺口，要采用紧急措施，如采用借、调、改、代、加工、利库等办法进行平衡，以保证材料按计划供应。

4）一次性用料计划

一次性用料计划也叫单位工程材料计划。它的用料时间与季度、月度材料几乎不一定吻合，但在月度计划中应列为重点，专项平衡安排。

5）临时追加材料

列入临时追加材料计划的一般是急用错漏，要作为重点供应。如费用超支和错漏超用，应查明原因，分清责任，办理签证，由责任方承担经济损失。

（二）材料消耗定额

材料消耗的量和产品的量之间，有着密切的比例关系，材料消耗定额就是研究材料消耗和生产产品之间数量的比例关系。材料消耗定额是施工企业申请材料、供应材料和考核节约与浪费的依据。制定材料消耗定额，主要就是为了利用定额这个经济杠杆，对材料消耗进行控制和监督，达到降低材料成本和工程成本的目的。

1. 材料消耗定额的概念

材料消耗定额是指在一定的生产技术和生产组织的条件下，生产单位合格产品或完成单位工作量，合理地消耗材料的标准数量。

材料，是工程建设中使用的原材料、成品、半成品、构配件、燃料以及水、电等动力资源的统称，包括材料的使用量和必要的工艺性损耗及废料数量。

材料消耗定额，是一定条件下的定额，这些条件也是影响材料消耗水平的因素，主要包括工人的操作技术水平和负责程序；施工工艺水平；材料质量和规格品种的适用程度；施工现场和施工准备的完备程度；企业管理水平特别是材料管理水平；自然条件等。

"生产单位合格产品或完成单位工作量"，指的是按实物单位表示的一个产品，如砌 1m³ 砖墙、加工 1m³ 混凝土、抹 1m² 砂浆等。有的工作量很难用实物单位计量，但可按工作所完成的价值即工作量来反映，如加工维修按价值量衡量为 1 元、100 元工作量，工作一个台班等。

材料消耗定额又可分为单项定额和综合定额。这两种定额既互有联系，又各有不同的作用。单项定额主要用于作为小生产车间发送材料的依据，又可以用来核算和分析实际消耗与定额消耗的差异，综合定额主要用于编制材料物资的供应计划。

2. 材料消耗定额的作用

材料消耗伴随着施工生产过程，材料成本占工程成本的 70%～80%，如何合理、节约、高效地使用材料，降低材料消耗，是材料管理的主要内容。材料消耗定额则成为上述材料管理内容的基本标准和基本依据。它的主要作用表现在以下几个方面：

（1）材料消耗定额是正确核算各类材料需要量、编制材料计划的基础

企业生产经营都是有计划地进行，为了组织与管理施工生产所需材料，必须按照定额编制各种计划，例如施工生产使用的材料，必须按材料消耗施工定额进行材料分析，项目施工班组依此编制材料需用计划。材料需用量的计算方法是：用建筑安装实物工程量乘以该项工程量某种材料消耗定额。

例如：项目需用材料包括砖、水泥、砂子、石灰等，应分别查定各种材料消耗定额，并计算材料需用量。设经查定砖的消耗定额为 512 块/m³，则该项工作砖的需用量为：

需用量＝建筑安装实物工程量×材料消耗定额＝100m³×512 块/m³＝51200 块

用同样的方法，按查定的水泥、砂子、石灰的消耗定额，可分别计算各自的需用量，并可依此作为编制材料需用计划的依据。

（2）材料消耗定额是确定工程造价的主要依据

项目投资的多少，是依据概算定额与对不同设计方案进行技术经济分析而定的。工程造价中的材料造价，是根据设计规定的工程标准和工程量，并根据材料消耗定额计算的各种材料数量，再按预算价格计算出材料金额。

例如，上述砖墙例子中，计算出砖的需用量为 51200 块，根据预算定额，烧结普通砖（240mm×115mm×53mm）预算价格为 367 元/千块，故该项工作中砖的造价为 51.2×367＝18790.4 元。依此方法，可计算出该项工作中各种材料造价及整个项目的材料造价。

（注：也可通过造价管理部门公布的建设材料市场指导价格查询材料单价。）

（3）材料消耗定额是搞好经济核算的基础

材料管理工作既包括材料供应，也包括材料使用和材料节约。有了材料消耗定额，就能按照施工生产进度计算材料需用量，组织材料供应，并按材料消耗定额检查、督促，做到合理使用。以材料消耗定额为标准，可以核算、分析和比较工程材料计划消耗和实际消耗水平，为加强材料成本管理、降低材料消耗、提高企业经济效益打下基础。

（4）材料消耗定额是企业推行经济责任制，提高生产管理水平的手段

经济责任制是用经济手段管理经济的有效措施。无论是实行材料按预算包干，还是投标中的材料报价及企业内部各种形式的经济责任制，都必须以材料消耗定额为主要依据确定经济责任水平和标准。

制定先进合理的材料消耗定额，必须以先进的实用技术和科学管理为前提，随着生产技术的进步和管理水平的提高，必须定期修订材料消耗定额，使它保持在先进合理的水平上。较好的材料消耗定额管理方法，有利于提高企业素质和经济效益，有利于企业开展增产节约活动，有利于组织材料的供需平衡。

（5）材料消耗定额是有效地组织限额发料，监督材料物资有效使用的工作标准

有了先进合理的消耗定额，才能使企业供应部门按照生产进度，定时、定量地组织材料供应，实行严格的限额发料制度。并在生产过程中，对消耗情况进行有效的控制，监督材料消耗定额的贯彻执行，千方百计地节约使用材料，杜绝浪费材料的现象。

（6）材料消耗定额是制订储备定额和核定流动资金定额的计算尺度

企业在计算材料储备定额和流动资金的储备资金定额中，应考虑平均工作进度和材料消耗定额两个因素，材料消耗定额的高低，直接关系到材料储备定额和储备资金的数量。因此，要制订切实可行的材料储备定额和储备资金定额，必须要采用先进合理的材料消耗定额。

3. 材料消耗定额的构成

（1）材料消耗的构成

1）净用量

净用量又称有效消耗，是指直接构成工程实体或产品实体的有效消耗量，是材料消耗中的主要内容。这部分最终进入工程实体的材料数量，在一定技术条件下，在一定时期内是相对稳定的，它随着建筑施工技术和建筑工业化发展及新材料、新工艺、新结构的采用而逐渐降低。

2）操作损耗

操作损耗也称工艺损耗，是指在施工操作中没有进入工程实体而在实体形成中损耗掉的那部分材料。如砌墙中的碎砖损耗、落地灰损耗、浇捣混凝土时浆的洒落也包括材料使用前加工准备过程中的损耗，如边角余料、端头短料。这种损耗是在现阶段不可避免的，但可以控制在一定程度内。操作损耗将随着材料生产品种的不断更新、工人操作水平的提高和劳动工具的改善而不断减少。

3）非操作损耗

非操作损耗在很多地区和企业习惯称为管理损耗，是指在施工生产操作以外所发生的损耗。如保管损耗、运输损耗、垛底损耗，以及材料供应中出现的以大代小、以优代劣造成的损耗。这种损耗在目前的管理手段、管理设施条件下很难完全避免。但应使其降低到最低损耗水平，并应逐步改善材料管理条件，提高供应水平，从而降低非操作损耗。

（2）材料消耗定额的构成

材料消耗定额是对材料消耗过程进行分析、提炼的结果，又是对材料消耗过程进行监督检查的标准。在材料消耗过程中出现的两种损耗，即操作损耗和非操作损耗，均可分为两种情况下的损耗：

第一，在目前的施工技术、生产工艺、管理设施、运输设备、操作工具条件下不可避免的损耗，如桶底剩灰、砂浆散落、水泥破袋、边料角料、溶液挥发等。

第二，在日前的上述条件下可以避免、可以减少的情况下而没有避免或者超过了不可避免的损耗量，如散落较多砂浆而没有及时回收、不合理下料造成短料废料过多过长、保管不善造成材料丢失或过期或损耗超量等。

由上述分析可以看出，制定材料消耗定额时必须对那些不可避免的、不可回收的合理损耗在定额中予以考虑，而那些本可以避免或可以再利用回收而没有避免、没有利用回收的超量损耗，不能作为损耗标准记入定额。所以材料消耗定额的构成包括以下几个因素：

1）净用量

净用量既是构成材料消耗的重要因素，也是构成材料消耗定额的主要内容。

2）合理的操作损耗

合理操作损耗又称操作损耗定额，是指在工程施工操作或产品生产操作过程中不可避免的、不可回收的合理损耗量，该损耗量随着操作技术和施工工艺的提高而降低。

3）合理的非操作损耗

合理的非操作损耗又称管理损耗定额，是指在材料的采购、供应、运输、储备等非生产操作过程中出现的不可避免的、不可回收的合理损耗。这部分损耗随着材料流通的发展和装载储存水平的提高而降低。

材料消耗和材料消耗定额是两个既有联系又有区别的概念。二者共同包含了进入工程实体的有效消耗和施工操作及采购、供应、运输、储备中的合理损耗，但材料消耗定额剔除了材料消耗中各种不合理损耗而成为材料消耗的标准。

建筑工程常用的材料消耗概算定额和施工定额，按照上述构成因素分析，可用下式表示：

$$材料消耗施工定额 = 净用量 + 合理操作损耗$$
$$材料消耗概算定额 = 净用量 + 合理操作损耗 + 合理非操作损耗$$

4. 制定材料消耗定额的原则

（1）降低消耗的原则

降低消耗原则是编制材料消耗定额的基本原则，在满足生产需要的前提下，厉行节约，降低消耗，以获得最佳经济效益。

（2）实事求是的原则

材料消耗定额的制定是一项经济、技术性很强的工作，影响材料消耗的因素很多，涉及企业生产的全过程和各个管理职能部门，应先了解生产和材料消耗规律，了解管理者和使用者的行为规律，以获得真实、全面、准确的材料消耗信息，作为材料消耗定额的制定依据，使定额切合实际、符合当地消耗水平。

（3）合理先进性原则

材料消耗定额要具有先进性和合理性：所谓先进性，就是材料消耗定额水平在整个历史阶段，不断下降，逐步向先进发展。所谓合理性，是指材料消耗定额应是平均先进定额，即在当前的技术水平、装备条件及管理水平的状况下，大多数经过努力能够达到的平均先进水平。

（4）综合经济效益原则

材料消耗定额水平不能一味下降，消耗定额的先进性不是指定额高不可攀，不能单纯强调节约材料，应在确保生产正常开展、保证工程质量、提高劳动生产率、改善劳动条件的前提下进行。所谓综合经济效益原则，简而言之就是优质、高产与低耗相统一原则。

5. 材料消耗定额的制定方法

做好材料消耗定额的制定工作，还要根据不同条件和情况采取不同的方法。比较常用的有计算法、统计分析法和经验估计法三种。

（1）计算法

计算法是根据施工图纸、工艺规格、材料利用等有关技术资料，用理论公式计算出产品的材料净用量，从而制定出材料的消耗定额的一种办法。该方法主要适用于块状、板状和卷筒状产品（如砖、钢材、玻璃、油毡等）的材料消耗定额。

这种方法的特点是，在研究分析产品设计图纸和生产工艺的改革，以及企业经营管理水平提高的可能性的基础上，根据有关技术资料，经过严密、细致的计算来确定的消耗定额。例如，根据施工图纸和工艺文件，对产品的形状、尺寸、材料进行分析，先计算工程自重部分，然后对各道工序进行技术分析确定其施工损耗部分，最后将这两部分相加，得出产品的材料消耗定额。

运用这种方法计算出来的定额一般比较准确，但工作量较大、技术性较强，并不是每一个企业每一种材料都能做得到的。因为用技术分析法计算消耗定额的先决条件，要具有比较齐全的各种技术资料，而且计算过程比较复杂，所以，在使用上受到一定的限制，不能要求企业的所有材料都用这种方法计算消耗定额。凡是产量较大、技术资料比较齐全的产品，制订消耗定额应以技术分析法为主。随着企业技术管理水平的不断提高，这一方法的使用范围也将不断扩大。

（2）标准试验法

标准试验是对各项工程的内在品质进行施工前的数据采集。它是控制和指导施工的科学依据，包括原料进场前的验证试验，进场后的各种指标试验、集料级配试验、混合料配合比试验、强度试验等。标准试验测试项目主要依据的是现行施工技术规范、标准中的技术指标和要求。

标准试验通常是在试验室内利用专门仪器和设备进行。通过试验求得完成单位工程量或生产单位产品的消耗数量，再按试验条件修正后，制定出材料消耗定额。如混凝土、砂浆的配合比，沥青玛碲脂油，冷底子油等。

标准试验应承担对原材料、构配件、成品、半成品以及工程实体进行试验检测，为工程质量提供数据证明，涵盖从原材料进场验收到工程实体检测试验的施工全过程，涵盖从取样到试验检测再到资料管理的全过程。

标准试验法应贯彻执行三大标准：

1）技术标准：各级部门统一发布的工程质量试验检测标准、施工技术规范、标准等。

2）管理标准：包括各级建设行政主管部门发布的有关管理文件、地方性管理规定。

3）作业标准：国家、建设行政主管部门、地方管理部门发布的各种试验检测规程。

（3）统计分析法

统计分析法是指在施工过程中，对分部分项工程所拨发的各种材料数量完成的产品数量和竣工后的材料剩余数量，进行统计、分析、计算，来确定材料消耗定额的方法。也可以根据某一产品原材料消耗的历史资料与相应的产量统计数据，计算出单位产品的材料平均消耗量，在这个基础上考虑到计划期的有关因素，确定材料的消耗定额。计算公式如下：

$$单位产品的材料平均消耗量=\frac{一定时期某种产品的材料消耗总量}{相应时期的某种产品产量}$$

这种方法简便易行，不需组织专人观测和试验。但应注意统计资料的真实性和系统性，要有准确的领退料统计数字和完成工程量的统计资料。统计对象也应加以认真选择，并注意和其他方法结合使用，以提高所拟定额的准确程度。用这个公式计算出来的材料平均消耗量，必须注意材料消耗总量与产品产量计算期的一致性。如果材料消耗总量的计算期为一年，那么产品产量的计算期必须也是一年。根据以上公式计算的平均消耗量，还应进行必要的调整，才能作为消耗定额。计划期的调整因素，主要是指通过一定的技术措施可以节约材料消耗的某些因素，这些因素应在上述计算公式的基础上作适当调整。

例如，进行某项工作所耗用的甲材料，按上述公式计算的平均消耗量为 $10m^3$，考虑计划期内某先进的节约措施将推广应用，应用后可以节约材料 10%，则计划期的消耗定额应为 $9m^3$。

用统计分析法来制订消耗定额的情况下，为了求得定额的先进性，通常可按以往实际消耗的平均先进数（或称先进平均数）作为计划定额。求平均先进数通常有两种方法：第一，将一定量时期内比总平均数先进的各个消耗数再求一个平均数，这个新的平均数即为平均先进数；第二，从同类型结构工程的若干个单位工程消耗量中，扣除上、下几个最低值和最高值后，取中间几个消耗量的平均值。

例如：已知 7～12 月份某施工过程消耗的材料见表 4-1。

某过程消耗的材料表 表 4-1

项目 \ 月份	7月	8月	9月	10月	11月	12月	合计
产量	80	80	80	90	110	100	540
材料消耗量	960	880	800	891	1045	824	5400
单耗（kg/月）	12	11	10	9.9	9.5	8.24	10

从表 4-1 中看出，7～12 月份每月用料的平均单耗为 10t，其中 7、8 两月单耗大于平均单耗，9 月与平均单耗相等，10、11、12 三个月低于平均单耗，这三个月的单耗为先进数。再将这三个月的材料消耗数计算出平均单耗，即为平均先进数。计算式为：

$$\frac{891+1045+824}{90+110+100}=\frac{2760}{300}=9.2(\text{kg}/\ 月)$$

上述平均先进数的计算，是按加权算术平均法计算的，当各月产量比较平衡时，也可用简单算术平均法求得，即：

$$\frac{9.9+9.5+8.24}{3}=\frac{27.60}{3}=9.21(\text{kg}/\ 月)$$

这种统计分析的方法，符合先进、合理的要求，常被各企业采用，但其准确性随统计资料的准确程度而定。若能在统计资料的基础上，调整计划期的变化因素，就更能接近实际。

（4）经验估算法

经验估算法主要是根据定额制定专业人员、操作人员、技术人员的经验，或已有资料，同时参考同类产品的材料消耗定额，通过专业人员、技术人员和操作人员相结合的方式，通过估算制定各种材料消耗定额的方法。估算法具有实践性强、简便易行、制定迅速等优点，缺点是缺乏科学计算依据、因人而异、准确度和普遍适用性较差。

经验估算法常用在急需临时估一个概算，或无统计资料或虽有消耗量统计但不易计算（如某些辅助材料、工具、低值易耗品等）的情况。此法亦称"估工估料"，在实际工作中仍有较普遍的应用。

（5）现场测定法

现场测定法是组织有经验的施工人员、操作人员、专业人员，在现场实际操作过程中对完成单一产品或单一生产过程的材料消耗进行实地观察和查定、写实记录，用以制定定额的方法。

现场测定法的结果受测定对象的选择和参测人员的素质影响较大，因此，首先要求所选单项施工对象具有普遍性和代表性；其次，要求参测人员的思想、技术素质好，责任心强。

现场测定法的优点是目睹现实、真实可靠、易发现问题、利于消除一部分消耗不合理的浪费因素，可提供较为可靠的数据和资料；缺点是工作量大，在具体施工操作中实测难度较大，不可避免地受工艺、技术条件、施工环境因素和参测人员水平等的限制。

综上所述，在制定材料消耗定额时，根据具体条件通常以一种方法为主，并通过必要的实测、分析、研究与计算，制定出具有平均先进水平的定额。一般地说，主要原材料的消耗定额可以用技术分析法计算，同时参照必要的统计资料和生产实践中的工作经验来制定。辅助材料等的消耗定额，大多可采用经验估计法或统计分析法来制定。

6. 常用材料消耗定额的应用

（1）材料消耗施工定额

材料消耗施工定额是由建筑企业自行编制的材料消耗定额，故又称企业内部定额，是施工班组实行限额领料，进行分部分项工程核算和班组核算的依据。施工定额既接近于预算定额，但又不同于预算定额。其相同之处在于它基本上采用概算定额的分部分项方法，不同之处在于它结合企业现有条件下可能达到的平均先进水平，是企业管理水平的标志。

材料消耗施工定额是建筑施工中最细的定额，它能详细反映各种材料的品种、规格、材质和消耗数量。材料消耗施工定额只能作为企业内部编制材料需用计划、组织现场定额供料的依据。

（2）材料消耗概算定额

材料消耗概算定额是由地方主管基建部门统一组织制定的，是地区性的预计建筑工程材料需用量的定额，是建筑施工企业常用的材料消耗定额，一般合并编制在建筑工程概算定额内。

材料消耗定额是编制建筑安装施工图预算的法定依据，是确定工程造价、办理工程拨款、划拨主要材料指标的依据，是计算招标标底和投标报价的基础，也是选择设计方案、进行企业经济活动分析的基础，在材料采购供应活动中是编制材料分析、控制材料消耗进行两算对比的依据。

（3）材料消耗估算指标

材料消耗估算指标是在材料消耗概算定额基础上以扩大的结构项目形式表示的一种定额，一般以整幢、整批建筑物为对象，用平方米、立方米、万元为单位，表明某建筑物每平方米建筑面积某种材料消耗量；或每完成1万元建筑安装工作量某种材料消耗量。

材料消耗估算指标一般是根据企业历年统计资料和同类型工程结构预算材料需用量，在考虑企业现有管理水平条件下，经过整理、分析而制定的一种经验定额，材料消耗估算指标的表现形式通常为：材料消耗量/万元工作量、材料消耗量/m^2建筑面积。

材料消耗估算定额的构成内容较粗，不能用于指导施工生产，只能用于材料管理中编制初步概算，在图纸不全、技术措施尚未落实条件下，估算主要材料需用量，编制年度备料计划及确定订货计划的基本依据。

（三）材料、设备需用数量的核算

1. 材料需用量的核算

（1）核算依据

1）工（材）料分析表

工（材）料分析表是施工预算的基本计算用表。通过此表可以查出分部分项工程中的各工种的用工量和各项原材料的消耗量，以此作为计划采购的依据之一。

2）材料消耗量汇总表

材料消耗量汇总表是编制材料需用量计划的依据。它是由工料分析表上的材料量，按不同品种、规格，分现场用与加工厂用进行汇总而成。

3）施工进度

施工进度以施工组织设计中的施工进度计划（横道图或网络图）体现，可据此确定计划期施工进度的形象部位，从而从施工项目的材料计划的计划需用量中摘出计划期与施工进度对应部分的材料需用量，然后汇总求得计划期内汇总材料的总需用量。

（2）材料计划需用量

1）直接计算法。当施工图纸已到达时，作材料分析就应根据施工图纸计算分部分项工程实物工程量，并结合施工方案及措施，套用相应定额，填制材料分析表。在进行各分项工程材料分析后经过汇总，便可以得到单位工程材料需用数量，当编制月、季材料需用计划时，再按施工部位要求及形象进度分别切割编制。这种直接套用相应项目材料消耗定额计算材料需用量的方法，叫作直接计算法。其一般计算公式如下：

$$某种材料计划需用量 = 建筑安装实物工程量 \times 某种材料消耗定额$$

上式中建筑安装实物工程量是通过图纸计算得到的；式中材料消耗定额采用材料消耗施工定额或概算定额。

使用施工定额进行材料分析，根据施工方案、技术节约措施、实际配合比编制的预算叫作施工预算，是企业内部编制施工作业计划，向工程项目实行限额领料的依据，是企业项目核算的基础。使用概算定额作材料分析，编制的预算叫作施工图预算或设计预算，是企业或工程项目要向建设项目投资者结算，向上级主管部门申报材料指标、考核工程成本、确定工程造价的依据。将上述两种预算编制的工程费用和材料实物量进行对此，叫作两算对比，是材料管理的基础手段。进行两算对比可以做到先算后干，对材料消耗心中有数；可以核对预算中可能出现的疏漏和差错。对施工预算中超过设计预算的项目，应及时查找原因，采取措施。由于施工预算编制较细，又有比较切实合理的施工方案和技术节约措施，一般应低于施工图预算。

2）间接计算法。当工程任务已基本落实，但在设计图纸未出、技术资料不全等情况下，需要编制材料计划时，可根据投资、工程造价、建筑面积匡算主要材料需用量，做好备料工作，这种间接使用经验估算指标预计材料需用量的方法，叫作间接计算法。以此编制的材料需用计划可作为备料依据。一旦图纸齐备，施工方案及技术措施落实后，应用直接计算法核实，并对用间接计算法得到的材料需用量进行调整。

间接计算法需根据不同的已知条件采取下面方法：

第一，已知工程结构类型及建设面积匡算主要材料需用量时，应选用同类结构类型建筑面积平方米消耗定额进行计算。其计算公式如下：

材料计划需用量＝工程的建筑面积×该类工程单位建筑面积该种材料消耗定额×调整系数

这种计算方法因为考虑了不同结构类型工程材料消耗的特点，因此计算比较准确。但是当设计所选用材料的品种出现差别时，应根据不同材料消耗特点进行调整。

第二，当工程任务不具体，没有施工计划和图纸而只有计划总投资或工程造价，可以使用每万元建安工作量某种材料消耗定额来测算，其计算公式为：

材料计划需用量＝工程项目总投资(造价)×每万元工程量该种材料消耗定额×调整系数

这种计算方法综合了不同结构类型工程材料消耗水平，能综合体现企业生产的材料耗用水平。但由于只考虑了投资和报价，而未考虑不同结构类型工程之间材料消耗的区别，而且当价格浮动较大时，易出现偏差，应将这些影响因素折成系数，予以调整。

由于材料价格浮动较大，因此该种计算方法应用时必须查清单价及其浮动幅度，折成调整系数，否则误差较大。

第三，当材料消耗的历史统计资料比较齐全时，可采用动态分析法，通过分析变化规律和计划任务量估算材料计划需用量。一般按简单的比例法推算，其计算公式如下：

$$某种材料计划需用量=\frac{计划期任务量}{上期完成任务量}×上期该种材料消耗量×调整系数$$

第四，当既无消耗定额，又无历史统计资料时，可采用类比分析法用类似工程的消耗定额进行间接推算。其计算公式如下：

$$某种材料计划需用量=计划工程量×类似工程材料消耗定额×调整系数$$

（3）材料实际需用量

根据工程项目的计划需用量，进一步核算各项目的实际需用量，核对的依据有以下几个方面：

1）对于一些通用性材料，在工程进行初期阶段，考虑可能出现的施工进度超额因素，一般都略加大储备，因此实际需用量就略大于计划需用量。

2）在工程竣工阶段，因考虑到"工完料清场地净"，防止工程竣工材料积压，一般是利用库存控制进料，这样实际需用量要略小于计划需用量。

3）对于一些特殊材料，为了工程质量要求，往往是要求一批进料，所以计划需用量虽只是一部分，但在申请采购中往往是一次购进，这样实际需用量就要大大增加。

实际需用量的计算公式如下：

$$实际需用量＝计划需用量＋计划储备量－期初库存量$$

（4）周转材料需用量计算

周转材料的特点在于周转，首先根据计划期内的材料分析确定周转材料总需用量，然后结合工程特点，确定计划期内周转次数，再算出周转材料的实际需用量。

（5）工具需用量的计算

　　工具需用量一般按照不同种类、规格和不同用途分别计算。在大批生产条件下，工具需用量可按计划产量和工具消耗定额来计算；在成批生产条件下，可按设备计划工作台时数和设备每台时的工具消耗定额计算，在单件小批生产条件下，通常按每千元产值的工具消耗来计算。

　　（6）相关表式

　　1）材料分析表

　　根据计算出的工程量，套用材料消耗定额分析出各分部分项工程的材料用量、规格，见表4-2。

材料分析表

表4-2

工程名称：

编制单位：　　　　　　　　　　　　　　　　　　　　　　　　编制日期：

序号	分部（分项）工程名称	工程量		材料名称、规格、数量				
		单位	数量					

审核：　　　　　　　　　　编制：　　　　　　　　　　　　共　页第　页

　　2）材料汇总表

　　将材料分析表中的各种材料按建设项目和单位工程汇总得到材料汇总表、材料需用量表，见表4-3、表4-4。

材料汇总表

表4-3

工程名称：

编制单位：　　　　　　　　　　　　　　　　　　　　　　　　编制日期：

序号	建设项目	单位工程	材料汇总			
			水泥		红砖	钢筋	……
			P. O42.5	P. O52.5	标砖	8	……

审核：　　　　　　　　　　编制：　　　　　　　　　　　　共　页第　页

材料需用量表

表4-4

工程名称：　　　　　　编制单位：　　　　　　编制日期

序号	项目名称	材料计划				各期用量			
		名称	规格	单位	数量				
	××工程								
	××工程								
	××工程								

审核：　　　　　　　　　　编制：　　　　　　　　　　　　共　页第　页

2. 设备需用量的计算

单位工程施工机械需用（台班）量计算是根据单位工程工程量、施工方案、施工机具类型及定额机械台班用量编制的。

（四）材料、设备的配置计划与实施管理

1. 材料、设备配置计划的任务和分类

项目材料、设备的配置计划就是通过运用计划的手段，来组织、指导、监督、调节、控制物资于施工项目的采购、运输、供应等环节的一项重要管理措施。

（1）项目物资计划管理的任务

项目物资计划管理的任务主要是：为实现施工企业经营目标做好物质准备；根据企业的资源储备情况，做好平衡、协调工作；通过计划、监督、控制项目物资采购成本和合理使用资金；建立健全企业物资计划管理体系。

（2）项目物资计划的分类

项目材料、设备的配置计划按用途划分，可分为需用计划、申请计划、采购（加工订货）计划、供应计划、储备计划。按计划涵盖的时间段（计划期）划分，可分为年度计划、季度计划、月度计划和追加计划。

2. 材料配置计划的编制

施工企业常用的材料计划，包括按照计划的用途和执行时间编制的年、季、月的材料需用计划（图4-2）、申请计划、供应计划、加工订货计划和采购计划。

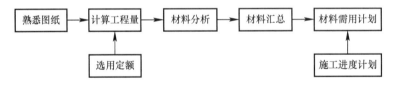

图 4-2 材料需用计划编制程序图

（1）材料总需用量计划的编制

工程中标后，公司物资部门根据企业投标的报价资料和经企业总工程师签署的《施工组织设计》结合工程的施工要求、特点及市场供应状况和业主的特殊要求，编制《单位工程物资总量供应计划》。

《单位工程物资总量供应计划》是工程组织物资供应的前期方案和总量控制依据，是企业编制工程制造成本中材料成本的主要依据。计划中包括主要材料的供应模式（采购或租赁）、主要材料大概用量、供方名称、所选定物资供方的理由和材质证明、生产企业资质文件等。

1）编制依据

① 项目投标书中的《材料汇总表》；

② 项目施工组织计划；

③ 当期物资市场采购价格。

2）编制步骤

第一步，计划编制人员与投标部门联系，了解工程投标书中该项目《材料汇总表》。

第二步，计划编制人员查看经主管领导审批的项目施工组织设计，了解工程工期安排和机械使用计划。

第三步，策划，根据企业资源和库存情况，对工程所需物资的供应进行策划，确定采购或租赁的范围；根据企业和地方主管部门的有关规定确定供应方式（招标或非招标，采购或租赁）；了解当期市场价格情况。

第四步，编制：按表 4-5 编制。

单位工程物资总量供应计划表　　　　　　　　　表 4-5

项目名称：　　　　　　　　　　　　　　　　　　　　　　　　　　单位：元

序　号	材料名称	规　格	单　位	数　量	单　价	金　额	供应单位	供应方式

制表人：　　　　　　审核人：　　　　　　审批人：　　　　　　制表时间：

（2）材料各计划期需用量的编制

1）年度计划

年度计划是物资部门根据企业年初制定的方针目标和项目年度施工计划，通过套用现行的消耗定额编制的年度物资供应计划，是企业控制成本、编制资金计划和考核物资部门全年工作的主要依据。

① 编制依据

编制依据主要有：企业年度方针目标、项目施工组织设计和年度施工计划以及企业现行物资消耗定额。

② 编制步骤

第一步，了解企业年度方针目标和本项目全年计划目标。

第二步，了解工程年度的施工计划。

第三步，了解市场行情，套用企业现行定额，编制年度计划。

③ 编制：按表 4-6 编制。

单位工程（　　）年度物资供应计划量　　　　　　　表 4-6

项目名称：　　　　　　　　　　　　　　　　　　　　　　　　　　单位：元

序　号	材料名称	规格（型号）	单　位	数　量	单　价	金　额	备　注

制表人：　　　　　　审核人：　　　　　　审批人：　　　　　　制表时间：

2）季度计划

季度计划是年度计划的滚动计划和分解计划。

3）月度计划

月度需用计划也称备料计划，是由项目技术部门依据施工方案和项目月度计划编制的下月备料计划，也是年、季度计划的滚动计划。需要技术人员充分了解所需物资的加工（生产）周期和进场复验所需时间，提前提交物资部门编制申请计划、采购计划，作为订货、备料的依据。

① 材料需用量的确定

$$需用量 = 图纸用量 \times (1 + 合理损耗率)$$

合理损耗率可按当地政府部门颁布的《施工预算定额》中规定的损耗量，也可实行企业内部规定的各类物资消耗损耗率。

② 月度需用计划由项目技术部门编制，经项目总工程师审核后报项目物资管理部门。

③ 编制：按表 4-7 编制。

材料备料计划 表 4-7

年　月

项目名称：　　　　计划编号：　　　　编制依据：　　　　第　页共　页

序　号	材料名称	型　号	规　格	单　位	数　量	质量标准	备　注

制表人：　　　　审核人：　　　　审批人：　　　　制表时间：

（3）编制材料申请计划

材料申请计划是依据材料供应计划中应向上级主管部门或材料管理部门申请计划分配材料而编制的计划。它是企业向上取得计划分配材料的手段，是材料分配部门进行材料计划分配的主要依据，也是项目向企业获得材料的手段。

材料申请计划的基本指标是：材料需用量、计划期末储备量、计划期初预计库存量、其他内部资源量和材料计划申请量。

材料计划申请量的计算公式如下：

材料计划申请量＝计划期需用量＋计划期末储备量－期初库存量－其他内部资源量

材料申请计划一般由三部分构成：材料申请计划表、材料核算表和文字说明。材料申请计划表是材料申请计划的主体。材料核算表是材料申请计划表的附表，是企业编制申请计划的考核表，又是材料分配主管部门审核材料申请计划的依据。文字说明是材料申请计划的附件，主要说明申请表和核算表中无法用数字表明又必须说明的情况和问题。

项目物资部计划编制人员根据企业物资管理体制中采购权限的划分，将上级物资主管部门负责采购的物资，在充分调查现场库存情况后编制申请计划，经项目经理审批后于每月规定时间前分别报上级物资部门，若有调整，根据实际情况可进行调整，并按时间要求报补充计划。

申请计划编制要遵循以下原则：

1）做好"四查"工作

所谓"四查"即查计划、查图纸、查需用、查库存。查计划：查看工程施工计划，了解物资使用时间；查图纸，了解使用部位，开展质量成本活动；查需用，查技术部门编制的需用计划，是否有漏项，以确保进场物资满足施工生产需要；查库存，了解库存情况和有无可替代物资。

2）实事求是的原则

深入调查研究，保证计划的准确性和可靠性。

3）留有余地的原则

材料的供应受自然因素和社会因素影响较深，在编制申请计划时应考虑不能留有缺口，需有一定数量的合理储备，才能保证项目的正常供应，特别是冬雨期施工的材料。

计划中要明确材料的类别、名称、品种（型号）规格、数量、技术标准、使用部位、使用时间、质量要求和项目名称、编制日期、编制依据、送达日期、编制人、审核人、审批人。

项目月度材料申请计划可按表 4-8 格式编制。

项目材料申请计划　　　　　　　　　　　　　　　　表 4-8

年　月

项目名称：　　　　　计划编号：　　　　　编制依据：　　　　　　　第　页共　页

序　号	类　别	材料名称	型　号	规　格	单　位	数　量	质量标准	进场时间	使用部位	备　注

制表人：　　　　审核人：　　　　审批人：　　　　制表日期：　　　　送达日期：

（4）项目月度物资采购计划的编制

由公司总部负责采购的材料，按规定时间由公司物资部门计划责任师根据各项目所报月度申请计划，经复核、汇总后编制的采购计划，经物资部经理审核并报公司主管领导审批后进购。

由项目自行采购的材料，由项目计划编制人员编制采购，经项目商务经理审核，项目经理审批后在公司物资部推荐的供方中选择 1～2 家进行采购供应。

采购计划中要明确材料的类别、名称、品种（型号）规格、数量、单价、金额、质量标准、技术标准、使用部位、物资供方单位、进场时间、编制依据、编制日期、编制人、审核人、审批人。

项目月度材料采购计划中量的确定可按下式计算：

$$材料采购量 = 申请量 + 合理运输损耗量$$

项目月度材料采购计划可按表 4-9 格式编制。

项目材料采购计划 表 4-9

年 月

项目名称： 计划编号： 编制依据： 第 页共 页

序 号	类 别	材料名称	型 号	规 格	单 位	数 量	单 价	金 额	质量标准	进场时间	供 方	备 注

制表人： 审核人： 审批人： 制表日期： 送达日：

采购计划除计划编制人员自行留存外，还应分别提供给相关部门和人员作为工作依据；现场验收人员一份，作为进场验收的依据；采购员一份，作为采购供应的依据；财务部门一份，作为报销的依据。

（5）构件和半成品需用量计划

单位工程构件和半成品需用量计划是根据单位工程施工进度计划编制的。主要用于落实加工订货单位，并按所需规格、数量、时间，组织加工、运输和确定堆场位置和面积之用。其表格形式见表 4-10 所列。

构件需用量计划 表 4-10

序 号	品 名	规 格	图 号	需用量		加工单位	供应日期	备 注
				单位	数量			

3. 设备需用量计划

单位工程施工机械需用量计划是根据单位工程施工进度计划和施工方案编制的。主要用于确定施工机具类型、数量、进场时间，落实机具来源，组织进场、退场日期。其表格形式见表 4-11 所列。

设备需用量计划 表 4-11

序 号	机械名称	类型型号	需用量		来 源	供应起止时间	备 注
			单位	数量			

编制施工方案时，施工机械的选择，多使用单位工程量成本比较法，即依据施工机械的额定台班产量和规定的台班单价，计算单位工程量成本，以选择成本最低的方案。

在施工中，不同的施工机械必须配套使用，以满足施工进度要求，并进行施工成本计算。

4. 项目材料供应量和供应计划的编制

供应计划是各类物资的实际进场计划，是项目物资部根据施工形象进度和物资的现场加工周期所提出的最晚进场计划。

材料供应计划是建筑企业计划的一个重要组成部分，是材料计划的实施计划，它与施工生产计划、成本计划、财务计划等有着密切的联系，正确编制材料供应计划，不仅是建筑企业按计划组织生产的客观要求，也是影响整个建筑企业计划工作质量的重要因素。

建筑企业的材料供应计划，是企业通过申请、订货、采购、加工等各种渠道，按品种、质量、数量、期限、成套齐备地满足施工所需的各种材料的依据，也是促使建筑企业合理使用材料、节约资金、降低成本的重要保证。它对改进材料的供、管、用三个方面的工作和保证施工生产顺利进行具有重要作用。

材料供应部门根据用料单位上报的申请计划及各种资源渠道的供货情况、储备情况进行总需用量与总供应量的平衡，并在此基础上编制对各用料单位或项目的供应计划，并明确供应措施，如利用库存、市场采购、加工订货等。

（1）编制材料供应目录

1）材料供应目录是编制材料供应计划和组织物资采购的重要依据。

2）材料供应目录的编制。编制物资供应目录就是要把企业需用的各类的、不同规格的材料，按照分类的顺序，有系统地整理汇总，并详细列明各种材料的类别、名称、规格、型号、技术标准、计量标准、价格以及供应来源等。

3）材料供应目录的修订。企业的材料供应目录不是一成不变的，建筑企业生产经营中所需的材料，随着生产任务、技术条件、供应条件的变化而发生变化。因此，材料供应目录要及时地审核和修订。

（2）确定供应量

按材料需用计划、计划期初库存量、计划期末库存量（周转储备量），用平衡原理计算材料实际供应量。正确地计算材料供应量是编制材料供应计划的重要环节。

材料计划是在需用计划的基础上，根据库存资源及储备要求，经综合平衡计算材料实际供应量的计划，它是企业组织材料采购、加工订货、运输的指南。

（3）材料供应量计算公式

$$材料计划供应量＝计划需用量－期初库存量＋期末储备量$$
$$期初库存量＝编制计划时的实际库存量＋至期初的预计进货量－至期初的预计消耗量$$
$$期末储备量＝经常储备＋保险储备$$

或

$$期末储备量＝经常储备＋保险储备＋季节储备$$

（4）制定材料供应计划

在供应计划中所明确的供应措施，必须有相应的实施计划。如市场采购，须相应编制采购计划；加工订货，须有加工订货合同及进货安排计划，以确保供应工作的完成。

1）划分供应渠道

按材料管理体制，将所需供应的材料分为物资企业供应材料、建筑企业自供材料，以及公司企业内部挖潜、自制、改、代的材料。划分供应渠道的目的是为编制订货、采购等计划提供依据。

2）确定供应进度

计划期供应的材料不可能一次进货。应根据施工进度与合理的储备定额，确定进的批量及具体时间。

（5）材料供应保证措施

在保证工程施工工期、质量的前提下，为保证材料供应，应采取相关措施。

① 管理组织措施

实行岗位责任制，明确材料员为项目材料供应的直接责任人，公司材料部门负责人为公司材料供应的管理责任人。实行严格的项目经理责任制，明确项目经理为项目材料供应的项目责任人。

建立专业工长责任制，各工种设专业工长，与项目部签订责任书，明确每个专业队伍、每个人的责、权、利。

② 供应渠道保证措施

在相应工序施工前，提前了解市场、熟悉市场行情，把握需采购材料的市场行情和合理价格区间。提前联系供货商，当出现材料供应紧张时，可联系多家供货商，保证工程进度。

材料供应保证还包括保证所采购的材料质量要符合要求，应优选供货商，掌握其所供材料质量、价格、供货能力信息，以获得质量好、价格低的材料资源，从而确保工程质量，降低工程造价。

③ 资金保证措施

④ 材料储备措施

为保证施工的连续性，现场应留存一定数量的材料储备，以防止材料供应脱节。材料储备量公式如下：

$$材料储备＝材料正常储备＋材料保险储备$$

其中：正常储备是施工现场在前后两批材料运送的间隔期中，为满足正常施工而建立的储备。保险储备是施工现场为了防备材料运送误期或材料规格品种不符合需要等情况而建立的储备。

5. 材料加工订货、采购计划的编制

在供应计划中所明确的供应措施，必须有相应的实施计划。如市场采购，须相应编制采购计划；加工订货，须有加工订货合同及进货安排计划，以确保供应工作的完成。

材料采购计划是材料供应计划中，为向市场采购而编制的计划，是材料采购人员据以向生产厂家、材料生产企业、商业企业或材料供销机构直接采购的依据。材料供应计划所列各种材料，需按订购方式分别编制加工订货计划、采购计划。

1）材料采购计划的编制

凡可在市场直接采购的材料，均应编制采购计划，以指导采购工作的进行。这部分材料品种多、数量大、规格杂、供应渠道多、价格不稳定、没有固定的编制方法。主要通过计划控制采购材料的数量、规格、时间等。

2）材料加工订货计划的编制

凡需与供货单位签订加工订货合同的材料，都应编制加工订货计划。

加工订货计划的具体形式是订货明细表，它由供货单位根据材料的特性确定，计划内容主要有：材料名称、规格、型号、技术要求、质量标准、数量、交货时间、供货方式、到货地点及收货单位的地址、账号等，有时还包括必要的技术图纸或说明资料。有的供货单位以订货合同代替订货明细表。

3）材料采购计划的编制

月度材料采购计划的编制流程如图 4-3 所示。

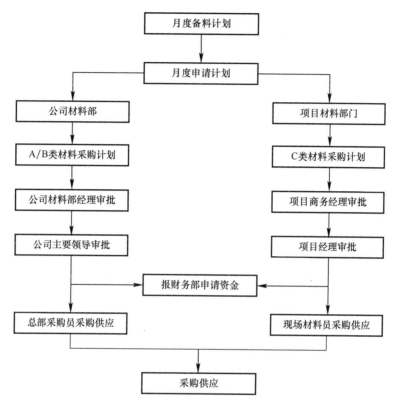

图 4-3　月度材料采购计划的编制流程

6. 材料计划编制程序

（1）材料部门应与生产、技术部门积极配合，掌握施工工艺，了解施工技术组织方案，仔细阅读施工图纸。

（2）根据生产作业计划下达合理的工作量。

（3）查材料消耗定额，计算完成生产任务所需材料品种、规格、数量、质量，完成材料分析。

（4）汇总各操作项目材料分析中材料需用量，编制材料需用计划。

（5）结合项目库存量，计划周转储备量，提出项目用料申请计划（见表 4-8），报材料供应部门。

供应计划的编制可按项目物资的分类管理进行，以减少中间环节，发挥各级物资管理人员的作用，这种分类方法主要是根据物资对于企业质量和成本的影响程度和物资管理体制将物资分为 A、B、C 三类进行计划管理。以下是一种应用此种分类法对物资的分类。

A 类物资包括：

（1）钢材：各类钢筋，各类型钢。

（2）水泥：各等级袋装水泥、散装水泥，装饰工程用水泥，特种水泥。

（3）木材：各类板、方材，木、竹制模板，装饰、装修工程用各类木制品。

（4）装饰材料：精装修所用各类材料，各类门窗及配件，高级五金。

（5）机电材料：工程用电线、电缆，各类开关、阀门、安装设备等所有机电产品。

（6）工程机械设备：公司自购各类加工设备，租赁用自升式塔式起重机，外用电梯。

B 类物资包括：

（1）防水材料：室内外各类防水材料。

（2）保温材料：内外墙保温材料，施工过程中的混凝土保温材料、工程中管道保温材料。

（3）地方材料：砂石，各类砌筑材料。

（4）安全防护用具：安全网，安全帽，安全带。

（5）租赁设备：①中小型设备：钢筋加工设备，木材加工设备，电动工具；②钢模板；③架料，U 形托，井字架。

（6）辅料：各类建筑胶，PVC 管，各类腻子。

（7）五金：火烧丝，电焊条，圆钉，钢丝，钢丝绳。

（8）工具：单价 400 元以上的手用工具。

C 类物资包括：

（1）油漆：临时建筑用调合漆，机械维修用材料。

（2）小五金：临时建筑用五金。

（3）杂品。

（4）工具：单价 400 元以下的手用工具。

（5）劳保用品：按公司行政人事部有关规定执行。

根据 A、B、C 三类进行物资供应计划管理的实施，可按以下方法进行：

（1）A 类物资供应计划：该类物资由公司负责供应。由项目物资部经理根据月度申请计划和施工现场、加工场地、加工周期和供应周期分别报出。供应计划应交由公司物资管理部门一份，由各专业责任人员按计划时间要求供应到指定地点。

（2）B 类物资供应计划：该类物资由项目部负责供应。由项目物资部经理根据审批的申请计划和项目部提供的现场实际使用时间、供应周期直接编制。

（3）C 类物资供应计划：该类物资由项目部自行负责供应。在进场前按物资供应周期直接编制采购计划进场。

由于客观原因不能及时编制供应计划的，可用电话联系作为物资的供应计划，公司物资管理部门计划统计责任人员做好电话记录。

计划中要明确物资的类别、名称、品种（型号）规格、数量、进场时间、交货地点、验收人和编制日期、编制依据、送达日期、编制人、审核人、审批人。

7. 材料、设备计划的实施管理

材料计划的编制只是计划工作的开始，而更重要的工作还是在计划编制后，就是材料计划的实施，材料计划的实施是材料计划工作的关键。

（1）协调材料计划实施中出现的问题

材料计划在实施中常因内部或外部的各种因素的干扰影响材料计划的使用，一般有以下几种因素：

1）施工任务的改变。

2）设计变更。

3）供货情况变化。

4）施工进度变化。

施工进度计划的提前或推迟会影响到材料计划的正确执行，在材料计划发生变化时，要加强材料计划的协调作用。

为了做好协调工作。必须掌握动态，链接材料系统各个环节的工作进程，一般通过统计检查、实地调查、信息交流等方法。检查各部门对材料计划的执行情况，及时进行协调，以保证材料计划工作的实现。

（2）建立材料计划分析和检查制度

为了及时发现计划执行中的问题，保证计划的全面完成，建筑企业应从上到下按照计划的分级管理职责，在计划实施反馈信息的基础上，进行计划的检查与分析，一般应建立以下几种计划检查和分析制度：

1）现场检查制度。

2）定期检查制度。

3）统计检查制度。

（3）计划的变更和修订

实践证明，材料计划的变更为常见的、正常的。材料计划的变化，也是由它本身的性质决定的。主客观条件的变化，必然引起原计划的变更，为了使计划更加符合实际，维护计划的严肃性，就需要对计划及时变更和修订。

1）变更或修订材料计划的一般情况

① 任务量变化

任务量是确定材料需求量的主要依据之一，任务量的增加或减少，将引起材料需求量的增加或减少，在编制材料计划时，不可能将计划任务变动的各种因素都考虑在内，只有待问题出现后，通过调整原计划来解决。

在项目实施过程中，由于技术革新，增加了新的材料品种，原计划需要的材料出现多余，就要缩减需要；或者根据用户的意见对原设计方案进行修订，与此同时所需的材料品种和数量就会发生变化。

在工程建设中，由于布置材料计划时，图纸和技术资料尚不齐全，原计划实属概算需要，待图纸和资料到齐后，材料实际需要常与原概算情况有出入，这时也需要调整材料计划。同时，由于现场地质条件及施工中可能出现的变化因素，需要改变结构、改变设备型号，材料计划调整不可避免。

在工具和设备修理中，编制计划时很难预计修理所需的材料，实际修理所用的材料与原计划中申请的材料常常有出入，调整计划完全有必要。

② 工艺变更

设计变更必然引起工艺变更，需要的自然就不一样；设计未变，但工艺变了，加工方法、操作方法变了，材料消耗可能与原来不一样，材料计划也要相应调整。

③ 其他原因

计划初期预计库存不正确、材料消耗定额变了、计划有误等，都可能引起材料计划的变更，需要对原材料计划进行调整和修订。

由于上述原因，必须对材料计划进行合理的调整和修订，如不及时修订，将使企业发生停工待料的危险，或使企业材料大量闲置积压，这不仅使生产建设受到影响，而且直接影响企业的财务状况。

2）材料计划的变更及修订主要方法

① 全面调整或修订

全面调整或修订主要是指材料资源和需要发生大的变化时的调整，如自然灾害、战争或经济调整等，都可能使资源和需要发生重大变化，这时需要全面调整计划。

② 专案调整或修订

专案调整或修订主要指由于某项任务的突然增减；或由于某种原因，工程提前或延后施工或生产建设中出现突发情况等，使局部资源和需要发生较大变化，一般用待分配材料安排或当年储备解决，必要时调整供应计划。

③ 临时调整或修订

如生产和施工中，临时发生变化，就必须临时调整，这种调整也属于局部调整，主要是通过调整材料供应计划来解决。

3）材料计划的调整及修订中应注意的问题

① 维护计划的严肃性和实事求是地调整计划

② 权衡利弊和尽可能把调整计划压缩到最小限度

调整计划虽然是完全必要的，但许多时候调整计划总要或多或少地造成影响和损失。所以在调整计划时，一定要权衡利弊，把调整的范围压缩到最小限度，使损失尽可能减少到最小。

③ 及时掌握情况

材料部门必须主动和各方面加强联系，掌握计划任务的安排落实情况。了解主要设备和关键材料的准备情况，对一般材料也应该按需要逐项检查落实，如发现偏差，迅速反馈，采取措施，加以调整。

掌握材料的消耗情况，找出材料消耗升降的原因，加强定额供料，控制发料，防止超定额用料而调整申请量。

掌握资源供应情况，不仅要掌握库存和在途材料的动态，还要掌握供方能否按时交货等情况。

掌握上述各方面的情况，实际上就是要做到需用清楚、消耗清楚和资源清楚，以利于材料计划的调整和修订。

④ 应妥善处理、解决调整和修订材料计划中的相关问题

材料计划的调整或修订，追加或减少的材料，一般以内部平衡调剂为原则，减少部门或追加部分内部处理不了或不能解决的，又负责采购或供应的部门协调解决。

4）考评执行材料计划的经济效果

材料计划的执行效果，应该有一个科学的考评方法，一个重要内容就是建立材料计划指标体系。通过指标考核，激励各部门认真实施材料计划。通常包括下列指标：

① 采购量和到货率。

② 供应量及配套率。

③ 自有运输设备的运输量。

④ 占用流动资金及资金周转次数。

⑤ 材料成本的降低率。

⑥ 主要材料的节约率和节约额。

实务、示例与案例

[案例1] 工程项目材料、施工设备需用量计划的编制

××市牧津纤维有限公司位于该市××开发区内，是中日合资企业，由于生产规模的不断扩大，原有生产车间已不能适应生产的需要，故拟增建分梳生产车间，该工程设计单位为××市建筑设计院，施工单位为该市第六建筑工程有限公司，监理为该市××建设监理公司，开工日期为××年3月1日，竣工日期为××年8月24日，日历工期178天。

该施工进度计划工程为178天，自××年3月1日开工，于同年8月24日竣工，施工项目43项，其中基础13项，主体15项，装饰15项。

施工进度网络计算：本工程的施工进度网络计算如图所示（略）。

主要工程量、主要劳动力需用量计划（略）、材料需用量计划、机械需用量计划分别见表4-12～表4-14所列。

主要工程量汇总表　　　　　　　表4-12

工程项目	单位	工程量	备注	工程项目	单位	工程量	备注
挖土方	m³	2498	基础	钢筋	kg	15000	主体
垫层	m³	31	基础	地面	m²	786	装修
承台	m³	165	基础	楼面	m²	264	装修
条基	m³	5	基础	墙裙	m²	819	装修
地梁	m³	54	基础	楼梯抹灰	m²	129	装修
基础柱	m³	12	基础	踢脚板	m²	30	装修
回填土	m³	2743	基础	内墙面	m²	2347	装修
混凝土梁	m³	294	主体	顶棚	m²	3073	装修
混凝土板	m³	324	主体	屋面	m²	821	装修
混凝土柱	m³	129	主体	雨篷抹面	m²	222	装修
混凝土构造柱	m³	10	主体	挑檐抹灰	m²	228	装修
混凝土挑檐	m³	10	主体	独立柱抹灰	m²	304	装修
混凝土楼梯	m²	129	主体	外墙面	m²	2104	装修
钢门	m²	69	主体	站台地面	m²	220	装修
钢窗	m²	244	主体	台阶	m²	2	装修
玻璃	m²	244	主体	雨水管	m	143	装修
油漆	m²	158	主体	楼梯栏杆	m	87	装修
脚手架	m²	3567	主体	埋件	kg	12	装修
砌墙	m³	592	主体	散水	m²	50	装修

材料需用量计划表　　　　　　　　　　　　　　　表 4-13

材　料	总　量	进场时间	分段需用量				
商品混凝土	1153m³	3月12日	按计划供应				
水泥	313t	3月1日	3月1日	4月1日	5月10日	7月1日	8月10日
			43t	30t	90t	90t	60t
砂	449m³	3月1日	3月1日	4月1日	5月10日	7月1日	9月10日
			49m³	130m³	70m³	80m³	120m³
砌块	592m³	3月1日	3月1日	5月10日	5月18日	5月25日	6月2日
			53.8m³	134.5m³	134.5m³	134.5m³	134.5m³
钢筋	150t	3月8日	3月8日	3月18日	4月3日	4月18日	5月3日
			30t	35t	35t	35t	15t
白灰	30t	3月15日	3月15日 30t				
钢模板	560m²	3月10日	3月10日	3月18日	3月28日		
			180m²	280m²	100m²		
脚手架	6500根	3月5日	3月5日	3月16日	4月1日	6月28日	
			500根	1200根	1200根	3600根	
扣件	15000个	3月5日	3月5日	3月16日	4月1日	6月28日	
			2000个	4000个	4000个	5000个	
脚手板	2600块	3月5日	3月5日	3月16日	4月1日	6月28日	
			300块	500块	500块	1300块	
安全网	1200片	4月2日	4月2日	4月18日	5月3日		
			300片	300片	600片		

施工机械需用量计划表　　　　　　　　　　　　表 4-14

序　号	机具名称	型　号	需用量		使　用
			单位	数量	
1	塔式起重机	TQ60/80	台	1	主体垂直运输
2	卷扬机	JJM-3	台	1	装修垂直运输
3	插入式振动器	21Z-50	台	4	浇混凝土
4	蛙夯	21W-60	台	4	基础回填
5	钢筋切断机	GJS-40	台	1	钢筋制作
6	钢筋调直机		台	7	钢筋制作
7	电焊机	BX3-300	台	2	钢筋制作
8	砂浆搅拌机	JQ250	台	2	砖砌筑
9	抹灰机械	21m-66	台	2	混凝土表面抹光
10	挖土机	WY60	台	1	基础挖土
11	载重汽车		台	4	运输（运土）
12	电锯电刨		台	2	木活加工
13	离心水泵		台	2	基础排水
14	筛砂机		台	1	主体

[案例 2]　　　　　　　　　施工机械设备配置方案决策

　　某基础施工公司分包某地下商业中心土方开挖工程，土方量为 128600m³，平均运土距离 8km，合同工期 45d。该公司可投入此工程的机械设备见表 4-15 所列。每天按 8h 施工时间考虑，每天出土必须外运，且考虑自有机械设备数量限制，确定最经济的设备配置方案。

机械设备数据表　　　　　　　　　　　　　　　表 4-15

挖掘机			
型号	PC01—01	PC02—01	PC09—01
斗容量（m³）	0.84	1.17	1.96
台班产量（m³/台班）	600	1000	1580
台班单价（元/台班）	1180	1860	3000
自有数量	6	3	1

自卸汽车			
型号	PC01—01	PC02—01	PC09—01
载重能力	8t	12t	15t
运距 8km 台班产量（m³/台班）	45	63	77
台班单价（元/台班）	516	680	850
自有数量	40	36	10

　　（1）先计算若设备数量没有限制的配置最经济方案，相应的每立方米土方挖运直接费。

　　根据案例中数据计算各机械设备的土方挖（运）单方直接费。

　　1）挖掘机

　　　　PC01—01：$1180 \div 600 = 1.97$ 元/m³

　　　　PC02—01：$1860 \div 1000 = 1.86$ 元/m³

　　　　PC09—01：$3000 \div 1580 = 1.90$ 元/m³

　　取挖土直接费最低的 1.86 元/m³ 的 PC02—01 型挖掘机。

　　2）自卸汽车

　　　　8t 车：$516 \div 45 = 11.47$ 元/m³

　　　　12t 车：$680 \div 63 = 10.79$ 元/m³

　　　　15t 车：$850 \div 777 = 11.04$ 元/m³

　　取运土直接费最低的 10.79 元/m³ 的 12t 自卸汽车。

　　3）相应的每立方米土方挖运直接费为：$1.86 + 10.79 = 12.65$ 元/m³。

　　（2）挖运都选相应直接费最低的设备：

　　1）首先按挖土直接费最低的 PC02—1 挖掘机考虑，每天施工需要台数：

$$128600 \div (1000 \times 45) = 2.86 \approx 3 \text{ 台}$$

　　取每天安排 PC02—1 型挖掘机 3 台，则每天出土量为 $3 \times 1000 = 3000\text{m}^3$。

　　2）自卸车也选用运土直接费最低的 12t 自卸车，每天需 $3000 \div 63 = 47.6$ 台。该公司仅有该型号自卸车 36 台，故超出部分只能另选其他车型。

每天剩余土方量：$3000-36\times63=732m^3$。

3）考虑采用运土直接费次低的 15t 自卸车，每天需 732/77＝9.5 台，故选择选用自卸车 9 台。

每天仍剩余土方量：$732-9\times77=39m^3$

4）剩余 $39m^3$ 均需任一车型的一个台班，其中 12t 自卸车除外，15t 自卸车虽剩下 1 台，考虑到 8t 自卸车台班单价 516 元最低，故选用 1 台 8t 自卸车。

5）综上所述，最经济的设备配置方案如下：

应选择施工机械为：PC02—1 型挖掘机 3 台、8t 自卸车 1 台、12t 自卸车 36 台、15t 自卸车 9 台。

（3）每日土方挖运总费用：$3\times1860+1\times516+36\times680+9\times850=38226$ 元/天

土方挖运工作天数：128600/3000＝42.86≈43 天

则土方挖运单方直接费为：$38226\times43/128600=12.78$ 元/m^3

［案例 3］

某工程项目下个月的施工任务及相关的定额见表 4-16，试确定：

（1）各种材料的合计需用量。

（2）根据上述资料编制下个计划期材料需用计划表。

分部分项工程材料用量审核表　　　　表 4-16

单位工程	项目施工任务	工程量（m³）	定额编号	砖（千块）		水泥（kg）		黄砂（kg）		石灰（kg）	
				定额	用量	定额	定额	定额	用量	定额	用量
某校学生楼	M5 砂浆砖基础	63		0.528		43		358		19	
	M2.5 砂浆砌砖外墙	156	略	0.53		33		369		20	
	M2.5 砂浆砌砖内墙	200		0.528		32		361		20	
某 2 号工程车间	水泥地坪	200				12		35			
某 2 号工程宿舍	砖墙面抹灰	500				4.3		32.7		2.7	

经分析计算得出：

（1）各种材料合计需用量见表 4-17。

（2）表 4-18 为下个计划期材料需用计划表。

各种材料合计需用量表　　　　表 4-17

单位工程	项目	砖（千块）	水泥（kg）	黄砂（kg）	石灰（kg）
校学生楼	M5 砂浆砖基础	33.26	2709	22554	1197
	M2.5 砂浆砌外墙	82.68	5148	57564	3120
	M2.5 砂浆砖砌内墙	105.6	6400	72200	4000

续表

单位工程	项目	砖（千块）	水泥（kg）	黄砂（kg）	石灰（kg）
某 2 号工程车间	水泥地坪		2400	7000	
某 2 号工程宿舍	砖墙面抹灰		2150	16350	1350
合计		221.54	18807	175668	9667

下个计划期材料需用计划表   表 4-18

序号	材料名称	规格	本月合计（t）	单位工程需用量	
				某校工程	某 2 号工程
1	砖	标准砖	22.2	22.2	
2	水泥	32.5 级普通水泥	19	14.4	4.6
3	黄砂	中粗	176	152.5	23.5
4	石灰	三七灰	10	8.5	1.5

[案例 4]

某施工单位全年计划进货水泥 257000t，其中合同进货 192750t，市场采购 38550t，建设单位来料 25700t。最终实际到货的情况是：合同到货 183115t，市场采购 32768t，建设单位来料 15420t。项目经理要求材料员完成以下工作：

（1）确定全年水泥进货计划完成情况。

（2）提出激励各部门实施材料计划的手段以及具体指标。

材料员经相关数据分析，确定水泥进货计划完成情况的相关数据指标为：

（1）总计划完成率 $=\dfrac{183115+32768+15420}{257000}\times100\%=90\%$；

（2）合同到货完成率 $=\dfrac{153115}{192750}\times100\%=95\%$；

（3）市场采购完成率 $=\dfrac{32768}{38550}\times100\%=85\%$；

（4）建设单位来料完成率 $=\dfrac{15420}{25700}\times100\%=60\%$。

提出激励各部门实施材料计划的手段是考核各部门实施材料计划的经济效果，主要指标有：

（1）采购量及到货率。

（2）供应量及配套率。

（3）自有运输设备的运输量。

（4）占用流动资金及资金周转次数。

（5）材料成本降低率。

（6）三大材料的节约额和节约率。

95

五、材料、设备的采购

（一）材料、设备采购市场的信息

建筑材料、设备是建筑工程实体的基础，其采购市场更是建筑市场的重要组成部分。只有深入了解并分析相关的市场信息，才能确定建设施工项目的材料、设备的采购策略、方法，从而为工程的顺利实施打下坚实的物质基础。

1. 采购市场信息的种类

采购信息是建筑施工企业材料管理决策的依据，是制定采购计划的基础资料，是进行资源配置和扩大资源渠道的条件。材料采购信息按内容可分为资源信息、供应信息、价格信息、市场信息、新技术信息、新产品信息、政策信息。

（1）资源信息

资源信息提供材料的资源方向。包括资源的分布、生产企业的生产能力、产品结构、销售动态、产品质量、生产关系技术发展，甚至原材料基地，生产用燃料和动力的保证能力，生产工艺水平，生产设备等。

（2）供应信息

供应信息提供材料的供求关系、供货能力和供货方式。包括基本建设信息、建筑施工管理体制变化、项目管理方式、材料储备运输情况、供求动态、紧缺及滞销材料情况。

（3）价格信息

价格信息提供材料的准确价格和变化趋势。包括现行国家价格政策、市场交易价格及专业公司牌价、地区建筑主管部门颁布的预算价格、国家公布的外汇交易价格等。

（4）市场信息

市场信息提供材料市场运作的有关政策和市场走向。包括生产资料市场及物资贸易中心的建立、发展及其市场占有率、国家有关生产资料市场的政策等。

（5）新技术、新产品信息

新技术、新产品信息提供新技术、新材料的材料的特征、指标和可靠性。包括新技术、新产品的品种，性能指标，应用性能及可靠性等。

（6）政策信息

政策信息提供与材料相关的一切国家政策调整情况。包括国家和地方颁布的各种方针、政策、规定、国民经济计划安排；材料的生产、销售、运输、管理办法；银行贷款、资金政策以及对材料采购发生影响的其他信息。

2. 信息的来源

材料、设备采购信息，第一应具有及时性，能及时采集最新的材料信息；第二是具有可靠性，有可靠的原始数据支撑；第三是具有深度性，反映或代表一定的倾向性，提出符合实际需要的建议。因此，在收集信息时，应力求广泛深入。采购信息获取的主要途径有：

（1）各报刊、网络等媒体和专业性商业情报刊载的资料。

（2）有关学术、技术交流会提供的资料。

（3）各种供货会、展销会、交流会提供的资料。

（4）广告资料。

（5）政府部门发布的计划、通报及情况报告。

（6）采购人员提供的资料及自行调查取得的信息资料等。

3. 信息的整理与使用

为了有效高速地采集信息、利用信息，企业应建立信息员制度和信息网络，应用电子计算机等管理工具，随时进行检索、查询和定量分析。采购信息整理常用的方法有：

（1）运用统计报表的形式进行整理。

（2）对某些较重要的、经常变化的信息建立台账，做好动态记录，以反映该信息的发展状况。

（3）以调查报告的形式就某一类信息进行全面的调查、分析、预测，为企业经营决策提供依据。

搜集、整理信息是为了使用信息，为企业采购业务服务。信息经过整理后，应迅速反馈有关部门，以便进行比较分析和综合研究，制定合理的采购策略和方案。

（二）材料、设备采购基本知识

建设工程项目材料管理的四大环节是采购、运输、储备和供应，其中采购是首要环节。材料采购是通过各种渠道，把建筑施工所需用的各种材料购买进来，保证施工生产的顺利进行。

经济合理地选择采购对象和采购批量，并按质、按量、按时运入施工现场，对于保证施工生产，充分发挥材料使用效能，提高工程质量，降低工程成本，提高经济效益都具有重要的意义。

1. 材料、设备采购应遵循的原则

（1）遵守法律法规

材料、设备的采购，必须遵守国家、地方的有关法律和法规，以物资管理政策和经济管理法令指导采购。熟悉合同法、财会制度及工商行政管理部门的有关规定。

（2）按计划采购

采购计划的依据是施工生产需要，按照生产进度安排采购时间、品种、规格和数量，以减少资金占用，避免由于盲目采购而造成积压，发挥资金最大效益。

（3）择优采购

通过对材料供应的了解、分析和研究，掌握各种材料的供应信息，包括品种、品牌、

性能、质量、价格、寿命周期、供应渠道等，在众多的产品和服务中找到最符合自身需要而成本又低的材料，以实现其优良的采购目标。

（4）坚持"三比一算"的原则

比质量、比价格、比运距、算成本是对采购环节加强核算和管理的基本要求。在满足工程质量要求的前提下，选用价格低、距离近的采购对象，从而降低采购成本。

2. 材料、设备采购的范围

建筑材料、设备采购的范围包括建设工程所需的大量建筑材料、工具用具、机械设备和电气设备等，这些材料设备约占工程合同总价的60%以上，大致可以划分为以下几类：

（1）工程用料

工程用料包括土建、水电设施及其他一切专业工程的用料，如钢材、水泥、砂、石、管材等，此类材料直接构成工程实体，成为工程实体的一部分。此类材料在建筑材料采购中占比最大。

（2）暂设工程用料

暂设工程用料包括工地的活动房屋或固定房屋的材料、临时水电和道路工程及临时生产设施的用料。

（3）周转材料和消耗性用料

周转材料主要包括模板、脚手架、支撑、扣件等，可以在施工中多次周转利用、但不构成工程实体的工具性材料；消耗性材料主要指在施工过程中有损耗的辅助性用料。

（4）机电设备

机电设备包括工程本身的设备、设施（如电梯、空调、采暖、监控、门禁等）和部分施工机械设备。

（5）其他

如施工用零星工具、器具、仪器、零星材料等，此类材料采购品种多，单种材料的用量小，不便于计算。

3. 影响材料、设备采购的因素

（1）企业外部因素

1）资源渠道因素

建筑材料采购渠道是指与建筑材料供应和销售相关的各种建筑产品的来源，即到哪里去采购，向谁去采购。由于材料来自国内生产、国外进口、国家储备，以及社会潜在物资的利用等若干方面，因此材料采购必然反映出多渠道、多方面的特点。随着国内市场经济的发展和完善，市场采购渠道是当前建筑材料、设备采购的主要渠道。

2）供方因素

供方因素，即材料供方提供资源能力的影响。材料供应商的生产能力、成品储备能力、生产稳定性、材料质量的好坏、价格的高低、供货地点的远近、运输条件的好坏、管理水平的高低均对建筑企业的施工成本和质量造成影响。建筑企业在进行材料采购时，均应对各渠道、各供应单位进行充分的了解，并结合企业自身的经营特点，对材料供应商进行对比分析和经济比较，从中对材料采购渠道进行选择。

3）供求因素

供求因素决定着采购价格的变动和采购的难易程度。当所采购的材料供大于求时，采购方处于主动地位，可以获得较优惠的价格；反之，供方处于主动地位，将会趁机抬高价格或者增加有利于供货商的交货条件、支付条件。

当然，建筑材料的采购并不是单纯的市场运作，还受到政策、经济技术水平等多方制约和调控，在建筑材料采购过程中也应根据政策动向进行预判，提前或及时对企业和项目的材料采购进行相应调整。

（2）企业内部因素

1）施工生产因素

由于建筑施工生产受到诸多因素影响，施工变化较频繁，宜采用批量采购与零星采购交叉进行的方式，以提高材料采购的灵活性和机动性。

2）储存能力因素

采购批量受料场、仓库的堆放能力限制。应在考虑采购间隔时间、验收时间和施工准备时间、材料施工耗用时间的基础上，确定采购批量及采购批数等。

3）资金的限制

虽然建筑施工生产的需要是确定采购数量和采购批数的主要因素，但由于资金的限制也同样需要改变或调整批量或增减采购批数，缩短采购间隔，减少资金占用。当资金缺口较大时，可根据施工需用的缓急程度调整采购方式。

4. 材料、设备采购决策

对从事采购工作的人来说，挑战之一就是所遇到的决策种类繁多而且性质不一。

例如：

（1）要储存材料吗？

（2）储存多少？

（3）应支付何种价格？

（4）在哪里下订单？

（5）订货规模多大？

（6）什么时候需要这种材料？

（7）有没有更好的替代方案？

（8）应该使用何种运输方式和运输工具？

（9）应该签订长期合同还是短期合同？

（10）应该取消合同吗？

（11）怎样处置多余的商品？

（12）由谁来组织谈判团队？

（13）应该采用什么样的谈判战略？

（14）如何保护未来的利益？

（15）应该改变运作体系吗？

（16）应该等待还是现在就行动？

（17）在考虑各种利弊得失后，什么才是最佳决策？

（18）应该采取什么态度对待那些希望供货的客户？

（19）应不应该标准化？

（20）现在签订合同有没有意义？

（21）应该用一个供应商还是多个供应商？

诸如此类的问题会对企业以及企业的最终顾客产生重要影响，同时，这些决策几乎都是在不确定条件下做出的。

在进行采购决策时，都应该对品种、规格、质量、数量、谁采购、何时供货、什么价格、供货商在哪里、如何采购以及为什么选择这种方式等问题作出决定和确认。通常要按以下步骤开展工作：

（1）确定采购材料信息

将需要采购材料的材料名称、品种、规格、型号、需求数量、质量要求等罗列成表。特殊材料要另加技术说明、材料用途等。

（2）确定计划期的采购总量

材料采购量分为不同材料需用量和材料申请量，除考虑实际需用量和储备量外，还要与施工工艺、采购过程相结合，估算施工损耗和采购过程中的损耗。

（3）选择供应渠道及供应商

建筑施工企业的采购合同通常针对某个项目签订，其供应渠道的有效选择，应结合具体项目材料采购需求数据和不同要求，从当前项目角度进行衡量和决策。同时，因为企业经营行为的持续性，应对供应渠道的供货能力、供货及时性有一个中长期考察，进行必要的评估，为中长期合作打好基础。

（4）确定采购方式

（5）决定采购批量

（6）决定采购时间和进货时间

（三）材料、设备的采购方式

建筑工程材料、设备采购是为工程项目采购材料、设备而选择供货商并与其签订物资购销合同或加工订购合同的一系列活动，多采用如下三种方式之一：

1）市场采购方式，包括招标采购等方法。

2）加工订货方式。

3）协作采购等方式。

1. 市场采购

市场采购是从材料经销部门、物资贸易中心、材料市场等地购买工程所需的各种材料。

市场采购的特点是：

（1）材料品种、规格复杂，采购工作量大，配套供应难度大。

（2）市场采购材料由于生产分散，经营网点多，质量、价格不统一，采购成本不易控制和比较。

（3）受社会经济状况影响，资源、价格波动较大。

市场采购具体的供货方式可分为以下三种：

（1）现货供应

现货供应是指随时需要随时购买的一种货物采购方式。这种采购方式一般适用于市场供应比较充裕，价格升浮幅度较小，采购批量、价值都较小，采购较为频繁的材料设备。

（2）期货供应

期货供应是指建筑企业要求供应商以商定的价格和约定的供货时间，保质保量按期供应材料的一种材料设备采购方式。这种方式一般适用于一次采购批量大，且价格升浮幅度较大，而供货时间可确定的主要材料设备等采购的一种采购方式。

（3）赊销供应

赊销供应是指建筑企业向供应商购买材料，一定时期暂不付货款的一种货物采购方式。这种方式一般适用于施工生产连续使用，供应商长期固定、市场供大于求，竞卖较为激烈的材料设备而采用的一种采购方式。建筑企业应充分地运用这种方式，减少采购资金占用，降低采购成本。

2. 招标采购

由材料部门编制货物采购标书，提出需用材料设备的数量、品种、规格、质量、技术参数等招标条件，由各供应（销售或代理）商投标，表明对采购标书中相关内容的满足程度和满足方法，经评标组织评定后，确定供应（销售或代理）商及其供应产品。

根据《中华人民共和国招标投标法》第三条规定：在中华人民共和国境内进行下列工程建设项目包括项目的勘察、设计、施工、监理以及与工程建设有关的重要设备、材料等的采购，必须进行招标：

大型基础设施、公用事业等关系社会公共利益、公众安全的项目；

全部或者部分使用国有资金投资或者国家融资的项目；

使用国际组织或者外国政府贷款、援助资金的项目。

所列项目的具体范围和规模标准，由国务院发展计划部门会同国务院有关部门制订，报国务院批准。

招标采购主要包括公开招标采购、邀请招标采购、两阶段招标采购等，通常用于上述项目中大宗材料的采购，由采购企业名义组织招标。

（1）公开招标采购

公开招标采购又称竞争性采购，即由招标人在报刊和网络媒体上公开刊登招标广告，吸引众多供应商或承包商参加投标竞争，招标人从中选择中标者的招标方式。

（2）邀请招标采购

邀请招标采购即由招标单位选择一定数量的供应商或承包商，向其发出投标邀请书，邀请他们参加招标竞争。

（3）两阶段招标采购

即同一采购项目进行两次招标，第一阶段采购机构就采购货物的技术、质量或其他方面，以及就合同条款（合同价款除外）和供货条件等广泛地征求意见，并同投标商进行谈判以确定拟采购货物的技术规范，供应商应提供不含价格的技术标；第二阶段采购机构依据第一阶段所确定的技术规范进行正常的公开招标程序，邀请合格的投标商就包括合同价款在内的所有条件进行投标，采购机构依据一般的招标程序进行评审和比较，以确定符合招标文件规定的中选投标。

3. 谈判采购

谈判采购是指企业或项目为采购商品作为买方，与供应商就业务有关事项，如商品的品种、规格、技术标准、质量保证、订购数量、包装要求、售后服务、价格、交货日期与地点、运输方式、付款条件等进行反复磋商，谋求达成协议，建立双方都满意的购销关系。采购谈判的程序可分为计划和准备阶段、开局阶段、正式洽谈阶段和成交阶段。

谈判采购存在如下特点：

（1）合作性与冲突性：合作性表明双方的利益有共同的一面，冲突性表明双方利益又有分歧的一面。

（2）原则性和可调整性：原则性指谈判双方在谈判中最后退让的界限，即谈判的底线。可调整性是指谈判双方在坚持彼此基本原则的基础上可以向对方做出一定让步和妥协的方面。

（3）经济利益中心性：谈判过程围绕综合经济利益进行。

4. 询价采购

询价采购是指向多个供货商（通常至少三家）发出询价单让其报价，然后在报价的基础上进行比较，以确保价格具有竞争性的一种采购方式，又称为选购。

询价采购存在如下特点：

（1）邀请报价的数量至少为 3 个。

（2）只允许供应商提供一个报价。每一供应商或承包商只许提出一个报价，而且不许改变其报价。不得同某一供应商或承包商就其报价进行谈判。报价的提交形式可以采用电传或传真。

（3）在没有特殊说明的情况下，报价的评审应按照社会常规做法或采购方惯例进行。采购合同一般授予符合采购方需求的最低报价的供应商或承包商。

5. 单一来源采购

单一来源采购是指只能从唯一供应商处采购、不可预见的紧急情况、为了保证一致或配套服务从原供应商添购的采购，是一种没有竞争的采购方式，也称直接采购或直接签订合同采购。

该采购方式的最主要特点是没有竞争性。由于单一来源采购只同唯一的供应商、承包商签订合同，所以就竞争态势而言，采购方处于不利的地位，有可能增加采购成本；并且在谈判过程中容易滋生索贿受贿现象，所以对这种采购方法的使用，都规定了严格的适用条件。

6. 征求建议采购

征求建议采购是由采购机构通过发布通告（征求建议书）的方式与少数的供应商接洽，征求各方提交建议书的方式，并与其谈判有无可能对初始建议书的实质内容做出更改，再从中要求提出"最佳和最后建议"；然后，按照原先公开的评价标准，以及根据原先向供应商公开透露的相对比重和方式，对那些最佳和最后的建议进行评价和比较，选出最能满足采购实际需求的供应商。

7. 其他采购方式

（1）协作采购

通常是指业主参与货物供应商的选择，参与材料价格的谈判和否决，参与材料设备采购资金结算的行为。该种采购方式要求工程项目材料人员必须与业主方配合，才能完成材料采购任务。

（2）补偿贸易

通常是指企业与材料或产品的生产企业建立的补偿贸易关系。一般由企业提供部分或全部资金，用于材料生产企业新建、扩建、改建生产设施，并以其产品偿还企业的投资，企业因此而获得材料资源。

（3）联合开发

通常是指企业与生产企业按照不同的生产特点和产品特点走合资经营、联合生产、产销联合和技术协作等多种协作方式，开发更宽的资源渠道。

（4）调剂与串换

在企业或项目部之间本着互惠互利的原则，可将余缺材料进行调剂、暂借、串换，以满足临时、急需和特殊材料的需用。

建筑企业要根据所采购材料的不同，采用不同的采购方式。当然，在千变万化的市场环境中，采购方式不是一成不变的，企业要把握市场，灵活应用采购方式。

（四）材料、设备的采购方案及采购时机

材料采购时，要选择合理的材料采购方案，即采购周期、批量、库存量满足使用要求，并使采购费和储存费之和最低的采购方案。

1. 材料采购的准备

采购准备的重要内容之一是熟悉市场情况，掌握有关项目所需要的货物及服务的市场信息。缺乏可靠的市场信息，采购中往往会导致错误的判断，以至采取不恰当的采购方法，或在编制预算时作出错误的估算。良好的市场信息机制应该包括以下三个方面。

（1）建立重要的货物来源的记录，以便需要时就能随时提出不同的供应商所能供应的货物的规格性能及其可靠性的相关信息。

（2）建立同一类目货物的价格目录，以便采购者能利用竞争性价格得到好处，比如：商业折扣。

（3）对市场情况进行分析研究，作出预测，使采购者在制定采购计划、决定如何捆包及采取何种采购方式时，能有比较可靠的依据作为参考。

当然，若项目组织不大，要全面掌握所需货物及服务在国际及国内市场上的供求情况和各承包商/供应商的产品性能规格及其价格等信息，这一任务要求项目组织、业主、采

购代理机构通力合作来承担。采购代理机构尤其应该重视市场调查和市场信息，必要时还需要聘用咨询专家来帮助制定采购计划，提供有关信息，直至参与采购的全过程。

2. 材料采购方案的确定

在进行材料采购时，应进行方案优选，选择采购费和储存费之和最低的方案，其计算公式为：

$$F = Q/2 \times P \times A + S/Q \times C \qquad (5-1)$$

式中　F——采购费和储存费之和；

　　　Q——每次采购量；

　　　P——采购单价；

　　　A——仓库年仓储费率；

　　　S——总采购量；

　　　C——每次采购费。

3. 最优采购批量的计算

最优采购批量，也称最优库存量，或称经济批量，是指采购费和储存费之和最低的采购批量，其计算公式如下：

$$Q_0 = \sqrt{2SC/PA} \qquad (5-2)$$

式中　Q_0——最优采购批量。

　　　年采购次数＝S/Q_0

　　　采购间隔期＝365/年采购次数

项目的年材料费用总和就是材料费、采购费和仓库仓储费三者之和。

以上材料采购批量是按方案优选方法进行确定，实际上经济批量的确定受多方因素影响，按照所考虑主要因素的不同还可根据具体情况按以下几种方法进行确定：

（1）按照商品流通环节最少的原则选择最优批量。

（2）按照运输方式选择经济批量。

（3）按照采购费用和保管费用支出最低的原则选择经济批量。

4. 采购时机的确定

商品采购时机是指企业可以获得较大收益的采购时间和机会。采购工作必须把握好时机，这样才会给企业带来最佳效益。把握采购时机应从以下几个方面入手：

（1）根据材料、设备供需波动规律，确定采购时间

在生产强度季节性波动基础上，结合社会、经济、政策综合因素，通过对市场的调查、研究和预测，寻找和发现材料、设备的价格规律，作为采购时机决策的一个重要依据。

（2）根据市场竞争状况，确定采购时间

在决定材料、设备采购时间时，还必须考虑市场供需情况和竞争状况。某些材料、设备生产厂家只有一家，产量少，供应紧张，需提前采购。有些材料、设备货源充足，可以洽谈价格，也可以推迟采购。

（3）根据现场库存情况，确定采购时间

选择采购时间，还必须考虑现场库存能力和库存情况，采购时间既要保证有足够的材料以供生产消耗，又不能使材料过多以致在现场发生积压。这方面最常用的方法是最低订购点法。最低订购点法是指预先确定一个最低订购点，当某一材料的库存量低于该点时，就必须去进货。

以上各项确定采购时机的情况，主要由材料计划部门，以施工生产的需要为基础，根据市场反馈信息，进行比较分析，综合决策，会同采购人员制定采购计划，及时展开采购工作。

（五）供应商的选定、评定和评价

在工程项目的货物采购活动中，施工项目方与供应商之间，由矛盾的双方发展已逐渐成为战略性伙伴关系，形成了企业的物资供应链，参与企业招标投标，利益共得，风险共担，对提高企业的竞争能力有至关重要的作用。

1. 供货商选定的管理职责

目前大部分工程项目采购活动实行公司、项目部分层负责的管理方式，在这种管理方式下，各层可根据 ABC 分类法确定的物资类别，对物资供货商选定分别承担如下的管理职责：

（1）A、B 类物资采购前必须对物资供方进行评定，采购后定期对供方进行考核评估，各类物资的采购须在所评定的合格物资供方中进行采购。

（2）A、B 类物资的物资供方评定（事前）与考核评估（事后）工作一般应由公司物资部门负责牵头，项目经理部积极配合。

（3）C 类物资可不进行物资供方评定工作，由项目物资部根据施工现场周围物资供应情况建立相对固定的物资供方，并将物资供方汇编报公司物资部备案，在公司授权范围内进行采购供应。

（4）以大分包形式分包的工程，分包单位的物资供方评定工作由项目物资部负责。

2. 对供应商的评定

（1）评定方法
1）对物资供方能力和产品质量体系进行实地考察与评定；
2）对所需产品样品进行综合评定；
3）了解其他使用者的使用效果。
（2）评定内容
1）供方资质：供方的营业执照、生产许可证、安全生产证明、企业资质证明有效期的认定；
2）供方质量保证能力：物资样品、说明书、产品合格证、试验结果；
3）供方资信程度：供方生产规模、供方业绩、社会评价、财务状况；
4）供方服务能力：供货能力，履约能力，后续服务能力；
5）供方安全、环保能力：安全资格、环保能力、人员资格；
6）供方遵守法律法规，履行合同或协议的情况；

7）供货能力：批量生产能力、供货期保证能力与资质情况；

8）付款要求：资金的垫付能力和流动资金情况；

9）企业履约情况及信誉；

10）售后服务能力；

11）同等质量的产品单价竞争力。

（3）评定程序

1）物资供方的评定工作由公司物资部经理负责。

2）物资采购人员根据企业内部员工和外界人士推荐、参加各类展览会、IT 网等查询所得到的及所需的供方资料，按"供应商资格预审/评价表"（表 5-1）上的内容要求由供应商填写。

3）各级采购人员根据所审批的"供应商资格预审/评价表"按采购权限将物资供方进行分类整理，并按上述评定方法与内容，进行综合评定后填写评价意见。

4）公司物资部经理审核后在"评价结果"一栏中签署评价意见后报经公司有关领导审核。

5）经公司主管领导审批后，将评定合格的物资供方列入公司合格供应方花名册（表 5-2）中，作为公司或项目各类物资采购选择供方范围。

供应商资格预审/评价表 表 5-1

项目名称		编号	
供应商名称		法人代表	
产品名称		传真	
地址		联系人	
成立日期		联系电话	
网址		邮政编码	
供应商营业执照、资质证书（复印件）			
样品：□有□无　　　　样本：□有□无			
能否提供产品质量证明文件；□能□否　　（验原件、留存复印件）			
生产许可证：□有□无　（验原件、留存复印件）			如供应商为经销商，应提供产品生产厂家的相应资料
准用证：□有□无　（验原件、留存复印件）			
产品认证证书：□有□无　（验原件、留存复印件）			
质量体系认证证书：□有□无　（验原件、留存复印件）			
新技术、新产品的认证证书：□有□无　（验原件、留存复印件）			
当地行业主管部门备案证：□有□无　（验原件、留存复印件）			
质量标准：□有□无　（验原件、留存复印件）			
环保要求及执行标准：□有□无　（复印件）			
职业健康安全要求及执行标准：□有□无　（复印件）			
售后服务内容：			
年销售总量：			

产品应用情况					
工程名称	供应物资名称、规格型号	单 位	数 量	合同金额	合同日期

审核内容

有关情况说明

供应商法人代表（或授权人）：　　　　　　　年 月 日　　公章

以下内容公司填写

评价是否合格：

□合格　　　　□不合格

项目技术审核

样品及相关技术资料：

　　□合格　　　　　□不合格

　　　　　　　签名：　　　　日期：

物资部审核

供应商资质、供货能力、质量保证能力、满足环保要求的能力：

　　□合格　　　　□不合格

　　　　　　　签名：　　　　日期：

批准意见

批准（是否可进入合格供应商品单或能否参加供应商的选择）：

　　□合格　　　　□不合格

　　　　　　　签名：　　　　日期：

合格供应方花名册　　　　表 5-2

序 号	类 别	编 号	供方名称	所供物资	地 址	资料存放	联系人

制表人：　　　　　审核人：　　　　　审批人：

供应商评估表　　　　　　　　　　　　　　　　　　　　　表 5-3

编号：

_____项目部：

请对_____供应商（档案编号：　　　　　　）

在　　　年　　　月至　　　年　　　　　月期间为你项目部供应物资的情况进行评估，将评估结果填入下表，并于　　　年　　　月　　　日前交回物资部。

物资部

日期：

评估项目		评 估			评估人
项目评估	产品质量	□ 好	□ 一般	□ 差	
	按时供货	□ 好	□ 一般	□ 差	
	产品包装	□ 好	□ 一般	□ 差	
	售后服务	□ 好	□ 一般	□ 差	
	合作性	□ 好	□ 一般	□ 差	
	对纠正措施的执行	□ 好	□ 一般	□ 差	
	对环保保证函的执行	□ 好	□ 一般	□ 差	
	对重点影响单位环境、安全管理协议的执行	□ 好	□ 一般	□ 差	
部门评估	与其他供应商相比价格	□ 低	□ 相当	□ 高	
	与其他供应商相比供货周期	□ 短	□ 相当	□ 长	
	报价配合	□ 好	□ 一般	□ 差	

物资部经理批示：

□可

该供应商　　　　　　继续保留在合格供应商名单内。

□不可

签名：

日期：

3. 对供应商的评价

对合格供方每年定期重新评估，即业绩评价，从而淘汰不符合要求的物资供方，以确保所供物资能够满足工程设计质量要求，使业主满意。每年更新供方名录、不合格的撤出，符合要求的及时评价、补充。

（1）评估的内容

1）生产能力和供货能力；

2）所供产品的价格水平和社会信誉；

3）质量保证能力；

4）履约表现和售后服务水平；

5）产品环保、安全性。

（2）评估程序

1）由采购员牵头，组织项目物资部、机电部和项目有关人员对已供货的供方进行一次全面的评价，并填写"供应商评估表"（表5-3）。

2）使用单位的有关部门和采购部门在"供应商评估表"中填写实际情况。

3）公司物资部经理根据评估的内容签署意见，确定是否继续保留在合格供应单位名单中。

对供应商进行选择和评估，除了衡量其生产能力、供应能力、质量水平等，还应考虑供应商所供材料与实际需求材料的匹配程度、价格水平和支付方式等，总之，选择供应商，要对其进行综合评估。对供应商作综合评估的最基本指标应该包括以下几项：技术水平；产品质量；供应能力；价格；地理位置；可靠性（信誉）；售后服务；提前期；交货准确率；快速响应能力。

供应商的评定和评价是一个多对象多因素（指标）的综合评价问题，有关此类问题的决策还可根据相关数学模型进行定量分析。目前所应用的几种数学模型进行定量分析的基本思路是相似的，都是先对各个评估指标进行权重确定，权重可用数字1~10之间的某个数值表示，可以是小数（也可取0~1的一个数值，并且规定全部的权重之和为1）；然后对每个评估指标打分，也可用1~10之间的一个数表示（或0~1的一个数值）；再对所得分数乘以该指标的权重，进行综合处理后得到一个总分；最后根据每个供应商的总得分进行排序、比较和选择。该种方法的具体应用见本章的相应示例。

（六）采购及订货成交、进场和结算

工程项目材料设备采购（包括加工订货）是根据采购和加工订货计划按程序进行的。材料设备采购通常是指可获得的标准产品或常规产品。加工订货的产品往往是非标准产品或有特殊要求、特殊功能的产品，其主要操作程序基本相同。材料采购和加工订货业务主要分为准备、谈判、成交、执行和结算五个阶段。

1. 采购订货的准备

实施采购和加工订货前，应做好细致的准备工作，掌握资源与需用双方情况。一般包括落实需要采购材料设备品种、规格、型号、质量、数量、使用时间、送货地点、进货批量和价格限制；了解资源情况，考察供应商的企业资质、供应能力、价格水平及售后服务情况，提出采购建议；选择和确定采购供应商，必要时到供应商生产、储备地点进行实地考察，按企业采购工作管理程序办理相关签认手续；编制采购和加工订货实施计划，报请有关领导批准。

2. 采购的谈判与实施

（1）采购业务谈判

材料采购（或加工）业务的谈判就是材料采购人员与生产、物资和商业等供应单位进行具体的协商和洽谈。

采购业务谈判的主要内容：

1）明确采购材料的名称、品种、规格和型号。

2）确定采购材料的数量和价格。

3）确定采购材料的质量标准（国家标准、部颁标准、企业专业标准和双方协商确定的质量标准）和验收方法。

4）确定采购材料的交货地点、方式、办法、交货代送或供方送货等。

5）确定采购计划的运输办法，如需方自理、供方代送或供方送货等。

对于加工业务的谈判要注意确定双方应承担的责任。如承揽单位对定作单位提供原材料应负保管的责任，按规定质量、时间和数量完成加工品的责任；不得擅自更换定作单位提供的原材料的责任；不得把加工品任务转让给第三方的责任；定作单位按时、按质、按量提供原材料的责任；按规定期限付款的责任等。

业务谈判还应注意明确违约的赔偿额度和方式。一般要经过多次反复协商。在没有成交之前，应控制双方情绪，留有一定余地，避免出现谈判僵局。成交之后一定要有书面合同和协议，条款一定要清楚，文字不能含糊不清，避免产生歧义和不必要的争议。

（2）采购询价

企业根据采购计划需要，在合格供应商名册中选择有同类材料供应经历的供应商及建设方、项目部推荐的供应商进行询价及相关服务咨询。

对于大型机械设备和成套设备，为了确保产品质量，获得合理报价，一般选用竞争性的招标投标作为采购的常用方式。而对于小批量建筑材料或价值较小的标准规格产品，则可以简化采购方式，用询价的方式进行采购。

（3）供应商选择

企业采购部门根据采购询价结果选择参与投标的供应商，如果进入招标范围的供应商不在合格供应商名册中，应经过合格分供方评审程序。

（4）采购招标

1）设备、材料招标的范围

设备、材料招标的范围大体包含以下3种情况：

① 以政府投资为主的公益性、政策性项目需采购的设备、材料，应委托有资格的招标机构进行招标。

② 国家规定必须招标的进口机电产品等货物，应委托国家指定的有资格的招标机构进行招标。

③ 竞争性项目等采购的设备、材料招标，其招标范围另行规定。

属于下列情况之一者，可不进行招标：

① 采购的设备、材料只能从唯一制造商处获得的。

② 采购的设备、材料需方可自产的。

③ 采购活动涉及国家安全和秘密的。

④ 法律、法规另有规定的。

2）招标单位应具备的条件

目前建设工程中的设备采购，有的是建设单位负责，有的是施工单位负责，还有的是委托中介机构（或称代理机构）负责。招标单位一般应具备如下条件：

① 具有法人资格，招标活动是法人之间的经济活动，招标单位必须具有合法身份。

② 具有与承担招标业务和物资供应工作相适应的技术经济管理人员。

③ 有编制招标文件、标底文件和组织开标、评标、决标的能力。

④ 有对所承担的招标设备、材料进行协调服务的人员和设施。

3）投标单位应具备的条件

凡实行独立核算、自负盈亏、持有营业执照的国内生产制造厂家、设备公司（集团）及设备成套（承包）公司，具备投标的基本条件，均可参加投标或联合投标，但与招标单位或设备需方有直接经济关系（财务隶属关系或股份关系）的单位及项目设计单位不能参加投标。采用联合投标，必须明确一个总牵头单位承担全部责任，联合各方的责任和义务应以协议形式加以确定，并在投标文件中予以说明。

4）招标前的分标工作

由于材料、设备的种类繁多，不可能有一个能够完全生产或供应工程所用材料、设备的制造商或供货商存在，所以，不管是以询价、直接订购还是以公开招标方式采购材料设备，都不可避免地要遇到分标的问题。

分标的原则是：有利于吸引更多的投标者参加投标，以发挥各个供货商的专长，降低机电设备价格，保证供货时间和质量，同时，要考虑便于招标工作的管理。

机电设备采购分标时需要考虑的因素主要有：招标项目的规模；机电设备性质的质量要求；工程进度与供货时间；供货地点；市场供应情况；货源来源。

5）标底文件的编制

标底文件由招标单位编制，标准设备招标的标底文件应报招标管理机构审查，其他材料、设备的标底文件报招标管理机构备案。

6）评标和定标

评标工作由招标单位组织的评标委员会秘密进行。为了保证评标的科学性和公正性，评标委员会由 5 人以上的单数人员组成，其中的技术经济专家不得少于总人数的 2/3。

7）签订合同

中标单位从接到中标通知之日起，一般应在 30 日内，供需方签订设备、材料供货合同。如果中标单位拒签合同，则投标保证金不予退还；招标单位拒签合同，则按中标价的 2% 的款额赔偿中标单位的经济损失。

合同签订后 10 日内，由招标单位将一份合同副本报招标投标管理部门备案，以便实施监督。

8）企业实行招标采购物资时，成立包括物资、财务、商务、法律、技术、项目部等部门负责人参加的招标小组，负责物资采购招标的评标，比价（比价表见表 5-4 所列）、定标；对确定的中标单位，发放中标通知书。

9）对于批量小、品种单一、价格低廉的物资，可以采用非招标形式采购。

10）采购合同经评审及相关部门会签后，由企业指定的授权人审核、批准、签署。

物资采购比价会审表　　　　　　　　表 5-4

项目名称及编码									
项目基本情况									
项目供应商名称									
名称及规格型号	单位	数量	单价	总价	单价	总价	单价	总价	
安全健康因素评价（好、一般、较差）									
质量因素评价（好、一般、较差）									
环保因素评价（好、一般、较差）									
材料款项支付评价（好、一般、较差）									
售后服务评价（好、一般、较差）									

建议：

经办人：
日期：

	公司领导	物资部门	工程部门		
参加人签字及时间					

备注：

注：企业参照此表的格式进行物资采购比价分析。

3. 采购订货的成交

材料设备采购和加工订货业务，经过与供方协商取得一致意见，履行买卖手续后即为成交。成交的形式有：签订购销合同、签发提货单据和现货现购等形式。

货物采购合同包括材料采购合同和设备供应合同。

（1）材料采购合同

1）采购合同签订应注意的问题

① 签订合同前，应对对方进行资质审查，看其是否具有货物或货款支付能力及信誉情况，避免欺诈合同、皮包合同、倒卖合同或假合同的签订；

② 签订合同应使用企业、事业单位章或合同专用章并有法定代表（理）人签字或盖章，而不能使用计划、财务等其他业务章；

③ 不能以产品分配单或调拨单等代替合同。重要合同要经工商行政管理部门签证或经公证机关公证；

④ 签订合同时间和地点都要写在合同内；

⑤ 户名应用全称，即公章上名称、地址、电话不能写错；

⑥ 补偿贸易合同必须由供方（即供款企业）担保单位实行担保。

2）采购合同的主要条款

① 材料名称（牌号、商标）、品种、规格、型号、等级；

② 材料质量标准和技术标准；

③ 材料数量和计量单位；

④ 材料包装标准和包装物品的供应和使用办法；

⑤ 材料的交货单位、交货方式、运输方式、到货地点（包括专用线、码头）；

⑥ 接（提）货单位和接（提）货人；

⑦ 交（提）货期限；

⑧ 验收方法；

⑨ 材料单、总价及其他费用；

⑩ 结算方式，开户银行，账户名称，账号，结算单位；

⑪ 违约责任；

⑫ 供需双方协商同意的其他事项。

（2）设备供应合同

设备供应合同的主要内容大体和材料采购合同相似，但在设备供应合同中还要考虑：

1）采购设备的数量；

2）采购设备的价格；

3）采购设备的技术标准；

4）设备采购的现场服务。

4. 采购货物的进场

材料买卖双方现货现购成交的，当场查验材料的数量、品种、规格及外观质量，无误后即执行完毕。提货成交的应到成交地点查验采购材料或产品是否与谈判达成的协议一致。履行协商确定的全部内容无误后，执行完毕。签订购销合同的，按合同规定的期限到货时，由供需双方共同交接验收（材料进场验收的要求和内容详见下一章）。

采购设备的到货检验要遵循以下程序：

（1）货物到达目的地后，采购人要向供货方发出到货检验通知，由双方共同检验。

（2）货物清点。由双方代表依照运单和装箱单共同对货物进行清点，如发现不符之处，要明确责任归属。

（3）开箱检验。货物运到现场后，双方应共同进行开箱检验。

采购设备的检验应符合以下要求：

（1）现场开箱验收应根据采购合同和装箱单，开箱检验采购产品的外观质量、型号、数量、随机资料和质量证明等，并填写检验记录表。符合条件的采购产品，应办理入库手续后妥善保管。

（2）对特种设备、材料、制造周期长的大型设备等可采取直接到供货单位验证的方式。有特殊要求的设备和材料可委托具有检验资格的机构进行第三方检验。

（3）产品检验时使用的检验器具应满足检验精度和检验项目的要求，并在有效期内。

产品检验涉及的标准规范应齐全有效，检验抽验频次、代表批量和检验项目必须符合规定要求。产品的取样必须有代表性，且按规定的部位、数量及采选的操作要求进行。

不论哪一种成交方式，对所采购进场的材料、设备都要严格按相应规范、规定的验收要求进行验收。

5. 采购货物的结算

以货币支付材料和加工品价款及相关费用一般包括材料或产品自身的价款，另外还有加工费、运输费、包装费、保管费、装卸费和其他税费。

工程项目的材料结算方式，是指在规定的期限内，需方以货币支付供方所提供的材料价值和服务价值的形式。正确选择材料结算方式，对于减少资金占用、加快周转具有重要作用。

选择结算方式，应遵循既有利于资金周转又简便易行的原则。工程项目材料结算方式主要分为企业内部结算和企业对外结算两大类。

（1）企业内部结算方式

企业内部结算主要是指工程项目部与企业的结算，主要结算方式有：

1）转账法

根据工程项目的材料到货验收凭证，通过企业财务（结算）中心，办理资金的支付和划转。这种方法简单方便，缺点是难于事先控制，易发生企业对工程项目的款项拖欠。主要用于大宗材料的结算。

2）内部货币法

内部货币法也称为企业内部货币。由企业财务部门或内部银行发行并签认后生效使用。持证（或券）者在限额内申请和使用材料，供方在限额内供料，互相签认后供方凭签认量在企业财务（结算）中心结算。这种做法的优点是直观清晰，便于控制，缺点是证（或券）计算繁杂。主要适用于分散、零星的材料结算。

3）预付法

工程项目月初申报材料计划的同时，将资金预付给供方，月底按工程项目实际验收量办理结算，多退少补。此种做法的优点是便于控制，缺点是易造成资金分散和呆滞。

（2）企业对外结算方式

企业对外结算主要是指工程项目直接与企业外部供方的结算。此类工程项目通常都设置独立的银行账户，单独设立账户的可委托本企业财务（结算）中心实施结算。主要结算方式有：

1）托收承付

由收款单位根据采购合同规定发货后，委托银行向工程项目（或企业财务中心）收取货款，工程项目（或企业财务中心）根据采购合同核对收货凭证和付款凭证无误后，在承付期内承付的结算方式。

2）信汇结算

收款单位在发货后，将收款凭证和有关发货凭证，用挂号函件寄给工程项目，经工程项目审核无误后，通过银行汇给收款单位。

3）委托银行付款结算

由工程项目（或企业财务中心）按采购和加工订货所需款项，委托银行从本单位账户中将款项转入指定的收款单位账户的一种同城结算方式。

4）承兑汇票结算

工程项目（或企业财务中心）开具在一定期限后才可兑付的支票付给收款单位，兑现期到后，由银行将所指款项由付款账户转入收款方账户。

5）支票结算

工程项目（或企业财务中心）签发支票，由收款单位通过银行，凭支票从工程项目（或企业财务中心）账户支付款项的一种同城结算方式。

6）现金结算

工程项目（或企业财务中心）将价款直接交供应方，但每笔现金金额不应超过当地银行规定的现金限额。

（七）物资采购合同的主要条款及风险规避

物资采购合同是供需双方为了有偿转让一定数量、质量的物资而明确双方权利义务关系，依照法律规定而达成的协议。建设工程物资采购合同一般分为材料采购合同和设备采购合同，两者的区别主要在于标的不同。建设工程物资采购在建设工程项目实施中具有举足轻重的地位，是建设工程项目建设成败的关键因素之一。从某种意义上讲，采购工作是项目的物质基础，这是因为在一个项目中，设备、材料等费用占整个项目费用的主要部分。

物资采购对工程项目的重要性可概括为以下几个方面：

（1）能否经济有效地进行采购，直接影响到能否降低项目成本，也关系到项目建成后的经济效益。

（2）良好的采购工作可以通过招标方式，保证合同的实施，使供货方按时、按质交货。

（3）健全的物资采购工作，要求采购前对市场情况进行认真调查分析，充分掌握市场的趋势与动态，因而制定的采购计划切合实际，预算符合市场情况并留有一定的余地，可以有效地避免费用超支。

（4）由于工程项目的物资采购涉及巨额资金和复杂的横向关系，如果没有一套严密而周全的程序，可能会出现浪费、受贿等现象，而严格周密的采购程序可以从制度上最大限度地抑制贪污、浪费等现象的发生。

1. 建设工程物资采购合同的特征

（1）买卖合同的特征

1）买卖合同以转移财产的所有权为目的。

2）买卖合同中的买受人取得财产所有权，必须支付相应的价款。

3）买卖合同是双务、有偿合同。

4）买卖合同是诺成合同。

（2）建设工程物资采购合同的特征

1）应依据施工合同订立。

2）以转移财物和支付价款为基本内容。

3）建设工程物资采购合同的标的品种繁多，供货条件复杂。

4）建设工程物资采购合同应实际履行。

5）建设工程物资采购合同采用书面形式。

2. 材料采购合同的主要条款

依据《民法典》（合同编）规定，材料采购合同的主要条款如下：

（1）双方当事人的名称、地址，法定代表人的姓名，委托代理订立合同的，应有授权委托书并注明委托代理人的姓名、职务等。

（2）合同标的。它是供应合同的主要条款，主要包括购销材料的名称（注明牌号、商标）、品种、型号、规格、等级、花色、技术标准等，这些内容应符合施工合同的规定。

（3）技术标准和质量要求，质量条款应明确各类材料的技术要求、试验项目、试验方法、试验频率以及国家法律规定的国家强制性标准和行业强制性标准。

（4）材料数量及计量方法。

（5）材料的包装。

（6）材料交付方式。

（7）材料的交货期限。

（8）材料的价格。

（9）结算。

（10）违约责任。

（11）特殊条款。

（12）争议的解决方式。

3. 物资采购合同的风险规避

（1）所谓风险，是指标的物因不可归责于任何一方当事人的事由而遭受的意外损失。一般情况下，标的物损毁、灭失的风险，在标的物交付之前由卖方承担，交付之后由买方承担。

（2）采购过程中的风险规避

1）意外风险。物资采购过程中由于自然、经济政策、价格变动等因素所造成的意外风险。

规避措施：关注市场行情，经常与供应商沟通，掌握市场动态与最新政策。

2）采购质量风险。因采购的原材料的质量有问题，直接影响企业产品的整体质量、制造加工与交货期，降低企业信誉和产品竞争力。

规避措施：

① 定期对供应商进行现场审计，只有资质齐全、具备一定竞争能力的合格供应商才能供货，杜绝空壳公司供货。

② 与质量部密切配合，加强对进入公司的原材料的质量检验。

3）合同欺诈风险

① 以虚假的合同主体身份与采购方订立合同，以伪造、假冒、作废的票据或其他虚假的产权证明作为合同担保。

② 接受采购方给付的货款、预付款，担保财产后逃失。

③ 签订空头合同，而供货方本身是"皮包公司"，将骗来的合同转手倒卖，从中谋利，而所需的物资则无法保证。

④ 供应商设置的合同陷阱，如供应商无故中止合同，违反合同规定等可能性及造成损失。

⑤ 合同条款模糊不清，盲目签约；违约责任约束简化，口头协议，君子协定。

规避措施：

① 定期对供应商进行现场审计，只有资质齐全、具备一定竞争能力的合格供应商才能供货，杜绝空壳公司供货。

② 双方订立合同时，尽量由采购方出具合同，并严格按照采购方的合同条款执行，检查合同条款是否有悖于政策、法律，避免合同因内容违法、当事人主体不合格或超越经营范围而无效；通过资信调查，切实掌握对方的履约能力；审查合同条款是否齐全、当事人权利义务是否明确、手续是否具备、签章是否齐全，杜绝模糊不清的条款存在。

③ 付款方式，尽量是"先到货，后付款"，预防资金风险。

4）到货验收风险。在时间上过早或太迟；在数量上不足；在质量上以次充好；在品种规格上偏差，不合规定要求；在价格上发生变动等。

规避措施：跟踪物资的到货时间，严格控制货物的到库时间，过早会影响库存、过迟则影响生产使用；加强货物的验收，先是货物刚送到仓库时的初步验收，包括外观、重量和数量验收，以及厂家检验报告；其次要与质量部密切配合，加强对进入公司的原材料的质量检验。

5）存量风险。一是采购量不能及时供应生产之需要，生产中断造成缺货损失而引发的风险。二是物资过多，造成积压，大量资金沉淀于库存中，失去了资金的机会利润，形成存储损耗风险。

规避措施：严格按照计划调度部的采购计划采购物资，无论数量、重量还是到货时间等，并经常与部门联系，了解近期内可能需要采购的物资，与相应的供应商联系，做好前期准备工作。

6）责任风险。许多风险归根到底是人为风险。主要体现为责任风险。例如，合同签约过程中，由于工作人员责任心不强未能把好合同关，造成合同纠纷。

规避措施：建立与完善内部控制制度与程序，加强对职工尤其是采购业务人员的培训和教育，不断增强法律观念，重视职业道德建设，做到依法办事，培养团队精神，增强企业内部的风险防范能力。

（3）不当履行合同的处理

供货方多交标的物的，采购方可以接收或者拒绝接收多交部分，采购方接收多交部分的，按照合同的价格支付价款；采购方拒绝接收多交部分的，应当及时通知供货方。

（八）材料采购的供应管理

材料采购的供应管理是材料业务管理的重要组成部分，没有良好的材料供应，就不可能形成有实力的建筑企业。随着现代工业技术的发展，建筑企业所需材料数量更大，品种更多，规格更复杂，性能指标要求更高，再加上资源渠道的不断扩大，市场价格波动频繁，资金限制等诸多因素影响，对材料采购供应管理工作的要求更高。

（1）材料供应管理的特点

建筑企业是具有独特生产和经营方式的企业。由于建筑产品形体大，且由若干分部分项工程组成，这就决定了建筑产品生产的许多特点，如流动性施工、露天操作、多工种混合作业等。这些特点都会给材料供应带来一定的特殊性和复杂性。其特点表现在：

1）供应管理的复杂性。

2）供应管理的大量性。

3）材料供应必须满足需求多样性的要求。

4）材料供应受气候和季节的影响大。

5）材料供应受社会经济状况影响较大。

6）施工中各种因素多变。

7）供应材料质量的高要求，使材料供应工作要求提高。

建筑企业材料供应管理除上述特点外，还因为企业管理水平、施工管理体制、施工队伍和材料管理人员素质不同而形成不同的供求特点。因此应充分了解这些因素，掌握变化规律，主动、有效地实施材料采购供应管理，才能保证施工生产的用料需求。

（2）材料管理应遵循的原则

1）"有利生产，方便施工"的原则。

2）"统筹兼顾、综合平衡、保证重点、兼顾一致"的原则。

3）加强横向联系，合理组织资源，提高物资配套供应能力的原则。

4）坚持勤俭节约的原则。

（3）材料供应管理的基本任务

建筑企业材料供应工作的基本任务是：围绕施工生产这个中心环节，按质、按量、按品种、按时间、成套齐备，经济合理地配置所需的各种材料，通过有效的组织形式和科学的管理方法，充分发挥材料的最大效用，以较少的材料占用和劳动消耗，完成更多的供应任务，获得最佳的经济效果。其具体任务包括：

1）编制材料供应计划。

2）组织资源。

3）组织材料运输。

4）材料储备。

5）平衡调度。

6）选择供料方式。

7）提高成品、半成品供应程度。

8）材料供应的分析和考核。

（4）材料供应的责任制和承包制

1）建立健全材料供应责任制

为保证既定供应方式的实施，应面向建设项目开展材料供应优质服务和建立健全材料供应责任制。材料供应部门对施工生产用料单位实行"三包"和"三保"，凡实行送料制度的还应实行"三定"，即定送料分工、定送料地点、定接料人员。

材料供应"三包":

① 包供应:实行材料供应承包制和材料配送服务,提高材料供应效率,满足材料使用需求。

② 包退换:材料供货商在合同规定的时间和前提下对材料进行退换处理。

③ 包回收:实行余料回收制度,多余材料返还供货商。

材料供应"三保":

① 保质:材料供货商对材料质量承担供货责任,应提供符合合同要求的材料。

② 保量:确保供货数量满足施工需要。

③ 保进度:根据施工进度调整供货节奏,配合施工。

2) 实行材料供应承包制

所谓供应承包,就是建筑企业在工程项目投标中,由各种材料的供应单位,根据招标项目的资源情况(计划分配还是市场调节)和市场行情报价,作为编制投标报价的依据,建筑企业中标后,由报价的材料供应单位包价供应,承担价格变动的风险。

实务、示例与案例

[实务]　　　　　　　　　　　**材料采购方案的确定**

某建筑工程项目的年合同造价为 2160 万元,企业物资部门按概算每万元 10t 采购水泥。由同一个水泥厂供应,合同规定水泥厂按每次催货要求时间发货。项目物资部门提出了三个方案:

A_1 方案,每月交货一次;

A_2 方案,每两个月交货一次;

A_3 方案,每三个月交货一次。

根据历史资料得知,每次催货费用为 $C=5000$ 元;仓库保管费率为储存材料费的 4%。水泥单价(含运费)为 360 元/t。

试决策:

(1) 确定最优采购方案。

(2) 确定最优采购批量和供应间隔期。

决策过程:

(1) 供应商的选择

已有规定:材料采购时应选择企业发布的合格供应方名册的厂家;对于企业合格供应商名册以外的厂家,在必须采购其产品时,要严格按照合格分供方选择与评定工作程序执行,即按企业规定经过对分供方审批合格后,方可签订采购合同进行采购;对于不需要进行合格分供方审批的一般材料,采购金额在 5 万元以上的(含 5 万元),必须签订订货合同。

(2) 优选方案的确定

水泥采购量=2160×10=21600t

1) A_1 方案的计算:

采购次数为 12÷1=12 次;每次采购数量为 21600÷12=1800t

保管费+采购费=1800×360÷2×0.04+12×5000=12960+60000=72960 元

2) A_2 方案的计算:

采购次数为 $12\div2=6$ 次；每次采购数量为 $21600\div6=3600$t

保管费＋采购费＝$3600\times360\div2\times0.04+6\times5000=25920+30000=55920$ 元

3）A_3 方案的计算：

采购次数为 $12\div3=4$ 次；每次采购数量为 $21600\div4=5400$t

保管费＋采购费＝$5400\times360\div2\times0.04+4\times5000=38880+20000=58880$ 元

从 A_1、A_2、A_3 三个方案的总费用比较来看，A_2 方案的总费用最小，故应采用 A_2 方案，即每两个月采购一次。

（3）计算最优采购批量

$$Q_0=\sqrt{2SC/PA}=\sqrt{2\times21600\times5000/360\times0.04}=3873t$$

采购次数＝$21600\div3873=5.6$ 次，即应采购 6 次。

采购间隔期＝$365\div6=61$ 天，即两个月采购一次。

[案例1]

某工程建筑面积 3300m²，计划每 m² 需用的主要材料的名称、数量、单价如下：水泥：0.21t，350 元/t，钢材 0.36t，3200 元/t；砖：130 块，0.28 元/块；砂：0.54t，35 元/t；石子：0.61t，33 元/t；木材：0.005m³，1500 元/m³；另外需用石灰、玻璃等其他材料，金额共约 92500 元。

项目部要求：

（1）估算该工程所需的材料费。

（2）提出材料采购资金的管理方法及各种方法的适用条件。

经相关管理人员综合分析得出以下结果：

（1）工程材料费预测：

水泥资金额＝$3300\times0.21\times350=242550$ 元

钢材资金额＝$3300\times0.036\times3200=380160$ 元

砖资金额＝$3300\times130\times0.28=120120$ 元

砂资金额＝$3300\times0.54\times35=62370$ 元

石子金额＝$3300\times0.61\times33=66429$ 元

木材资金额＝$3300\times0.005\times1500=24750$ 元

工程材料费＝$242550+380160+120120+62370+66429+24750+92500=988879$ 元

（2）材料采购资金管理方法：

1）品种采购量管理法，适用于分工明确、采购任务确定的企业或部门。

2）采购金额管理法，一般综合性采购部门采取这种方法。

3）费用指标管理法，为鼓励采购人员负责完成采购业务的同时，注意采购资金使用，降低采购成本的方法。

[案例2]

某工程建设单位委托工程总承包单位按业主的要求招标采购工程所需的机电设备，业主提出招标的主要要求：

（1）由工程总承包单位作为机电设备招标的代理机构。

（2）采用公开招标方式。

（3）评标采用低投标价法，由评标委员会负责评标，推荐中标候选人。

（4）评标委员会由建设单位派 1 人，总承包单位派 2 人，另外聘请技术、经济专家各 1 人，共由 5 人组成。

（5）投标应提交设备投标价的 3％作为投标保证金。

试分析：

（1）业主的招标要求中，有哪些不妥？为什么？

（2）总承包单位是否可以作为招标代理机构？

（3）设备评标主要应考虑哪些因素？

分析结论：

（1）业主提出的招标要求中，下列内容与法律法规的规定不符：

1）采用低投标价法评标不妥，这种方法只适用于简单商品、原材料等的评标，机电设备采购招标宜采用综合评标价法的方法。

2）评标委员会的组成不妥，《招标投标法》规定评标委员会中，技术、经济专家人数不得少于评标委员会总人数的 2/3。

3）投标保证金要求 3％不妥，应为 2％，并且最高不得超过 80 万元。

（2）总承包单位具备下列条件的可以进行工程所需的设备招标采购。

1）具有法人资格。

2）具有与承担招标业务和设备配套工作相适应的技术经济管理人员。

3）有编制招标文件、标底和组织开标、评标、决标的能力。

4）有对所承担的招标设备进行协调服务的人员和设施。

（3）设备评标主要考虑下列因素：

1）投标价。

2）运输费。

3）交付期。

4）设备的性能和质量。

5）备件的性能和质量。

6）支付要求。

7）售后服务。

8）其他与招标文件偏离或不符合的因素。

六、建筑材料、设备的进场验收与符合性判断

(一) 进场验收和复验意义

工程项目的材料进场验收是施工企业物资由生产领域向流通领域转移的中间重要环节，是保证进入施工现场的物资满足工程预定的质量标准，满足用户使用，确保用户生命安全的重要手段和保证，因此在相关国家规范和各地建设行政管理部门对建筑材料的进场验收和复验都作出了严格的规定，要求施工企业加强对建筑材料的进场验收与管理，按规范应复验的必须复验，无相应检测报告或复验不合格的应予退货，更严禁使用有害物质含量不符合国家规定的建筑材料，同时使用国家明令淘汰的建筑材料和使用没有出厂检验报告的建筑材料，尤其不按规定对建筑材料的有害物质含量指标进行复验的，对施工单位和有关人员进行处罚。

应该注意的是，建筑材料的出厂检验报告与进场复验报告有本质的不同，不能替代。这主要是因为其一，出厂检验报告为厂家在完成此批次货物的情况下厂方自身内部的检测，一旦发生问题和偏离，不具有权威性；其二，进场复验报告为用货单位在监理及业主方的监督下由本地质检权威部门出具的检验报告，具有法律效力；其三，出厂检验报告是每种型号、每种规格都出具的，而进场报告是施工部门在使用的型号规格内随机抽取的。

由此可见进场验收和复验的重要意义。材料设备的验收必须要做到认真、及时准确、公正、合理。

(二) 常用建筑及市政工程材料的符合性判断

1. 水泥

(1) 通用硅酸盐水泥

1) 分类

通用硅酸盐水泥是以硅酸盐水泥熟料和适量的石膏及规定的混合材料制成的水硬性胶凝材料。其包括硅酸盐水泥、普通硅酸盐水泥、矿渣硅酸盐水泥、火山灰质硅酸盐水泥、粉煤灰硅酸盐水泥、复合硅酸盐水泥。

硅酸盐水泥是由硅酸盐水泥熟料、0%～5%石灰石或符合标准要求的粒化高炉矿渣、适量石膏磨细制成的水硬性胶凝材料。硅酸盐水泥分为两种类型，不掺加混合材料的称Ⅰ型硅酸盐水泥，其代号为P·Ⅰ。在硅酸盐水泥粉磨时掺加不超过水泥质量5%石灰石或粒化高炉矿渣混合材料的称Ⅱ型硅酸盐水泥，其代号为P·Ⅱ。

普通硅酸盐水泥，简称普通水泥，代号为P·O，其水泥中熟料＋石膏的掺量应≥85%

且<95％，允许符合标准要求的活性混合材料的掺量为＞5％且≤20％，其中允许用不超过水泥质量5％的符合标准要求的窑灰或不超过水泥质量8％的非活性混合材料来代替。

矿渣硅酸盐水泥，《通用硅酸盐水泥》国家标准第1号修改单GB 175—2007/XG1—2009规定：矿渣硅酸盐水泥（简称矿渣水泥），根据粒化高炉矿渣掺量的不同分为A型与B型两种，A型矿渣掺量＞20％且≤50％，代号为P·S·A；B型矿渣掺量＞50％且≤70％，代号为P·S·B。其中允许用不超过水泥质量8％且符合标准要求的活性混合材料、非活性混合材料或符合标准要求的窑灰中的任一种材料代替。

火山灰质硅酸盐水泥，《通用硅酸盐水泥》国家标准第1号修改单GB 175—2007/XG1—2009规定：火山灰质硅酸盐水泥（简称火山灰水泥），代号为P·P，其水泥中熟料＋石膏的掺量应≥60％且<80％，混合材料为符合标准要求的火山灰质活性混合材料，其掺量为＞20％且≤40％。

粉煤灰硅酸盐水泥，《通用硅酸盐水泥》国家标准第1号修改单GB 175—2007/XG1—2009规定：粉煤灰硅酸盐水泥（简称粉煤灰水泥），代号为P·F。其水泥中熟料＋石膏的掺量应≥60％且<80％，混合材料为符合标准要求的粉煤灰活性混合材料，其掺量为＞20％且≤40％。

复合硅酸盐水泥，《通用硅酸盐水泥》国家标准第1号修改单GB 175—2007/XG1—2009规定：复合硅酸盐水泥（简称复合水泥），代号为P·C。其水泥中熟料＋石膏的掺量应≥50％且<80％，混合材料为两种或两种以上的活性混合材料及非活性混合材料，其掺量为＞20％且≤50％，其中允许用不超过水泥质量8％且符合标准要求的窑灰代替，掺矿渣时混合材料掺量不得与矿渣硅酸盐水泥重复。

2）通用硅酸盐水泥的技术要求

① 化学指标

通用硅酸盐水泥的化学指标见表6-1所列。

通用硅酸盐水泥的化学指标（％）　　　　表6-1

品　种	代　号	不溶物（质量分数）	烧失量（质量分数）	三氧化硫（质量分数）	氧化镁（质量分数）	氯离子（质量分数）
硅酸盐水泥	P·Ⅰ	≤0.75	≤3.0	≤3.5	≤5.0ᵃ	≤0.06ᶜ
	P·Ⅱ	≤1.50	≤3.5			
普通硅酸盐水泥	P·O	—	≤5.0		≤6.0ᵇ	
矿渣硅酸盐水泥	P·S·A			≤4.0	—	
	P·S·B				—	
火山灰质硅酸盐水泥	P·P	—		≤3.5	≤6.0ᵇ	
粉煤灰硅酸盐水泥	P·F	—				
复合硅酸盐水泥	P·C	—				

注：a 如果水泥压蒸试验合格，则水泥中氧化镁的含量（质量分数）允许放宽至6.0‰。
　　b 如果水泥中氧化镁的含量（质量分数）大于6.0时，需进行水泥压蒸安定性试验并合格。
　　c 当有更低要求时，该指标由买卖双方协商确定。

不溶物是指水泥经酸和碱处理后，不能被溶解的残余物。它是水泥中非活性组分的反映，主要由生料、混合材和石膏中的杂质产生。

烧失量是指水泥经高温灼烧以后的质量损失率，主要由水泥中未煅烧组分产生，如未烧透的生料、石膏带入的杂质、掺合料及存放过程中的风化物等。当样品在高温下灼烧时，会发生氧化、还原、分解及化合等一系列反应并放出气体。

② 碱含量

通用硅酸盐水泥除主要矿物成分以外，还含有少量其他化学成分，如钠和钾的化合物。碱含量按 $Na_2O+0.658K_2O$ 的计算值来表示。当用于混凝土中的水泥碱含量过高，骨料又具有一定的活性时，会发生有害的碱集料反应。因此，国家标准规定：若使用活性骨料，用户要求提供低碱水泥时，水泥中碱含量不得大于 0.6% 或由买卖双方商定。

③ 物理指标

A. 凝结时间

硅酸盐水泥初凝时间不小于 45min，终凝时间不大于 390min。

普通硅酸盐水泥、矿渣硅酸盐水泥、火山灰质硅酸盐水泥、粉煤灰硅酸盐水泥和复合硅酸盐水泥初凝不小于 45min，终凝不大于 600min。

B. 安定性

沸煮法合格。

C. 细度（选择性指标）

硅酸盐水泥和普通硅酸盐水泥的细度以比表面积表示，其比表面积不小于 $300m^3/kg$；矿渣硅酸盐水泥、火山灰质硅酸盐水泥、粉煤灰硅酸盐水泥和复合硅酸盐水泥的细度以筛余表示，其 $80\mu m$ 方孔筛筛余不大于 10% 或 $45\mu m$ 方孔筛筛余不大于 30%。

D. 强度

不同品种不同强度等级的通用硅酸盐水泥，其不同龄期的强度应符合 6-2 的规定。

硅酸盐水泥按 3d 和 28d 龄期的抗折和抗压强度分为 42.5、42.5R、52.5、52.5R、62.5、62.5R 六个强度等级。

普通硅酸盐水泥按 3d 和 28d 龄期的抗折和抗压强度分为 42.5、42.5R、52.5、52.5R 四个强度等级。

矿渣硅酸盐水泥、火山灰质硅酸盐水泥、粉煤灰硅酸盐水泥、复合硅酸盐水泥按 3d、28d 龄期抗压强度及抗折强度分为 32.5、32.5R、42.5、42.5R、52.5、52.5R 6 个强度等级。各强度等级各龄期的强度不得低于表 6-2 中的数值。

通用硅酸盐水泥各强度等级各龄期强度值   表 6-2

品　种	强度等级	抗压强度（MPa）		抗折强度（MPa）	
		3d	28d	3d	28d
硅酸盐水泥	42.5	≥17.0	≥42.5	≥3.5	≥6.5
	42.5R	≥22.0	≥42.5	≥4.0	≥6.5
	52.5	≥23.0	≥52.5	≥4.0	≥7.0
	52.5R	≥27.0	≥52.5	≥5.0	≥7.0
	62.5	≥28.0	≥62.5	≥5.0	≥8.0
	62.5R	≥32.0	≥62.5	≥5.5	≥8.0

品　种	强度等级	抗压强度（MPa）		抗折强度（MPa）	
		3d	28d	3d	28d
普通硅酸盐水泥	42.5	≥17.0	≥42.5	≥3.5	≥6.5
	42.5R	≥22.0		≥4.0	
	52.5	≥23.0	≥52.5	≥4.0	≥7.0
	52.5R	≥27.0		≥5.0	
矿渣硅酸盐水泥、火山灰质硅酸盐水泥、粉煤灰硅酸盐水泥、复合硅酸盐水泥	32.5	≥10.0	≥32.5	≥2.5	≥5.5
	32.5R	≥15.0		≥3.5	
	42.5	≥15.0	≥42.5	≥3.5	≥6.5
	42.5R	≥19.0		≥4.0	
	52.5	≥21.0	≥52.5	≥4.0	≥7.0
	52.5R	≥23.0		≥4.5	

注：R—早强型。

（2）铝酸盐水泥

铝酸盐水泥（亦称高铝水泥）是由铝酸盐水泥熟料磨细制成的水硬性胶凝材料，代号CA。

铝酸盐水泥呈黄、褐或灰色，其密度和堆积密度与硅酸盐水泥接近。根据国家标准《铝酸盐水泥》GB/T 201—2015规定：按照水泥中Al_2O_3含量的不同，该种水泥可分为CA50、CA60、CA70、CA80四种类型。其中，CA50按照强度等级又分为CA50-Ⅰ、CA50-Ⅱ、CA50-Ⅲ、CA50-Ⅳ四种强度类型，CA60按照矿物组成分分为CA60-Ⅰ和CA60-Ⅱ。另外对于铝酸盐水泥的细度要求比表面积不小于$300m^2/kg$或$45\mu m$方孔筛筛余不得超过20%；初凝时间CA50、CA70、CA80不得早于30min，CA60不得早于60min；终凝时间CA50、CA70、CA80不得迟于6h，CA60不得迟于18h。体积安定性必须合格。

各类型铝酸盐水泥各龄期强度指标应符合表6-3的规定。

铝酸盐水泥胶砂强度　　　　　　　　　　　　　　　　　　　　　　表6-3

类型		抗压强度（MPa）				抗折强度（MPa）			
		6h	1d	3d	28d	6h	1d	3d	28d
CA50	CA50·Ⅰ	≥20°	≥40	≥50		≥3°	≥5.5	≥6.0	
	CA50·Ⅱ		≥50	≥60			≥6.5	≥7.5	
	CA50·Ⅲ		≥60	≥70			≥7.5	≥8.5	
	CA50·Ⅳ		≥70	≥80			≥8.5	≥9.5	
CA60	CA60·Ⅰ		≥65	≥85			≥7.0	≥10.0	
	CA60·Ⅱ		≥20	≥45	≥85		≥2.5	≥5.0	≥10.0
CA70			≥30	≥40			≥5.0	≥6.0	
CA80			≥25	≥30			≥4.0	≥5.0	

＊用户要求时，生产厂家应提供试验结果。

（3）特性水泥

1）分类

常用的特性水泥主要有快硬硅酸盐水泥、膨胀水泥和自应力水泥、中热硅酸盐水泥和低热矿渣硅酸盐水泥以及低碱度硫铝酸盐水泥。

① 快硬硅酸盐水泥

由硅酸水泥熟料和适量石膏磨细制成的，以3d抗压强度表示强度等级的水硬性胶凝材料称为快硬硅酸盐水泥（简称快硬水泥）。

② 膨胀水泥和自应力水泥

膨胀水泥和自应力水泥都是在水化硬化过程中产生体积膨胀的水泥，属膨胀类水泥。若水泥在硬化过程中体积不会发生收缩，还略有膨胀，可以解决由于收缩带来的不利后果，即为膨胀水泥。而当这种膨胀受到水泥混凝土中钢筋的约束而产生的自压应力值大于2MPa 的水泥则称为自应力水泥。

膨胀水泥按膨胀值不同，分为膨胀水泥和自应力水泥。膨胀水泥的线膨胀率一般在1%以下，相当或稍大于一般水泥的收缩率，可以补偿收缩，所以又称补偿收缩水泥或无收缩水泥。自应力水泥的线膨胀率一般为1%～3%，膨胀值较大。

该类特性水泥的主要品种有硅酸盐膨胀水泥、低热微膨胀水泥、硫铝酸盐膨胀水泥和自应力水泥。

③ 中、低热硅酸盐水泥和低热矿渣硅酸盐水泥

中、低热硅酸盐水泥（简称中、低热水泥）是以适当成分的硅酸盐水泥熟料、加入适量石膏，磨细制成的具有中、低水化热的水硬性胶凝材料。

低热矿渣硅酸盐水泥（简称低热矿渣水泥）是以适当成分的硅酸盐水泥熟料、20%～60%的粒化高炉矿渣和适量石膏共同磨细制成的具有低水化热的水硬性胶凝材料。

④ 低碱度硫铝酸盐水泥

以无水硫铝酸钙为主要成分的硫铝酸盐水泥熟料，加入适量的石膏和20%～50%石灰石磨细而成，具有碱度低、自由膨胀较小的水硬性胶凝材料，称为低碱度硫铝酸盐水泥。

2）特性水泥的技术要求

① 快硬硅酸盐水泥

快硬硅酸盐水泥的基本技术要求与普通水泥相似，初凝不得早于45min，终凝不得迟于10h。安定性（沸煮法检验）必须合格。强度等级以3d 抗压强度表示，分为32.5、37.5、42.5 三个等级，28d 强度作为供需双方参考指标。

快硬硅酸盐水泥的特点是凝结硬化快，早期强度增长率高，适用于早期强度要求高的工程。可用于紧急抢修工程、低温施工工程、高等级混凝土等。

快硬水泥易受潮变质，在运输和贮存时，必须注意防潮，并应及时使用，不宜久存，出厂一月后，应重新检验强度，合格后方可使用。

② 中、低热硅酸盐水泥

中热硅酸盐水泥和低热硅酸盐水泥的主要技术性能见表6-4 所列。氧化镁、三氧化硫、安定性、碱含量要求同普通水泥。细度为80μm 方孔筛筛余不得超过12%，初凝不得早于60min，终凝不得迟于12h。中热硅酸盐水泥强度等级为42.5，低热硅酸盐水泥按强度分为32.5、42.5 两个强度等级。

中、低热水泥各龄期的强度要求（GB/T 200—2017） **表6-4**

品种	强度等级	抗压强度（MPa）			抗折强度（MPa）		
		3d	7d	28d	3d	7d	28d
中热水泥	42.5	≥12.0	≥22.0	≥42.5	≥3.0	≥4.5	≥6.5
低热水泥	≥32.5	—	≥12.0	≥32.5	—	≥3.0	≥5.5
	≥42.5	—	≥13.0	≥42.5	—	≥3.5	≥6.5

中热水泥水化热较低，抗冻性与耐酸性较高，适用于大体积水上建筑物水位变动区的覆面层及大坝溢流面，以及其他要求低水化热、高抗冻性和耐磨性的工程。低热水泥水化热更低，适用于大体积建筑物或大坝内部要求更低水化热的部位。此外，这两种水泥有一定的抗硫酸盐侵蚀能力，可用于低硫酸盐侵蚀的工程。

③ 硫铝酸盐水泥

低碱度硫铝酸盐水泥以硫铝酸盐水泥熟料和较多量的石灰石、适量的石膏磨细制成，具有碱度低的水硬性胶凝材料，代号为 L·SAC。低碱度硫铝酸盐水泥主要用于制作玻璃纤维增强水泥制品，用于配有钢纤维、钢筋、钢丝网、钢埋件等混凝土制品及结构时，所用钢材应为不锈钢。

行业标准《硫铝酸盐水泥》GB/T 20472—2006 规定，细度为比表面积不得低于 400m^2/kg；初凝不得早于 25min；终凝不得迟于 180min；碱度要求灰水比为 1：10 的水泥浆液，1h 的 pH 值不得大于 10.5；28d 自由膨胀率 0%～0.15%；低碱度硫酸盐的强度以 7d 抗压强度表示，分为 32.5、42.5 和 52.5 三个强度等级，要求见表 6-5。

低碱度硫铝酸盐水泥各强度等级各龄期强度值 表 6-5

强度等级	抗压强度（MPa）		抗折强度（MPa）	
	1d	7d	1d	7d
32.5	25.0	32.5	3.5	5.0
42.5	30.0	42.5	4.0	5.5
52.5	40.0	52.5	4.5	6.0

出厂水泥应保证 7d 强度、28d 自由膨胀率合格，凡比表面积、凝结时间、强度中任一项不符合规定要求时为不合格品。凡碱度和自由膨胀率中任一项不符合规定要求时为废品。

该水泥不得与其他品种水泥混用。运输与贮存时，不得受潮和混入杂物，应与其他水泥分别贮运，不得混杂。水泥贮存期为 3 个月，逾期水泥应重新检验，合格后方可使用。

2. 混凝土

（1）粗骨料

1）分类

粗骨料是指粒径大于 4.75mm 的岩石颗粒。常将人工破碎而成的石子称为碎石，即人工石子。而将天然形成的石子称为卵石，按其产源特点，也可分为河卵石、海卵石和山卵石。其各自的特点与相应的天然砂类似，虽各有其优缺点，但因用量大，故应按就地取材的原则给予选用。卵石的表面光滑，拌合混凝土比碎石流动性要好，但与水泥砂浆粘结力差，故强度较低。卵石和碎石按技术要求分为Ⅰ类、Ⅱ类、Ⅲ类三个等级。Ⅰ类用于强度等级大于 C60 级的混凝土；Ⅱ类用于强度等级 C30～C60 级及抗冻、抗渗或有其他要求的混凝土；Ⅲ类适用于强度等级小于 C30 级的混凝土。

2）粗骨料的技术要求

① 颗粒级配

碎石和卵石的颗粒级配的范围见表 6-6 所列。

粗骨料的颗粒级配按供应情况分为连续级配和单粒级。按实际使用情况分为连续级配和间断级配两种。

碎石和卵石的颗粒级配的范围　　　　　　表 6-6

类型	累计筛余(%)＼筛孔(mm) 公称粒径(mm)	2.36	4.75	9.50	16.0	19.0	26.5	31.5	37.5	53.0	63.0	75.0	90.0
连续粒级	5～10	95～100	80～100	0～15	0								
	5～16	95～100	85～100	30～60	0～10	0							
	5～20	95～100	90～100	40～80	—	0～10	0						
	5～25	95～100	90～100	—	30～70	—	0～5	0					
	5～31.5	95～100	90～100	70～90		15～45	—	0～5	0				
	5～40	—	95～100	70～90		30～65			0～5	0			
单粒粒级	10～20		95～100	85～100		0～15	0						
	16～31.5		95～100		85～100			0～10	0				
	20～40			95～100	80～100				0～10	0			
	31.5～63				95～100			75～100	45～75		0～10	0	
	40～80					95～100			70～100		30～60	0～10	0

注：与以上筛孔边长系列对应的筛孔公称边长及石子的公称粒径系列为 2.50mm、5.00mm、10.0mm、16.00mm、20.0mm、25.00mm、31.5mm、40.0mm、50.0mm、63.0mm、80.0mm、100.0mm。

② 强度及坚固性

A. 强度

粗骨料在混凝土中要形成结实的骨架，故其强度要满足一定的要求。粗骨料的强度有立方体抗压强度和压碎指标值两种，碎石和卵石的压碎值指标见表 6-7 所列。

碎石和卵石的压碎值指标　　　　　　表 6-7

石类型	岩石品种	混凝土强度等级	压碎指标值（%）
碎石	沉积岩	C40～C60	≤10
		≤C35	≤16
	变质岩或深成的火成岩	C40～C60	≤12
		≤C35	≤20
	喷出的火成岩	C40～C60	≤13
		≤C35	≤30
卵石		C40～C60	≤12
		≤C35	≤16

注：沉积岩包括石灰岩、砂岩等；变质岩包括片麻岩、石英岩等；深成的火成岩花岗岩、正长岩、闪长岩和橄榄岩等；喷出的火成岩包括玄武岩和辉绿岩等。

B. 坚固性

砂、碎石和卵石的坚固性指标见表 6-8 所列。

砂、碎石和卵石的坚固性指标　　　　　　表 6-8

混凝土所处的环境条件及其性能要求	砂石类型	5 次循环后的质量损失（%）
在严寒及寒冷地区室外使用，并经常处于潮湿或干湿交替状态下的混凝土； 对于有抗疲劳、耐磨、抗冲击要求的混凝土； 有腐蚀介质作用或经常处于水位变化区的地下结构混凝土	砂	≤8
	碎石、卵石	≤8
其他条件下使用的混凝土	砂	≤10
	碎石、卵石	≤12

③ 针片状颗粒

骨料颗粒的理想形状应为立方体，但实际骨料产品中常会出现颗粒长度大于平均粒径 4 倍的针状颗粒和厚度小于平均粒径 40% 倍的片状颗粒。针、片状颗粒的外形和较低的抗折能力，会降低混凝土的密实度和强度，并使其工作性变差，故其含量应予控制，见表 6-9 所列。

针、片状颗粒含量　　　　　　表 6-9

混凝土强度等级	≥C60	C30～C55	≤C25
针、片状颗粒含量（按质量计，%）	≤8	≤15	≤25

④ 含泥量和泥块含量

卵石、碎石的含泥量和泥块含量应符合表 6-10 的规定。

碎石或卵石中的含泥量和泥块含量　　　　　　表 6-10

混凝土强度等级	≥C60	C30～C55	≤C25
含泥量（按质量计，%）	≤0.5	≤1.0	≤2.0
泥块含量（按质量计，%）	≤0.2	≤0.5	≤0.7

⑤ 有害物质

与砂相同，卵石和碎石中不应混有草根、树叶、树枝、塑料、煤块和炉渣等杂物且其中的有害物质（有机物、硫化物和硫酸盐）的含量控制应满足表 6-11 的要求。

碎石或卵石中的有害物质含量　　　　　　表 6-11

项目	质量指标
硫化物及硫酸盐含量（折算成 SO_3 按质量计，%）	≤1.0
卵石中的有机物含量（用比色法试验）	颜色应不深于标准色。当颜色深于标准色时，应配制成混凝土进行强度对比试验，抗压强度比不应低于 0.95

当粗细骨料中含有活性二氧化硅（如蛋白石、凝灰岩、鳞石英等岩石）时，可与水泥中的碱性氧化物 Na_2O 或 K_2O 发生化学反应，生成体积膨胀的碱-硅酸凝胶体，该种物质吸水会体积膨胀，从而造成硬化混凝土的严重开裂，甚至造成工程事故，这种有害作用称

129

为碱骨料反应。

（2）细骨料

1）分类

细骨料是指粒径小于 4.75mm 的岩石颗粒，通常按砂的生成过程特点，可将砂分为天然砂和人工砂。天然砂根据产地特征，分为河砂、湖砂、山砂和海砂。人工砂是经除土处理的机制砂和混合砂的统称。机制砂是由机械破碎、筛分而得的岩石颗粒，但不包括软质岩、风化岩石的颗粒。混合砂是由机制砂和天然砂混合而成的砂。

2）细骨料的技术要求

① 细度模数

根据行业标准《普通混凝土用砂、石质量及检验方法标准》JGJ 52—2006 按细度模数将砂分为粗砂（$\mu_t=3.1\sim3.7$）、中砂（$\mu_t=2.3\sim3.0$）、细砂（$\mu_t=1.6\sim2.2$）、特细砂（$\mu_t=0.7\sim1.5$）四级。普通混凝土在可能情况下应选用粗砂或中砂，以节约水泥。

② 颗粒级配

砂颗粒级配区见表 6-12 所列。

砂颗粒级配区　　　　　　　表 6-12

累计筛余（%）　　筛孔尺寸	Ⅰ区	Ⅱ区	Ⅲ区
9.50mm	0	0	0
4.75mm	0~10	0~10	0~10
2.36mm	5~35	0~25	0~15
1.18mm	35~65	10~50	0~25
600μm	71~85	41~70	16~40
300μm	80~95	70~92	55~85
150μm	90~100	90~100	90~100

注：Ⅰ区人工砂中 150μm 筛孔的累计筛余率可以放宽至 85%~100%，Ⅱ区人工砂中 150μm 筛孔的累计筛余率可以放宽至 80%~100%，Ⅲ区人工砂 150μm 筛孔的累计筛余率可以放宽至 75%~100%。

如果砂的自然级配不符合级配的要求，可采用人工调整级配来改善，即将粗细不同的砂进行掺配或将砂筛除过粗、过细的颗粒。

③ 含泥量、泥块含量和石粉含量

天然砂的含泥量、泥块含量应符合表 6-13 的规定。人工砂和混合砂中的石粉含量应符合表 6-14 的规定。表 6-14 中的亚甲蓝试验是专门用于检测粒径小于 75μm 的物质是纯石粉还是泥土的试验方法。

天然砂中含泥量和砂中泥块含量　　　　　　　表 6-13

混凝土强度等级	≥C60	C30~C55	≤C25
含泥量（按质量计,%）	≤2.0	≤3.0	≤5.0
泥块含量（按质量计,%）	≤0.5	≤1.0	≤2.0

注：对于有抗冻、抗渗或其他特殊要求的小于或等于 C25 混凝土用砂，其含泥量不应大于 3.0%，泥块含量不应大于 1.0%。

人工砂和混合砂中石粉含量 表 6-14

混凝土强度等级		≥C60	C30~C55	≤C25
石粉含量（%）	MB<1.4（合格）	≤5.0	≤7.0	≤10.0
	MB≥1.4（不合格）	≤2.0	≤3.0	≤5.0

注：MB 为亚甲蓝试验的技术指标，称为亚甲蓝值，表示每千克 0~2.36mm 粒级试样所消耗的亚甲蓝克数。

④ 砂的有害物质

砂中不应混有草根、树叶、树枝、塑料、煤块、炉渣等杂物。其他有害物质，包括云母、轻物质、有机物、硫化物和硫酸盐、氯盐的含量控制应符合表 6-15 的规定。

砂中的有害物质含量 表 6-15

项　目	质量指标
云母含量（按质量计，%）	≤2.0
轻物质含量（按质量计，%）	≤1.0
硫化物及硫酸盐含量（折算成 SO_3 按质量计，%）	≤1.0
有机物含量（用比色法试验）	颜色不应深于标准色。当颜色深于标准色时，应按水泥胶砂强度试验方法进行强度对比试验，抗压强度比不应低于 0.95

海砂中的贝壳含量应符合表 6-16 的规定，对于有抗冻、抗渗或其他特殊要求的小于或等于 C25 的混凝土用砂，其贝壳含量不应大于 5%。

海砂中贝壳含量 表 6-16

混凝土强度等级	≥C40	C30~C35	C15~C25
贝壳含量（按质量计，%）	≤3.0	≤5.0	≤8.0

（3）轻骨料

堆积密度不大于 1100kg/m³ 的轻粗骨料和堆积密度不大于 1200kg/m³ 的轻细骨料总称为轻骨料。

1）分类

轻粗骨料按其性能分为三类：堆积密度不大于 500kg/m³ 的保温用或结构保温用超轻骨料；堆积密度大于 510kg/m³ 的轻骨料；强度等级不小于 25MPa 的结构用高强轻骨料。

轻骨料按来源不同可分为三类：

① 天然轻骨料。天然形成的（如火山爆发）多孔岩石，经破碎、筛分而成的轻骨料，如浮石、火山渣等。

② 人造轻骨料。以天然矿物为主要原料经加工制粒、烧胀而成的轻骨料，如黏土陶粒、页岩陶粒等。

③ 工业废料轻骨料。以粉煤灰、煤渣、煤矸石、高炉熔融矿渣等工业废料为原料，经专门加工工艺而制成的轻骨料，如粉煤灰陶粒、煤渣、自燃煤矸石、膨胀矿渣珠等。

131

按颗粒形状不同，轻骨料可分为圆球形（粉煤灰陶粒、黏土陶粒）、普通型（页岩陶粒和膨胀珍珠岩等）及碎石型（浮石、火山渣、煤渣等）。轻骨料的生产方法有烧结法和烧胀法。烧结法是将原料加工成球，经高强烧结而获得多孔骨料，如粉煤灰陶粒。烧胀法是将原料加工制粒，经高温熔烧使原料膨胀形成多孔结构，如黏土陶粒和页岩陶粒等。

轻骨料按其技术指标，分为优等品（A）、一等品（B）和合格品（C）三类。

2）轻骨料的技术要求

轻骨料的技术要求主要有颗粒级配（细度模数）、堆积密度、粒型系数、筒压强度（高强轻粗骨料尚应检测强度等级）和吸水率等，此外软化系数、烧失量、有毒物质含量等也应符合有关规定。

① 颗粒级配和细度模数

轻骨料与普通骨料同样也是通过筛分试验而得的累计筛余率来评定和计算颗粒级配及细轻骨料的细度模数。筛分粗骨料的筛子规格为：圆孔筛，筛孔直径为 40.0mm、31.5mm、20.0mm、16.0mm、10.0mm 和 5mm 共 6 种。筛分细骨料的筛子规格为：10.0mm、5.00mm、2.50mm、1.25mm、0.630mm、0.315mm、0.160mm 共 7 种，其中 1.25mm、0.63mm、0.315mm、0.160mm 为方孔形，其他为圆孔形。以上筛型随着新国家标准的颁布将逐渐过渡到新筛型。

各种轻骨料的颗粒级配应符合表 6-17 的要求，但人造轻粗骨料的最大粒径不宜大于 20.0mm。

轻骨料颗粒级配　　　　　　　　　　　　　　　　表 6-17

轻骨料种类	级配类别	公称粒级（mm）	各号筛的累计筛余（按质量计，%）										
			筛孔尺寸（mm）										
			40.0	31.5	20.0	16.0	10.0	5.00	2.50	1.25	0.630	0.315	0.160
细骨料		0～5					0	0～10	0～35	20～60	30～80	65～90	75～100
粗骨料	连续颗粒	5～40	0～10	—	40～60	—	50～85	90～100	95～100				
		5～31.5	0～5	0～10	—	40～75	—	90～100	95～100				
		5～20	—	0～5	0～10	—	40～80	90～100	95～100				
		5～16	—	—	0～5	0～10	20～60	85～100	95～100				
		5～10	—	—	—	0	0～15	80～100	95～100				
	单粒级	10～16	—	—	0	0～15	85～100	90～100					

轻细骨料的细度模数宜在 2.3～4.0 范围内。

② 堆积密度

轻骨料的堆积密度变化范围较普通混凝土要大。直接影响到配制而成的轻骨料混凝土的强度、导热系数等主要技术性能。轻骨料按堆积密度划分密度等级，见表 6-18 所列。轻细骨料以由堆积密度计算而得的变异系数作为其均匀性指标，不应大于 0.10。

轻骨料密度等级 表 6-18

密度等级		堆积密度范围（kg/m³）
轻粗骨料	轻细骨料	
200	—	110～200
300	—	210～300
400	—	310～400
500	500	410～500
600	600	510～600
700	700	610～700
800	800	710～800
900	900	810～900
1000	1000	910～1000
1100	1100	1010～1100
—	1200	1100～1200

③ 强度

轻粗骨料的强度可由筒压强度和强度等级两种指标表示。

筒压强度是间接评定骨料颗粒本身强度的。它是将轻粗骨料按标准方法置于承压筒（$\Phi115\times100$）内，在压力机上将置于承压筒上的冲压模以每秒 $300\sim500N$ 的速度匀速加荷压入，当压入深度为 20mm 时，测其压力值（MPa）即为该轻粗骨料的筒压强度。不同品种、密度级别和质量等级的轻粗骨料筒压强度要求，见表 6-19 所列。

轻粗骨料筒压强度 表 6-19

轻骨料品种		密度等级	筒压强度（MPa）		
			优等品	一等品	合格品
超轻骨料	黏土陶粒 页岩陶粒 粉煤灰陶粒	200	0.3	0.2	
		300	0.7	0.5	
		400	1.3	1.0	
		500	2.0	1.5	
	其他超轻粗集料	≤500	—		
普通轻骨料	黏土陶粒 页岩陶粒 粉煤灰陶粒	600	3.0	2.0	
		700	4.0	3.0	
		800	5.0	4.0	
		900	6.0	5.0	
	浮石 火山渣 煤渣	600	—	1.0	0.8
		700	—	1.2	1.0
		800	—	1.5	1.2
		900	—	1.8	1.5
	自燃煤矸石 膨胀矿渣珠	900	—	3.5	3.0
		1000	—	4.0	3.5
		1100	—	4.5	4.0

筒压强度只能间接表示轻骨料的强度，因轻粗骨料颗粒在承压筒内为点接触，受应力集中的影响，其强度远小于它在混凝土中的真实强度。故国家标准规定，高强轻粗骨料还

应检验强度等级指标。

强度等级是指不同轻骨料所配制的混凝土的合理强度值，它是由不同轻骨料按标准试验方法配制而成的混凝土的强度试验而得。通过强度等级，就可根据欲配制的高强轻骨料混凝土的强度来选择合适的轻粗骨料，有很强的实用意义。不同密度级别的高强轻粗骨料的筒压强度和强度等级应不低于表 6-20 的规定。

高强轻粗骨料的筒压强度及强度等级　　　　　　表 6-20

轻骨料品种		密度等级	筒压强度		
			优等品	一等品	合格品
超轻骨料	黏土陶粒 页岩陶粒 粉煤灰陶粒	200	0.3	0.2	
		300	0.7	0.5	
		400	1.3	1.0	
		500	2.0	1.5	
	其他超轻粗集料	≤500	—		
普通轻骨料	黏土陶粒 页岩陶粒 粉煤灰陶粒	600	3.0	2.0	
		700	4.0	3.0	
		800	5.0	4.0	
		900	6.0	5.0	
	浮石 火山渣 煤渣	600	—	1.0	0.8
		700	—	1.2	1.0
		800	—	1.5	1.2
		900	—	1.8	1.5
	自燃煤矸石 膨胀矿渣珠	900	—	3.5	3.0
		1000	—	4.0	3.5
		1100	—	4.5	4.0

④ 粒型系数

颗粒形状对轻粗骨料在混凝土中的强度起着重要作用，轻粗骨料理想的外形应是球状。颗粒的形状越呈细长，其在混凝土中的强度越低，故要控制轻粗骨料的颗粒外形的偏差。粒型系数是用以反映轻粗骨料中的软弱颗粒情况的一个指标，它是随机选用 50 粒轻粗骨料颗粒，用游标卡尺测量每个颗粒的长向最大值 D_{max} 和中间截面处的最小尺寸 D_{min}，然后计算每颗的粒型系数 K'_e，再计算该种轻粗骨料的平均粒型系数 K_e，如式（6-1）所示，以两次试验的平均值作为测定值。

$$K'_e = \frac{D_{max}}{D_{min}} \quad K_e = \frac{\sum_{i=1}^{50} K'_e}{n} \tag{6-1}$$

不同粒型轻粗骨料的粒型系数应符合表 6-21 的规定。

轻粗骨料粒型系数　　　　　　表 6-21

轻骨料粒型	平均粒型系数		
	优等品	一等品	合格品
圆球型≤	1.2	1.4	1.6
普通型≤	1.4	1.6	2.0
碎石型≤	—	2.0	2.5

（4）混凝土强度的评定

混凝土强度的评定可分为统计方法评定和非统计方法评定。

1）统计方法评定

根据混凝土强度质量控制的稳定性，《混凝土强度检验评定标准》GB/T 50107—2010 将评定混凝土强度的统计法分为两种：标准差已知方案和标准差未知方案。

① 标准差已知方案

指同一品种的混凝土生产，有可能在较长的时期内，通过质量管理，维持基本相同的生产条件，即维持原材料、设备、工艺以及人员配备的稳定性，即使有所变化，也能很快予以调整而恢复正常。能使同一品种、同一强度等级混凝土的强度变异性保持稳定。对于这类状况，每检验批混凝土的强度标准差 σ_0 可根据前一时期生产累计的强度数据确定。符合以上情况时，采用标准差已知方案。一般来说，预制构件生产可以采用标准差已知方案。

采用该种方案，按《混凝土强度检验评定标准》GB/T 50107—2010 要求，一检验批的样本容量应为连续的 3 组试件，其强度应符合式（6-2）和式（6-3）所示条件：

$$m_{f_{cu}} \geqslant f_{cu,k} + 0.7\sigma_0 \tag{6-2}$$

$$f_{cu,min} \geqslant f_{cu,k} - 0.7\sigma_0 \tag{6-3}$$

当混凝土强度等级不高于 C20 时，其强度的最小值尚应满足式（6-4）的要求：

$$f_{cu,min} \geqslant 0.85 f_{cu,k} \tag{6-4}$$

当混凝土强度等级高于 C20 时，其强度的最小值尚应满足式（6-5）和式（6-6）的要求：

$$f_{cu,min} \geqslant 0.90 f_{cu,k} \tag{6-5}$$

$$\sigma_0 = \sqrt{\frac{\sum_{i=1}^{n} f_{cu,i}^2 - n m_{f_{cu}}^2}{n-1}} \tag{6-6}$$

式中　$m_{f_{cu}}$——同一检验批混凝土立方体抗压强度的平均值（N/mm²），精确至 0.1N/mm²；

$f_{cu,k}$——混凝土立方体抗压强度标准值（N/mm²），精确至 0.1N/mm²；

σ_0——检验批混凝土立方体抗压强度的标准差（N/mm²），精确至 0.01N/mm²，当计算值小于 2.5N/mm² 时，应取 2.5N/mm²。由前一时期（生产周期不少于 60d 且不宜超过 90d）的同类混凝土，样本容量不少于 45 组的强度数据计算确定。假定其值延续在一个检验期内保持不变。3 个月后，重新按上一个检验期的强度数据计算 σ_0 值；

$f_{cu,i}$——前一检验期内同一品种、同一强度等级的第 i 组混凝土试件的立方体抗压强度的代表值（N/mm²），精确到 0.1N/mm²，该检验期不应少于 60d，也不得大于 90d；

$f_{cu,min}$——同一检验批混凝土立方体抗压强度的最小值（N/mm²），精确到 0.1N/mm²；

n——前一检验期内的样本容量，在该期间内样本容量不应少于 45 组。

② 标准差未知方案

指生产连续性较差，即在生产中无法维持基本相同的生产条件，或生产周期较短，无法积累强度数据以计算可靠的标准差参数，此时检验评定只能直接根据每一检验批抽样的样本强度数据确定。为了提高检验的可靠性，《混凝土强度检验评定标准》GB/T 50107—2010 要求每批样本组数不少于 10 组，其强度应符合式（6-7）～式（6-9）所示要求：

$$m_{f_{cu}} \geqslant f_{cu,k} + \lambda_1 \cdot S_{f_{cu}} \qquad (6-7)$$

$$f_{cu,min} \geqslant \lambda_2 \cdot f_{cu,k} \qquad (6-8)$$

$$S_{f_{cu}} = \sqrt{\frac{\sum_{i=1}^{n} f_{cu,i}^2 - nm_{f_{cu}}^2}{n-1}} \qquad (6-9)$$

式中　$S_{f_{cu}}$——同一检验批混凝土立方体抗压强度的标准差（N/mm²），精确至 0.01N/mm²。当检验批混凝土强度标准差 $S_{f_{cu}}$ 的计算值小于 2.5N/mm² 时，取 2.5N/mm²；

λ_1，λ_2——合格评定系数，按表 6-22 取用；

n——本检验期（为确定检验批强度标准差而规定的统计时段）内的样本容量。

混凝土强度的合格评定系数　　　　　　　　　　　表 6-22

试件组数	10～14	15～19	≥20
λ_1	1.15	1.05	0.95
λ_2	0.90	0.85	

2）非统计方法评定

对用于评定的样本容量小于 10 组时，应采用非统计方法评定混凝土强度，其强度按《混凝土强度检验评定标准》GB/T 50107—2010 规定，应同时符合式（6-10）和式（6-11）所示要求：

$$m_{f_{cu}} \geqslant \lambda_3 \cdot f_{cu,k} \qquad (6-10)$$

$$f_{cu,min} \geqslant \lambda_4 \cdot f_{cu,k} \qquad (6-11)$$

式中　λ_3，λ_4——合格评定系数，按表 6-23 取用。

混凝土强度的非统计方法合格判定系数　　　　　　表 6-23

混凝土强度等级	C60	≥C60
λ_3	1.15	1.10
λ_4	0.95	

3）混凝土强度的合格性判断

混凝土强度应分批进行检验评定，当检验结果能满足以上评定强度公式的规定时，则该批混凝土判为合格；当不能满足上述规定时，该批混凝土强度判为不合格。对不合格批混凝土可按国家现行有关标准进行处理。

当对混凝土试件强度的代表性有怀疑时，可采用从结构或构件中钻取试件的方法或采用非破损检验方法，按有关标准对结构或构件中混凝土的强度进行推定。

结构或构件拆模、出池、出厂、吊装、预应力筋张拉或放张，以及施工期间需短暂负荷时的混凝土强度，应满足设计要求或现行国家标准的有关规定。

（5）新型混凝土简介

1）泵送混凝土

泵送混凝土是可在施工现场通过压力泵及输送管道进行浇筑的混凝土。泵送混凝土这种特殊的施工方法要求混凝土除满足一般的强度、耐久性等要求外，还必须满足泵送工艺的要求，即要求混凝土有较好的可泵性，在泵送过程中具有良好的流动性，摩擦阻力小、不离析、不泌水、不堵塞管道等。为达到这些要求，泵送混凝土在配制上应注意以下几点：

① 水泥用量不宜低于 $300kg/m^2$。

② 石子要用连续级配，碎石最大粒径与输送管径之比宜小于或等于 1：3，卵石为 1：2.5，以免阻塞。当垂直泵送高度超过 100m 时，粒径要进一步减小。

③ 砂率要比普通混凝土大 8％～10％，应以 38％～45％为宜。

④ 掺用混凝土泵送外加剂。

⑤ 掺用活性掺合料，如粉煤灰、矿渣微粉等，可改善级配、防止泌水，还可以替代部分水泥以降低水化热，推迟热峰时间。

泵送混凝土可大大提高混凝土浇筑的机械化水平，降低人力成本、提高生产率、保证施工质量，在大、中型的混凝土工程中，应用越来越广泛。我国目前已掌握世界领先的泵送混凝土应用技术，在深圳京基 100 大厦的施工中，成功将 C120 超高性能混凝土泵送到 417m 的高度，创下我国采用自主技术泵送超高性能混凝土的世界纪录。

2）大体积混凝土

通常认为，大体积混凝土是指混凝土结构物中实体最小尺寸大于或等于 1m，或预计会由水泥水化热引起混凝土内外温差过大而导致裂缝的混凝土。大体积混凝土有以下特点：

① 混凝土结构物体积较大，在一个块体中需要浇筑大量的混凝土。

② 大体积混凝土常处于潮湿或与水接触的环境条件下，因此除要求具备一定的强度外。还必须具有良好的耐久性，有的要求具有抗冲击或抗震等性能。

③ 大体积混凝土由于水泥水化热不容易很快散失，内部温升较高，与外部环境温差较大时容易产生温度裂缝。降低混凝土硬化过程中胶凝材料的水化热以及养护过程中对混凝土进行温度控制是大体积混凝土应用最突出的特点。

大型土木工程，如大坝、大型基础、大型桥墩以及海洋平台等体积较大的混凝土均属大体积混凝土。为了最大限度地降低温升，控制温度裂缝，在工程中常用的措施主要有：采用中低热的水泥品种；对混凝土结构合理进行分缝分块；在满足强度和其他性能要求的前提下，尽量降低水泥用量；掺加适宜的化学和矿物外加剂；选择适宜的骨料；控制混凝土的出机温度和浇筑温度；预埋水管，通水冷却，降低混凝土的内部温升；采取表面保护、保温隔热措施，降低内外温差，进而降低或推迟热峰，从而控制混凝土的温升。

3）高性能混凝土

高性能混凝土的"性能"应该区别于传统混凝土的性能。但是，高性能混凝土不像高强混凝土那样，可以用单一的强度指标予以明确定义，不同的工程对象在不同场合对混凝土的各种性能有着不同的要求，并随不同的使用对象与地区而改变。

高性能混凝土是一种新型高技术混凝土，是以耐久性作为设计的主要指标。针对不同用途的要求，对耐久性、施工性、适用性、强度和体积稳定性、经济性等性能有重点地加以保证，在大幅度提高普通混凝土性能的基础上采用现代混凝土技术制作的混凝土。与传统的混凝土相比，高性能混凝土在配制上采用低用水量（水与胶凝材料总量之比低于0.4，或至多不超过0.45），较低的水泥用量，并以化学外加剂和矿物掺合料作为水泥、水、砂、石外的必需组分。虽然高性能混凝土的内涵不单单反映在高耐久性上，但是目前国内外学者和工程界普遍认为耐久性仍应是高性能混凝土的基础性指标。

配制高性能混凝土的技术途径主要应从材料选择、配合比设计及拌制工艺等方面着手。

① 材料选择

A. 水泥

配制高性能混凝土宜选用强度等级不低于 42.5 的硅酸盐水泥、普通硅酸盐水泥、中低热水泥。对水泥的主要要求为：C_3A 含量不宜超过 8%，含碱量不宜超过 0.7%；需水量细度不宜过高，颗粒形状和级配合理。

B. 矿物掺合料

大掺量矿物掺合料混凝土可以制成耐久性很好的高性能混凝土。使用的矿物掺合料主要以粉煤灰和磨细矿渣粉为代表，国外也有少数掺加较多石灰石粉的实例。必要时，也可以用磨细天然沸石粉和硅灰。

C. 高性能混凝土用化学外加剂

对高性能混凝土用化学外加剂的要求是：减水率高（20%～35%）；保塑性好，能延缓坍落度损失；对水泥适应性好；能改善混凝土的孔结构，提高抗渗性、耐久性等；能调节混凝土的凝结和硬化速度；氯离子含量、碱含量低。

D. 粗、细骨料

配制高性能混凝土的粗骨料颗粒尺寸必须大小搭配、有良好的级配，这样才能减少于填充骨料间空隙的浆体量，减少混凝土收缩而有利于防裂。高性能混凝土应选用粒径较小（最大粒径不宜大于 25mm）的石子，且应选用粒形接近于等径状的石子，以获得混凝土合物良好的施工性能，并对硬化后的强度有利。为此，要控制针、片状颗粒含量不大于 5%。

② 配合比设计

为达到很低的渗透性并使活性矿物掺合料充分发挥强度效应，高性能混凝土水胶比一般低于 0.40，但必须通过加强早期养护加以控制。

高性能混凝土在配合比上的特点是低用水量，较低的水泥用量，并以大量掺用的优质矿物掺合料和配用的高性能混凝土外加剂作为水泥、水、砂、石子之外的混凝土必需组分。

③ 拌制工艺

高性能混凝土水泥的胶结料用量较大，用水量小，混凝土拌合物组分多、黏性较大，易拌合均匀，需要采用拌合性能好的强制搅拌设备，适当延长搅拌时间。

在世界范围内，高性能混凝土已成为土木工程技术中的研究和开发热点。各发达国家都投入了大量资金，由政府机构来组织配套研究并通过示范工程加以推广。在大规模进行基础设施建设的今天，结合我国国情发展高性能混凝土，为高质量的工程设施建设提供性能可靠、经济耐久且符合可持续发展要求的结构材料，具有重要意义。

4）商品混凝土

商品混凝土是相对于施工现场搅拌的混凝土而言的一种预拌商品化的混凝土。这种混凝土不是从性能上，而是从生产和供应角度对传统现场制作混凝土的一种变革。商品混凝土是指把混凝土从原料选择、混凝土配合比设计、外加剂与掺合料的选用、混凝土的拌制、输送到工地等一系列生产过程从一个个施工现场集中到搅拌站，由搅拌站统一生产，根据供销合同，把满足性能要求的成品混凝土以商品形式供应给施工单位。

商品混凝土可保证质量。传统的分散于工地搅拌的混凝土的生产工艺，受技术条件和设备条件的限制，混凝土不够均匀，而商品混凝土采用工业化的标准生产工艺，从原材料供应到产品生产过程都有严格的控制管理，计量准确，检验手段完备，使混凝土的质量得到充分保证，这是混凝土应用的主要发展方向。

3. 砂浆

（1）砌筑砂浆

1）分类

砌筑砂浆可分为水泥砌筑砂浆、水泥混合砌筑砂浆和预拌砌筑砂浆。

2）砌筑砂浆的技术性能

① 工作性

A. 流动性

砂浆的流动性技术指标为稠度，由砂浆的沉入度试验确定。砌筑砂浆的施工稠度见表6-24所列。

砌筑砂浆的施工稠度　　　　　　　　　　　　　　表6-24

砌体种类	施工稠度（mm）
烧结普通砖砌体、粉煤灰砖砌体	70～90
烧结多孔砖砌体、烧结空心砖砌体、轻集料混凝土小型空心砌块砌体、蒸压加气混凝土砌块砌体	60～80
混凝土砖砌体、普通混凝土小型空心砌块砌体、灰砂砖砌体	50～70
石砌体	30～50

B. 保水性

砂浆的保水性用"保水率"表示。保水性试验应按下列步骤进行：

将砂浆拌合物装入圆环试模（底部有不透水片或自身密封性良好），称量试模与砂浆总质量，在砂浆表面覆盖棉纱及滤纸，并在上面加盖不透水片，以2kg的重物把上部不透水片压住；静止2min后移走重物及上部不透水片，取出滤纸（不包括棉纱），迅速称量滤纸质量。砂浆保水率按下式计算：

$$W = \left[1 - \frac{m_4 - m_2}{\alpha(m_3 - m_1)} \right] \times 100\% \qquad (6\text{-}12)$$

式中　W——保水率（%）；

　　　m_1——底部不透水片与干燥试模的质量（g），精确至1g；

m_2——15 片滤纸吸水前的质量（g），精确至 0.1g；

m_3——试模、底部不透水片与砂浆总质量（g），精确至 1g；

m_4——15 片滤纸吸水后的质量（g），精确至 0.1g；

α——砂浆含水率（%）。

砌筑砂浆保水率应符合表 6-25 的规定。

砌筑砂浆的保水率 表 6-25

砂浆种类	保水率（%）
水泥砂浆	≥80
水泥混合砂浆	≥84
预拌砂浆	≥88

② 强度

砂浆的强度等级是以边长为 70.7mm 的立方体试块，在标准养护条件（温度为 20±2℃，相对湿度为 90% 以上）下，用标准试验方法测得 28d 龄期的抗压强度来确定的。

水泥混合砂浆的强度等级可分为 M5、M7.5、M10、M15；水泥砂浆及预拌砂浆的强度等级可分为 M5、M7.5、M10、M15、M20、M25、M30。

③ 抗冻性

有抗冻性要求的砌体工程，砌筑砂浆应进行冻融试验。砌筑砂浆的抗冻性应符合表 6-26 的规定，且当设计对抗冻性有明确要求时，尚应符合设计规定。

砌筑砂浆的抗冻性 表 6-26

使用条件	抗冻指标	质量损失率（%）	强度损失率（%）
夏热冬暖地区	F15	≤5	≤25
夏热冬冷地区	F25		
寒冷地区	F35		
严寒地区	F50		

（2）预拌砂浆

预拌砂浆，是指专业生产厂家生产的湿拌或干混砂浆。湿拌砂浆是指水泥、细骨料、矿物掺合料、外加剂、添加剂和水，按一定比例，在搅拌站经计量、拌制后，运至使用地点，并在规定时间内使用的拌合物。干混砂浆是指水泥、干燥骨料或粉料、添加剂以及根据性能确定的其他组分，按一定比例，在专业生产厂经计量、混合而成的混合物，在使用地点按规定比例加水或配套组分拌合使用。

1）预拌砂浆的分类和标记

① 预拌砂浆的分类

A. 湿拌砂浆

湿拌砂浆按用途分为湿拌砌筑砂浆、湿拌抹灰砂浆、湿拌地面砂浆和湿拌防水砂浆，并采用表 6-27 的代号。

品种	湿拌砌筑砂浆	湿拌抹灰砂浆	湿拌地面砂浆	湿拌防水砂浆
代号	WM	WP	WS	WW

湿拌砂浆代号 表 6-27

湿拌砂浆按强度等级、抗渗等级、稠度和保塑时间的分类应符合表 6-28 的规定。

湿拌砂浆分类 表 6-28

项目	湿拌砌筑砂浆	湿拌抹灰砂浆		湿拌地面砂浆	湿拌防水砂浆
		普通抹灰砂浆	机喷抹灰砂浆		
强度等级	M5、M7.5、M10、M15、M20、M25、M30	M5、M7.5、M10、M15、M20		M15、M20、M25	M15、M20
抗渗等级	—	—		—	P6、P8、P10
稠度*（mm）	50、70、90	70、90、100	90、100	50	50、70、90
保塑时间（h）	6、8、12、24	6、8、12、24		4、6、8	6、8、12、24

B. 干混砂浆

干混砂浆的分类也称干拌砂浆或干粉砂浆，是主要的供应形式，按用途可以分为两大类：一是普通干混砂浆，包括干混砌筑砂浆、干混抹灰砂浆、干混地面砂浆和干混普通防水砂浆；二是特种干混砂浆，包括干混陶瓷砖粘结砂浆、干混界面砂浆、干混填缝砂浆、干混填缝砂浆、干混修补砂浆、干混聚合物水泥防水砂浆、干混自流平砂浆、干混耐磨地坪砂浆和干混饰面砂浆，并采用表 6-29 的代号。

干混砂浆代号 表 6-29

品种	干混砌筑砂浆	干混抹灰砂浆	干混地面砂浆	干混普通防水砂浆	干混陶瓷砖粘结砂浆	干混界面砂浆
代号	DM	DP	DS	DW	DTA	DIT
品种	干混填缝砂浆	干混修补砂浆	干混聚合物水泥防水砂浆	干混自流平砂浆	干混耐磨地坪砂浆	干混饰面砂浆
代号	DTG	DRM	DWS	DSL	DFH	DDR

干混砌筑砂浆、干混抹灰砂浆、干混地面砂浆和干混普通防水砂浆按强度等级、抗渗等级的分类应符合表 6-30 的规定。

部分干混砂浆分类 表 6-30

项目	湿拌砌筑砂浆	湿拌抹灰砂浆		湿拌地面砂浆	湿拌防水砂浆
		普通抹灰砂浆	机喷抹灰砂浆		
保水率（%）	≥88.0	≥88.0	≥92.0	≥88.0	≥88.0
压力泌水率（%）	—	—	<40	—	—
14d 拉伸粘结强度（MPa）	—	M5：≥0.15 >M5：≥0.2	≥0.20		≥0.20

项目		湿拌砌筑砂浆	湿拌抹灰砂浆		湿拌地面砂浆	湿拌防水砂浆
			普通抹灰砂浆	机喷抹灰砂浆		
28d 收缩率（%）		—	≤0.20		—	≤0.15
抗冻性*	强度损失率（%）	≤25				
	质量损失率（%）	≤5				

② 预拌砂浆的标记

A. 湿拌砂浆的标记

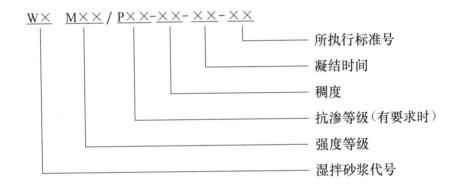

标记示例：

湿拌砌筑砂浆的强度等级为 M10，稠度为 70mm，保塑时间为 12h，其标记为：WM M10-70-12-GB/T 25181—2010；

湿拌防水砂浆的强度等级为 M15，抗渗等级为 P8，稠度为 70mm，保塑时间为 12h，其标记为：WW M15/P8-70-12-GB/T 25181—2010。

B. 干混砂浆的标记

标记示例：

干混砌筑砂浆的强度等级为 M10，其标记为：DM-M10-GB/T 25181—2010；

用于混凝土界面处理的干混界面砂浆的标记为：DIT-C-GB/T 25181—2010。

2）预拌砂浆的技术性能

① 湿拌砂浆

A. 湿拌砌筑砂浆拌合物的体积密度不小于 1800kg/m³。

B. 湿拌砂浆的性能指标应符合表 6-31 的规定。

湿拌砂浆的性能指标 表 6-31

项目	干混砌筑砂浆		干混抹灰砂浆			干混地面砂浆	干混普通防水砂浆
	普通砌筑砂浆	薄层砌筑砂浆	普通抹灰砂浆	薄层抹灰砂浆	机喷抹灰砂浆		
强度等级	M5、M7.5、M10、M15、M20、M25、M30	M5、M10	M5、M7.5、M10、M15、M20	M5、M7.5、M10	M5、M7.5、M10、M15、M20	M15、M20、M25	M15、M20
抗渗等级	—	—	—	—	—	—	P6、P8、P10

注：* 有抗冻要求时，应进行抗冻性试验。

C. 湿拌砂浆的抗压强度应符合表 6-32 的规定。

湿拌砂浆抗压强度 表 6-32

强度等级	M5	M7.5	M10	M15	M20	M25	M30
28d 抗压强度（MPa）	≥5.0	≥7.5	≥10.0	≥15.0	≥20.0	≥25.0	≥30.0

143

D. 湿拌防水砂浆抗渗压力应符合表 6-33 的规定。

湿拌防水砂浆抗渗压力 表 6-33

抗渗等级	P6	P8	P10
28d 抗渗压力（MPa）	≥0.6	≥0.8	≥1.0

② 干混砂浆

A. 外观：粉状产品应均匀、无结块。双组分产品液料组分经搅拌后应呈均匀状态、无沉淀；粉料组分应均匀、无结块。

B. 干混普通砌筑砂浆拌合物的体积密度不小于 1800kg/m³。

C. 干混砌筑砂浆、干混抹灰砂浆、干混地面砂浆、干混普通防水砂浆的性能应符合表 6-34 的规定。

干混砂浆性能指标 表 6-34

项目	干混砌筑砂浆		干混抹灰砂浆			干混地面砂浆	干混普通防水砂浆
	普通砌筑砂浆	薄层砌筑砂浆	普通抹灰砂浆	薄层抹灰砂浆	机喷抹灰砂浆		
保水率（%）	≥88.0	≥99.0	≥88.0	≥99.0	≥92.0	≥88.0	≥88.0
凝结时间（h）	3~12	—	3~12	—	—	3~9	3~12
2h 稠度损失率（%）	≤30	—	≤30	—	≤30	≤30	≤30
压力泌水率（%）	—	—	—	—	<40	—	—
14d 拉伸粘结强度（MPa）	—	—	M5：≥0.15 >M5：≥0.2	≥0.30	≥0.20	—	≥0.20
28d 收缩率（%）	—	—	≤0.20			—	≤0.15

项目		干混砌筑砂浆		干混抹灰砂浆			干混地面砂浆	干混普通防水砂浆
		普通砌筑砂浆	薄层砌筑砂浆	普通抹灰砂浆	薄层抹灰砂浆	机喷抹灰砂浆		
抗冻性*	强度损失率（%）	≤25						
	质量损失率（%）	≤5						

注：* 有抗冻要求时，应进行抗冻性试验。

D. 干混砌筑砂浆、干混抹灰砂浆、干混地面砂浆、干混普通防水砂浆的抗压强度应符合表 6-32 的规定；干混普通防水砂浆的抗渗压力应符合表 6-33 的规定。

4. 建筑钢材

（1）碳素结构钢

1）分类

碳素结构钢包括一般结构钢和工程用热轧钢板、钢带、型钢等。现行国家标准《碳素结构钢》GB/T 700—2006 具体规定了它的牌号表示方法、代号和符号、技术要求、试验方法、检验规则等。

2）碳素结构钢的技术要求

碳素结构钢的技术要求包括化学成分、力学性能、冶炼方法、交货状态及表面质量五个方面，碳素结构钢的化学成分、力学性能、冷弯试验指标应符合表 6-35～表 6-37 的要求。

碳素结构钢的牌号和化学成分（熔炼分析）　　　　　表 6-35

牌号	统一数字代号[a]	等级	厚度或直径（mm）	脱氧方法	化学成分（质量分数）（%）不大于				
					C	Si	Mn	P	S
Q195	U11952	—	—	F、Z	0.12	0.30	0.50	0.035	0.040
Q215	U12152	A	—	F、Z	0.15	0.35	1.20	0.045	0.050
	U12155	B							0.045
Q235	U12352	A	—	F、Z	0.22	0.35	1.40	0.045	0.050
	U12355	B			0.20[b]				0.045
	U12358	C		Z	0.17			0.040	0.040
	U12359	D		TZ				0.035	0.035
Q275	U12752	A	—	F、Z	0.24	0.35	1.50	0.045	0.050
	U12755	B	≤40	Z	0.21			0.045	0.045
			>40		0.22				
	U12758	C		Z	0.20			0.040	0.040
	U12759	D		TZ				0.035	0.035

注：a 表中为镇静钢、特殊镇静钢牌号的统一数字，沸腾钢牌号的统一数字代号如下：

Q195F——U11950；

Q215AF——U12150，Q215BF——U12153；

Q235AF——U12350，Q235BF——U12353；

Q275AF——U12750。

b 经需方同意，Q235B 的碳含量可不大于 0.22%。

碳素结构钢的拉伸性能　　　　　　　　　　　　　表 6-36

牌号	等级	屈服强度[a]（N/mm²），不小于						抗拉强度[b]（N/mm²）	断后伸长率（%）不小于					冲击试验（V形缺口）	
		厚度或直径（mm）							厚度（或直径）（mm）					温度（℃）	冲击吸收功（纵向）不小于
		≤40	>16~40	>40~60	>60~100	>100~150	>150~200		≤40	>40~60	>60~100	>100~150	>150~200		
Q195	—	195	185	—	—	—	—	315~430	33	—	—	—	—	—	—
Q215	A	215	205	195	185	175	165	335~450	31	30	29	27	26	—	—
	B													+20	27
Q235	A	235	225	215	215	195	185		26	25	24	22	21	—	—
	B													+20	27[c]
	C													0	
	D													−20	
Q275	A	275	265	255	245	225	215		22	21	20	18	17	—	—
	B													+20	27[c]
	C													0	
	D													−20	

注：a Q195 的屈服强度值仅供参考，不作为交货条件。

　　b 厚度大于 100mm 的钢材抗拉强度下限允许降低 20N/mm²。宽带钢（包括剪切钢板）抗拉强度上限不作为交货条件。

　　c 厚度小于 25mm 的 Q235B 级钢材，如供方能保证冲击吸收功值合格，经需方同意，可不做检验。

碳素结构钢的冷弯性能　　　　　　　　　　　　　表 6-37

牌号	试样方向	冷弯试验 180° B＝2a[a]	
		钢材厚度或直径[b]（mm）	
		≤60	>60~100
		弯心直径 d	
Q195	纵	0	—
	横	0.5a	
Q215	纵	0.5a	1.5a
	横	a	2a
Q235	纵	a	2a
	横	1.5a	2.5a
Q275	纵	1.5a	2.5a
	横	2a	3a

注：a B 为试样宽度，a 为试样厚度或直径。

　　b 钢材厚度或厚度大于 100mm 时，弯曲试验由双方协商确定。

（2）低合金高强度结构钢

1）分类

低合金高强度结构钢是在碳素结构钢的基础上，添加少量的一种或几种合金元素（总含量小于 5%）的一种结构钢。其目的是提高钢的屈服强度、抗拉强度、耐磨性、耐蚀性及耐低温性能等。因此，它是综合性较为理想的建筑钢材，尤其在大跨度、承受动荷载和冲击荷载的结构中更适用。另外，与使用碳素钢相比，可节约钢材 20%～30%，而成本并不很高。

2）低合金高强度结构钢的技术要求

低合金高强度结构钢中的热轧钢材的化学成分、力学性能见表 6-38、表 6-39 所列。

热轧钢的牌号及化学成分　　　　　　　　　　　　　　　表 6-38

牌号		化学成分（质量分数）/%												
		C^a	Si	Mn	P^c	S^c	Nb^d	V^c	Ti^c	Cr	Ni	Cu	Mo	N^f	B
等级	质量等级	以下公称厚度或直径/mm			不大于										
		≤40^b	>40												
		不大于													
Q355	B	0.24		0.55	1.60	0.035	0.035	—	—	—	0.30	0.30	0.40	—	0.012	
	C	0.20	0.22			0.030	0.030									
	D	0.20	0.22			0.025	0.025								—	
Q390	B	0.20		0.55	1.70	0.035	0.035	0.05	0.13	0.05	0.30	0.50	0.40	0.10	0.015	—
	C					0.030	0.030									
	D					0.025	0.025									
Q420^g	B	0.20		0.55	1.70	0.035	0.035	0.05	0.13	0.05	0.30	0.80	0.40	0.20	0.015	—
	C					0.030	0.030									
Q460^g	C	0.30		0.55	1.80	0.030	0.030	0.05	0.13	0.05	0.30	0.80	0.40	0.20	0.015	0.004

注：a 公称厚度大于 100mm 的型钢，碳含量可由供需双方协商确定。
　　b 公称厚度大于 30mm 的钢材，碳含量不大于 0.22%。
　　c 对于型钢和棒材，其磷和硫含量上限值可提高 0.005%。
　　d Q390、Q420 最高可到 0.07%，Q460 最高可到 0.11%。
　　e 最高可到 0.20%。
　　f 如果钢中酸溶铝 Als 含量不小于 0.015% 或全铝 Alt 含量不小于 0.020%，或添加了其他固氮合金元素，氮元素含量不作限制，固氮元素应在质量证明书中注明。
　　g 仅适用于型钢和棒材。

热轧钢材的拉伸性能　　　　　　　　　　　　　　　　　　表 6-39

牌号		上屈服强度 R_{eH}^a/MPa 不小于									抗拉强度 R_m/MPa			
		公称厚度或直径/mm												
钢级	质量等级	≤16	>16~40	>40~63	>63~80	>80~100	>100~150	>150~200	>200~250	>250~400	≤100	>100~150	>150~250	>250~400
Q355	B、C	355	345	335	325	315	295	285	275	—	470~630	450~600	450~600	—
	D									265^b				450~600^b
Q390	B、C、D	390	380	360	340	340	320	—	—	—	490~650	470~620	—	—
Q420^c	B、C	420	410	390	370	370	350	—	—	—	520~680	500~650	—	—
Q46^c	C	460	450	430	410	410	390	—	—	—	550~720	530~700	—	—

注：a 当屈服不明显时，可用规定塑性延伸强度 $R_{p0.2}$ 代替上屈服强度。
　　b 只适用于质量等级为 D 的钢板。
　　c 只适用于型钢和棒材。

（3）钢筋混凝土结构用钢材

1）分类

钢筋混凝土结构用的钢筋和钢丝，主要由碳素结构钢或低合金结构钢轧制而成。主要品种有热轧钢筋、冷加工钢筋、热处理钢筋、预应力混凝土用钢丝和钢绞线。按直条或盘条（也称盘圆）供货。

① 热轧钢筋

用加热钢坯轧成的条形成品钢筋，称为热轧钢筋。它是建筑工程中用量最大的钢材品种之一，主要用于钢筋混凝土和预应力混凝土结构的配筋。

热轧钢筋按其轧制外形分为：热轧光圆钢筋（HPB）和热轧带肋钢筋（HRB）。带肋钢筋按肋纹的形状分为月牙肋和等高肋。

② 预应力混凝土用热处理钢筋

预应力混凝土用热处理钢筋，是用热轧带肋钢筋经淬火和回火调质处理后的钢筋。通常有直径为 6、8、10（mm）三种规格，其条件屈服强度不小于 1325MPa，抗拉强度不小于 1470MPa，伸长率（δ_{10}）不小于 6%，1000h 应力松弛不大于 3.5%。按外形分为有纵肋和无纵肋两种，但都有横肋。钢筋热处理后卷成盘，使用时开盘钢筋自行伸直，按要求的长度切断。不能用电焊切断，也不能焊接，以免引起强度下降或脆断。热处理钢筋在预应力结构中使用，具有与混凝土粘结性能好、应力松弛率低、施工方便等优点。

③ 冷轧带肋钢筋

热轧圆盘经冷轧后，在其表面带有沿长度方向均分布的三面或两面横肋，即成为冷轧带肋钢筋。根据国家标准《冷轧带肋钢筋》GB/T 13788—2017 规定，冷轧带肋钢筋按照延性高低分为冷轧带肋钢筋和高延性冷轧带肋钢筋两类。冷轧带肋钢筋牌号由 CRB 和抗拉强度值构成，有 CRB550、CRB650 和 CRB800 三个牌号；高延性冷轧带肋钢筋牌号由 CRB、抗拉强度值和 H 构成，有 CRB600H、CRB680H 和 CRB800H 三个牌号。C、R、B、H 分别为冷轧、带肋、钢筋、高延性四个词英文首字母。与冷拔低碳钢丝相比较，冷轧带肋钢筋具有强度高、塑性好，与混凝土粘结牢固，节约钢材，质量稳定等优点。CRB550 和 CRB600H 宜用作普通钢筋混凝土结构，其他牌号宜用在预应力混凝土结构中。

④ 冷轧扭钢筋

冷轧扭钢筋是用低碳钢热轧圆盘条专用钢筋经冷轧扭机调直、冷轧并冷扭一次成型，规定截面形状和节距的连续螺旋状钢筋。冷轧扭钢筋有两种类型。Ⅰ型（矩形截面），$\Phi^t 6.5$、$\Phi^t 8$、$\Phi^t 10$、$\Phi^t 12$、$\Phi^t 14$；Ⅱ型（菱形截面）$\Phi^t 12$，标记符号 Φ^t 为原材料（母材）轧制前的公称直径（mm）。

⑤ 预应力混凝土用钢丝

根据《预应力混凝土用钢丝》GB/T 5223—2014，预应力混凝土用钢丝适用于预应力混凝土用冷拉或消除应力的低松弛光圆、螺旋肋和刻痕钢丝，其中冷拉钢丝仅用于压力管道。钢丝按加工状态分为冷拉钢丝和消除应力钢丝两类，其代号为：冷拉钢丝（WCD）、低松弛钢丝（WLR）。钢丝按外形分为光圆钢丝（P）、螺旋肋钢丝（H）、刻痕钢丝（I）三种。

2）钢筋混凝土结构用钢材的技术要求

① 热轧钢筋

根据《钢筋混凝土用钢 第 1 部分：热轧光圆钢筋》GB/T 1499.1—2017 和《钢筋混凝土用钢 第 2 部分：热轧带肋钢筋》GB/T 1499.2—2018，热轧钢筋的力学性能及工艺性能应符合表 6-40 的规定。

热轧钢筋的性能

表 6-40

强度等级代号	外形	钢种	公称直径（mm）	屈服强度（N/mm²）	抗拉强度（N/mm²）	断后伸长率（%）	冷弯试验	
							角度	弯心直径
HPB235	光圆	低碳钢	6～22	235	370	25	180°	$d=a$
HPB300				300	420			
HRB335	月牙肋	低碳钢合金钢	6～25	335	455	17	180°	$d=3a$
HRBF335			28～40					$d=4a$
			>40～50					$d=5a$
HRB400			6～25	400	540	16	180°	$d=4a$
HRBF400			28～40					$d=5a$
			>40～50					$d=6a$
HRB500	等高肋	中碳钢合金钢	6～25	500	630	15	180°	$d=6a$
HRBF500			28～40					$d=7a$
			>40～50					$d=8a$

② 低碳钢热轧圆盘条的力学性能和工艺性能根据《低碳钢热轧圆盘条》GB/T 701—2008 规定，盘条分为建筑用盘条和拉丝用盘条两类，牌号有 Q195、Q215、Q235、Q275，其力学性能和工艺性能见表 6-41 所列。

低碳钢热轧圆盘条力学性能和工艺性能

表 6-41

牌号	力学性能		冷弯试验 180° d：弯心直径 a：试样直径
	抗拉强度（MPa），不大于	断后伸长率（%），不小于	
Q195	410	30	$d=0$
Q215	435	28	$d=0$
Q235	500	23	$d=0.5a$
Q275	540	21	$d=1.5a$

③ 预应力混凝土用钢丝的力学性能见表 6-42 所列。1×2 结构钢绞线力学性能见表 6-43 所列。

预应力混凝土用钢丝的力学性能

表 6-42

公称直径（mm）	抗拉强度（MPa），不小于	规定非比例伸长应力（MPa）	最大力下总伸长率（$L_o=200mm$）（%），不小于	弯曲次数（次/180°），不小于	弯曲半径（mm）	断面收缩率（%），不小于	每 210mm 扭矩的扭转次数，不小于	初始应力相当于 70%公称抗拉强度时，1000h 后应力松弛率（%），不大于
3.00	1470	1100	1.5	4	7.5	—	—	8
4.00	1570 1670	1180 1250		4	10	35	8	
5.00	1770	1330		4	15		8	
6.00	1470	1100		5	15		7	
7.00	1570 1670	1180 1250		5	20	30	6	
8.00	1770	1330		5	20		5	

（4）钢结构用钢材

1）分类

2）技术要求

① 钢的牌号和化学成分

钢的牌号和化学成分（熔炼分析）应符合《碳素结构钢》GB/T 700—2006 或《低合金高强度结构钢》GB/T 1591—2018 的有关规定。根据需方要求，经供需双方协议，也可按其他牌号和化学成分供货。

② 力学性能

型钢的力学性能应符合《碳素结构钢》GB/T 700—2006 或《低合金高强度结构钢》GB/T 1591—2018 的有关规定。根据需方要求，经供需双方协议，也可按其他力学性能指标供货。

③ 预应力混凝土用钢丝和钢绞线

预应力混凝土用钢丝是用优质碳素结构钢制成，根据国家标准《预应力混凝土用钢丝》GB/T 5223—2014，钢丝按加工状态分为冷拉钢丝（WCD）和消除应力钢丝两类；按外形可分为光圆钢丝（P）、刻痕钢丝（H）、螺旋肋钢丝（I）。预应力混凝土用钢丝抗拉强度高达 1470～1860MPa。在利用钢丝制作预应力混凝土时，所用钢丝力学性能应符合规范的规定，一般情况下刻痕钢丝的螺旋肋钢丝与混凝土的粘结力好，消除应力钢丝的塑性比冷拉钢丝好。

1×2 结构钢绞线力学性能　　　　　　　　　　　　　　　　表 6-43

钢绞线结构	钢绞线公称直径 D_a (mm)	抗拉强度 R_m/MPa 不小于	整根钢绞线的最大力 F_m/kN 不小于	规定非比例延伸力 $F_{P0.2}$/kN 不小于	最大力总伸长率 ($L_o \geqslant 400mm$) A_{gs}/% 不小于	应力松弛性能	
						初始负荷相当于公称最大力的百分数/%	1000h 后应力松弛率 r/% 不大于
1×2	5.00	1570	15.4	13.9	对所有规格	对所有规格	对所有规格
		1720	16.9	15.2			
		1860	18.3	16.5			
		1960	19.2	17.3			
	5.80	1570	20.7	18.6		60	1.0
		1720	22.7	20.4			
		1860	24.6	22.1			
		1960	25.9	23.3	3.5	70	2.5
	8.00	1470	36.9	33.2			
		1570	39.4	35.5			
		1720	43.2	38.9		80	4.5
		1860	46.7	42.0			
		1960	49.2	44.3			
	10.00	1470	57.8	52.0			
		1570	61.7	55.5			
		1720	67.6	60.8			
		1860	73.1	65.8			
		1960	77.0	69.3			
	12.00	1470	83.1	74.8			
		1570	88.7	79.8			
		1720	97.2	87.5			
		1860	105	94.5			

注：规定非比例延伸力 $F_{P0.2}$ 值不小于整根钢绞线公称最大力 F_m 的 90%。

5. 墙体材料

墙体材料是指用来砌筑墙体结构的块状材料。在一般房屋建筑中，墙体材料起承重、围护、隔断、保温、隔热、隔声等作用。

目前我国大量生产和应用的墙体材料主要是烧结砖、蒸养砖、中小型砌块。由于传统的墙体材料体积小，采用手工操作，因此劳动强度大，施工效率低。建筑物自重大。使用功能差，工期长，严重阻碍建筑施工机械化、装配化，因此，墙体材料必须向轻质、高强、空心、大块方向发展，实现机械化、装配化施工。

（1）砌墙砖

1）烧结普通砖

国家标准《烧结普通砖》GB/T 5101—2017 规定，凡以黏土、页岩、煤矸石、粉煤灰等为主要原料，经成型、焙烧而成的实心或孔洞率不大于 15％的砖，称为烧结普通砖。

需要指出的是，烧结普通砖中的黏土砖，因其毁田取土、能耗大、块体小、施工效率低、砌体自重大、抗震性差等缺点，国家已在主要大、中城市及地区禁止使用，重视烧结多孔砖、烧结空心砖的推广应用，因地制宜地发展新型墙体材料。利用工业废料生产的粉煤灰砖、煤矸石砖、页岩砖等以及各种砌块、板材正在逐步发展起来，并将逐渐取代普通黏土砖。

① 烧结普通砖的品种

按使用的原料不同，烧结普通砖可分为：烧结普通黏土砖（N）、烧结粉煤灰砖（F）、烧结煤矸石砖（M）、烧结页岩砖（Y）、建筑渣土砖（Z）、淤泥砖（U）、污泥砖（W）和固体废弃物砖（G）八个品种。它们的原料来源及生产工艺略有不同，但各产品的性质和应用几乎完全相同。

为了节约燃料，常将炉渣等可燃物的工业废渣掺入黏土中，用以烧制而成的砖称为内燃砖。按砖坯在窑内焙烧气氛及黏土中铁的氧化物的变化情况，可将砖分为红砖和青砖。

② 烧结普通砖的技术要求

A. 规格

根据《烧结普通砖》GB/T 5101—2017 规定，烧结普通砖的外形为直角六面体、公称尺寸为：240mm×115mm×53mm，按技术指标分为合格品和不合格品两个质量等级。

B. 外观质量

烧结普通砖的外观质量应符合有关规定。

C. 强度

烧结普通砖按抗压强度分为 MU30、MU25、MU20、MU15、MU10 五个强度等级。各强度等级砖的强度值应符合表 6-44 的要求。

烧结普通砖的强度等级（单位：MPa）   表 6-44

强度等级	抗压强度平均值 $f\geqslant$	强度标准值 $f_k\geqslant$
MU30	30.0	22.0
MU25	25.0	18.0
MU20	20.0	14.0
MU15	15.0	10.0
MU10	10.0	6.5

D. 泛霜

泛霜也称起霜，是砖在使用过程中的盐析现象。砖内过量的可溶盐受潮吸水而溶解，随水分蒸发而沉积于砖的表面，形成白色粉状附着物，影响建筑美观。如果溶盐为硫酸盐，当水分蒸发呈晶体析出时，产生膨胀，使砖面剥落。标准规定：每块砖不允许出现严重泛霜。

E. 石灰爆裂

石灰爆裂是指砖坯中夹杂有石灰石，砖吸水后，由于石灰逐渐熟化而膨胀产生的爆裂现象。这种现象影响砖的质量，并降低砌体强度。标准规定：破坏尺寸在 2～15mm 间的爆裂区域，每组砖样不得多于 15 处，其中大于 10mm 的不得多于 7 处；不允许出现最大破坏尺寸大于 15mm 的爆裂区域。

③ 烧结普通砖的应用

烧结普通砖是传统的墙体材料，具有较高的强度和耐久性，又因其多孔而其有保温绝热、隔声吸声等优点，因此适宜于做建筑围护结构，被大量应用于砌筑建筑物的内墙、外墙、柱、拱、烟囱、沟道及其他构筑物，也可在砌体中置适当的钢筋或钢丝以代替混凝土构造柱和过梁。

2）烧结多孔砖、空心砖

随着高层建筑的发展，对普通黏土砖提出了减轻自重，进一步改善绝热和隔声等要求。使用多孔砖及空心砖在一定程度上能达到此要求。生产黏土多孔砖、空心砖能减少能量消耗 20%～30%，并可节约黏土用量、降低生产成本，同时可减轻自重 30%～35%，降低造价近 20%，提高工效达 40%。

① 烧结多孔砖

烧结多孔砖即竖孔空心砖，是以黏土、页岩、煤矸石为主要原料，经焙烧而成的主要用于承重部位的多孔砖，其孔洞率在 20% 左右。根据国家标准《烧结多孔砖和多孔砌块》GB 13544—2011 规定，多孔砖的外形为直角六面体，其长、宽、高的尺寸主要有 290mm、240mm、190mm、180mm、140mm、115mm、90mm。

烧结多孔砖根据抗压强度分为 MU30、MU25、MU20、MU15、MU10 五个强度等级。各强度等级的强度值应符合表 6-45 中的规定。

烧结多孔砖的强度等级（单位：MPa）　　　　　　　　　表 6-45

强度等级	抗压强度平均值	强度标准值
MU30	30.0	22.0
MU25	25.0	18.0
MU20	20.0	14.0
MU15	15.0	10.0
MU10	10.0	6.5

② 烧结空心砖和空心砌块

烧结空心砖即水平孔空心砖，是以黏土、页岩、煤矸石为主要原料，经焙烧而成的主要用于非承重部位的空心砖和空心砌块。

根据国家标准《烧结空心砖和空心砌块》GB/T 13545—2014，空心砖和砌块外形为

151

直角六面体，其长度规格尺寸有：

390mm、290mm、240mm、190mm、180（175）mm、140mm；宽度规格尺寸有190mm、180（175）mm、140mm、115mm；高度规格尺寸有180（175）mm、140mm、115mm、90mm。

其他规格尺寸由供需双方协商确定。

烧结空心砖和砌块根据其大面抗压强度分为 MU10.0、MU7.5、MU5.0、MU3.5 四个强度等级；按体积密度分为 800、900、1000、1100 四个密度级别；强度等级指标要求见表 6-46，密度等级指标要求见表 6-47。

烧结空心砖和砌块的强度等级　　　　表 6-46

强度等级	抗压强度/MPa		
	抗压强度平均值≥	变异系数 $\delta \leqslant 0.21$	$\delta > 0.21$
		强度标准值 $f_k \geqslant$	单块最小抗压强度值 $f_{min} \geqslant$
MU10.0	10.0	7.0	8.0
MU7.5	7.5	5.0	5.8
MU5.0	5.0	3.5	4.0
MU3.5	3.5	2.5	2.8

烧结空心砖和砌块的密度等级（单位：kg/m³）　　　　表 6-47

密度等级	5 块砖密度平均值	密度等级	5 块砖密度平均值
800	≤800	1000	901～1000
900	801～900	1100	1001～1100

3）蒸压（养）砖

蒸压（养）砖又称免烧砖。这类砖的强度不是通过烧结获得，而是制砖时掺入一定量的胶凝材料或在生产过程中形成一定的胶凝物质使砖具有一定强度。根据所用原料不同有灰砂砖、粉煤灰砖等。

① 蒸压灰砂砖（LSB）

A. 规格

灰砂砖的外形为矩形体。规格尺寸为 240mm×115mm×53mm。

B. 技术要求

根据抗压强度、抗折强度及抗冻性分为 MU30、MU25、MU20、MU15、MU10 五个强度等级，见表 6-48 所列。

灰砂砖的强度等级　　　　表 6-48

强度等级	抗压强度（MPa）	
	平均值≥	单块最小值≥
MU30	30.0	25.5
MU25	25.0	21.2
MU20	20.0	17.0
MU15	15.0	12.8
MU10	10.0	8.5

② 粉煤灰砖

粉煤灰砖是以粉煤灰、石灰或水泥为主要原料，掺以适量的石膏、外加剂、颜料和集料等，经坯料制备、成型、高压或常压蒸汽养护而制成的实心砖。

A. 规格：蒸压粉煤灰砖的外形为直角六面体。规格尺寸为 240mm×115mm×53mm。

B. 强度等级：根据抗压强度及抗折强度分为 MU30、MU25、MU20、MU15、MU10 五个强度等级。见表 6-49。

蒸压粉煤灰砖强度等级

表 6-49

强度等级	抗压强度≥		抗折强度≥	
	10 块平均值≥	单块最小值≥	10 块平均值≥	单块最小值≥
MU30	30.0	24.0	4.8	3.8
MU25	25.0	20.0	4.5	3.6
MU20	20.0	16.0	4.0	3.2
MU15	15.0	12.0	3.7	3.0
MU10	10.0	8.0	2.5	2.0

蒸压粉煤灰砖用于工业与民用建筑的基础、墙体时应注意：

1）用于易受冻融作用的建筑部位时要进行抗冻性检验，并采取适当措施，以提高建筑的耐久性。

2）用粉煤灰砖砌筑的建筑物，应适当增设圈梁及伸缩缝或采取其他措施，以避免或减少收缩裂缝的产生。

3）粉煤灰砖出釜后，应存放一段时间后再用，以减少相对伸缩值。

4）长期受高于 200℃温度作用，或受冷热交替作用，或有酸性侵蚀的建筑部位不得使用粉煤灰砖。

（2）墙用砌块

砌块是一种比砌墙砖大的新型墙体材料，具有适应性强、原料来源广、不毁耕地、制作方便、可充分利用地方资源和工业废料、砌筑方便灵活等特点，同时可提高施工效率及施工的机械化程度，减轻房屋自重，改善建筑物功能，降低工程造价。推广和使用砌块是墙体材料改革的一条有效途径。

建筑砌块可分为实心和空心两种；按大小分为中型砌块（高度为 400mm、800mm）和小型砌块（高度为 200mm），前者用小型起重机械施工，后者可用手工直接砌筑；按原材料不同分为硅酸盐砌块和混凝土砌块，前者用炉渣、粉煤灰、煤矸石等材料加石灰、石膏配合而成，后者用混凝土制作。

1）粉煤灰砌块

粉煤灰砌块又称粉煤灰硅酸盐砌块，是以粉煤灰、石灰、石膏和骨料（煤渣、硬矿渣等）为原料，按照一定比例加水搅拌、振动成型，再经蒸汽养护而制成。

① 规格

粉煤灰砌块的外形尺寸分为 880mm×380mm×240mm 和 880mm×430mm×240mm

两种。砌块的端面应加灌浆槽，坐浆面（又叫铺浆面）宜设抗切槽。

② 等级划分

强度等级：按立方体试件的抗压强度，砌块分为 10 级、13 级两个强度等级。

质量等级：根据外观质量、尺寸偏差及干缩性分为一等品（B）、合格品（C）两个质量等级。

2）蒸压加气混凝土砌块（AAC-B）

蒸压加气混凝土砌块（简称加气混凝土砌块）是以钙质材料（水泥、石灰等）和硅质材料（砂、粉煤灰、矿渣等）为原料，经过磨细，并以铝粉为加气剂，按一定比例配合，经过料浆浇注，再经过发气成型、坯体切割、蒸压养护等工艺制成的一种轻质、多孔的硅酸盐建筑墙体材料。

根据《蒸压加气混凝土砌块》GB/T 11968—2020 规定，其主要技术指标如下：

① 规格

砌块的规格尺寸有以下两个系列（单位为 mm）：

系列 1：长度：600；

高度：200、250、300；

宽度：75 为起点，100、125、150、175、200……（以 25 递增）。

系列 2：长度：600；

高度：240、300；

宽度：60 为起点，120、180、240、300、360……（以 60 递增）。

② 强度等级与密度等级

加气混凝土砌块按抗压强度分为 A1.5、A2.0、A2.5、A3.5、A5.0 五个强度等级，见表 6-50 所列。按干体积密度分为 B03、B04、B05、B06、B07 五个级别，见表 6-51 所列。按尺寸偏差分为 1 型和 2 型，1 型适用于薄灰缝砌筑，2 型适用于厚灰缝砌筑。

蒸压加气混凝土砌块的强度等级（单位：MPa） 表 6-50

强度级别		A1.5	A2.0	A2.5	A3.5	A5.0
立方体抗压强度	平均值≥	1.5	2.0	2.5	3.5	5.0
	最小值≥	1.2	1.7	2.1	3.0	4.2

蒸压加气混凝土砌块的干体积密度（单位：kg/m^3） 表 6-51

干密度级别	B03	B04	B05	B06	B07
平均干密度≤	350	450	550	650	750

3）混凝土小型砌块

混凝土小型砌块是以水泥、矿物掺合料、砂、石、水等为原料，经搅拌、振动成形、养护等工艺制成的小型切块，包括空心砌块和实心砌块。其中，空心砌块指孔隙率大于 25% 的砌块，实心砌块的孔隙率一般小于 25%。按照砌筑部位和方式的不同，普通混凝土小型砌块可分为主块型砌块、辅助砌块和免浆砌块。

根据国家标准《普通混凝土小型砌块》GB/T 8239—2014 规定，其主要技术指标如下：

① 规格：混凝土小型砌块的外形宜为直角六面体，常用的长度尺寸有 390mm；宽度尺寸有 90、120、140、190、240、290mm；高度尺寸有 90、120、140、190mm。

② 强度等级：强度等级：按抗压强度分为 MU5.0、MU7.5、MU10.0、MU15.0、MU20.0、MU25、MU30.0、MU35.0、MU40 九个强度等级，具体见表 6-52。

普通混凝土小型空心砌块强度等级（单位：MPa）　　　　表 6-52

强度等级	砌块抗压强度		强度等级	砌块抗压强度	
	平均值≥	单块最小值≥		平均值≥	单块最小值≥
MU5.0	3.5	4.0	MU25.0	25.0	20.0
MU7.5	5.0	6.0	MU30.0	30.0	24.0
MU10.0	7.5	8.0	MU35.0	35.0	28.0
MU15.0	15.0	12.0	MU40.0	40.0	32.0
MU20.0	20.0	16.0			

混凝土小型砌块的抗冻性夏热冬暖地区一般环境条件下应达到 F15，夏热冬冷地区应达到 F25，严寒地区应达到 F50；其吸水率不应大于 14％；其抗线性干燥收缩值等性能也应满足有关规定。

混凝土小型砌块适用于建造地震设计烈度为 8 度及 8 度以下地区的各种建筑墙体，包括高层与大跨度的建筑，也可以用于围墙、挡土墙、桥梁、花坛等市政设施，应用范围十分广泛。

使用注意事项：小砌块采用自然养护时，必须养护 28d 后方可使用；出厂时小砌块的相对含水率必须严格控制在标准规定范围内；小砌块在施工现场堆放时，必须采取防雨措施；砌筑前，小砌块不允许浇水预湿。

4）轻骨料混凝土小型空心砌块

轻骨料混凝土小型空心砌块是以陶粒、膨胀珍珠岩、浮石、火山渣、煤渣、炉渣等各种轻粗细骨料和水泥按一定比例混合，经搅拌成型、养护而成的空心率大于 25％、体积密度不大于 1400kg/m³ 的轻质混凝土小砌块。

根据《轻集料混凝土小型空心砌块》GB/T 15229—2011 规定，其技术要求如下：

① 规格：主规格尺寸为 390mm×190mm×190mm。其他规格尺寸可由供需双方商定。

② 强度等级与密度等级：按干体积密度分为 500、600、700、800、900、1000、1200、1400 八个密度等级，见表 6-53 所列；按抗压强度分阶段为 MU2.5、MU3.5、MU5.0、MU7.5、MU10.0 五个强度等级，见表 6-54 所列。

轻集料混凝土小型空心砌块密度等级（单位：kg/m³）　　　　表 6-53

密度等级	砌块干表观密度范围	密度等级	砌块干表观密度范围
700	610～700	1100	1010～1100
800	710～800	1200	1110～1200
900	810～900	1300	1210～1300
1000	910～1000	1400	1310～1400

轻集料混凝土小型空心砌块强度等级（单位：MPa）　表 6-54

强度等级	砌块抗压强度		密度等级范围
	平均值	最小值	
MU2.5 MU3.5 MU5.0	≥2.5 ≥3.5 ≥5.0	2.0 2.8 4.0	≤1200
MU7.5 MU10.0	≥7.5 ≥10.0	6.0 8.0	≤1400

轻骨料混凝土小型空心砌块是一种轻质高强、能取代普通黏土砖的最有发展前途的墙体材料之一，又因其绝热性能好、抗震性能好等特点，在各种建筑的墙体中得到广泛应用，特别是在绝热要求较高的维护结构上使用广泛。

（3）新型墙体材料简介

1）纤维增强低碱度水泥建筑平板

纤维增强低碱度水泥建筑平板是以温石棉、中碱玻璃纤维或抗碱玻璃纤维等为增强材料，以低碱度硫铝酸盐水泥为胶结材料制成的建筑平板。根据《纤维增强低碱度水泥建筑平板》JC/T 626—2008，该类板长度为 1200mm、1800mm、2400mm、2800mm，宽度为 800mm、900mm、1200mm，厚度为 4mm、5mm、6mm。此种平板质量轻、强度高、防潮防火、不易变形、可加工性好。该种水泥建筑平板与龙骨体系配合使用，适用于各类建筑物室内的非承重内隔墙和吊顶平板等。

2）玻璃纤维增强水泥轻质多孔隔墙条板

玻璃纤维增强水泥轻质多孔隔墙条板是以耐碱玻璃纤维为增强材料，以硫铝酸盐水泥为主要原料的预制非承重轻质多孔内隔墙条板。根据《玻璃纤维增强水泥轻质多孔隔墙条板》GB/T 19631—2005，玻璃纤维增强水泥轻质多孔隔墙条板按板的厚度分为 90 型和 120 型，按板型分为普通板、门框板、窗框板和过梁板。条板采用不同企口和开孔形式，规格尺寸应符合规定。

3）石膏空心条板

石膏空心条板是以建筑石膏为胶凝材料，适量加入各种轻质骨料（如膨胀珍珠岩、膨胀蛭石等）和无机纤维增强材料，经搅拌、振动成型、抽芯模、干燥而制成的。

根据行业标准《石膏空心条板》JC/T 829—2010，石膏空心条板的长度为 2400～3600mm，宽度为 600mm，厚度为 60～120mm。

石膏空心条板具有质轻、比强度高、隔热、隔声、防火、可加工性好等优点，且安装墙体时不用龙骨，简单方便。它适用于各类建筑的非承重内墙，但若用于相对湿度大于 75% 的环境中，板材表面应做防水等相应处理。

4）彩钢夹芯板

彩钢夹芯板是以隔热材料（岩棉、聚苯乙烯和聚氨酯）作芯材，以彩色涂层钢板为面材，用黏结剂复合而成的，一般厚度为 50～250mm，宽度为 1150mm 或 1200mm，长度 ≤12000mm，长度也可根据需要调整。

彩钢夹芯板具有隔热、保温、轻质、高强、吸声、防震、美观等特点，是一种集承重、防水、装饰于一体的新型建筑用材。彩钢夹芯板应用于建筑领域能达到节能效果，其施工速度快、节省钢材用量的优点，能够大大降低建筑成本和使用成本，显著提高经济效益。需注意的是，以发泡塑料作芯材的彩钢夹芯板因市场价格较以岩棉等无机隔热保温材料为芯材的低，故在工程上得到广泛应用，但其芯材的可燃性往往易被忽视，应在设计、施工、应用各环节充分考虑其防火性能可能带来的影响。

6. 防水材料

（1）石油沥青和改性石油沥青

1）石油沥青

根据我国现行石油沥青标准，石油沥青主要划分为三大类：建筑石油沥青、道路石油沥青和普通石油沥青。各品种按技术性质划分为多种牌号。各牌号的技术要求见表6-55、表6-56所列。

建筑石油沥青技术要求　　　　表6-55

项目＼牌号	质量指标		
	10	30	40
针入度（25℃，100g，5s）(1/10mm)	10～25	26～35	36～50
针入度（46℃，100g，5s）(1/10mm)	报告[a]	报告[a]	报告[a]
针入度（0℃，200g，5s）(1/10mm)，不小于	3	6	6
延度（25℃，5cm/min）(cm)，不小于	1.5	2.5	3.5
软化点（环球法）（℃），不低于	95	75	60
溶解度（三氯乙烯）（%），不小于	99.0		
蒸发后质量变化（163℃，5h）（%），不大于	1		
蒸发后25℃针入度比[b]（%），不小于	65		
闪点（开口杯法）（℃），不低于	260		

注：a 报告应为实测值。
　　b 测定蒸发损失后样品的25℃针入度与原25℃针入度之比乘以100后，所得的百分比，称为蒸发后针入度比。

道路石油沥青技术要求　　　　表6-56

项目＼牌号	质量指标				
	200	180	140	100	60
针入度（25℃，100g，5s）(1/10mm)	200～300	150～200	110～150	80～110	50～80
延度[注]（25℃/cm），不小于	20	100	100	90	70
软化点（℃）	30～48	35～48	38～51	42～55	45～58
溶解度（%）	99.0				
闪点（开口）（℃），不小于	180	200	230		
密度（25℃）(g/cm³)	报告				
蜡含量（%），不大于	4.5				
薄膜烘箱试验（163℃，5h）					
质量变化（%），不大于	1.3	1.3	1.3	1.2	1.0
针入度比（%）	报告				
延度（25℃/cm）	报告				

注：1. 如25℃延度达不到，15℃延度达到时，也认为是合格的，指标要求与25℃延度一致。
　　2. 本标准所属产品适用于中、低等级道路及城市道路非主干道的道路沥青路面，也可作为乳化沥青和稀释沥青的原料。

2）改性石油沥青

建筑上使用的沥青必须具有一定的物理性质和黏附性。即在低温条件下应有弹性和塑性；在高温条件下要有足够的强度和稳定性；在加工和使用条件下具有抗"老化"能力；还应与各种矿物料和结构表面有较强的黏附力；对构件变形的适应性和耐疲劳性等。通常，石油加工厂制备的沥青不一定能全面满足这些要求，如只控制了耐热性（软化点），其他方面就很难达到要求，致使目前沥青防水屋面渗漏现象严重，使用寿命短。为此，常用橡胶、树脂和矿物填料等对沥青改性。橡胶、树脂和矿物填料等统称为石油沥青改性材料。

（2）防水卷材

1）分类

防水卷材是建筑工程防水材料的重要品种之一。防水卷材的品种较多，性能各异。建筑工程中常用的有石油沥青防水卷材（包括石油沥青纸胎油毡、石油沥青玻璃布油毡、石油沥青玻纤胎油毡、石油沥青麻布胎油毡等）、高聚物改性沥青防水卷材、合成高分子防水卷材等。

2）技术要求

各类防水卷材的特点、适用范围及技术要求见表6-57～表6-66所列。

石油沥青防水卷材的特点及适用范围　　　　表6-57

卷材名称	特　点	适用范围	施工工艺
石油沥青纸胎油毡	是我国传统的防水材料，目前在屋面工程中仍占主导地位。其低温柔性差，防水层耐用年限较短，但价格较低	三毡四油、二毡三油叠层铺设的屋面工程	热玛琋脂、冷玛琋脂粘贴施工
石油沥青玻璃布油毡	抗拉强度高，胎体不易腐烂，材料柔韧性好，耐久性比纸胎油毡提高一倍以上	多用作纸胎油毡的增强附加层和突出部位的防水层	热玛琋脂、冷玛琋脂粘贴施工
石油沥青玻纤胎油毡	有良好的耐水性、耐腐蚀性和耐久性，柔韧性也优于纸胎油毡	常用作屋面或地下防水工程	热玛琋脂、冷玛琋脂粘贴施工
石油沥青麻布胎油毡	抗拉强度高，耐水性好，但胎体材料易腐烂	常用作屋面增强附加层	热玛琋脂、冷玛琋脂粘贴施工
石油沥青铝箔胎油毡	有很强的阻隔蒸汽的渗透能力，防水功能好，且具有一定的抗拉强度	与带孔玻纤毡配合或单独使用，宜用于隔气层	热玛琋脂粘贴施工

沥青防水卷材外观质量　　　　表6-58

项　目	质量要求
孔洞、硌伤	不允许
露胎、涂盖不匀	不允许
折纹、皱折	距卷芯1000mm以外，长度不大于100mm
裂纹	距卷芯1000mm以外，长度不大于10mm
裂口、缺边	边缘裂口小于20mm；缺边长度小于50mm，深度小于20mm
每卷卷材的接头	不超过1处，较短的一段不应小于2500mm，接头处应加长150mm

沥青防水卷材物理性能

表 6-59

项 目		性能要求	
		350 号	500 号
纵向拉力（25±2℃）（N）		≥340	≥440
耐热度（85±2℃，2h）		不流淌，无集中性气泡	
柔性（18±2℃）		绕 φ20 圆棒无裂纹	绕 φ25 圆棒无裂纹
不透水性	压力（MPa）	≥0.10	≥0.15
	保持时间（min）	≥30	≥30

常见高聚物改性沥青防水卷材的特点和适用范围

表 6-60

卷材名称	特 点	适用范围	施工工艺
SBS 改性沥青防水卷材	耐高、低温性能有明显提高，卷材的弹性和耐疲劳性明显改善	单层铺设的屋面防水工程或复合使用，适合于寒冷地区和结构变形频繁的建筑	冷施工铺贴或热熔铺贴
APP 改性沥青防水卷材	具有良好的强度、延伸性、耐热性、耐紫外线照射及耐老化性能	单层铺设，适合于紫外线辐射强烈及炎热地区屋面使用	热熔法或冷粘法铺设
PVC 改性焦油沥青防水卷材	有良好的耐热及耐低温性能，最低开卷温度为－18℃	有利于在冬季负温度下施工	可热作业，亦可冷施工
再生胶改性沥青防水卷材	有一定的延伸性，且低温柔性较好，有一定的防腐蚀能力，价格低廉，属于低档防水卷材	变形较大或档次较低的防水工程	热沥青粘贴
废橡胶粉改性沥青防水卷材	比普通石油沥青纸胎油毡的抗拉强度、低温柔性均有明显改善	叠层使用于一般屋面防水工程，宜在寒冷地区使用	热沥青粘贴

高聚物改性沥青防水卷材外观质量

表 6-61

项 目	质量要求
孔洞、缺边、裂口	不允许
边缘不整齐	不超过 10mm
胎体露白、未浸透	不允许
撒布材料粒度、颜色	均匀
每卷卷材的接头	不超过 1 处，较短的一段不应小于 1000mm，接头处应加长 150mm

高聚物改性沥青防水卷材物理性能

表 6-62

项 目	性能要求		
	聚酯毡胎体	玻纤胎体	聚乙烯胎体
拉力（N/50mm）	≥450	纵向≥350，横向≥250	≥100
延伸率（%）	最大拉力时，≥30	—	断裂时，≥200

159

项 目		性能要求		
		聚酯毡胎体	玻纤胎体	聚乙烯胎体
耐热度（℃，2h）		SBS 卷材 90，APP 卷材 110，无滑动、流淌、滴落		PEE 卷材 90，无流淌、起泡
低温柔度（℃）		SBS 卷材-18，APP 卷材-5，PEE 卷材-10。 3mm 厚 $r=15mm$；4mm 厚 $r=25mm$；3s 弯 180°，无裂纹		
不透水性	压力（MPa）	≥0.3	≥0.2	≥0.3
	保持时间（min）	≥30		

注：SBS——弹性体改性沥青防水卷材；APP——塑性体改性沥青防水卷材；PEE——改性沥青聚乙烯胎防水卷材。

卷材厚度选用表　　　　　　　　　　　　　　　　　　　表 6-63

屋面防水等级	设防道数	合成高分子防水卷材	高聚物改性沥青防水卷材	沥青防水卷材
Ⅰ级	三道或三道以上设防	不应小于 1.5mm	不应小于 3mm	—
Ⅱ级	二道设防	不应小于 1.2mm	不应小于 3mm	—
Ⅲ级	一道设防	不应小于 1.2mm	不应小于 4mm	三毡四油
Ⅳ级	一道设防			二毡三油

常见合成高分子防水卷材的特点和适用范围　　　　　　表 6-64

卷材名称	特点	适用范围	施工工艺
三元乙丙橡胶防水卷材	防水性能优异，耐候性好，耐臭氧性、耐化学腐蚀性、弹性和抗拉强度大，对基层变形开裂的适应性强，重量轻，使用温度范围广，寿命长，但价格高，粘结材料尚需配套完善	防水要求较高、防水层耐用年限要求长的工业与民用建筑，单层或复合使用	冷粘法或自粘法
丁基橡胶防水卷材	有较好的耐候性、耐油性、抗拉强度和延伸率，耐低温性能稍低于三元乙丙橡胶防水卷材	单层或复合使用于要求较高的防水工程	冷粘法施工
氯化聚乙烯防水卷材	具有良好的耐候、耐臭氧、耐热老化、耐油、耐化学腐蚀及抗撕裂的性能	单层或复合作用，宜用于紫外线强的炎热地区	冷粘法施工
氯磺化聚乙烯防水卷材	延伸率较大，弹性较好，对基层变形开裂的适应性较强，耐高、低温性能好，耐腐蚀性能优良，有很好的难燃性	适合于有腐蚀介质影响及在寒冷地区的防水工程	冷粘法施工
聚氯乙烯防水卷材	具有较高的拉伸和撕裂强度，延伸率较大，耐老化性能好，原材料丰富，价格便宜，容易粘结	单层或复合使用于外露或有保护层的防水工程	冷粘法或热风焊接法施工
氯化聚乙烯—橡胶共混防水卷材	不但具有氯化聚乙烯特有的高强度和优异的耐臭氧、耐老化性能，而且具有橡胶所特有的高弹性、高延伸性以及良好的低温柔性	单层或复合使用，尤宜用于寒冷地区或变形较大的防水工程	冷粘法施工
三元乙丙橡胶—聚乙烯共混防水卷材	是热塑性弹性材料，有良好的耐臭氧和耐老化性能，使用寿命长，低温柔性好，可在负温条件下施工	单层或复合外露防水屋面，宜在寒冷地区使用	冷粘法施工

合成高分子防水卷材外观质量　　　　　　　　　　　　表 6-65

项 目	质量要求
折痕	每卷不超过 2 处，总长度不超过 20mm
杂质	大于 0.5mm 颗粒不允许，每 1m² 不超过 9mm²
胶块	每卷不超过 6 处，每处面积不大于 4mm²

续表

项 目	质量要求
凹痕	每卷不超过 6 处，深度不超过本身厚度的 30%；树脂类深度不超过 15%
每卷卷材的接头	橡胶类每 20m 不超过 1 处，较短的一段不应小于 3000mm，接头处应加长 150mm；树脂类 20m 长度内不允许有接头

合成高分子防水卷材物理性能　　　　　　　　　　表 6-66

项　目		性能要求			
		硫化橡胶类	非硫化橡胶类	树脂类	纤维增强类
断裂拉伸强度（MPa）		≥6	≥3	≥10	≥9
扯断伸长率（%）		≥400	≥200	≥200	≥10
低温弯折（℃）		−30	−20	−20	−20
不透水性	压力（MPa）	≥0.3	≥0.2	≥0.3	≥0.3
	保持时间（min）	≥30			
加热收缩率（%）		<1.2	<2.0	<2.0	<1.0
热老化保持率（80℃，168h）	断裂拉伸强度（%）	≥80			
	扯断伸长率（%）	≥70			

（3）防水涂料、防水油膏、防水粉

1）防水涂料

防水涂料是一种流态或半流态物质，涂布在基层表面，经溶剂或水分挥发或各组分间的化学反应，形成有一定弹性和一定厚度的连续薄膜，使基层表面与水隔绝，起到防水、防潮作用。防水涂料广泛适用于工业与民用建筑的屋面防水工程、地下室防水工程和地面防潮、防渗等。

防水涂料按液态类型可分为溶剂型、水乳型和反应型三种；按成膜物质的主要成分可分为沥青类、高聚物改性沥青类和合成高分子类。

① 防水涂料的性能

防水涂料的品种很多，各品种之间的性能差异很大，但无论何种防水涂料，要满足防水工程的要求，必须具备以下性能：

A. 固体含量

固体含量指防水涂料中所含固体比例。由于涂料涂刷后靠其中的固体成分形成涂膜，因此固体含量多少与成膜厚度及涂膜质量密切相关。

B. 耐热度

耐热度指防水涂料成膜后的防水薄膜在高温下不发生软化变形、不流淌的性能，它反映防水涂膜的耐高温性能。

C. 柔性

柔性指防水涂料成膜后的膜层在低温下保持柔韧的性能，它反映防水涂料在低温下的施工和使用性能。

D. 不透水性

不透水性指防水涂料在一定水压（静水压或动水压）和一定时间内不出现渗漏的性能，是防水涂料满足防水功能要求的主要质量指标。

E. 延伸性

延伸性指防水涂膜适应基层变形的能力。防水涂料成膜后必须具有一定的延伸性，以适应由于温差、干湿等因素造成的基层变形，保证防水效果。

② 防水涂料的技术要求应符合表 6-67～表 6-69 的规定。

高聚物改性沥青防水涂料物理性能　　　　　　　　表 6-67

项 目		性能要求
固体含量（%）		≥43
耐热度（80℃，5h）		无流淌、起泡和滑动
柔性（−10℃）		3mm 厚，绕 φ20 圆棒无裂纹、断裂
不透水性	压力（MPa）	≥0.1
	保持时间（min）	≥30
延伸（20±2℃拉伸）（mm）		≥4.5

涂膜厚度选用表　　　　　　　　表 6-68

屋面防水等级	设防道数	高聚物改性沥青防水涂料	合成高分子防水涂料
Ⅰ级	三道或三道以上设防	—	不应小于 1.5mm
Ⅱ级	二道设防	不应小于 3mm	不应小于 1.5mm
Ⅲ级	一道设防	不应小于 3mm	不应小于 2mm
Ⅳ级	一道设防	不应小于 2mm	—

合成高分子防水涂料物理性能　　　　　　　　表 6-69

项 目		性能要求		
		反应固化型	挥发固化型	聚合物水泥涂料
固体含量（%）		≥94	≥65	≥65
拉伸强度（MPa）		≥1.65	≥1.5	≥1.2
断裂延伸率（%）		≥350	≥300	≥200
柔性（℃）		−30，弯折无裂纹	−20，弯折无裂纹	−10，绕 φ10 棒无裂纹
不透水性	压力（MPa）		≥0.3	
	保持时间（min）		≥30	

2）防水油膏

防水油膏是一种非定型的建筑密封材料，也称密封膏、密封胶、密封剂，是溶剂型、乳液型、化学反应型等黏稠状的材料。防水油膏与被粘基层应具有较高的粘结强度，具备良好的水密性和气密性，良好的耐高低温性和耐老化性，还有一定的弹塑性和拉伸-压缩循环性能。以适应屋面板和墙板的热胀冷缩、结构变形、高温不流淌、低温不脆裂的要求，保证接缝不渗漏、不透气的密封作用。

防水油膏的选用，应考虑它的粘结性能和使用部位。密封材料与被粘基层的良好粘结，是保证密封的必要条件，因此，应根据被粘基层的材质、表面状态和性质来选择粘结性良好的防水油膏；建筑物中不同部位的接缝，对防水油膏的要求不同，如室外的接缝要求较高的耐候性，而伸缩缝则要求较好的弹塑性和拉伸-压缩循环性能。常用的防水油膏有：沥青嵌缝油膏、塑料油膏、丙烯酸类密封膏、聚氨酯密封膏、聚硫密封膏和硅酮密封膏等。

沥青嵌缝油膏是以石油沥青为基料，加入改性材料、稀释剂及填充料混合制成的密封膏。改性材料有废橡胶粉和硫化鱼油；稀释剂有松焦油、松节重油和机油；填充料有石棉绒和滑石粉等。

沥青嵌缝油膏主要用作屋面、墙面、沟和槽的防水嵌缝材料。

使用沥青嵌缝油膏嵌缝时，缝内应洁净干燥，先刷涂冷底子油一道，待其干燥后即嵌填油膏。油膏表面可加石油沥青、油毡、砂浆、塑料作为覆盖层。

聚氯乙烯接缝膏是以煤焦油和聚氯乙烯（PVC）树脂粉为基料，按一定比例加入增塑剂、稳定剂及填充料等，在140℃温度下塑化而成的膏状密封材料，简称PVC接缝膏。

塑料油膏是用废旧聚氯乙烯（PVC）塑料代替聚氯乙烯树脂粉，其他原料和生产方法同聚氯乙烯接缝膏。塑料油膏成本较低。

PVC接缝膏和塑料油膏有良好的粘结性、防水性、弹塑性，耐热、耐寒、耐腐蚀和抗老化性能也较好。可以热用，也可以冷用。热用时，将聚氯乙烯接缝膏或塑料油膏用文火加热，加热温度不得超过140℃，达到塑化状态后，应立即浇灌于清洁干燥的缝隙或接头等部位。冷用时，加溶剂稀释。

这种油膏适用于各种屋面嵌缝或表面涂布作为防水层，也可用于水渠、管道等接缝，用于工业厂房自防水屋面嵌缝、大型墙板嵌缝等的效果也很好。

丙烯酸类密封膏是丙烯酸树脂掺入增塑剂、分散剂、碳酸钙、增量剂等配制而成，有溶剂型和水乳型两种，通常为水乳型。

丙烯酸类密封膏在一般建筑基底上不产生污渍。它具有优良的抗紫外线性能，尤其是对于透过玻璃的紫外线。它的延伸率很好，初期固化阶段为200%～600%，经过热老化、气候老化试验后达到完全固化时为100%～350%。在-34～80℃温度范围内具有良好的性能。丙烯酸类密封膏比橡胶类便宜，属于中等价格及性能的产品。

丙烯酸类密封膏主要用于屋面、墙板、门、窗嵌缝，但它的耐水性能不算太好，所以不宜用于经常泡在水中的工程，如不宜用于广场、公路、桥面等有交通来往的接缝中，也不用于水池、污水厂、灌溉系统、堤坝等水下接缝中。丙烯酸类密封膏一般在常温下用挤枪嵌填于各种清洁、干燥的缝内，为节省材料，缝宽不宜太大，一般为9～15mm。

聚氨酯密封膏一般是双组分配制，甲组分是含有异氰酸基的预聚体，乙组分含有多羟基的固化剂与增塑剂、填充料、稀释剂等。使用时，将甲乙两组分按比例混合，经固化反应成弹性体。

聚氨酯密封膏的弹性、粘结性及耐气候老化性能特别好，与混凝土的粘结性也很好，同时不需要打底。所以聚氨酯密封材料可以用作屋面、墙面的水平或垂直接缝，尤其适用于游泳池工程。它还是公路及机场跑道的补缝、接缝的好材料，也可用于玻璃、金属材料的嵌缝。

硅酮密封膏是以聚硅氧烷为主要成分的单组分和双组分室温固化的建筑密封材料。目前大多数为单组分系统，它以硅氧烷聚合物为主体，加入硫化剂、硫化促进剂以及增强填料组成。硅酮密封膏具有优异的耐热、耐寒性和良好的耐候性；与各种材料都有较好的粘结性能；耐拉伸—压缩疲劳性强，耐水性好。

根据《硅酮和改性硅酮建筑密封胶》GB/T 14683—2017的规定，硅酮建筑密封膏分为F类和G类两种类别。其中，F类为建筑接缝用密封膏，适用于预制混凝土墙板、水泥板、大理石板的外墙接缝，混凝土和金属框架的粘结，卫生间和公路接缝的防水密封等；G类为镶装玻璃用密封膏，主要用于镶嵌玻璃和建筑门、窗的密封。

单组分硅酮密封膏是在隔绝空气的条件下将各组分混合均匀后装于密闭包装筒中；施工后，密封膏借助空气中的水分进行交联作用，形成橡胶弹性体。

3）防水粉

防水粉是一种粉状的防水材料。它是利用矿物粉或其他粉料与有机憎水剂、抗老剂和其他助剂等采用机械力化学原理，使基料中的有效成分与添加剂经过表面化学反应和物理吸附作用，生成拒水膜，包裹在粉料的表面，使粉料由亲水材料变成憎水材料，达到防水效果。

防水粉主要有两种类型。一种以轻质碳酸钙为基料，通过与脂肪酸盐作用形成长链憎水膜包裹在粉料表面；另一种是以工业废渣（炉渣、矿渣、粉煤灰等）为基料，利用其中有效成分与添加剂发生反应，生成网状结构拒水膜，包裹其表面。这两种粉末即为防水粉。

防水粉具有松散、应力分散、透气不透水、不燃、抗老化、性能稳定等特点，适用于屋面防水、地面防潮，地铁工程的防潮、抗渗等。它的缺点是：露天风力过大时施工困难，建筑节点处理稍难，立面防水不好解决。

7. 保温材料

（1）保温材料的类型

常用的保温绝热材料按其成分可分为有机、无机两大类：按其形态又可分为纤维状、多孔状散孔、气泡、粒状、层状等多种，下面就一些比较常见的材料做简单介绍。

1）矿物棉及制品

矿物棉及制品是一种优质的保温材料，已有100余年生产和应用的历史。其质轻、保温、隔热、吸声、化学稳定性好、不燃烧、耐腐蚀，并且原料来源丰富，成本较低。

矿物棉制品主要用于建筑物的墙壁、屋顶、天花板等处的保温绝热和吸声，还可制成防水毡和管道的套管。

2）玻璃棉及制品

玻璃棉是用玻璃原料或碎玻璃熔融后制成的一种纤维状材料，它包括短棉和超细棉两种：短棉主要制成玻璃棉毡、卷毡，用于建筑物的隔热和隔声、通风、空调设备的保温、隔声等。

3）硅酸铝棉及制品

硅酸铝棉又称耐火纤维，具有质轻、耐高温、低热容量、导热系数低、优良的热稳定性、优良的抗拉强度和优良的化学稳定性。主要用于电力、石油、冶金、建材、机械、化工、陶瓷等工业部门工业窑炉的高温绝热封闭以及用作过滤、吸声材料。

4）石棉及其制品

石棉又称石绵。具有高度耐火性、电绝缘性和绝热性，是重要的防火、绝缘和保温材料，主要用于机械传动、制动以及保温、防火、隔热、防腐、隔声、绝缘等方面，其中较为重要的是汽车、化工、电器设备、建筑业等制造部门。

5）无机微孔材料

硅藻土工业上常用来作为保温材料、过滤材料、填料、研磨材料、水玻璃原料、脱色剂及催化剂载体等。硅酸钙及其制品广泛用于冶金、电力、化工等工业的热力管道、设备、窑炉的保温隔热材料，房屋建筑的内外墙、平顶的防火覆盖材料，各类舰船的舱室墙壁及过道的防火隔热材料。

6）无机气泡状保温材料

膨胀珍珠岩及其制品。建筑工程中膨胀珍珠岩散料主要用作填充材料、现浇水泥珍珠岩保温、隔热层、粉刷材料以及耐火混凝土方面，其制品广泛用于较低温度的热管道、热设备及其他工业管道设备和工业建筑的保温绝热，以及工业与民用建筑维护结构的保温、隔热、吸声。

加气混凝土主要用于建筑工程中的轻质砖、轻质墙、隔声砖、隔热砖和节能砖。

7) 有机气泡状保温材料

模塑聚苯乙烯泡沫塑料（EPS）在日常生活、农业、交通运输业、军事工业、航天工业等许多领域都得到了广泛的应用。特别是大型泡沫板材的市场需求量很大，作为彩钢夹芯板、钢丝（板）网架轻质复合板、墙体外贴板、屋面保温板以及地热用板等，更广泛地应用在房屋建筑领域，用作保温、隔热、防水和地面的防潮材料等。

挤塑聚苯乙烯泡沫塑料（XPS）广泛用于墙体保温、平面混凝土屋顶及钢结构屋顶的保温等。

聚氨酯硬质泡沫塑料用于食品等行业冷冻冷藏设备的绝热材料，工业设备保温、建筑保温等。

（2）保温材料进场验收标准

1) 岩棉制品检验标准

工程采用的岩棉类保温材料多为岩棉板、岩棉管。岩棉管规格为 25～377mm（内径）×1000mm×设计厚度，岩棉板 1000×630×50、1000×630×100。岩棉成品的密度为 50～200kg/m³。

① 岩棉管

A. 目测：岩棉管色泽均匀，无烧焦、结疤现象，管身无破损，管壁厚无内眼可见的偏差。

B. 强度检测：57mm 以下的管壳，手持一端平举，管子应平直、无折断，57～325mm 的管壳，平举 1.5m 处，自由落下，管壳应无明显的变形，更不应破裂；325mm 及以上的管壳到厂后，管壳应无明显的变形、破裂现象。

C. 工具检测：用直尺检测管壳的内径、壁厚、长度。其中长度的允许偏差－3～+5mm，管厚 50mm 以下的允许偏差不大于－2～+4mm，50mm 及以上的允许偏差－3～+5mm；内径 100mm 以下的允许偏差－1～+3mm，内径 100mm 以上的允许偏差－1～+4mm。

D. 可燃性检测：用火机点一块撕下的岩棉管，当火机熄灭时，岩棉管应随即熄灭。

② 岩棉板

A. 目测：岩棉板色泽均匀，无烧焦、结疤现象，板内无掺杂，板厚无内眼可见的偏差。

B. 强度检测：取一包置于地面，双手置于包上向下压，应无明显的凹陷现象，取出一块岩棉板置于地上，一只脚下踩，应无明显的凹陷感觉，抬起脚后，岩棉板能恢复原状。

C. 工具检测：用直尺检测岩棉板的长度、宽度、厚度，其中长度的偏差－3～+15mm，宽度、厚度度的偏差－3～+5mm。

D. 可燃性检测：用火机点一块撕下的岩棉板，当火机熄灭时，岩棉板应随即熄灭。

2) 离心玻璃丝棉的检验标准

工程采用的玻璃丝棉制品有玻璃丝棉管壳、玻璃丝棉板以及玻璃丝棉毡，其主要用于工厂的绝热保温工程。

玻璃丝棉板、毡的密度 24～120kg/m³，玻璃棉管壳的密度 45～90kg/m³。

① 玻璃丝棉管壳

A. 目测：岩棉管色泽均匀，表面平整、纤维分布均匀，没有妨碍使用的伤痕、污迹、破损，轴向无翘曲，且端面垂直。

B. 强度检测：平举 1.5m 处，自由落下，管壳应无明显的变形，更不应破裂。

C. 工具检测：用直尺检测管壳的内径、壁厚、长度。其中长度的允许偏差－3～

+5mm，管厚30mm以下的允许偏差不大于－2～+3mm，30mm及以上的允许偏差－2～+5mm；内径108mm以下的允许偏差－1～+3mm，内径108～219mm的允许偏差－1～+4mm，内径219mm及其以上的允许偏差－1～+5mm。

D. 可燃性检测：用火机点一块撕下的玻璃丝棉管壳，当火机熄灭时，玻璃丝棉管壳应随即熄灭。

② 玻璃丝棉板

A. 目测：表面应平整，不得有妨碍使用的伤痕、污迹、破损，树脂分布基本均匀。

B. 强度检测：取一包置于地面，双手置于包上向下压，有轻微的凹陷现象，松力后立即恢复。

C. 工具检测：用直尺检测玻璃丝棉板的长度、宽度、厚度。

D. 可燃性检测：用火机点燃一块撕下的玻璃丝棉板，当火机熄灭时，玻璃丝棉板应随即熄灭。

③ 玻璃丝棉毡

A. 目测：表面应平整，边缘整齐，不得有妨碍使用的伤痕、污迹、破损。

B. 强度检测：将一卷玻璃丝棉毡摊开，掀起一端抖动，毡子应保持完整，然后掀起另一端重复上次动作。

C. 工具检测：用直尺检测玻璃丝棉毡的长度、宽度、厚度。

D. 可燃性检测：用火机点燃一块撕下的玻璃丝棉毡，当火机熄灭时，玻璃毡应随即熄灭。

（3）建筑功能材料的新发展

1）绿色功能建筑材料

绿色功能建筑材料简称绿色建材，又称生态建材、环保建材等，即采用清洁生产技术，少用天然资源和能源，大量使用工农业或城市废弃物生产的无毒害、无污染，达生命周期后可回收再利用，有利于环境保护和人体健康的建筑材料。在当前的科学技术和社会生产力条件下，已经可以利用各类工业废渣生产水泥、砌块、装饰砖和装饰混凝土等，利用废弃的泡沫塑料生产保温墙体材料，利用无机抗菌剂生产各种抗菌涂料和建筑陶瓷等各种新型绿色功能建筑材料。

2）复合多功能建筑材料

复合多功能建筑材料是指材料在满足某一主要建筑功能的基础上，附加了其他使用功能的建筑材料。例如抗菌自洁涂料，它既具有一般建筑涂料对建筑主体结构材料的保护和装饰墙面的作用，又具有抵抗细菌生长和自动清洁墙面的附加功能，使人类居住环境的质量进一步提高，满足了人们对健康居住环境的要求。

3）智能化建筑材料

所谓智能化建筑材料是指材料本身具有自我诊断和预告失效、自我调节和自我修复的功能并可继续使用的建筑材料。当这类材料的内部发生异常变化时，材料能将内部状况反映出来，以便在材料失效前采取措施，甚至材料能够在材料失效初期自动进行自我调节，恢复材料的使用功能。如自动调光玻璃，能够根据外部光线的强弱，自动调节透光率，保持室内光线的强度平衡，既避免了强光对人的伤害，又可调节室温和节约能源。

4）建筑功能新材料品种

① 热弯夹层纳米自洁玻璃

该种新型功能玻璃充分利用纳米材料的光催化活性，把纳米 T_iO_2，镀于玻璃表面，在阳光照射下，T_iO_2 可分解粘在玻璃上的有机物，在雨、水冲刷下实现玻璃表面的自洁。以热弯夹层纳米自洁玻璃作采光棚顶和玻璃幕墙，可大大降低清洁成本，而且可明显提升城市整体形象。

② 自愈合混凝土

相当部分建筑物在完工尤其受到动荷载作用后，会产生不利的裂纹，对抗震尤其不利。自愈合混凝土可克服此缺点，大幅提高建筑物的抗震能力。自愈合混凝土是将低模量粘结剂填入中空玻璃纤维，粘结剂在混凝土中可长期保持性能稳定不变。为防止玻璃纤维断裂，该技术将填充了粘结剂的玻璃纤维用水溶性胶粘接成束，平直地埋入混凝土中。当结构产生开裂时，与混凝土黏结为一体的玻璃纤维断裂，粘结剂释放，自行粘接嵌补裂缝，从而使混凝土结构达到自愈合效果。该种自愈合功能性混凝土可大大提高混凝土结构的抗震能力，有效提高使用的耐久性和安全性。

③新型水性化环保涂料

新型水性化环保涂料是用水作为分散介质和稀释剂，而且涂料采用的原料无毒无害，在制造工艺过程中也无毒无污染的涂料。其与溶剂型涂料最大的区别就在于其使用水作为溶剂，大大减少了有机溶剂挥发气体的排放，而且水作为普遍的资源之一，大大简化了涂料稀释的工艺性。同时该种功能新材料非常便于运输和储藏，这些特点都是溶剂型涂料所无法比拟的。

中国是世界涂料市场增长较快的国家，但产品多以传统的溶剂型涂料为主，污染相对较严重。目前在工业和木器涂料中，水性涂料应用比例还较低。近年，由于制定了严格的环保标准，走出了一条粉末涂料加水性涂料的绿色之路，产品普遍应用在木器、塑料、钢铁涂层上，甚至连火车也刷涂水性涂料。在政府的推动和支持下，我国新型水性环保涂料有着非常广阔的发展前景。

8. 公路沥青

公路沥青是指以沥青材料为主要成分，胶结集料、矿粉等为辅料，从而形成具有一定整体力学性能及稳定性的混合料，用于公路结构性路面的胶结材料。

在公路工程中，最常用的主要是石油沥青和煤沥青，其次是天然沥青。其中，性能更加优越，尤其耐久性得以明显改善的各种改性沥青，近些年在公路工程中得到广泛的应用。

（1）沥青材料的要求

1）沥青材料应附有炼油厂的沥青质量检验单。运至现场的各种材料必须按要求进行试验，经评定合格方可使用。

道路石油沥青是沥青路面建设最主要的材料，在选购沥青时应查明其原油种类及炼油工艺，并征得主管部门的同意，这是因为沥青质量基本上受制于原油品种，且与炼油工艺关系很大。为防止因沥青质量发生纠纷，沥青出厂均应附有质量检验单，使用单位在购货后进行试验确认。如有疑问或达不到检验单呈示数据的要求，应请有关质检部门或质量监督部门仲裁，以明确责任。

2）沥青路面骨料的粒径选择和筛分应以方孔筛为准。当受条件限制时，可按表 6-70 的规定采用与方孔筛相对应的圆孔筛。

方孔筛与圆孔筛的对应关系（mm） 表 6-70

方孔筛孔径	对应的圆孔筛孔径	方孔筛孔径	对应的圆孔筛孔径
106	130	13.2	15
75	90	9.5	10
63	75	4.75	5
53	65	2.36	2.5
37.5	45	1.18	1.2
31.5	40（或 35）	0.6	0.6
26.5	30	0.3	0.3
19.0	25	0.15	0.15
16.0	20	0.075	0.075

注：表中的圆孔筛系列，孔径小于 2.5mm 的筛孔为方孔。

3）沥青路面的沥青材料可采用道路石油沥青、煤沥青、乳化石油沥青、液体石油沥青等。沥青材料的选择应根据交通量、气候条件、施工方法、沥青面层类型、材料来源等情况确定。当采用改性沥青时应进行试验并应进行技术论证。

4）路面材料进入施工场地时，应登记，并签发材料验收单。验收单应包括材料来源、品种、规格、数量、使用目的、购置日期、存放地点及其他应予注明的事项。

（2）道路石油沥青

1）适用范围

道路石油沥青各个等级的适用范围见表 6-71 的规定。

道路石油沥青的适用范围 表 6-71

沥青等级	适用范围
A 级沥青	各个等级的公路，适用于任何场合和层次
B 级沥青	（1）高速公路、一级公路面层及以下的层次，二级及二级以下公路的各个层次； （2）用做改性沥青、乳化沥青、改性乳化沥青、稀释沥青的基质沥青
C 级沥青	三级及三级以下公路的各个层次

2）技术要求

道路石油沥青的质量应符合表 6-56 规定的技术要求。

① 对高速公路、一级公路，夏季温度高、高温持续时间长、重载交通，山区及丘陵上坡路段、服务区、停车场等行车速度慢的路段，尤其是汽车荷载剪应力大的层次，宜采用稠度大、600℃黏度大的沥青，也可提高高温气候分区的温度水平选用沥青等级；对冬季寒冷的地区或交通量小的公路、旅游公路宜选用稠度小、低温延度大的沥青；对温度日温差、年温差大的地区宜注意选用针入度指数大的沥青。当高温要求与低温要求发生矛盾时应优先考虑满足高温性能的要求。

② 当缺乏所需强度等级的沥青时，可采用不同强度等级掺配的调合沥青，其掺配比例由试验决定。掺配后的沥青质量应符合表 6-56 的要求。

（3）乳化沥青

1）适用范围

乳化沥青适用于沥青表面处治路面、沥青贯入式路面、冷拌沥青混合料路面，修补裂缝、喷洒透层、黏层与封层等。乳化沥青的品种和适用范围宜符合表 6-72 的规定。

乳化沥青品种和适用范围　　　　　　表 6-72

分　类	品种及代号	适用范围
阳离子乳化沥青	PC—1	表处、贯入式路面及下封层用
	PC—2	透层油及基层养生用
	PC—3	黏层油用
	BC—1	稀浆封层或冷拌沥青混合料用
阴离子乳化沥青	PA—1	表处、贯入式路面及下封层用
	PA—1	透层油及基层养生用
	PA—2	黏层油用
	BA—1	稀浆封层或冷拌沥青混合料用
非离子乳化沥青	PN—2	透层油用
	BN—1	与水泥稳定骨料同时使用（基层路拌或再生）

2）技术要求

乳化沥青的质量应符合表 6-73 的规定。在高温条件下宜采用黏度较大的乳化沥青，寒冷条件下宜使用黏度较小的乳化沥青。

道路用乳化沥青技术要求　　　　　　表 6-73

试验项目		品种及代号									
		阳离子				阴离子				非离子	
		喷洒用			拌合用	喷洒用			拌合用	喷洒用	拌合用
		PC—1	PC—1	PC—1	BC—1	PC—1	PC—1	PC—1	BA—1	PN—1	BN—1
破乳速度		快裂	慢裂	快裂或中裂	慢裂或中裂	快裂	慢裂	快裂或中裂	慢裂或中裂	慢裂	慢裂
粒子电荷		阳离子（+）				阴离子（-）				非离子	
筛上残留物（1.18 筛）（%），不大于		0.1				0.1				0.1	
黏度	恩格拉黏度计 E_{25}	2~10	1~6	1~6	2~30	2~10	1~6	1~6	2~30	1~6	2~30
	道路标准黏度计 $C_{25.3}/S$	10~25	8~20	8~20	10~60	10~25	8~20	8~20	10~60	8~20	10~60
蒸发残留物	残留物含量（%），不小于	50	50	50	55	50	50	50	55	50	55
	溶解度（%），不小于	97.5				97.5				97.5	
	针入度（25℃）（0.1mm）	50~200	50~300	45~160		50~200	50~300	45~160		50~300	60~300
	延度（15℃）（cm），不小于	40				40				40	
与粗骨料的黏附性、裹敷面积，不小于		2/3			—	2/3			—	2/3	—
与粗、细粒式骨料拌合试验		—		均匀		—			均匀		—
水泥拌合试验的筛上剩余（%），不大于		—				—				—	3
常温贮存稳定性（%）　1d，不大于　5d，不大于		1　5				1　5				1　5	

注：P 为喷洒型，B 为拌合型，C、A、N 分别表示阳离子、阴离子、非离子乳化沥青。

表中黏度可选用恩格拉黏度计或沥青标准黏度计测定。

表中的破乳速度与骨料的黏附性、拌合试验的要求、所使用的石料品种有关，质量检验时应采用工程上实际的石料进行试验，仅进行乳化沥青产品质量评定时可不要求此三项指标。

贮存稳定性根据施工实际情况选用试验时间，通常采用5d，乳液生产后能在当天使用时也可用1d的稳定性。

当乳化沥青需要在低温冰冻条件下贮存或使用时，尚需进行5℃低温贮存稳定性试验，要求没有粗颗粒、不结块。

（4）液体石油沥青

1）适用范围

液体石油沥青适用于透层、黏层及拌制常温沥青混合料。根据使用目的场所，可分别选用快凝、中凝、慢凝的液体石油沥青。

2）技术要求

液体石油沥青使用前应由试验确定掺配比例，其质量应符合表6-74的规定。

道路用液体石油沥青技术要求　　　　　　　表6-74

试验项目		快凝		中凝						慢凝					
		AL(R)-1	AL(R)-2	AL(M)-1	AL(M)-2	AL(M)-3	AL(M)-4	AL(M)-5	AL(M)-6	AL(S)-1	AL(S)-2	AL(S)-3	AL(S)-4	AL(S)-5	AL(S)-6
黏度	$C_{25.5}/S$	<20	—	<20	—	—	—	—	—	<20	—	—	—	—	—
	$C_{60.5}/S$	—	5~15	5~15	5~15	16~25	26~40	41~100	101~200	—	5~15	16~25	26~40	41~100	101~200
蒸馏体积	225℃前（%）	>20	>15	<10	<7	<3	<2	0	0	—	—	—	—	—	—
	315℃前（%）	>35	>30	<35	<25	<17	<14	<8	<5	—	—	—	—	—	—
	360℃前（%）	>45	>35	<50	<35	<30	<25	<20	<15	<40	<35	<25	<20	<15	<5
蒸馏后残留物	针入度（25℃）（0.1mm）	60~200	60~200	100~300	100~300	100~300	100~300	100~300	100~300	—	—	—	—	—	—
	延度（25℃）（cm）	>60	>60	>60	>60	>60	>60	>60	>60	—	—	—	—	—	—
	浮漂度（5℃）（s）	—	—	—	—	—	—	—	—	<20	>20	>30	>40	>45	>50
闪点（TOC法）（℃）		>30	>30	>65	>65	>65	>65	>65	>65	>70	>70	>100	>100	>120	>120
含水量（%），不大于		0.2	0.2	0.2	0.2	0.2	0.2	0.2	0.2	2.0	2.0	2.0	2.0	2.0	2.0

用针入度较大的石油沥青，使用前按先加热沥青后加稀释剂的顺序，掺配煤油或轻柴油，经适当的搅拌、稀释制成。掺配比例根据使用要求由试验确定。

液体石油沥青在制作、贮存、使用的过程中液体石油沥青宜须通风良好，并有专人负责，确保安全。基质沥青的加热温度严禁超过140℃，液体沥青的贮存温度不得高于50℃。

（5）煤沥青

1）技术特性

① 温度稳定性差

煤沥青受热易软化，因此加热温度和时间都要严格控制，更不宜反复加热，否则易引起性质急剧恶化。

② 黏附性好

煤沥青与矿质骨料的黏附性较好。

③ 气候稳定性较差

煤沥青在周围介质的作用下，老化进程（黏度增加，塑性降低）较石油沥青快。

④ 有一定毒性

煤沥青含对人体有害的成分较多，臭味较重。

2）技术要求

道路用煤沥青的强度等级根据气候条件、施工温度、使用目的选用，其质量应符合表 6-75 的规定。

道路用煤沥青技术要求 表 6-75

试验项目		T-1	T-2	T-3	T-4	T-5	T-6	T-7	T-8	T-9
黏度（S）	$C_{30.5}$	5～25	26～70							
	$C_{30.10}$			5～25	26～50	51～120	121～200			
	$C_{50.10}$							10～75	76～200	
	$C_{60.10}$									35～65
蒸馏试验，馏出量（%）	170℃前，不大于	3	3	3	2	1.5	1.5	1.0	1.0	1.0
	270℃前，不大于	20	20	20	15	15	15	10	10	10
	300℃前，不大于	15～35	15～35	30	25	25	25	20	20	15
300℃蒸馏残留物软化点（环球法）（℃）		30～45	30～45	35～65	35～65	35～65	35～65	40～70	40～70	40～70
水分（%），不大于		1.0	1.0	1.0	1.0	1.0	0.5	0.5	0.5	0.5
甲苯不溶物（%），不大于		20	20	20	20	20	20	20	20	20
萘含量（%），不大于		5	5	5	4	4	3.5	3	2	2
焦油酸含量（%），不大于		4	4	3	3	2.2	2.5	1.5	1.5	1.5

3）适用及贮存

① 各种等级公路的各种基层上的透层，宜采用 T-1 或 T-2 级，其他等级不符合喷洒要求时可适当稀释使用。

② 三级及三级以下的公路铺筑表面处治或贯入式沥青路面，宜采用 T-5、T-6 或 T-7 级。

③ 与道路石油沥青、乳化沥青混合使用，以改善渗透性。

④ 道路用煤沥青严禁用于热拌热铺的沥青混合料，作其他用途时的贮存温度宜为 70～90℃，且不得长时间贮存。

（6）改性沥青

1）制作与存储

改性沥青可单独或复合采用高分子聚合物、天然沥青及其他改性材料制作。

用作改性剂的 SBR 胶乳中的固体物含量不宜少于 45%，使用中严禁长时间暴晒或遭冰冻。

改性沥青的剂量以改性剂占改性沥青总量的百分数计算，胶乳改性沥青的剂量应以扣除水以后的固体物含量计算。

改性沥青宜在固定式工厂或在现场设厂集中制作，也可在拌合现场边制造边使用，改

171

性沥青的加工温度不宜超过 180℃。胶乳类改性剂和制成颗粒的改性剂可直接投入拌合缸中生产改性沥青混合料。

用溶剂法生产改性沥青母体时，挥发性溶剂回收后的残留量不得超过 5%。

现场制造的改性沥青宜随配随用，需做短时间保存，或运送到附近的工地时，使用前必须搅拌均匀，在不发生离析的状态下使用。改性沥青制作设备必须设有随机采集样品的取样口，采集的试样宜立即在现场灌模。

工厂制作的成品改性沥青到达施工现场后存贮在改性沥青罐中，改性沥青罐中必须加设搅拌设备并进行搅拌，使用前改性沥青必须搅拌均匀。在施工过程中应定期取样检验产品质量，发现离析等质量不符合要求的改性沥青不得使用。

2）技术要求

各类聚合物改性沥青的质量应符合表 6-76 的技术要求，当使用表列以外的聚合物及复合改性沥青时，可通过试验研究制定相应的技术要求。

表中 135℃ 运动黏度可采用《公路工程沥青及沥青混合料试验规程》JTG E 20—2011 中的"沥青布氏旋转黏度试验方法（布洛克菲尔德黏度计法）"进行测定。若在不改变改性沥青物理力学性质并符合安全条件的温度下易于泵送和拌合，或经证明适当提高泵送和拌合温度能保证改性沥青的质量，容易施工，可不要求测定。

贮存稳定性指标适用于工厂生产的成品改性沥青。现场制作的改性沥青对贮存稳定性指标可不作要求，但必须在制作后，保持不间断的搅拌或泵送循环，保证使用前没有明显的离析。

聚合物改性沥青技术要求　　　　　　　　　表 6-76

指标	SBS类（I类）				SBS类（II类）			SBS类（III类）			
	I-A	I-B	I-C	I-D	II-A	II-B	II-C	III-A	III-B	III-C	III-D
针入度（25℃，100g，5s）（0.1mm）	>100	80~100	60~80	40~60	>100	80~100	60~80	>80	60~80	40~60	30~40
针入度指数 PI，不小于	-1.2	-0.8	-0.4	0	-1.0	-0.8	-0.6	-1.0	-0.8	-0.6	-0.4
延度（5℃，5cm）（min/cm），不小于	50	40	30	20	60	50	40	—			
软化点 $T_{R\&B}$（℃）	45	50	55	60	45	48	50	48	52	56	60
运动黏度 135℃（Pa·s），不大于	3										
闪点（℃），不小于	230				230			230			
溶解度（%），不大于	99	99	—								
弹性恢复 25℃（%），不小于	55	60	65	75	—						
黏韧性（N·m），不小于	—				5			—			
韧性（N·m），不小于	—				2.5			—			
贮存稳定性离析，48h软化点差（℃），不大于	2.5				—			无改性剂明显析出、凝聚			

指　标	SBS类（Ⅰ类）				SBS类（Ⅱ类）			SBS类（Ⅲ类）			
	Ⅰ-A	Ⅰ-B	Ⅰ-C	Ⅰ-D	Ⅱ-A	Ⅱ-B	Ⅱ-C	Ⅲ-A	Ⅲ-B	Ⅲ-C	Ⅲ-D
TFOT（或RTFOT）后残留物											
质量变化（%），不大于	±1.0										
针入度比25℃（%），不小于	50	55	60	65	50	55	60	50	55	58	60
延度5℃（cm），不小于	30	25	20	15	30	20	10	—			

（7）改性乳化沥青

1）品种和适用范围

改性乳化沥青的品种和适用范围一般应符合表 6-77 的规定。

改性乳化沥青的品种和适用范围　　　　表 6-77

品　种		代　号	适用范围
改性乳化沥青	喷洒型改性乳化沥青	PCR	黏层、封层、桥面防水粘结层用
	拌合用乳化沥青	BCR	改性稀浆封层和微表处用

2）技术要求

改性乳化沥青技术要求应符合表 6-78 的规定。

表中破乳速度与骨料黏附性、拌合试验、所使用的石料品种有关。工程上施工质量检验时应采用实际的石料试验，仅进行产品质量评定时可不对这些指标提出要求。

当用于填补车辙时，BCR 蒸发残留物的软化点宜提高至不低于 55℃。

贮存稳定性根据施工实际情况选择试验天数，通常采用 5d，乳液生产后能在第二天使用完时也可选用 1d。个别情况下改性乳化沥青 5d 的贮存稳定性难以满足要求，如果经搅拌后能够达到均匀一致并不影响正常使用，此时要求改性乳化沥青至工地后存放在附有搅拌装置的贮存罐内，并不断地进行搅拌，否则不准使用。

当改性乳化沥青或特种改性乳化沥青需要在低温冰冻条件下贮存或使用时，尚需进行 −5℃ 低温贮存稳定性试验，要求没有粗颗粒、不结块。

改性乳化沥青技术要求　　　　表 6-78

试验项目		品种及代号	
		PCR	BCR
破乳速度		快裂或中裂	慢裂
粒子电荷		阳离子（+）	阳离子（+）
筛上剩余量（1.18mm）（%），不大于		0.1	0.1
黏度	恩格拉黏度 E_{25}（Pa·s）	1～10	3～30
	沥青标准黏度 $C_{25.63}$（Pa·s）	8～25	12～60
蒸发残留物	含量（%），不小于	50	60
	针入度（100g，25℃，5s）（0.1mm）	40～120	40～100
	软化点（℃），不小于	50	53
	延度（5℃）（cm）	20	20
	溶解度（三氯六乙烯）（%），不小于	97.5	97.5
与矿料的黏附性，裹覆面积，不小于		2/3	—
贮存稳定性	1d（%），不大于	1	1
	5d（%），不大于	5	5

173

9. 公路沥青混合料

沥青混合料是沥青混凝土混合料和沥青碎石混合料的总称。沥青混凝土混合料是由沥青和适当比例的粗骨料、细骨料及填料在严格控制条件下拌合均匀所组成的高级筑路材料，压实后剩余空隙率小于10％的沥青混合料称为沥青混凝土；沥青碎石混合料是由沥青和适当比例的粗骨料、细骨料及少量填料（或不加填料）在严格控制条件下拌合而成，压实后剩余空隙率在10％以上的半开式沥青混合料称为沥青碎石。

（1）分类

沥青混合料按结合料分类，可分为石油沥青混合料和煤沥青混合料。

沥青混合料按矿质骨料最大粒径分类，可分为粗粒式、中粒式、细粒式混合料。粗粒式沥青混合料多用于沥青面层的下层，中粒式沥青混合料可用于面层下层或作单层式沥青面层，细粒式多用于沥青面层的上层。

沥青混合料按施工温度分类，可分为热拌热铺沥青混合料、常温沥青混合料。

沥青混合料按混合料密实度分类，可分为密级配沥青混合料、开级配沥青混合料、半开级配沥青混合料（沥青碎石混合料）。

沥青混合料按矿质骨料级配类型分类，可分为连续级配沥青混合料和间断级配沥青混合料。

（2）粗骨料

用于沥青面层的粗骨料包括碎石、破碎砾石、筛选砾石、钢渣、矿渣等，但高速公路和一级公路不得使用筛选砾石和矿渣。粗骨料必须由具有生产许可证的采石场生产或施工单位自行加工。

1）质量技术要求

粗骨料应该洁净、干燥、表面粗糙，质量应符合表6-79的规定。当单一规格骨料的质量指标达不到表6-79中的要求，而按照骨料配合比计算的质量指标符合要求时，工程上允许使用。对受热易变质的骨料，宜采用经拌合机烘干后的骨料进行检验。

沥青混合料用粗骨料质量技术要求　　　　　表6-79

指标	高速公路及一级公路		其他等级公路
	表面层	其他层次	
石料压碎值（％），不大于	26	28	30
洛杉矶磨耗损失（％），不大于	28	30	35
表观相对密度，不小于	2.60	2.50	2.45
吸水率（％），不大于	2.0	3.0	3.0
坚固性（％），不大于	12	12	—
针片状颗粒含量（混合量）（％），不大于	15	18	20
其中粒径大于9.5mm（％），不大于	12	15	—
其中粒径小于9.5mm（％），不大于	18	20	—
水洗法<0.0075mm颗粒含量（％），不大于	1	1	1
软石含量（％），不大于	3	5	5

注：1. 坚固性试验可根据需要进行。
2. 用于高速公路、一级公路时，多孔玄武岩的视密度可放宽至2.45t/m³，吸水率可放宽至3％，但必须得到建设单位的批准，且不得用于SMA路面。
3. 对S14即3～5规格的粗骨料，针片状颗粒含量可不予要求，<0.075mm含量可放宽到3％。

174

2）粒径规格

粗骨料的粒径规格应按照表 6-80 或表 6-81 的规定选用。当生产的粗骨料不符合规格要求，但与其他材料配合后的级配符合各类沥青面层的矿料使用要求时，亦可使用。

沥青面层用粗骨料规格（方孔筛）　　　　　　　　　　　　　　表 6-80

规格	公称粒径（mm）	通过下列筛孔（方孔筛，mm）的质量百分率（%）												
		106	75	63	53	37.5	31.5	26.5	19.0	13.2	9.5	4.75	2.36	0.6
S1	40～75	100	90～100	—	—	0～15	—	0～5	—	—	—	—	—	—
S2	40～60	—	100	90～100	—	0～15	—	0～5	—	—	—	—	—	—
S3	30～60	—	100	90～100	—	—	0～15	—	0～5	—	—	—	—	—
S4	25～50	—	—	100	90～100	—	—	0～15	—	0～5	—	—	—	—
S5	20～40	—	—	—	100	90～100	—	—	0～15	—	0～5	—	—	—
S6	15～30	—	—	—	—	100	90～100	—	—	0～15	—	0～5	—	—
S7	10～30	—	—	—	—	100	90～100	—	—	—	0～15	0～5	—	—
S8	15～25	—	—	—	—	—	100	95～100	—	0～15	—	0～5	—	—
S9	10～20	—	—	—	—	—	—	100	95～100	—	0～15	0～5	—	—
S10	10～15	—	—	—	—	—	—	—	100	95～100	0～15	0～5	—	—
S11	5～15	—	—	—	—	—	—	—	100	95～100	40～70	0～15	0～5	—
S12	5～10	—	—	—	—	—	—	—	—	100	95～100	0～10	0～5	—
S13	3～10	—	—	—	—	—	—	—	—	100	95～100	40～70	0～15	0～5
S14	3～5	—	—	—	—	—	—	—	—	—	100	85～100	0～25	0～5

沥青面层用粗骨料规格（圆孔筛）　　　　　　　　　　　　　　表 6-81

规格	公称粒径（mm）	通过下列筛孔（方孔筛，mm）的质量百分率（%）												
		130	90	75	60	50	40	35	30	25	20	15	10	5	2.5	0.6
S1	40～90	100	90～100	—	—	—	0～15	—	0～5	—	—	—	—	—	—	—
S2	40～75	—	100	90～100	—	—	0～15	—	0～5	—	—	—	—	—	—	—
S3	40～60	—	100	100	90～100	—	0～15	—	0～5	—	—	—	—	—	—	—
S4	30～60	—	—	100	90～100	—	—	0～15	—	0～5	—	—	—	—	—	—

规格	公称粒径(mm)	通过下列筛孔（方孔筛，mm）的质量百分率（%）														
		130	90	75	60	50	40	35	30	25	20	15	10	5	2.5	0.6
S5	25~50	—	—	—	100	90~100	—	—	—	0~15	—	0~5	—	—	—	—
S6	20~40	—	—	—	—	100	90~100	—	—	—	0~15	—	0~5	—	—	—
S7	10~40	—	—	—	—	100	90~100	—	—	—	—	0~15	0~5	—	—	—
S8	15~35	—	—	—	—	—	100	95~100	—	—	0~15	—	0~5	—	—	—
S9	10~30	—	—	—	—	—	—	100	95~100	—	—	0~15	0~5	—	—	—
S10	10~20	—	—	—	—	—	—	—	—	100	95~100	—	0~15	0~5	—	—
S11	5~15	—	—	—	—	—	—	—	—	—	100	95~100	0~15	0~5	—	—
S12	5~10	—	—	—	—	—	—	—	—	—	—	100	95~100	0~10	0~5	—
S13	3~10	—	—	—	—	—	—	—	—	—	—	100	95~100	40~70	0~15	0~5
S14	3~5	—	—	—	—	—	—	—	—	—	—	—	100	85~100	0~25	0~5

3）面层用粗骨料的技术要求

粗骨料应洁净、干燥、无风化、无杂质，并具有足够的强度和耐磨耗性，其质量应符合表6-82的规定。

沥青面层用粗骨料质量要求　　　　表6-82

指　标	高速公路、一级公路和城市快速路、主干路	其他等级公路与城市道路
石料压碎值（%），不大于	28	30
洛杉矶磨耗损失（%），不大于	30	40
视密度（t/m³），不小于	2.50	2.45
吸水率（%），不大于	2.0	3.0
对沥青的黏附性，不小于	4级	3级
坚固性（%），不大于	12	—
细长扁平颗粒含量（%），不大于	15	20
水洗法<0.075mm颗粒含量（%），不大于	1	1
软石含量（%），不大于	5	5
石料磨光值（BPN），不小于	42	实测
石料冲击值（%），不大于	28	实测
破碎砾石的破碎面积（%），不小于 拌合的沥青混合料路面面表面层	90	40
中小面层	50	40
贯入式路面	—	40

其中坚固性试验可根据需要进行。

当粗骨料用于高速公路、一级公路和城市快速路、主干路时，多孔玄武岩的视密度可放宽至 $2.45t/m^3$，吸水率可放宽至 3%，并应得到主管部门的批准。

石料磨光值是为高速公路、一级公路和城市快速路、主干路的表层抗滑需要而试验的指标，石料冲击值可根据需要进行。其他公路与城市道路如需要时，可提出相应的指标值。

钢渣的游离氧化钙的含量不应大于 3%，浸水后的膨胀率不应大于 2%。

4）杂质和杂物

采石场在生产过程中必须彻底清除覆盖层及泥土夹层。生产碎石用的原石不得含有土块、杂物，骨料成品不得堆放在泥土地上。

5）黏附性、磨光值

高速公路、一级公路沥青路面的表面层（或磨耗层）的粗骨料的磨光值应符合表 6-83 的要求。除 SMA、OGFC 路面外，允许在硬质粗骨料中掺加部分较小粒径的磨光值达不到要求的粗骨料，其最大掺加比例由磨光值试验确定。

粗骨料与沥青的黏附性应符合表 6-83 的要求，当使用不符合要求的粗骨料时，宜掺加消石灰、水泥或用饱和石灰水处理后使用，必要时可同时在沥青中掺加耐热、耐水、长期性能好的抗剥落剂，也可采用改性沥青的措施，使沥青混合料的水稳定性检验达到要求。掺加掺合料的剂量由沥青混合料的水稳定性检验确定。

粗骨料与沥青的黏附性、磨光值的技术要求　　　　　表 6-83

雨量气候区	1（潮湿区）	2（湿润区）	3（半干区）	4（干旱区）
年降雨量（mm）	＞1000	1000~500	500~250	＜250
粗骨料的磨光值 PSV，不小于 高速公路、一级公路表面层	42	40	38	36
粗骨料与沥青的黏附性，不小于 高速公路、一级公路表面层	5	4	4	3
高速公路、一级公路的其他层次 及其他等级公路的各个层次	4	4	3	3

6）破碎面

破碎砾石应采用粒径大于 50mm、含泥量不大于 1% 的砾石轧制，破碎砾石的破碎面应符合表 6-84 的要求。

粗骨料对破碎面的要求　　　　　表 6-84

路面部位或混合料类型	具有一定数量破碎面颗粒的含量	
	1 个破碎面	2 个或 2 个以上破碎面
沥青路面表面层高速公路、 一级公路，不小于	100	90
其他等级公路，不小于	80	60
沥青路面中下面层、基层高速公路、 一级公路，不小于	90	80
其他等级公路，不小于	70	50
SMA 混合料	100	90
贯入式路面，不小于	80	60

7）其他要求

筛选砾石仅适用于三级及三级以下公路的沥青表面处治路面。

经过破碎且存放期超过 6 个月以上的钢渣可作为粗骨料使用。除吸水率允许适当放宽外，各项质量指标应符合表 6-85 的要求。钢渣在使用前应进行活性检验，要求钢渣中的游离氧化钙含量不大于 3%，浸水膨胀率不大于 2%。

沥青混合料用细骨料质量要求　　　　　　　　　　　　　　表 6-85

项　目	高速公路、一级公路	其他等级公路
表观相对密度，不小于	2.50	2.45
坚固性（>0.3mm 部分，>%），不大于	12	—
含泥量（小于 0.075mm 的含量，>%），不大于	3	5
砂当量（%），不小于	60	50
亚甲蓝值（g/kg），不大于	25	—
棱角性（流动时间，>s），不小于	30	—

注：坚固性试验可根据需要进行。

（3）细骨料

沥青路面的细骨料包括天然砂、机制砂、石屑。细骨料必须由具有生产许可证的采石场、采砂场生产。

1）质量要求

细骨料应洁净、干燥、无风化、无杂质，并有适当的颗粒级配，其质量应符合表 6-85 的规定。细骨料的洁净程度，天然砂以小于 0.075mm 含量的百分数表示，石屑和机制砂以砂当量（适用于 0～4.75mm）或亚甲蓝值（适用于 0～2.36mm 或 0～0.15mm）表示。

2）天然砂规格

天然砂可采用河砂或海砂，通常宜采用粗、中砂，其规格应符合表 6-86 的规定。砂的含泥量超过规定时应水洗后使用，海砂中的贝壳类材料必须筛除。开采天然砂必须取得当地政府主管部门的许可，并符合水利及环境保护的要求。热拌密级配沥青混合料中天然砂的用量通常不宜超过骨料总量的 20%，SMA 和 OGFC 混合料不宜使用天然砂。

沥青混合料用天然砂规格　　　　　　　　　　　　　　表 6-86

筛孔尺寸（mm）	通过各筛孔的质量百分率（%）		
	粗砂	中砂	细砂
9.5	1000	100	100
4.75	90～100	90～100	90～100
2.36	65～95	75～90	85～100
1.18	35～65	50～90	75～100
0.6	15～30	30～60	60～84
0.3	5～20	8～30	15～45
0.15	0～10	0～10	0～10
0.075	0～5	0～5	0～5

　　3）机制砂和石屑规格

　　石屑是采石场破碎石料时通过 4.75mm 或 2.36mm 的筛下部分，其规格应符合表 6-87 的要求。采石场在生产石屑的过程中应具备抽吸设备，高速公路和一级公路的沥青混合料，宜将 S14 与 S16 组合使用，S15 可在沥青稳定碎石基层或其他等级公路中使用。

沥青混合料用机制砂或石屑规格

表 6-87

规　格	公称粒径（mm）	水洗法通过各筛孔（mm）的质量百分率（%）							
		9.5	4.75	2.36	1.18	0.6	0.3	0.15	0.075
S15	0～5	100	90～100	60～90	40～75	20～55	7～40	2～20	0～10
S16	0～3	—	100	80～100	50～80	25～60	8～45	0～25	0～15

注：当生产石屑采用喷水抑制扬尘工艺时，应特别注意含粉量不得超过表中要求。

　　机制砂宜采用专用的制砂机制造，并选用优质石料生产，其级配应符合 S16 的要求。

　　（4）填料

　　沥青混合料的填料可采用矿粉、拌合机粉尘或粉煤灰，其应符合以下技术性能要求。

　　1）矿粉

　　沥青混合料的矿粉必须采用石灰岩或岩浆岩中的强基性岩石等憎水性石料经磨细得到的矿粉，原石料中的泥土杂质应除净。矿粉应干燥、洁净，能自由地从矿粉仓流出，其质量应符合表 6-88 的要求。

沥青混合料用矿粉质量要求

表 6-88

项　目		高速公路、一级公路	其他等级公路
表观密度（t/m³），不小于		2.50	2.45
含水量（%），不大于		1	1
粒度范围	＜0.6mm（%）	100	100
	＜0.15mm（%）	90～100	90～100
	＜0.075mm（%）	75～100	70～100
外观		无团粒结块	—
亲水系数		＜1	T0353
塑性指数		＜4	T0354
加热安定性		实测记录	T0355

　　2）拌合机粉尘

　　拌合机的粉尘可作为矿粉的一部分回收使用。但每盘用量不得超过填料总量的 25%，掺有粉尘填料的塑性指数不得大于 4%。

　　3）粉煤灰

　　粉煤灰作为填料使用时，不得超过填料总量的 50%，粉煤灰的烧失量应小于 12%，与矿粉混合后的塑性指数应小于 4%，其余质量要求与矿粉相同。高速公路、一级公路的沥青面层不宜采用粉煤灰作填料。

　　（5）热拌沥青混合料

　　热拌沥青混合料适用于各种等级道路的沥青面层。高速公路、一级公路和城市快速路、主干路的沥青面层的上面层、中间层及下面层应采用沥青混凝土混合料铺筑，沥青碎

179

石混合料仅适用于过渡层及整平层。其他等级道路的沥青面层上面层宜采用沥青混凝土混合料铺筑。

    1）一般规定

    ① 热拌沥青混合料按其骨料最大粒径可分为粗粒式、中粒式、细粒式等类型，见表6-89所列。其规格应以方孔筛为准，骨料最大粒径不宜超过31.5mm。当采用圆孔筛作为过渡时，骨料最大粒径不宜超过40mm。

热拌沥青混合料种类及最大骨科粒径 表6-89

混合料类别	方孔筛系列			对应的圆孔筛系列		
	沥青混凝土	沥青碎石	最大骨料粒径（mm）	沥青混凝土	沥青碎石	最大骨料粒径（mm）
特粗式	—	AM—40	37.5	—	LS—50	50
粗粒式	AC—30	AM—30	31.5	LH—40 或 LH—35	LS—40 LS—50	40 35
	AC—25	AM—25	26.5	LH—30	LS—30	30
中粒式	AC—20	AM—20	19.0	LH—25	LS—25	25
	AC—16	AM—16	16.0	LH—20	LS—20	20
细粒式	AC—13	AM—13	13.2	LH—15	LS—15	15
	AC—10	AM—10	9.5	LH—10	LS—10	10
砂粒式	AC—5	AM—5	4.75	LH—5	LS—5	5
抗滑表层	AK—13	—	13.2	LK—15	—	15
	AK—16	—	16.0	LK—20	—	20

    粗粒式沥青混合料适用于下面层；中粒式沥青混合料适用于单层式面层或下面层；砂粒式沥青混合料（沥青砂）适用于面层及人行道面层。沥青混合料面层（含磨耗层）中的骨料最大粒径不宜超过层厚的60%，下面层中骨料最大粒径不宜超过层厚的70%。

    ② 沥青路面各层的混合料类型

    沥青路面各层的混合料类型应根据道路等级及所处的层次，按表6-90确定，并应符合以下要求。

    A. 应满足耐久性、抗车辙、抗裂、抗水损害能力、抗滑性能等多方面要求，并应根据施工机械、工程造价等实际情况选择沥青混合料的种类。

    B. 沥青混凝土混合料面层宜采用双层或三层式结构，其中应有一层及一层以上是Ⅰ型密级配沥青混凝土混合料。当各层均采用沥青碎石混合料时，沥青面层下必须作下封层。

沥青路面各层的沥青混合料类型 表6-90

筛孔系列	结构层次	高速公路、一级公路和城市快速路、主干路		其他等级公路		一般城市道路及其他道路工程	
		三层式沥青混凝土路面	两层式沥青混凝土路面	沥青混凝土路面	沥青碎石路面	沥青混凝土路面	沥青碎石路面
方孔筛系列	上面层	AC—13	AC—13	AC—13	AM—13	AC—5	AM—5
		AC—16	AC—16	AC—16		AC—10	AM—10
		AC—20				AC—13	

续表

筛孔系列	结构层次	高速公路、一级公路和城市快速路、主干路		其他等级公路		一般城市道路及其他道路工程	
		三层式沥青混凝土路面	两层式沥青混凝土路面	沥青混凝土路面	沥青碎石路面	沥青混凝土路面	沥青碎石路面
方孔筛系列	中间层	AC—20					
		AC—25					
	下面层	AC—25	AC—20	AC—20	AM—25	AC—20	AM—25
		AC—30	AC—25	AC—25	AM—30	AC—25	AM—30
			AC—30	AC—30		AM—25	AM—40
				AM—25		AM—30	
				AM—30			
圆孔筛系列	上面层	LH—15	LH—15	LH—15	LS—15	LH—5	LS—5
		LH—20	LH—20	LH—20		LH—10	LS—10
		LH—25				LH—15	
	中间层	LH—25					
		LH—30					
	下面层	LH—30	LH—30	LH—25	LS—30	LH—25	LS—30
		LH—35	LH—35	LH—30	LS—35	LH—30	LS—35
		LH—40	LH—40	LH—35	LS—40	LS—30	LS—40
				AM—30		LS—35	LS—50
				AM—35		LS—40	

注：当铺筑抗滑表层时，可采用 AC—13 或 AC—16 型热拌沥青混合料，也可在 AC—10（LH—15）型细粒式沥青混凝土上嵌压沥青预拌单粒径碎石 S10 铺筑而成。

C. 多雨潮湿地区的高速公路、一级公路和城市快速路、主干路的上面层宜采用抗滑表层混合料，一般道路及少雨干燥地区的高速公路、一级公路和城市快速路、主干路宜采用 I 型沥青混凝土混合料作表层。

D. 沥青面层骨料的最大粒径宜从上至下逐渐增大。上层宜使用中粒式及细粒式，不应使用粗粒式混合料。砂粒式仅适用于城市一般道路、市镇街道及非机动车道、行人道路等工程。

E. 上面层沥青混合料骨料的最大粒径不宜超过层厚的 1/2，中、下面层及连接层骨料的最大粒径不宜超过层厚的 2/3。

F. 高速公路的硬路肩沥青面层宜采用 I 型沥青混凝土混合料作表层。

③ 热拌热铺沥青混合料路面应采用机械化连续施工。

2）原材料质量要求

① 沥青材料

可采用道路石油沥青、乳化石油沥青、液体石油沥青和煤沥青等。使用沥青应根据交通量、气候条件、施工方法、面层类型及材料来源等情况来确定。当采用改性沥青时，可通过试验进行选用。

沥青面层所用的沥青强度等级，可根据气候分区、沥青路面类型及沥青的种类按沥青路面施工气候分区及材料选用。沥青路面施工气候分区是根据不同地区最低月平均气温

（≤−10℃、−10～0℃、≥0℃）划分为寒区（东北三省、陕西、青海、甘肃、新疆、西藏等）、温区（山东、京津、内蒙古以及河北、山西、陕西的部分地区等）和热区（上海、华东、华南以及江苏、河南、陕西的部分地区等）。

A. 道路石油沥青

城市快车路、主干路，采用重交通道路石油沥青作沥青混凝土粘结材料时，宜改性使用，改性后的沥青性能应满足设计及施工时沥青混凝土性能的要求。

重交通道路石油沥青主要技术指标应符合其质量规定，其他等级的道路也可采用中、轻交通道路石油沥青技术要求。

B. 乳化石油沥青

乳化石油沥青可用于沥青表面处治、沥青贯入式路面、常温沥青混合料路面及透层、黏层与封层。

适用乳化沥青要根据使用目的、矿料种类、气候条件来选择。对于酸性石料，在低温条件下，石料表面处于潮湿状态时，宜选用阳离子乳化沥青；对于碱性石料宜选用阴离子乳化沥青。

C. 液体石油沥青

用于透层、黏层及拌制常温下施工的沥青混合料可选用液体石油沥青，液体石油沥青在使用前应通过试验确定掺配比例，配置的液体石油沥青的类型与质量应符合规定。

D. 煤沥青

道路用煤沥青可用于透层、黏层。选用煤沥青的质量应符合其技术要求规定。

② 矿料

沥青混合料采用的矿料包括粗骨料、细骨料、填料。

A. 粗骨料

用于沥青面层的粗骨料包括碎石、破碎砾石、矿渣等，对粗骨料的要求是洁净、无风化、无杂质，具有足够的强度和耐磨性。

粗骨料的质量应符合表 6-83 的规定。

B. 细骨料

沥青面层用的细骨料可采用短砂、机制砂及石屑。细骨料表面应洁净、无风化、无杂质、质地坚硬，符合级配要求的粗砂、中砂，其最大粒径应小于或等于 5mm，含泥量小于或等于 5%（快速路、主干路小于或等于 3%），砂应与沥青有良好的黏附性。黏附性小于 4 级的天然砂及花岗石、石英石等机制破碎砂不可用于城市快速路、主干路。

当选用天然砂作为细骨料时，可根据沥青面层按天然砂的规格选用。

当选用石屑作为细骨料时，可根据沥青面层按石屑规定选用，要求石屑应质地坚硬、清洁、有棱角，最大粒径小于或等于 95mm，小于 0.075mm 的颗粒含量小于或等于 5%。

细骨料质量应符合沥青面层用细骨料质量技术要求的规定。

C. 填料

沥青混合料的填料宜采用石灰石石料磨细而成的矿粉，矿粉要求干燥、洁净，空隙率应小于或等于 45%，颗粒全部通过 0.6mm 筛，小于 0.075mm 的颗粒含量应占总量的 75% 以上，亲水系数小于或等于 1，沥青面层用矿粉质量应符合其规定的技术要求。

当用水泥、石灰、粉煤灰作填料时，其用量不超过矿料总量的 2%。

（6）沥青玛琋脂碎石混合料（SMA）面层

SMA 是 Stone Mastic Asphalt 的缩写，是一种间断级配的沥青混合料，是由沥青玛琋脂填充碎石组成的骨架嵌挤型密实沥青混合料。

由于粗骨料（大于 4.75mm）的碎石相互接触形成的碎石骨架具有良好的传力功能，故 SMA 有高抗车辙能力。同时，SMA 有较多的沥青砂胶包裹于骨料表面形成相当的厚度，因此 SMA 有较高的抗疲劳强度、抗老化能力、抗松散性和很好的耐久性，且高温稳定性、耐磨性、抗滑性能好。

SMA 寿命较普通沥青混凝土长 20%～40%。SMA 初期费用约增加 20%，长期看却很经济。SMA 用于铺筑底面层，也可以用于铺筑表面层，特别可以用于铺筑薄面层，降低造价。特别适合用于需要摩擦力好的位置，如环道、交叉口等。

原材料质量要求如下：

1）沥青

目前沥青玛琋脂碎石（SMA）结构路面选用的沥青分别有国产或进口 AH—70、AH—90 道路用重交通沥青、壳牌改性沥青、泰国改性沥青、韩国改性沥青和其他现场生产的改性沥青等。施工期间，沥青质量日常检测应严格按《公路沥青路面施工技术规范》JTG F 40—2004 要求的检测项目和检测频率进行。施工过程不同改性沥青质量的检测要求见表 6-91 所列。

183

施工过程中对不同改性沥青的检测要求　　表 6-91

检查项目	检查频度	试验规程规定的平行试验次数或一次试验的试样数	检查项目	检查频度	试验规程规定的平行试验次数或一次试验的试样数
针入度	每天 1 次	3	低温延度	必要时	3
软化点	每天 1 次	2	弹性恢复	必要时	3
离析试验（对成品改性沥青）	每周 1 次	2	显微镜观察（对现场改性沥青）	随时	—

2）骨料

用于 SMA 的粗骨料必须符合抗滑表层混合料的技术要求，同时，SMA 对粗骨料的抗压碎要求高，粗骨料必须使用坚韧的、粗糙的、有棱角的优质石料，必须严格限制骨料的扁平颗粒含量；所使用的碎石不能用颚板式轧石机破碎，要用锤击式或者锥式碎石机破碎。SMA 的粗骨料质量技术要求见表 6-92 所列。

SMA 表面层用粗骨料质量技术要求　　表 6-92

指　标	技术要求	试验方法
石料压碎值（%），不大于	25	T0316
洛杉矶磨耗损失（%），不大于	30	T0317
视密度（每 m³），不小于	2.6	T0304
吸水率（%），不大于	2.0	T0304
与沥青的黏附性（S），不小于	4	T0616

指　　标	技术要求	试验方法
坚固性（%），不大于	12	T0314
针片状颗粒含量（%），不大于	15*	T0312
水洗法<0.075mm 颗粒含量（%），不大于	1	T0310
软石含量（%），不大于	1	T0320
石料磨光值（*BPN*），不小于	42	T0321
具有一定破碎面积的破碎砾石的含量（%），不小于	一个面：100　两个面：90	T0327

注：* 针片状颗粒含量最好小于 10%，绝对不得超过 15%。

细骨料在 SMA 中只占有很少的比例，一般要求用人造砂，即机制砂。也可以采用机制砂和天然砂混合使用，但机制砂与天然砂的比例必须大于 1∶1，即机制砂多于天然砂。SMA 路面用细骨料质量技术要求见表 6-93 所列。

SMA 路面用细骨料质量技术要求　　　　　表 6-93

指　　标	技术要求	指　　标	技术要求
视密度（t/m³），不小于	2.50	砂当量不小于（%）	60
坚固性（>0.3mm），不大于	12	棱角性不小于（%）	45

3）填料

SMA 的填料一定要尽量采用磨细的石灰石粉。矿粉必须存放在室内干燥的地方，在使用时必须干燥、不成团。SMA 路面对矿粉质量的技术要求见表 6-94 所列。

SMA 路面对矿粉质量的技术要求　　　　　表 6-94

指　　标		质量要求
视密度（t/m³），不大于		2.50
含水量（%），不大于		1
粒度范围	<0.6mm（%）	100
	<0.15mm（%）	90～100
	<0.075mm（%）	75～100
外观		无团块，不结块
亲水系数，不大于		1
回收粉尘的用量，不大于		填料总质量的 50%
掺加回收粉以后填料的塑性指数（%），不大于		4

4）改性剂

沥青改性剂分为三类，即热塑性橡胶类（如 SBS）、橡胶类（如 SBR）、热塑性树脂类（如 EVA 及 PE）。目前，SMA 采用的沥青改性剂主要为聚乙烯（PE）和苯乙烯—丁二烯—苯乙烯（SBS）两种。

5）纤维稳定剂

纤维稳定剂应符合表 6-95、表 6-96 的要求。

木质素纤维质量标准 表 6-95

试　验	指　标
筛分法	
方法 A：充气筛分析纤维长度	＜6mm
通过 0.15mm 筛	(70±10)%
方法 B：普通筛分析纤维长度	＜6mm
通过 0.85mm 筛	(85±10)%
通过 0.425mm 筛	(65±10)%
通过 0.106mm 筛	(30±10)%
灰分含量	(18±5)%，无挥发物
pH 值	7.5±1.0
吸油率	纤维质量的 (5.0±1.0) 倍
含水率	＜5%（以质量计）

矿物纤维质量标准 表 6-96

试　验	指　标
筛分法	
纤维长度	＜6mm
纤维厚度	＜0.005mm
球状颗粒含量：通过 0.25mm 筛	(90±5)%
通过 0.063mm 筛	(70±10)%

6）SMA 施工原材料抽样检查内容及频率

施工原材料抽样检查内容及频率见表 6-97 所列。

施工原材料抽样检查内容及频率 表 6-97

材料名称	检查项目	频　率
粗骨料	外观（包括针片状、含泥量）	应随时检查
	颗粒组成	1 次/200m²
细骨料	矿当量检查	1 次/200m²
	颗粒组成	1 次/200m²
矿粉	≤0.075mm 含量	1 次/200m²

10. 公路土工合成材料

土工合成材料是土木工程应用的合成材料的总称。它是一种以人工合成聚合物（如塑料、化纤、合成橡胶等）为原料制成的，置于土体内部、表面及土体之间，发挥加强或保护土体的作用的土木工程材料。

（1）分类

1）土工织物

土工织物是用于岩土工程和土木工程的机织、针织或非织造的可渗透的聚合物材料，

185

主要分为纺织和无纺两类。纺织土工织物通常具有较高的强度和刚度，但过滤、排水性较差；无纺土工织物过滤、排水性能较好且断裂延伸率较高，但强度相对较低。

2）土工膜

土工膜是由聚合物或沥青制成的一种相对不透水的薄膜，主要由聚氯乙烯（PVC）、氯磺化聚乙烯（CSPE）、高密度聚乙烯（HDPE）、低密度聚乙烯（VLDPE）制成。其渗透性低，常用作流体或蒸气的阻拦层。

3）土工格栅

土工格栅是由有规则的网状抗拉条带制成的用于加筋的土工合成材料，主要有聚酯纤维和玻璃纤维两类。其质量轻且具有一定柔性，常用做加筋材料，对土起加固作用。

① 聚酯纤维类土工格栅

聚酯纤维类土工格栅是经拉伸形成的具有方形或矩形的聚合物网材，主要分为单向格栅和双向格栅两类。前者是沿板材长度方向拉伸制成，后者是继续将单向格栅沿其垂直方向拉伸制成。通常在塑料类土工格栅中掺入炭黑等抗老化材料，以提高材料的耐酸、耐碱、耐腐蚀和抗老化性能。

② 玻璃纤维类土工格栅

玻璃纤维类土工格栅是以高强度玻璃纤维为材质制成的土工合成材料，多对其进行自黏感压胶和表面沥青浸渍处理，以加强格栅和沥青路面的结合作用。

4）特种土工材料

① 土工膜袋

土工膜袋是一种由双层聚合化纤织物制成的连续（或单独）袋状材料，根据材质和加工工艺不同，分为机制膜袋和简易膜袋两类，常用于护坡或其他地基处理工程。

② 土工网

土工网是由平行肋条经以不同角度与其上相同肋条粘结为一体的土工合成材料，常用于软基加固垫层、坡面防护、植草以及用做制造组合土工材料的基材。

③ 土工网垫和土工格室

土工网垫多为长丝结合而成的三维透水聚合物网垫。土工格室是由土工织物、土工格栅或土工膜、条带聚合物构成的蜂窝状或网格状三维结构聚合物。两者常用于防冲蚀和保土工程。

④ 聚苯乙烯泡沫塑料（EPS）

聚苯乙烯泡沫塑料（即EPS）是在聚苯乙烯中添加发泡剂至规定密度，进行预先发泡，将发泡颗粒放在筒仓中干燥，并填充到模具内加热而成。它质轻、耐热、抗压性能好、吸水率低、自立性好，常用做路基填料。

5）土工复合材料

由土工织物、土工膜、土工格栅和某些特种土工合成材料中的两种或两种以上互相组合起来就成为土工复合材料。土工复合材料可将不同材料的性质结合起来，更好地满足工程需要。例如，复合土工膜就是将土工膜和土工织物按一定要求制成的一种土工织物组合物，同时起到防渗和加筋作用；土工复合排水材料是以无纺土工织物和土工网、土工膜或不同形状的土工合成材料芯材组成的排水材料，常用于软基排水周结处理、路基纵横排水、建筑地下排水管道、集水井、支挡建筑物的墙后排水、隧道排水、堤坝排水设施等。

（2）土工合成材料的技术性质

1）物理性能

土工合成材料的物理性能主要包括单位面积质量、厚度、幅度和当量孔径等。

① 单位面积质量

单位面积质量是指单位面积的土工合成材料在标准大气条件下的单位面积的质量。它是反映材料用量、生产均匀性以及质量稳定性的重要物理指标，采用称量法测定。

② 厚度

厚度是指土工合成材料在承受规定的压力下正反两面之间的距离。它反映了材料的力学性能和水力性能，采用千分尺直接测量。

③ 幅度

幅度是指整幅土工合成材料经调湿，除去张力后，与长度方向垂直的整幅宽度。它反映了材料的有效使用面积，采用钢尺直接测量。

④ 当量孔径

土工格栅、土工网等大孔径的土工合成材料，其网孔尺寸是通过换算折合成与其面积相当的圆形孔的孔径来表示的，称为当量孔径。它是检验材料尺寸规格的主要物理指标，采用游标卡尺测量，按下式计算：

$$D_c = 2 \times \sqrt{\frac{A}{\pi}}$$

式中　D_c——当量孔径（mm）；

　　　　A——网孔面积（mm²）。

2）力学性能

土工合成材料的力学性能主要包括拉伸性能、撕破强力、顶破强力、穿透性能和摩擦性能等。

① 拉伸性能

拉伸性能是指材料抵抗拉伸断裂的能力。它是评价土工合成材料使用性能及工程设计计算时的最基本技术性能，主要包括宽条拉伸试验、接头/接缝宽条拉伸试验和条带拉伸试验。

A. 宽条拉伸试验

宽条拉伸试验是检测土工织物及其复合材料拉伸性能的主要方法。它是将标准试样两端用夹具夹住，采用拉伸试验仪按规定施加荷载直至试件拉伸破坏，以拉伸强度和最大负荷下伸长率表征。拉伸性能是指材料被拉伸直至断裂时每单位名义宽度的最大抗拉力，单位为 kN/m。

B. 接头/接缝宽条拉伸试验

接头和接缝处是整个土工结构中的薄弱点。接头/接缝的强度就是整个结构物的强度，其直接影响工程的质量和寿命。接头/接缝宽条拉伸试验是用于测定土工合成材料接头/接缝强度和效率，是将标准试件两端用夹具夹住，按规定施加荷载直至接头/接缝或材料本身断裂，以接头/接缝强度和接头/接缝效率表示，其中接头/接缝强度和无接头/接缝材料平均拉伸强度的单位为 kN/m，接头/接缝效率用百分率表示。

187

C. 条带拉伸试验

条带拉伸试验用于测定土工格栅、土工加筋带及其复合材料的拉伸强度和最大负荷下伸长率。试验原理与宽条拉伸试验相似，只是试件规格、施加荷载略有不同。试验以拉伸强度和最大负荷下伸长率表示，单位分别为 kN/m 和百分率。

② 撕破强力

撕裂强力是指材料受荷载作用直至撕裂破坏时的极限破坏应力。它反映土工合成材料抵抗扩大破损裂口的能力，是评价土工织物和土工膜破损的扩大程度难易的重要力学指标。撕破强力测定试验是将标准试件装入卡具内，采用拉伸试验机按规定施加荷载直至试件撕裂破坏时的极限破坏应力。

③ 顶破强力

顶破强力是指材料受顶压荷载直至破裂时的最大顶压力。它反映了土工合成材料抵抗各种法向静态应力的能力，是评价各种土工织物、复合土工织物、土工膜、复合土工膜及其相关的复合材料力学性能的重要指标之一。顶破强力多采用 CBR 顶破试验测定，是将标准试件固定于环形顶破夹具中，按规定施加荷载直至试件顶破破坏时的最大顶压力。

④ 穿透性能

穿透性能反映了土工合成材料抵抗冲击和穿透的能力，是评价土工织物抵抗锐利物体穿刺破坏的力学指标。穿透性能采用落锥穿透试验测定，是将标准落锥从规定高度自由下落冲击刺破试件。再用量锥测定破口尺寸，以破口直径作为最终评价指标。

⑤ 摩擦性能

摩擦性能是评价土工合成材料工程结构稳定性的重要指标，包括直剪摩擦试验和拉拔摩擦试验，其相应的技术指标分别为摩擦比和拉拔摩擦系数，摩擦比是指在相同的法向应力下，砂土与土工织物间最大剪应力与砂土最大剪应力之比，拉拔摩擦系数是指土与土工合成材料在拉拔试验中测得的剪应力与法向应力的比值。

3) 水力性能

土工合成材料的水力性能主要包括垂直渗透性能、防渗性能和有效孔径等。

① 垂直渗透性能

垂直渗透性能试验主要用于土工合成材料的反滤设计，以确定其渗透性能，采用垂直渗透系数和透水率表示。垂直渗透性能采用恒水头法测定，将浸泡后除去气泡的标准试件装入渗透仪，按规定向渗透仪通水，然后根据达到规定的最大水头差时的渗透水量和渗透时间确定垂直渗透系数和透水率。垂直渗透系数是指在单位水力梯度下垂直于土工织物平面流动水的流速（单位 mm/s）；透水率是指垂直于土工织物平面流动的水，在水位差等于 1 时的渗透流速（单位 mm/s）。

② 防渗性能

防渗性能是指土工膜及其复合材料抵抗水流渗入的能力，是其重要的水力性能指标。它对材料使用寿命和工程质量有重要影响，常采用耐静水压试验测定。试验是将试样置于规定的测试装置内，对其两侧施加一定水力压差并保持一定时间，逐级增加水力压差，直至样品出现渗水现象，其能承受的最大水头压差即为材料的耐静水压值也可通过测定要求水力压差下试样是否有渗水现象来判断是否满足要求。

③ 有效孔径

孔径反映了土工织物的过滤性能和透水性能，是评价材料阻止土颗粒通过能力的重要水力学指标，以有效孔径表征。有效孔径是指能有效通过土工织物的近似最大颗粒直径，采用干筛法测定。试验是用土工织物试样作为筛布，将已知粒径的标准颗粒材料置于其上加以振筛，称量通过质量并计算过筛率，根据不同粒径标准颗粒试验，绘出有效孔径分布曲线，以此确定有效孔径，其过筛率即为有效孔径的指标。

4）耐久性能

耐久性能是指土工合成材料抵抗自然因素长期作用而其技术性能不发生大幅度衰退的能力，主要包括抗氧化性能、抗酸碱性能和抗紫外线性能等。

① 抗氧化性能

土工合成材料在工程应用中长时间与氧气接触，因此抗氧化性能是土工合成材料耐久性能的最重要指标之一，适用于以聚丙烯和聚乙烯为原料的各类土工合成材料（除土工膜外），采用抗氧化性试验测定。试验是将标准试件按要求进行老化处理，然后采用拉伸试验机按规定施加荷载直至试件拉伸破坏，以断裂强力保持率和断裂伸长保持率表示，单位为百分率。

② 抗酸碱性能

抗酸碱性能是指土工合成材料抵抗酸、碱溶液侵蚀的能力，采用无机酸（碱）浸泡试验测定。试验时将标准试件按规定在标准无机酸（碱）溶液中浸泡，观察浸泡后的表面性状，测定浸泡后质量与表面尺寸，并对浸泡后试件进行横、纵双向拉伸试验，以质量变化率、尺寸变化强力保持率和断裂伸长保持率表示，单位为百分率。

③ 抗紫外线性能

抗紫外线性能是指土工合成材料抵抗自然光照等老化因素作用而其性能不发生大幅度衰退的能力，常用"炭黑含量"来评价和控制材料的该项性能。炭黑是聚烯烃塑料制土工合成材料中的重要添加物，有助于屏蔽紫外线，对防止材料老化起着关键性作用。因此，检验炭黑含量可以间接反映材料的抗紫外线老化性能。炭黑试验是将试样研磨粉碎并称量，按规定对试样进行裂解和煅烧，冷却后称取残留物质量，以炭黑含量和灰分含量表示，单位分别为百分率。

土工合成材料种类繁多，在道路工程中有着广泛的应用。在选用时必须明确材料使用的目的，充分考虑工程特性，比较材料的特点，统筹分析工程、材料、环境、造价之间的关系，最终确定最佳的材料选择。

土工合成材料的主要作用有：

A. 过滤作用，又称反滤或倒滤，是指土中渗流流入滤层时，流体可以通过但土中固体颗粒被截流下来的作用。宜采用的土工合成材料有无纺织物。

B. 排水作用，是指其在土体中形成排水通道，把土中的水分汇集起来，沿着材料的平面排出体外。宜采用的土工合成材料有无纺织物、塑料排水板、带有钢圈和滤布及加强合成纤维组成的加劲软式透水管等。

C. 反滤作用，是指在土工建筑物中设置反滤层以防止管涌破坏的现象，保护土料中的颗粒（特别小的除外）不从土工织物中的孔隙中流失同时要保证水流畅通，保护土料的细颗粒不得停留在织物内产生淤堵。土工织物逐渐取代常规的砂石料反滤层，成为反滤层设置的主要材料。

D. 加筋作用，是指其在土体中，可有效地分布土体的应力，增加土体的模量，传递拉应力，限制土体侧向位移，还可增加土体和其他材料之间的摩擦阻力，提高土体及有关构筑物的稳定性。宜采用的土工合成材料有土工织物、土工格栅、土工网等。

E. 防护作用，是指利用土工合成材料的渗滤、排水、加筋、隔离等功能控制自然界和土建工程的侵蚀现象。土质边坡可采用拉伸草皮、固定草种布或网格固定撒种，岩石边坡防护可采用土工网或土工格栅。裸露式防护应采用强度较高的土工格栅，埋藏式防护可采用土工网或土工格栅。

F. 路面裂缝的防治作用，是指铺设于旧沥青路面、旧水泥混凝土路面的沥青加铺层底部或新建道路沥青面层底部，可减少或延缓旧路面对沥青加铺层的反射裂缝，或半刚性基层对沥青面层的反射裂缝。宜采用的土工合成材料有玻纤网、土工织物。

（3）土工合成材料的技术要求

1）土工网

① 分类

土工网的代号为 N，按结构形式可分为四类。

A. 塑料平面土工网（NSP）

以高密度聚乙烯（HDPE）或其他高分子聚合物为原料，加入一定的抗紫外线助剂等辅料，经挤出成型的平面网状结构制品。

B. 塑料三维土工网（NSS）

底面为一层或多层双向拉伸或挤出的平面网，表面为一层或多层非拉伸的挤出网，经点焊形成表面呈凹凸泡状的多层网状结构制品。

C. 经编平面土工网（NJP）

以无碱玻璃纤维或高强聚酯长丝经经编机织并经表面涂覆而成的平面网状结构制品。

D. 经编三维土工网（NJS）

塑料长丝或可降解的纤维为原料经经编织造而成的三维土工网。

② 原材料的名称代号见表 6-98 所列。

原材料名称代号　　　　　　　　　　　　　　　　　表 6-98

名　称	代　号	名　称	代　号
聚乙烯	PE	聚丙烯	PP
高密度聚乙烯	HDPE	聚酯	PES
无碱玻璃纤维	GE	聚酰胺	PA

注：未列原材料，其名称应特殊说明；未列塑料及树脂基础聚合物的名称缩写代号按《塑料符号和缩略语　第1部分：基础聚合物及其特征性能》（GB/T 1844.1—2022）规定表示。

示例：

拉伸强度为 10kN/m，由一层平面网组成的塑料平面土工网，原材料为聚丙烯。表示为：NSP10（Ⅰ）/PP。

拉伸强度为 4kN/m，由二层平面网和一层非平面网组成的塑料三维土工网，原材为聚乙烯。表示为：NSS4（2-1）/PE-PE。

纵向拉伸强度为 15kN/m，由一层平面网组成的经编平面土工网，原材料为聚乙烯。表示为：NJP15（1）/PE。

纵向拉伸强度为 4kN/m，由一层经编平面网与另一层经编平面网中间用长丝连接组成的经编三维土工网，原材料为聚乙烯。表示为：NJS4（1-1）/PE-PE。

③ 产品规格和尺寸偏差

A. 产品规格

产品规格见表 6-99 所列。

土工网产品规格　　　　　　　　　　　　　　表 6-99

土工网类型	型号规格						
塑料平面工程网	NSP2	NSP3	NSP5	NSP6	NSP8	NSP10	NSP15
塑料三维土工网	NSS0.8	NSS1.5	NSS2	NSS3	NSS4	NSS5	NSS6
经编平面土工网	NJP2	NJP3	NJP5	NJP6	NJP8	NJP10	NJP15
经编三维土工网	NJS0.8	NJS1.5	NJS2	NJS3	NJS4	NJS5	NJS6

B. 产品尺寸偏差

土工网尺寸偏差应符合表 6-100 的规定。

土工网单位面积质量、尺寸偏差　　　　　　　　表 6-100

土工网单位面积质量相对偏差（%）	平面土工网	±8
	三维土工网	±10
土工网网孔中心最小净空尺寸（mm）	平面土工网	≥4
	三维土工网	≥4
土工网厚度（mm）	塑料三维土工网	≥10
	经编三维土工网	≥8
土工网宽度（mm）		≥1
土工网宽度偏差（mm）		+60

④ 技术要求

A. 理化性能

土工网的物理机械性能参数应符合表 6-101～表 6-104 的规定。

n 层平面网组成的塑料平面土工网物理性能参数　　　　表 6-101

项　目	型号						
	NSP2（n）	NSP3（n）	NSP5（n）	NSP6（n）	NSP8（n）	NSP10（n）	NSP15（n）
纵、横向拉伸强度（kN/m）	≥2	≥3	≥5	≥6	≥8	≥10	≥15
纵、横向10%伸长率下的拉伸力（kN/m）	≥1.2	≥2	≥4	≥5	≥7	≥9	≥13
多层平网之间焊点抗拉力（N）	≥0.8	≥1.4	≥2	≥3	≥4	≥5	≥8

n 层平面网组成的经编平面土工网物理性能参数　　　　表 6-102

项　目	型号						
	NJP2（n）	NJP3（n）	NJP5（n）	NJP6（n）	NJP8（n）	NJP10（n）	NJP15（n）
纵、横向拉伸强度（kN/m）	≥2	≥3	≥5	≥6	≥8	≥10	≥15
经编无碱玻璃纤维平面土工网断裂伸长率（%）	≤4						

n 层平面网 k 层非平面网组成的塑料三维土工网物理性能参数　　　　表 6-103

项　目	型号						
	NSS0.8（n−k）	NSS1.5（n−k）	NSS2（n−k）	NSS3（n−k）	NSS4（n−k）	NSS5（n−k）	NSS6（n−k）
纵、横向拉伸强度（kN/m）	≥0.8	≥1.5	≥2	≥3	≥4	≥5	≥6
平网与非平网之间焊点抗拉力（N）	≥0.6	≥0.9	≥4		≥8		

n 层平面网 k 层非平面网组成的经编三维土工网物理性能参数　　　　表 6-104

项　目	型号						
	NJS0.8（n−k）	NJS1.5（n−k）	NJS2（n−k）	NJS3（n−k）	NJS4（n−k）	NJS5（n−k）	NJS6（n−k）
纵、横向拉伸强度（kN/m）	≥0.8	≥1.5	≥2	≥3	≥4	≥5	≥6
横、横向拉伸强度（kN/m）	≥0.6	≥0.8	≥1	≥1.8	≥2.5	≥4	≥6

塑料土工网抗光老化等级应符合表 6-105 的规定。

塑料土工网抗光老化等级　　　　表 6-105

光老化等级	Ⅰ	Ⅱ	Ⅲ	Ⅳ
辐射强度为 550W/m² 照射 150h 标称拉伸强度保持率（%）	＜50	50～80	80～95	＞95
炭黑含量（%）	—	2±0.5		
炭黑在土工网材料中的分布要求	均匀、无明显聚块或条状物			

注：对采用非炭黑做抗光老化助剂的土工网，按抗光老化等级参照执行。

B. 外观质量

a. 产品颜色应色泽均匀，无明显油污。

b. 产品无损伤、无破裂。

C. 成品尺寸

土工网每卷的纵向基本长度应不小于 30m，卷中不得有拼段。

2）有纺土工织物

① 分类

有纺土工织物按编织类型可分为两类：机织有纺土工织物和针织有纺土工织物。

A. 机织有纺土工织物

它由两组或两组以上纱线、条带或其他线条状物体，通过垂直相交编织成的土工织物。

B. 针织有纺土工织物

它由一根或多根纱线或其他成分弯曲成圈，并互相穿套成的土工织物。

② 产品型号

产品型号表示方式示例：

拉伸强度为 35kN 的聚丙烯机织有纺土工织物，型号表示为：WJ35/PP。

拉伸强度为 50kN 的聚乙烯针织有纺土工织物，型号表示为：W250/PE。

③ 规格与尺寸偏差

A. 规格

有纺土工织物规格系列符合表 6-106 的规定。

有纺土工织物产品规格系列　　　　　表 6-106

有纺土工织物类型	型号规格								
机织有纺土工织物	WJ20	WJ35	WJ50	WJ65	WJ80	WJ100	WJ120	WJ150	WJ180
针织有纺土工织物	WZ20	WZ35	WZ50	WZ65	WZ80	WZ100	WZ120	WZ150	WZ180
标称纵、横向拉伸强度（kN/m）	≥20	≥35	≥50	≥65	≥80	≥100	≥120	≥150	≥180

B. 尺寸偏差

有纺土工织物尺寸偏差应符合表 6-107 的规定。

有纺土工织物尺寸偏差　　　　　表 6-107

单位面积质量相对偏差（%）	±7
幅宽（m）	≥2
幅宽偏差（%）	+3

④ 技术要求

A. 理化性能

有纺土工织物物理性能参数应符合表 6-108 的规定。

有纺土工织物物理性能参数　　　　　表 6-108

项　目	型号规格								
	WJ20	WJ35	WJ50	WJ65	WJ80	WJ100	WJ120	WJ150	WJ180
	WZ20	WZ35	WZ50	WZ65	WZ80	WZ100	WZ120	WZ150	WZ180
标称纵、横向拉伸强度（kN/m）	≥20	≥35	≥50	≥65	≥80	≥100	≥120	≥150	≥180
纵、横向拉伸断裂伸长率（%）	≤30								
CBR 顶破强度（kN）	≥1.6	≥2	≥4	≥6	≥8	≥11	≥13	≥17	≥21
纵、横向梯形撕破强度（kN/m）	≥0.3	≥0.5	≥0.8	≥1.1	≥1.3	≥1.5	≥1.7	≥2.0	≥2.3
垂直渗透系数（cm/s）	$5×10^{-1}～5×10^{-4}$								
等效孔径 O_{95}（mm）	0.07～0.5								

抗光老化等级应符合表 6-109 的规定。

有纺土工织物抗光老化等级 表 6-109

抗光老化等级	Ⅰ	Ⅱ	Ⅲ	Ⅳ
光照辐射强度为 550W/m² 照射 150h，拉伸强度保持率（%）	<50	50～80	80～95	>95
炭黑含量（%）	—	2±0.5		
炭黑在有纺土工织物材料中的分布要求均匀、无明显聚块或条状物				

注：对不含炭黑或不采用炭黑作抗光老化助剂的土工有纺布，其抗光老化等级的确定参照执行。

B. 外观质量

产品颜色应色泽均匀，无明显油污。产品无损伤、无破裂。外观质量还应符合表 6-110 的规定。

有纺土工织物外观质量 表 6-110

项　目	要　求
经、纬度偏差	在 100mm 内与公称直径密度相比不允许两根以上
断丝	在同一处不允许有两根以上的断丝。同一断丝两根以内（包括两根），100m² 内不超过六处
蛛丝	不允许有大于 50mm² 的蛛网，100mm² 内不超过三个
布边不良	整卷不允许连续出现长度大于 2000mm 的毛边、散边

C. 成品尺寸

有纺土工织物每卷的纵向基本长度不允许小于 30m，卷中不得有拼段。

（4）运输与贮存

1）运输

产品在装卸运输过程中，不得抛摔，避免与尖锐物品混装运输，避免剧烈冲击。运输应有遮篷等防雨、防日晒措施。

2）贮存

产品不得露天存放，应避免日光长期照射，并远离热源，距离应大于 15m。产品自生产日期起，保存期为 12 个月。玻纤有纺土工织物应贮存在无腐蚀气体、无粉尘和通风良好干燥的室内。

3）土工模袋

① 产品分类及型号

A. 分类

按土工模袋编织的类型可分为两类：

a. 机织布土工模袋，代号为 FJ；

b. 针织布土工模袋，代号为 FZ。

B. 产品型号

示例：

机织土工模袋布拉伸强度为 60kN/m 的聚丙烯土工模袋，表示为：FJ60/PP。

针织土工模袋布拉伸强度为 50kN/m 的聚乙烯土工模袋，表示为：FZ50/PE。

② 产品规格与尺寸偏差

A. 规格

土工模袋产品规格系列符合表 6-111 的规定。

土工模袋产品规格系列　　　　　　　　表 6-111

项　目	型号规格								
	FJ40	FJ50	FJ60	FJ70	FJ80	FJ100	FJ120	FJ150	FJ180
	FZ40	FZ50	FZ60	FZ70	FZ80	FZ100	FZ120	FZ150	FZ180
模袋布拉伸强度（kN/m）	≥40	≥50	≥60	≥70	≥80	≥100	≥120	≥150	≥180

B. 尺寸偏差

土工模袋尺寸偏差应符合表 6-112 的规定。

土工模袋尺寸偏差　　　　　　　　表 6-112

单位面积质量相对偏差（%）	±2.5
宽度（m）	≥5
宽度偏差（%）	+3

③ 土工模袋的几何形状、最大填充厚度及填充物

A. 土工模袋的几何形状有矩形、铰链形、哑铃形、梅花形、框格形等。

B. 土工模袋的最大填充厚度有 100mm、150mm、200mm、250mm、300mm、350mm、400mm、500mm。

C. 土工模袋的填充物有混凝土、砂浆、黏土、膨胀土等。

④ 技术要求

土工模袋的物理性能参数应符合表 6-113 的规定。

土工模袋的物理性能参数　　　　　　　　表 6-113

项　目	型号规格								
	FJ40	FJ50	FJ60	FJ70	FJ80	FJ100	FJ120	FJ150	FJ180
	FZ40	FZ50	FZ60	FZ70	FZ80	FZ100	FZ120	FZ150	FZ180
标称纵、横向拉伸强度（kN/m）	≥40	≥50	≥60	≥70	≥80	≥100	≥120	≥150	≥180
纵、横向拉伸断裂伸长率（%）	≤30								
CBR 顶破强度（kN）	≥5								
纵、横向梯形撕破强度（kN）	≥0.9			≥1			≥1.1		
垂直渗透系数（cm/S）	$5×10^{-4}～5×10^{-2}$								
落锥穿透直径（mm）	≤6								
等效孔径 O_{95}（mm）	0.07～0.25								

土工模袋抗光老化等级应符合表 6-114 的规定。

土工模袋抗光老化等级　　　　　　　　表 6-114

抗光老化等级	Ⅰ	Ⅱ	Ⅲ	Ⅳ
光照辐射强度为 550W/m² 照射 150h，拉伸强度保持率（%）	<50	50～80	80～95	>95
炭黑含量	—	2±0.5		
炭黑在土工模袋材料中的分布要求	均匀、无明显聚块或条状物			

注：对不含炭黑或不采用炭黑作抗光老化助剂的土工模袋，其抗光老化等级的确定参照执行。

⑤ 外观质量

产品颜色应色泽均匀，无明显油污。产品无损伤、无破裂。外观质量还应符合表 6-115 的规定。

模袋布外观质量 表 6-115

项　目	要　求
经、纬度偏差	在 100mm 内与公称密度相比不允许缺两根以上
断丝	在同一处不允许有两根以上的断丝。同一断丝两根以内（包括两根），100m² 内不超过六处
蛛丝	不允许有大于 50mm² 的蛛网，100m² 内不超过三个
模袋边不良	整卷模袋不允许连续出现长度大于 2000mm 的毛边、散边
接口缝制	不允许有断口和开口。若有断线必须重合缝制，重合缝制搭接长度不小于 200mm
布边抽缩和边缘不良	允许距土工模袋边缘 20mm 内有布边抽缩和边缘不良现象

4）土工格室

① 产品的分类、结构

A. 分类

土工格室可分为塑料土工格室和增强土工格室两种类型。

B. 结构

塑料土工格室。由长条形的塑料片材，通过超声波焊接等方法连接而成，展开后是蜂窝状的立体网格。长条片材的宽度即为格室的高度。格室未展开时，在同一条片材的同一侧，相邻两条焊缝之间的距离为焊接距离。

增强土工格室。是在塑料片材中加入低伸长率的钢丝、玻璃纤维、碳纤维等筋材所组成的复合片材，通过插件或扣件等形式连接而成，展开后是蜂窝状的立体网格。格室未展开时，在同一条片材的同一侧，相邻两连接处之间的距离为连接距离。

② 型号

示例：

聚乙烯为主要材料，其格室高度为 100mm，焊接距离为 340mm，格室片厚度为 1.2mm；塑料土工格室型号：GC-100-PE-340-I.2。

钢丝为受力材料（裹覆聚乙烯），其格室高度为 150mm，焊接距离为 400mm，格室片厚度为 1.5mm；增强土工格室型号：GC-150-GSA-400-I.5。

③ 产品规格与尺寸偏差

A. 规格

土工格室的高度一般为 50～300mm。单组格室的展开面积应不小于 4m×5m。格室片边缘接近焊接处的距离不大于 100mm。

B. 尺寸偏差

塑料土工格室的尺寸偏差见表 6-116 所列。

塑料土工格室的尺寸偏差（mm）　　　　表 6-116

格室高度 H		格室片厚度 T		焊接距离 A	
标称值	偏差	标称值	偏差	标称值	偏差
H≤100	±1				
100<H≤200	±2	1.1	+0.3	340~800	±30
200<H≤300	±2.5				

增强土工格室的尺寸偏差见表 6-117 所列。

增强土工格室的尺寸偏差（mm）　　　　表 6-117

格室高度 H		格室片厚度 T		焊接距离 A	
标称值	偏差	标称值	偏差	标称值	偏差
100					
150	±2	1.5	+0.3	400~800	±2
200					
300					

④ 技术要求

A. 力学性能

塑料土工格室的力学性能应符合表 6-118 的规定。

塑料土工格室的力学性能　　　　表 6-118

测试项目		材质为 PP 的土工格室	材质为 PE 的土工格室
格室片单位宽度的断裂拉力（N/cm）		≥275	≥220
格室片的断裂伸长率（%）		≤10	≤10
焊接处抗拉强度（N/cm）		≥100	≥100
格室组间连续处抗拉强度（N/cm）	格室片边缘	≥120	≥120
	格室片中间	≥120	≥120

增强土工格室的力学性能见表 6-119 所列。

增强土工格室的力学性能　　　　表 6-119

型号	格室片单位宽度的断裂拉力（N/cm）	格室片的断裂伸长率（%）	格室片间连续处连接件的抗剪切力（N）
GC100			≥3000
GC150	≥300	≤3	≥4500
GC200			≥6000
GC300			≥9000

B. 光老化等级

塑料土工格室的光老化等级应符合表 6-120 的规定。

塑料土工格室的光老化等级　　　　　　表 6-120

光老化等级	Ⅰ	Ⅱ	Ⅲ	Ⅳ
辐射强度为 550W/m² 照射 150h，格室片的拉伸屈服强度保持率（%）	<50	50~80	80~95	>95
炭黑含量（%）	—		≥2.0±0.5	

注：对于高速公路、一级公路的边坡绿化，需要做紫外线辐射试验。其他情况该指标仅作参考。采用其他抗老化外加剂的土工格室无指标要求。

C. 原材料

塑料材料应使用原始粒状原料，严禁使用粉状和再造粒状颗粒原料，并且聚乙烯应满足《聚乙烯（PE）树脂》GB/T 11115—2009 的要求，聚丙烯应满足《塑料打包带》QB/T 3811—1999 的要求。

钢丝、钢丝绳应符合《冷拉碳素弹簧钢丝》GB/T 4357—2022 规定的要求。

玻璃纤维应符合《连续玻璃纤维纱》GB/T 18371—2008 规定的要求。

⑤ 外观质量

A. 塑料土工格室片是用黑色或其他颜色聚乙烯塑料制成的片材，增强土工格室片是用黑色聚乙烯塑料裹覆筋材制成的片材，其外观应色泽均匀。

B. 塑料土工格室的表面应平整、无气泡。

C. 增强土工格室片不应有裂缝、损伤、穿孔、沟痕和露筋等缺陷。

（5）土工加筋带

1）产品分类

① 按加筋带的受力材料分为两类：塑料土工加筋带，代号为 SLLD；钢塑土工加筋带，代号为 GSLD。

② 原材料名称及代号见表 6-121 所列。

土工加筋带原材料名称及代号　　　　　　表 6-121

名　称	代　号	名　称	代　号
聚乙烯	PE	聚丙烯	PP
钢丝	GSA	钢丝绳	GSB

2）型号

型号表示示例：

断裂拉力为 10kN 的钢（丝）塑土工加筋带表示为：GSLD10/GSA。

断裂拉力为 10kN 的聚丙烯土工加筋带表示为：SLLD10/PP。

3）产品规格与尺寸偏差

① 规格

土工加筋带规格系列见表 6-122 的规定。

土工加筋带产品规格　　　　　　表 6-122

加筋带种类	每根产品的标称断裂极限拉力（kN）				
塑料土工加筋带（SLLD）	3	7	10	13	—
钢塑土工加筋带（GSLD）	7	9	12	22	30

② 尺寸偏差

土工加筋带尺寸偏差应符合表 6-123 的规定。

土工加筋带尺寸偏差　　　　　　　　　　　　　　　表 6-123

项　目	偏差要求
标称单位长度质量相对偏差（%）	±5.0
标称宽度相对偏差（%）	±5.0
标称厚度相对偏差（%）	±10.0
钢塑土工加筋带中钢丝（钢丝绳）的排列间距均匀	

4）技术要求

① 力学性能

塑料土工加筋带的技术要求应符合表 6-124 的规定。

塑料土工加筋带的技术参数　　　　　　　　　　　　表 6-124

项　目	规格（SLLD）			
	3	7	10	13
每根的断裂拉力（kN）	≥3	≥7	≥10	≥13
断裂伸长率（%）	≤8			
2%伸长率时的拉力	≥1.2	≥3.0	≥3.5	≥4.0
似摩擦系数	≥4.0			
偏斜率（mm/m）	≤5			

钢塑土工加筋带的技术要求应符合表 6-125 的规定。

钢塑土工加筋带的技术参数　　　　　　　　　　　　表 6-125

项　目	规格				
	7	9	12	22	30
每根的断裂拉力（kN）	≥7	≥9	≥12	≥22	≥30
断裂伸长率（%）	≤3				
钢丝（钢丝绳）的握裹力（kN/m）	≥4	≥4	≥4	≥6	≥6
似摩擦系数	≥0.4				
偏斜率	≤5				
钢丝（钢丝绳）排列的均匀性、塑料均匀包裹					

塑料土工加筋带光老化等级应符合表 6-126 的规定。

塑料土工加筋带光老化等级　　　　　　　　　　　　表 6-126

光老化等级	Ⅰ	Ⅱ	Ⅲ	Ⅳ
紫外线辐射强度为550W/m² 照射150h，强度保持率（%）	<50	50～80	80～95	>95
炭黑含量（%）	—		≥2.0±0.5	

注：对用其他抗老化助剂参照执行。

塑料土工加筋带的蠕变性能要求：蠕变相对伸长率计算公式按规范规定计算，蠕变试

199

验加荷水平为产品标称断裂拉力的 60%，试验温度为 20℃，试验的总时间为 500h。

② 土工加筋带产品的最小尺寸要求

土工加筋带产品的尺寸要求见表 6-127 所列。

土工加筋带产品的尺寸要求　　　　表 6-127

产品类型和规格	塑料土工加筋带				钢塑土工加筋带				
	3	7	10	13	7	9	12	22	30
最小宽度（mm）	18	25	30	35	30	30	30	50	60
最小厚度（mm）	1.0	1.3	1.5	1.5	2.0	2.0	2.0	2.2	2.2

③ 原材料

塑料材料应使用原始粒状原料，严禁使用粉状和再造粒状颗粒原料；聚丙烯应满足《塑料打包带》QB/T 3811—1999 的要求；高密度聚乙烯应满足《聚乙烯（PE）树脂》GB/T 11115—2009 的要求。钢丝应符合《冷拉碳素弹簧钢丝》GB/T 4357—2022 的要求；钢丝绳应符合《航空用钢丝绳》YB/T 5197—2005 的要求。

④ 外观质量

土工加筋带应色泽均匀，无明显油污。

产品无破裂、损伤、穿孔、露筋等缺陷。

产品表面有粗糙却又整齐的花纹。

⑤ 成品长度要求

土工加筋带成品每根的长度不允许小于 100m，卷中不得有拼段。也可根据用户需要生产。

（6）土工膜

1）产品代号与型号

① 代号

土工膜代号为 M。

② 型号

型号表示方式示例：

厚度为 0.5mm 的聚丙烯土工膜，型号为：M0.5/PP。

厚度为 1.5mm 的聚乙烯土工膜，型号为：M1.5/PE。

2）产品规格与尺寸偏差

① 规格

土工膜规格系列见表 6-128 的规定。

土工膜规格系列　　　　表 6-128

型　号	M0.3	M0.4	M0.5	M0.6	M1	M1.5	M2	M2.5	M3
标称厚度（mm）	0.3	0.4	0.5	0.6	1	1.5	2	2.5	3

注：工程单一使用土工膜，则土工膜厚度不得小于 0.5mm。

② 尺寸偏差

土工膜尺寸偏差应符合表 6-129 的规定。

表 6-129

土工膜尺寸偏差　　　　　　　　　　　　　　　　　　表 6-129

幅度（m）	≥3
幅度偏差（%）	+2.5
厚度偏差（%）	+24

3）技术要求

① 理化性能

土工膜的物理性能参数应符合表 6-130 的规定。

土工膜的物理性能参数　　　　　　　　　　　　　　表 6-130

项　目	参　数								
型号	M0.3	M0.4	M0.5	M0.6	M1	M1.5	M2	M2.5	M3
纵、横向拉伸强度（kN/m）	≥3	≥5	≥6	≥8	≥12	≥17	≥18	≥19	≥20
纵、横向拉伸断裂伸长率（%）	≥100			≥300			≥500		
纵、横向直角撕裂强度（N/mm）	≥10	≥15	≥20	≥30	≥40	≥80	≥100	≥120	≥150
CBR 顶破强度（kN）	≥1	≥1.5	≥2.5	≥3	≥4	≥5	≥6	≥7	≥8
低温弯折性（−20℃）	无裂缝								
纵、横向尺寸变化率（%）	≤5								

土工膜抗光老化等级应符合表 6-131 的规定。

土工膜抗光老化等级　　　　　　　　　　　　　　　表 6-131

抗光老化等级	Ⅰ	Ⅱ	Ⅲ	Ⅳ
光照辐射强度为 550W/m² 照射 150h，拉伸强度保持率（%）	<50	50～80	80～95	>95
炭黑含量（%）	—	2±0.5		
炭黑在土工模袋材料中的分布要求	均匀、无明显聚块或条状物			

注：对不含炭黑或不采用炭黑作抗光老化助剂的土工模袋，其抗光老化等级的确定参照执行。

土工膜耐静水压力和抗渗性应符合表 6-132 的规定。

土工膜耐静水压力和抗渗性　　　　　　　　　　　　表 6-132

项　目	型号规格								
	M0.3	M0.4	M0.5	M0.6	M1	M1.5	M2	M2.5	M3
耐静水压力（MPa）	≥0.3	≥0.5	≥0.7	≥1.5	≥1.5	≥2.0	≥2.5	≥3	≥3.5
垂直渗透系数（cm/s）	≤5×10⁻¹¹								

② 外观质量

产品颜色应色泽均匀，无明显油污。

产品无损伤、无破裂、无气泡、不粘结、无孔洞，不应有接头、断头和永久性皱褶。

外观质量还应符合表 6-133 的规定。

土工膜外观质量 表 6-133

项 目	要 求
切口	平直，无明显锯齿现象
水云、云雾和机械划痕	不明显
杂质和僵块	直径 0.6～2.0mm 的杂质和僵块，允许每平方米 20 个以内；直径 20mm 以上的，不允许出现
卷端面错位	≤50mm

③ 成品尺寸

土工膜每卷的纵向基本长度不小于 30m，卷中不得有拼段。

（7）长丝纺黏针刺非织造土工布

1）产品分类与型号

① 分类

按纤维品种分为聚酯、聚丙烯、聚酰胺、聚乙烯长丝纺黏针刺非织造土工布。

按用途分为沥青铺面用和路基用。

② 型号

型号表示方式示例：

聚丙烯长丝纺黏针刺非织造土工布，单位面积质量 450g/m²，幅度 4.5m，其型号为：FNG-PP-450-4.5。

2）产品规格与尺寸偏差

长丝纺黏针刺非织造土工布产品规格与尺寸偏差见表 6-134 的规定。

长丝纺黏针刺非织造土工布产品规格与尺寸偏差 表 6-134

项 目	规格							
	150	200	250	300	350	400	450	500
单位面积质量（g/m²）	150	200	250	300	350	400	450	500
单位面积质量偏差（%）	—10	—6	—5	—5	—5	—5	—5	—4
厚度（mm）≥	1.7	2.0	2.2	2.4	2.5	3.1	3.5	3.8
厚度偏差（%）	15							
宽度（m）	≥3.0							
标称宽度偏差（%）	—0.5							

注：1. 规格按单位面积质量，实际规格介于表中相邻规格之间时，按内插法计算相应考核指标。

2. 采用聚酯材料制造的 150g/m² 长丝纺黏针刺非织造土工布用于沥青铺面。

3）技术要求

① 性能要求

性能要求分为基本项和选择项。基本项的性能指标见表 6-135 所列。

选择项包括动态穿孔（mm）、刺破强度（N）、纵横向强度比、平面内水流量（m²/s）、湿筛孔径（mm）、摩擦系数、抗紫外线性能、抗酸碱性能、抗氧化性能、抗磨损性能、蠕变性能、拼接强度等。

用于沥青铺面的长丝纺黏针刺非织造土工布，耐高温性应在 210℃ 以上，并须经单面烧毛工艺处理。可采用聚酯材料制造的 150g/m² 长丝纺黏针刺非织造土工布。

用于路基用的长丝纺黏针刺非织造土工布，其耐腐蚀、抗老化、导排性能应满足设计要求。

长丝纺黏针刺非织造土工布性能指标　　　　表 6-135

性　能		规格 （g/m²）							
		150	200	250	300	350	400	450	500
纵、横向	断裂强度 （kN/m）≥	7.5	10.0	12.5	15.0	17.5	20.5	22.5	25.0
	断裂伸长率 （%）	30～80							
CBR 顶破强度 （kN）≥		1.4	1.8	2.2	2.6	3.0	3.5	4.0	4.7
等效孔径 $O_{90}(O_{95})$ （mm）		0.08～0.20							
垂直渗透系数 （cm/s）		$5 \times 10^{-2} \sim 5 \times 10^{-1}$							
纵、横向	撕破强度 （kN）≥	0.21	0.28	0.35	0.42	0.49	0.56	0.63	0.70

② 外观

外观疵点分为轻缺陷和重缺陷，见表 6-136 所列。

长丝纺黏针刺非织造土工布外观疵点的评定　　　　表 6-136

疵点名称	轻缺陷	重缺陷	要　求
布面不匀、折痕	轻微	严重	
杂物、僵丝	软质，粗不大于 5mm	硬质，软质，粗大于 5mm	
边不良	≤300cm 时，每 50cm 计一处	>300cm	
破损	≤0.5cm	>0.5cm 破洞	以疵点最大长度计
其他	按相似疵点评定		

（8）短纤针刺非织造土工布

1）产品分类与型号

① 分类

按纤维品种分为聚酯、聚丙烯、聚酰胺、聚乙烯短纤针刺非织造土工布。

② 型号

型号表示方式示例：

聚酯针刺非织造土工布，单位面积质量 250g/m²，幅度 6m，其型号为：SNG-250-6。

2）产品规格与尺寸偏差

短纤针刺非织造土工布产品规格与尺寸偏差见表 6-137 所列。

短纤针刺非织造土工布产品规格与尺寸偏差　　　　表 6-137

项　目	规格						
	200	250	300	350	400	450	500
单位面积质量 （g/m²）	200	250	300	350	400	450	500
单位面积质量偏差 （g/m²）	−8	−8	−7	−7	−7	−7	−6
厚度 （mm）≥	2.0	2.2	2.4	2.7	3.1	3.5	3.8
厚度偏差 （%）	15						
宽度 （m）≥	3.0						
标称宽度偏差 （%）	−0.5						

3）技术要求

① 性能要求

性能要求分为基本项和选择项。基本项的性能指标见表 6-138 所列。

短纤针刺非织造土工布性能指标　　　　　　　　　　表 6-138

性　能		规格（g/m²）						
		200	250	300	350	400	450	500
纵、横向	断裂强度(kN/m)≥	8.0	9.5	11.0	12.5	14.0	16.0	—
	断裂伸长率（%）	30～80						
CBR 顶破强度（kN）≥		0.9	1.2	1.5	1.8	2.1	2.4	2.7
等效孔径 $O_{90}(O_{95})$（mm）		0.08～0.20						
垂直渗透系数（cm/s）		$5 \times 10^{-2} \sim 5 \times 10^{-1}$						
纵、横向	撕破强度（kN）≥	0.16	0.20	0.24	0.28	0.33	0.38	0.42

选择项包括：动态穿孔（mm）、刺破强度（N）、纵横向强度比、平面内水流量（m²/s）、湿筛孔径（mm）、摩擦系数、抗紫外线性能、抗酸碱性能、抗氧化性能、抗磨损性能、蠕变性能和拼接强度等。

作反滤层的无纺土工织物，应耐腐蚀、抗老化，具有较好的透水性能，等效孔径应满足保土、透水、防淤堵设计准则要求。

② 外观

外观分为轻缺陷和重缺陷，见表 6-139 所列。

短纤针刺非织造土工布外观疵点的评定　　　　　　　表 6-139

疵点名称	轻缺陷	重缺陷	要　求
布面不匀、折痕	轻微	严重	
杂物	软质，粗小于或等于 5mm	硬质；软质，粗大于 5mm	
边不良	≤300cm 时，每 50cm 计一处	>300cm	
破损	≤0.5cm	>0.5cm 破洞	以疵点最大长度计
其他	按相似疵点评定		

（9）塑料排水板（带）

1）产品结构与分类

① 结构

以薄型土工织物包裹不同材料制成的不同形状的芯材，组合成一种具有一定宽度的复合型排水产品。一般将宽度为 10cm 的称为排水带，而将宽度不小于 100cm 的称为排水板。

② 分类

塑料排水板（带）按打设软土地基深度可分为五类，见表 6-140 所列。

塑料排水板（带）打设地基深度分类 表 6-140

类 型	适用打设深度（m）	类 型	适用打设深度（m）
A	10	B_0	25
A_0	15	C	35
B	20	—	—

按功能分为四类：双面反滤排水板（带），代号为 FF；单面反滤排水板（带），代号为 F；一面反滤排水，另一面隔离防渗排水板（带），代号为 FL；加筋兼反滤排水板（带），代号为 FI。

③ 塑料排水板（带）型号的表示方式示例

打设深度小于 25m 的软土地基，幅宽为 1000mm、厚度为 10mm 的单面反滤排水板（带）表示为：SPB-B-F-1000-10。

2）产品规格与尺寸偏差

塑料排水板（带）的规格与尺寸偏差见表 6-141 所列。

塑料排水板（带）的规格与尺寸偏差 表 6-141

项 目	型号				
	SPB-A	SPB-A_0	SPB-B	SPB-B_0	SPB-C
厚度（mm）	≥3.5	≥3.5	≥4.0	≥4.0	≥4.5
厚度允许偏差（%）	±0.5				
宽度（mm）	>95				
宽度允许偏差（%）	±2				

3）技术要求

① 基本性能指标

塑料排水板（带）性能指标，包括：纵向通水量、复合体抗拉强度与延伸率、滤膜抗拉强度与延伸率、滤膜渗透系数、滤膜等效孔径等，其各项技术要求见表 6-142 所列。

② 原材料

芯板用聚丙烯为原材料时，严禁使用再生料。

③ 外观质量

槽形塑料排水板（带）板芯槽齿无倒伏现象，钉形排水板（带）板芯乳头圆滑不带刺。

塑料排水板（带）板芯无接头，表面光滑、无空洞和气泡，齿槽应分布均匀。

塑料排水板（带）滤膜应符合下列规定：每卷滤膜接头不多于一个，接头搭接长度大于 20cm，滤膜应包紧板芯，包覆时用热合法或粘合法；当用粘合法时，粘合缝应连续，缝宽为 5±1mm。

205

塑料排水板（带）的基本技术要求 表 6-142

项 目		型号规格				
		SPB-A	SPB-A$_0$	SPB-B	SPB-B$_0$	SPB-C
材质	芯带	高密度聚乙烯、聚丙烯等				
	滤膜	材料为涤纶、丙纶等无纺织物；单位面积质量宜大于 85g/m^2				
复合体	抗拉强度（干态）（kN/10cm）（延伸率为10%的强度）	>1.0	>1.0	>1.2	>1.2	>1.5
	延伸率	>4				
纵向通水量 q_w（cm/s）（测压力为350kPa）		≥25	≥25	≥30	≥30	≥30
滤膜的拉伸强度（kN/m）	干拉强度	1.5	1.5	2.5	2.5	3.0
	湿拉强度	1.0	1.0	2.0	2.0	2.5
芯板压屈强度（kPa）		>250			>350	
滤膜的渗透反滤透性	渗透系数（cm/s）	$k_g \geq 5 \times 10^{-4}$，$k_g \geq 10k_s$				
	等效孔径 O_{95}（mm）	<0.075				

注：1. k_g——滤膜的渗透系数；k_s——地基土的渗透系数。
　　2. 塑料排水板（带）滤膜干拉强度为延伸率10%的纵向抗拉强度，湿拉强度为浸泡24h后，延伸率15%的横向抗拉强度。

（三）材料按验收批进场验收与按检验批复验及记录

1. 材料的进场验收

（1）验收流程（图 6-1）

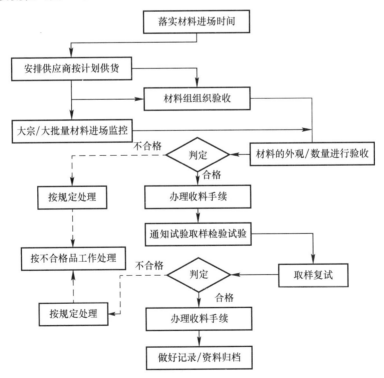

图 6-1　材料进场验收及复验流程

（2）验收准备

1）场地和设施的准备。料具进场前，根据用料计划、现场平面布置图、物资保管规程及现场场容管理要求，进行存料场地及设施准备。场地应平整、夯实，并按需要建棚、建库。

2）苫垫物品的准备。对进场露天存放、需要苫垫的材料，在进场前要按照物资保管规程的要求，准备好充足适用的苫垫物品，确保验收后的料具做到妥善保管，避免损坏变质。

3）计量器具的准备。根据不同材料计量特点，在材料进场前配齐所需的计量器具，确保验收顺利进行。

4）有关资料的准备。包括用料计划、加工合同、翻样、配套表及有关材料的质量标准；砂石沉陷率、运输途耗规定等。

（3）文字材料核对与检查

1）凭证核对

确认是否为应收的材料，凡无进料凭证和经确认不属于应收的材料不得办理验收，并及时通知有关部门处理。进料凭证一般是运输单、出库单、调拨单或发票。

2）质量保证资料检查

进入施工现场的各种材料、半成品、构配件都必须有由供应商提供的相应质量保证资料。主要有：

A. 生产许可证（或使用许可证）。

B. 产品合格证、质量证明书（或质量试验报告），且都必须盖有生产单位或供货单位的红章并标明出厂日期、生产批号或产品编号。

主要应检查产品的生产厂家、商标、生产编号或批号、型号、规格、生产日期与所提供资料是否相符，如有任何一项不符，应要求退货或要求供应商提供相应的资料。标志不清的材料可要求退货（也可进行抽检）。

（4）外观质量验收

1）所有进场材料都应按照国家现行建筑材料规范标准对外观质量进行验证（部分常用材料主要材料外观质量检验内容见表6-143。现场材料的质量验收，由于受客观条件所限，主要通过目测检查料具外观和检验材质性能证件。一般材料的外观检验，主要是检验材料的规格、型号、尺寸、颜色、方正及完整，做好检验记录。

2）专用、特殊及加工制品的外观检验，应根据加工合同、图纸及翻样资料，会同有关部门进行质量验收并做好记录。

3）机电设备按供货合同，应由有关各方〔公司设材部、机电部、项目部、业主方（监理）〕有关人员在规定地点进行开箱验收。

4）进口材料设备按照国家有关规定进行报关、商检、检疫后，按上述有关规定进行质量验证。

5）所有进场材料按规定需复验的，由项目部根据分工按检验批取样复验。

现场部分常用材料外观质量检查内容

表6-143

序号	类别	名称	外观检查质量的内容
1	钢材及制品	螺纹钢	裂纹、结疤、折叠、油污、弯曲、锈蚀、偏差值等
		盘圆	裂纹、结疤、折叠、油污、锈蚀、偏差值

序号	类别	名称	外观检查质量的内容
1	钢材及制品	预应力混凝土钢丝	裂纹、结疤、折叠、油污、锈蚀、偏差值等
		预应力混凝土钢筋	裂纹、结疤、折叠、油污，弯曲、锈蚀、偏差值
		预应力混凝土钢绞线	裂纹、结疤、折叠、油污，弯曲、锈蚀、偏差值
		型钢	弯曲、扭转、锈蚀、偏差值等
		无缝钢管	裂缝、折叠、轧折、离层、发纹、结疤等
		轻钢龙骨	弯曲、锈蚀等
2	木材及制品	木料	节子、腐朽、裂纹、夹皮、虫害、钝棱、弯曲、斜纹等
		胶合板	翘曲度、节子、夹皮、裂缝、虫孔、拼接缝、变色、腐朽、分层、补丁、鼓泡等
		刨花板	裂缝、局部松软、夹渣、边角缺损、压痕等
		细木工板	节子、夹皮、补片、变色、裂缝、虫孔、腐朽
3	胶凝材料	通用水泥	时效、结块、破损等
		白水泥	白度等级、结块、破损等
		生石灰粉	受潮、细度、破损等
		消石灰粉	细度、杂质、破损等
4	骨料	砂	含泥量、泥块、粒度、云母量、坚固性等
		石子	含泥量、粒度、针片状颗粒含量等
		陶粒	粒度、火候、密度等
5	外掺材料	外加剂	受潮、变质
6	墙体材料	加气粉煤灰砌块	缺棱掉角、弯曲、裂纹、疏松、层裂等
		水泥空心砖	缺棱掉角、裂纹、疏松、强度、偏差值等
		轻骨料空心砖	缺棱掉角、裂纹、疏松、强度、偏差值等
		烧结空心砖	弯曲、裂纹、缺棱掉角、欠火候
7	装饰面材	天然大理石板	翘曲、裂纹、砂眼、凹陷、色斑、污点、缺棱掉角等
		天然花岗石板	色线、坑窝、色斑、裂纹、缺棱掉角等
		釉面砖	釉裂、变形、颜色、波纹、缺棱掉角等
		陶瓷锦砖	釉裂、变形、颜色、波纹、缺棱掉角等
		琉璃制品	粘疤、缺釉、裂纹、杂质、变形、釉泡、掉边角
8	玻璃制品	平板玻璃	气泡、波筋、划伤、砂粒、疙瘩、线道
		钢化玻璃	爆边、划伤、缺角、结石、波筋、气泡等
		夹层玻璃	气泡、杂质、裂痕、爆边、叠差、磨伤、脱胶
		中空玻璃	污迹、露点、密封等
9	防水材料	煤油沥青油毡	卷紧度、卷齐度、裂缝、楞伤、孔洞等
		聚氯乙烯防水卷材	气泡、疤痕、聚纹、粘结、孔洞等
		氯化聚乙烯卷材	气泡、疤痕、聚纹、粘结、孔洞等
		再生胶油毡	卷紧度、卷齐度、裂纹、孔眼、褶皱、扭曲等
		防水剂	时效、破损、渗漏等
10		建筑涂料	色差、稠度、渗漏等
11	保温材	岩棉、矿棉及制品	潮湿、破损、变质等
		水泥聚苯板	强度、缺棱掉角等
		聚苯板	麻面、脱落、缺损等

序号	类别	名称	外观检查质量的内容
12	水管	混凝土排水管	光洁平整度、蜂窝、露筋、空鼓等
		硬 PVC 管及管件	光滑平整度、气泡、痕纹、凹陷、色差等
13		安全网	重量、结扣、原材、资质等

（5）数量验收

现场材料数量验收一般采取点数、检斤、检尺的方法，对分批进场的要做好分次验收记录，对超过磅差的应通知有关部门处理。

几种常用材料的现场数量验收方法：

1）钢材

目前，钢筋验收的方法有检斤和检尺。所谓检斤，就是按物资的实际重量验收。供应商在将钢材送到现场前进行过磅。现场验收人员可以采取去磅房监磅，按实际数量结算。也可采取现场复磅，一般采用电子秤在现场复磅。二者之间的磅差不超过±3‰，按供应磅单结算，超过±3‰，按现场复磅数结算。双方有争议者，可采用第三方复磅。

所谓检尺，就是按理论换算的方式验收。供应商将钢材送到现场后，双方点根数，按实际根数和每米的重量进行计量验收。

无论运用何种方法，现场验收人员都应配备游标卡尺，进行直径或壁厚的检测，对照标准，偏差超过国家规范的作为不合格产品拒绝验收。

2）水泥。散装水泥按度量衡进行验收。袋装水泥进场时，按每垛码放 10 包后点数验收。并随机抽取 10% 进行过磅抽查重量，超过国家规范，双方协商解决。

3）板、方材。现场使用的木方常为 50×100×4000 和 100×100×4000 两种规格，验收时全部点数后。计算方法：

$$50×100×4000 \text{规格木方的验收数量（}m^3\text{）}=\text{根数}×0.02$$

$$100×100×4000 \text{规格木方的验收数量（}m^3\text{）}=\text{根数}×0.04$$

板材的验收，一般是码整齐后，用量尺量长度和中间宽度，数层数。计算时：

$$\text{板材数（}m^3\text{）}=\text{长度}×\text{（中间宽度}-\text{双方协商的板缝）}×0.05×\text{层数}$$

4）砂石料验收。采取每车验收，根据所测运输车辆的实际尺寸按其体积密度进行检测验收。

2. 材料的复验

材料进场验收中，对需要作材质复验（亦称复试）的材料，应按规定的复验内容和验收批取样方法填写委托单，试验员按要求取样，送满足资质要求的试验单位（要求为独立第三方试验单位）进行检验，检验合格的材料方能使用。

除按规定项目对进场材料进行复验外，对于标志不清，或对质量保证资料有怀疑，或与合同规定不符的一般材料，或由工程重要程度决定应进行一定比例试验的材料，或需要进行跟踪检验以控制和保证其质量的材料等，也应进行复验。对于进口的材料设备和重要工程或关键施工部位所用材料，则应进行全部检验。

（1）复验材料的取样

在每种产品质量标准中，均规定了取样方法，材料的取样必须按规定的部位、数量和操作要求来进行，确保所抽样品有代表性。抽样时，按要求填写材料见证取样表，明确试验项目。常用材料的试验项目与取样方法见表6-144。

在材料的质量标准中，均明确规定了产品出厂（矿）检验的取样频率，在一些质量验收规范中（如防水材料施工验收规范）也对验收批给予了规定。必须确保取样频率不低于这些规定，这是控制材料质量的需要，也是工程顺利进行验收的需要。业主、政府主管部门、勘察单位、设计单位在工程施工过程中一般介入得不深，在主体或竣工验收时，主要是看质量保证资料和外观，如果取样频率不够，往往会对工程质量产生怀疑，作为材料管理人员要重视这一问题。

材料取样后，应在规定的时间内送检，送检前，监理工程师必须考察试验单位的资质等级和规定的业务范围。

为了达到控制质量的目的，在抽取样品时应首先选取有疑问的样品，也可以由承发包双方商定增加抽样数量。

建筑材料复验的取样原则是：

1）同一厂家生产的同一品种、同一类型、同一生产批次的进场材料应根据相应建筑材料质量标准与管理规程、规范要求的代表数量确定取样批次，抽取样品进行复试，当合同另有约定时应按合同执行。

2）建筑施工企业试验应逐步实行有见证取样和送检制度。即在建设单位或监理人员见证下，由施工人员在现场取样，送至试验室进行试验。见证取样和送检次数不得少于试验总次数的30％，试验总次数在10次以下的不得少于2次。

3）每项工程的取样和送检见证人，由该工程的建设单位书面授权，委派在该工程现场的建设单位或监理人员1～2名担任。见证人应具备与工作相适应的专业知识。见证人及送检单位对试样的代表性、真实性负有法定责任。

4）试验单位在接受委托试验任务时，须由送检单位填写委托单，委托单上要设置见证人签名栏。委托单必须与同一委托试验的其他原始资料一并由试验单位存档。

（2）复验结果处理

1）试验单位必须单独建立不合格试验项目台账。出现不合格项目应及时向建筑施工企业主管领导和当地政府主管部门、质量监督站报告；其中，影响结构安全的建材应在24h内向以上部门报告。

2）试验单位出具的试验报告，是工程竣工资料的重要组成部分，当建设单位或监理人员对建筑施工企业试验室出具的试验报告有异议时，可委托法定检测机构进行抽检。如抽检结果与建筑施工企业试验报告相符，抽检费用由建设单位承担；反之，由建筑施工企业承担。

3）依据标准需重新取样复试时，复试样品的试件编号应与初试时相同，但应后缀"复试"加以区别。初试与复试报告均应进入工程档案。

（3）主要材料复验内容及要求

1）钢筋：

钢筋进场时，应按国家现行相关标准的规定抽取试件作力学性能和重量偏差检验，检验结果必须符合有关标准的规定。

有抗震设防要求的结构的纵向受力钢筋的性能应满足设计要求；当设计无具体要求时抗拉强度实测值与屈服强度实测值之比不应小于1.25，钢筋屈服强度实测值与强度标准值之比不应大于1.3，钢筋的最大力下总伸长率不应小于9%。

当发现钢筋脆断、焊接性能不良或力学性能显著不正等现象时，应对该批钢筋进行化学成分检验或其他专项检验。

每批钢筋应由同一牌号、同一质量等级、同一炉罐号的钢材组成，每批重量不大于60t。

2）型钢：每批交货的型钢应附有证明该批型钢符合标准要求和订货合同的质量证明书，质量证明书主要包括以下内容：供方名称或商标、需方名称、发货日期、标准号、牌号、炉（批）号、交货状态、品种名称、尺寸（型号）和级别，出场检验的试验结果等。

型钢应成批验收。型钢做拉伸、弯曲和冲击性能检测抽样时，要求同一批次产品抽样基数不少于50根。同一批号、同一规格的产品中随机抽取5根，每根截取2支1000mm试样，共计10支，并作出一一对应的标识，将试样分别包装。

型钢复验时，按照规定抽取试样试验的方法进行检验的项目包括化学成分（冶炼分析）、拉伸（拉伸试验）、弯曲（弯曲试验）、常温（低温）冲击（冲击试验）等；逐根目视或量测的项目包括表面质量和尺寸、外形。

3）水泥：

水泥进场时除对其品种、级别、包装或散装仓号、出厂日期等进行检查外，并应对其强度、安定性及其他必要的性能指标进行复验，当在使用中对水泥质量有怀疑或水泥出厂超过三个月（快硬硅酸盐水泥超过一个月）时，应进行复验，并按复验结果使用。

4）混凝土外加剂：检验报告中应有碱含量指标，预应力混凝土结构中严禁使用含氯化物的外加剂。混凝土结构中使用含氯化物的外加剂时，混凝土的氯化物总含量应符合规定。

5）石子：筛分析、含泥量、泥块含量、含水率、吸水率及石子的非活性骨料检验。

6）砂子：筛分析、泥块含量、含水率、吸水率及非活性骨料检验。

7）建筑外墙金属窗、塑料窗：气密性、水密性、抗风压性能。

8）装饰装修用人造木板及胶粘剂：甲醛含量。

9）饰面板（砖）：室内用花岗石放射性，粘贴用水泥的凝结时间、安定性、抗压强度，外墙陶瓷面砖的吸水率及抗冻性能复验。

10）混凝土小型空心砌块：同一部位工程使用的小砌块应持有同一厂家生产的合格证书和进场复试报告，小砌块在厂内的养护龄期及其后停放期总时间必须确保28d。

11）预拌混凝土：检查预拌混凝土合格证书及配套的水泥、砂子、石子、外加剂掺合料原材复试报告和合格证、混凝土配合比单、混凝土试块强度报告。

3. 主要材料进场复验项目与组批、取样

主要材料进场复验项目与组批、取样的规定见表6-144。

主要材料进场复验项目与组批、取样　　　　　　表 6-144

序号	材料类别	材料序号	材料名称	复验项目	组批及取样
1	水泥	(1)	通用硅酸盐水泥 (GB 175—2007)	凝结时间、安定性、强度	(1) 散装水泥： ① 组批：对同一水泥厂同期生产的同品种、同强度等级、同一出厂编号的水泥为一验收批，但一验收批的总量，不得超过 500t。 ② 取样：随机从小于 3 个车罐中各取等量水泥，经混拌均匀后，再从中称取不少于 12kg 的水泥作为试样。 (2) 袋装水泥： ① 组批：对同一水泥厂同期出厂的同品种、同强度等级、同一出厂编号的水泥为一验收批，但一验收批的总量，不得超过 200t。 ② 取样：随机从小于 20 袋中各取等量水泥，经混拌均匀后，再从中称取不少于 12kg 的水泥作为试样
		(2)	砌筑水泥 (GB/T 3183—2017)	凝结时间、安定性、强度	
		(3)	铝酸盐水泥 (GB/T 201—2015)	细度、凝结时间、强度	① 组批：以同一厂家、同一批次、同一强度等级不超过 120t 为一验收批。 ② 取样：从本批中 20 个以上不同部位各取等量样品，至少 15kg，缩分为 2 等份。一份由卖方保存 15d，一份由买方按标准进行检验
		(4)	低碱度硫铝酸盐水泥 (GB/T 20472—2006)	碱度、自由膨胀率、凝结时间、强度	① 组批：以同一厂家、同一批次、同一强度等级不超过 120t 为一验收批。 ② 取样：从本批中 20 个以上不同部位各取等量样品，至少 20kg，缩分为二等份，一份由卖方保存 40d，一份由买方按标准进行检验
2	钢筋	(1)	热轧光圆钢筋 (GB/T 1499.1—2017)	力学性能、弯曲性能、尺寸偏差、重量偏差、化学成分	① 组批：钢筋应按批进行检查和验收，每批由同一牌号、同一炉罐号、同一规格、同一交货状态的钢筋组成。每批重量应不大于 60t。超过 60t 的部分，每增加 40t（或不足 40t 的余数），增加一个拉伸试验试样和一个弯曲试验试样。 ② 取样：共 10 个；力学性能：2 个；弯曲性能：2 个；尺寸及重量偏差：5 个；化学成分：1 个。在切取试样时，应将钢筋端头的 500mm 去掉再切取 500mm
		(2)	热轧带肋钢筋 (GB/T 1499.2—2018)	力学性能、弯曲性能尺寸偏差、重量偏差、化学成分、有抗震设防要求（强屈比、屈屈比、最大力总伸长率）	
		(3)	预应力混凝土用钢丝 (GB/T 5223—2014)	拉伸试验（抗拉强度、规定非比例伸长应力、最大力下总伸长率、断后伸长率）弯曲试验	① 组批：钢丝应成批检查和验收，每批钢丝由同一牌号、同一规格、同一加工状态的钢丝组成，每批质量不大于 60t，每批抽取一组试件。 ② 取样：3 根/批；应力松弛不少于 1 根/合同批
		(4)	预应力混凝土用钢绞线 (GB/T 5224—2014)	拉伸试验（最大力、规定非比例延伸力、最大力总伸长率）、应力松弛性能试验	① 组批：预应力用钢绞线应成批验收，每批由同一牌号、同一规格、同一生产工艺制度的钢绞线组成，每批重量不大于 60t。 ② 取样：力学性能样品数量：3 根；松弛率：1 根

212

序号	材料类别	材料序号	材料名称	复验项目	组批及取样
3	集料	(1)	普通混凝土用砂 (JGJ 52—2006)	筛分析、含泥量、泥块含量	① 组批：以同一产地、同一规格每400m³或600t为一验收批，不足400m³或600t也按一批计；当质量比较稳定、进料量较大时，可以1000t为一验收批。 ② 取样：取样部位应均匀分部，在料堆上从8个不同部位抽取等量试样（每份11kg）。然后用四分法缩至20kg，取样前先将取样部位表面铲除
		(2)	普通混凝土用碎石或卵石 (JGJ 52—2006)	筛分析，含泥量，泥块含量，针、片状颗粒含量，压碎值指标	① 组批：以同一产地、同一规格每400m³或600t为一验收批，不足400m³或600t也按一批计。每一验收批取样一组。当质量比较稳定，进料量较大时，可以1000t为一验收批。 ② 取样：一组试样40kg（最大粒径10、16、20mm）或80kg（最大粒径31.5、40mm）取样部位应均匀分布，在料堆上从五个不同的部位抽取大致相等的试样16份。每份5～40kg，然后缩分到40kg或80kg送检
4	混凝土	(1)	混凝土 (GB 50204—2015) (GB/T 50107—2010)	抗压强度	① 组批： a. 每拌制100盘且不超过100m³的同配合比的混凝土，取样不得少于一次； b. 每工作班拌制的同一配合比的混凝土不足100盘时，取样不得少于一次； c. 当一次连续浇筑超过1000m³的同一配合比混凝土每200m³，混凝土取样不得少于一次； d. 每一楼层，同一配合比的混凝土，取样不得少于一次； e. 建筑地面的混凝土，以同一配合比，同一强度等级，每一层或每1000m²为一检验批，不足1000m²按一批计。每批应至少留置一组试块； f. 每次取样应至少留置一组标准养护试件，同条件养护试件的留置组数应根据实际需要确定。 ② 取样：用于检查结构构件混凝土质量的试件，应在混凝土浇筑地点随机取样制作，每组试件所用的拌合物应从同一盘搅拌混凝土或同一车送运的混凝土中取出
		(2)	结构实体检验用同条件养护试件 (GB 50204—2015)	抗压强度及工程合同约定的项目等	① 组批： 同一强度等级的同条件养护试件的留置不宜少于10组，留置数量不应少于3组。 ② 取样： 1) 同条件养护试件应由各方在混凝土浇筑入模处见证取样。 2) 当试件达到等效养护龄期时，方可对同条件养护试件进行强度试验。所谓等效养护龄期，就是逐日累计养护温度达到600℃·d，且龄期宜取14～60d。一般情况下，温度取当天的平均温度

213

序号	材料类别	材料序号	材料名称	复验项目	组批及取样
4	混凝土	(3)	预拌（商品）混凝土（GB/T 14902—2012）	抗压强度、坍落度	预拌（商品）混凝土，除应在预拌混凝土厂内按规定留置试块外，混凝土运到施工现场后，还应根据《预拌混凝土》GB 14902—2012规定取样。 1）用于交货检验的混凝土试样应在交货地点采取。每100m³ 相同配合比的混凝土取样不少于一次；一个工作班拌制的相同配合比的混凝土不足100m³ 时，取样也不得少于一次；当在一个分项工程中连续供应相同配合比的混凝土量大于1000m³ 时，其交货检验的试样为每200m³ 混凝土取样不得少于一次。 2）用于出厂检验的混凝土试样应在搅拌地点采取，按每100盘相同配合比的混凝土试样不得少于一次；每一工作班组相同的配合比的混凝土不足100盘时，取样亦不得少于一次。 3）对于预拌混凝土拌合物的质量，每车应目测检查；混凝土坍落度检验的试样，每100m³ 相同配合比的混凝土取样检验不得少于一次；当一个工作班组相同配合比的混凝土不足100m³ 时，也不得少于一次
5	砂浆		砌筑砂浆（JGJ/T 98—2010）	抗压强度	① 组批：以同一砂浆强度等级，同一配合比，同种原材料每一层楼或250m³ 砌体（基础砌体可按一个楼层计）为一个取样单位。 ② 取样：每取样单位标准养护试块的留置不得少于一组（每组3块）
6	砖和砌块	(1)	烧结普通砖（GB/T 5101—2017）	强度等级	① 组批：3.5万至15万块为一批，不足3.5万块按一批计。 ② 取样：强度等级的试样用随机法从外观质量检验后的样品中抽取15块，其中10块做抗压强度检验，5块做密度检验
		(2)	烧结多孔砖（GB/T 13544—2011）	强度等级	
		(3)	烧结空心砖、空心砌块（GB/T 13545—2014）	强度等级	
		(4)	普通混凝土小型空心砌块（GB/T 8239—2014）	抗压强度	① 组批：每1万块为一验收批，不足1万块按一批计。 ② 取样：每批随机抽取32块做尺寸偏差和外观质量检验，而后再从外观合格砌块中随机抽取如下数量进行其他项目的检验：抗压强度：5块；表观密度、吸水率和相对含水率：3块
		(5)	轻集料混凝土小型空心砌块（GB/T 15229—2011）	抗压强度（用于自保温体系：干燥收缩密度等级、导热系数）	
		(6)	蒸压加气混凝土砌块（GB/T 11968—2020）	压强度（用于自保温体系：干燥收缩密度等级、导热系数）	

214

序号	材料类别	材料序号	材料名称	复验项目	组批及取样
7	防水卷材	(1)	沥青防水卷材 (GB 50207—2012)	拉力、最大拉力时延伸率、不透水性、低温柔度、耐热度（地下除外）	① 组批：大于1000卷抽5卷，每500～1000卷抽4卷，100～499卷抽3卷，100卷以下抽2卷进行规格尺寸和外观质量检验。在外观质量检验合格的卷材中任取一卷作物理性能检验。 ② 取样：对于弹性体改性沥青防水卷材和塑性体改性沥青防水卷材，在外观质量达到合格的卷材中，将取样卷材切除距外层卷头2500mm后，顺纵向切取长度为800mm的全幅卷材试样2块进行封扎，送检物理性能测定；对于氯化聚乙烯防水卷材和聚氯乙烯防水卷材，在外观质量达到合格的卷材中，在距端部300mm处截约3m长的卷材进行封扎，送检物理性能测定
		(2)	SBS改性沥青防水卷材 (GB 50207—2012)		
		(3)	APP改性沥青防水卷材 (GB 50207—2012)		
		(4)	PVC改性焦油沥青防水卷材 (GB 50207—2012)		
		(5)	再生胶改性沥青防水卷材 (GB 50207—2012)		
		(6)	废橡胶粉改性沥青防水卷材 (GB 50207—2012)		
		(7)	聚氯乙烯防水卷材 (GB 50207—2012)	拉伸强度、扯断伸长率、不透水性、低温弯折性	
		(8)	氯化聚乙烯防水卷材 (GB 50207—2012)		
		(9)	丁基橡胶防水卷材 (GB 50207—2012)		
		(10)	三元丁橡胶防水卷材 (GB 50207—2012)		
8	防水涂料	(1)	高聚物改性沥青防水涂料 (GB 50207—2012)	固体含量、耐热度、柔性	(1) 同一规格、品种、牌号的防水涂料，每10t为一批，不足10t者按一批进行抽检。取2kg样品，密封编号后送检。 (2) 双组分聚氨酯中甲组分5t为一批，不足5t也按一批计；乙组分接产品重量配合比相应增加批量。甲、乙组分样品总量为2kg，封样编号后送检
		(2)	合成高分子防水涂料 (GB 50207—2012)	固体含量、拉伸强度、柔性、不透水性、断裂延伸率	
9	建筑密封膏		沥青嵌缝油膏、聚氯乙烯接缝膏、丙烯酸类密封膏、聚氨酯密封膏、硅酮密封膏 (GB 50207—2012) (GB/T 14683—2017)		(1) 单组分产品以同一等级、同一类型3000支为一批，不足3000也作为一批。 (2) 双组分产品以同一等级、同一类型的1t为一批，不足1t按一批进行检验；乙组分按产品重量比相应增加批量，样品密封编号后送检。 进口防水材料： (1) 凡进入现场的进口防水材料应有该国国家标准、出厂标准、技术指标、产品说明书以及我国有关部门的复检报告。 (2) 现场抽检人员应分别按上述对卷材、涂料、密封膏等规定的方法进行抽检。抽检合格后方可使用。 (3) 现场抽检必检项目应按我国国家标准或有关其他标准，在无标准参照的情况下，可按该国国家标准或其他标准执行。 (4) 建筑幕墙用的建筑结构胶、建筑密封胶缝大部分是采用进口密封材料，应按照《玻璃幕墙工程技术规范》JGJ 102—2003检验

续表

序号	材料类别	材料序号	材料名称	复验项目	组批及取样
10	墙体保温材料	(1)	绝热用模塑聚苯乙烯泡沫塑料（EPS板）(GB/T 10801.1—2021)	导热系数、表观密度、压缩强度、抗拉强度、燃烧性能	① 组批：同一生产厂家、同一规格产品、同一批次进厂，每5000m²为一批，不足5000m²的按一批计。② 取样：从外观合格的产品中抽取一整块进行检验
		(2)	绝热用挤塑聚苯乙烯泡沫塑料（XPS板）(GB/T 10801.2—2018)	导热系数、表观密度、压缩强度、抗拉强度、燃烧性能	① 组批：同一生产厂家、同一规格产品、同一批次进厂，每5000m²为一批，不足5000m²的按一批计。② 取样：从外观合格的产品中抽取一整块进行检验
		(3)	硬质泡沫聚氨酯(JC/T 998—2006)	导热系数、表观密度、压缩强度、燃烧性能	① 组批：同一生产厂家、同一规格产品、同一批次进厂，每5000m²为一批，不足5000m²的按一批计。② 取样：导热系数2块200mm×200mm×30mm；表观密度、压缩强度100mm×100mm×30mn各5块
		(4)	胶粉料	初凝结时间、终凝结时间	组批及取样：①粉状材料：以同种产品，同一级别，同一规格产品20t为一批，不足一批的按一批计。从每批任抽10袋，从每袋中取样不少于500g，混合均匀，按四分法缩取，算比实验所需量大1.5倍的试样为检验样。②液态剂的材料：以同种产品，同一级别，同一规格产品10t为一批，不足一批的按一批计。取样方法按《色漆、清漆和色漆与清漆用原材料取样》GB/T 3186—2016的规定进行。③5kg胶粉：一袋颗粒
		(5)	聚苯颗粒	堆积密度	
		(6)	胶粉聚苯颗粒保温浆料	湿表观密度、干表观密度、导热系数、抗压强度、28d软化系数、水蒸气透过系数	

实务、示例与案例

［示例1］

某施工单位现场集中搅拌C40的混凝土，在标准条件下养护28d的同批15组试件的立方体抗压强度的代表值见表6-145所列，试评定其质量。

各组试件的立方体抗压强度的代表值　　　　　　　　表6-145

组别（i）	1	2	3	4	5	6	7	8	9	10	11	12	13	14	15
$f_{cu,i}$（MPa）	39.8	42.4	43.8	47.8	44.8	38.0	41.4	46.8	43.6	46.2	40.3	43.6	44.5	46.8	43.8

评定程序：

（1）计算其立方体抗压强度的平均值 $m_{f_{cu}}$

$$m_{f_{cu}} = \frac{1}{15}\sum_{i=1}^{15} f_{cu,i} = 43.57(\text{MPa})$$

（2）计算其立方体抗压强度的标准差 $S_{f_{cu}}$

$$S_{f_{cu}} = \sqrt{\frac{\sum_{i=1}^{n} f_{cu,i}^2 - n \cdot m_{f_{cu}}^2}{n-1}}$$

$$= \sqrt{\frac{\sum_{i=1}^{n} f_{cu,i}^2 - 15 \times 43.57^2}{15 - 1}}$$

$$= 2.86 (MPa)$$

（3）确定合格判定系数

由表 6-22 可得：$\lambda_1 = 1.05$；$\lambda_2 = 0.85$

（4）评定质量：

$$m_{f_{cu}} - \lambda_1 S_{f_{cu}} = 43.57 - 1.05 \times 2.86 = 40.6 (MPa) > f_{cu,k} = 40.0 (MPa)$$

$$f_{cu,min} = 38.0 (MPa) > \lambda_2 f_{cu,k} = 0.85 \times 40.0 = 34.0 (MPa)$$

根据 GB/T 50107—2010 规定，该混凝土的质量符合强度要求。

[示例 2]

某项目主体施工时建立了材料验收台账（表 6-146），问：

1. 何为见证取样？

2. 钢筋复试哪些项目？表 6-146 中直径 16mm 的钢筋复试按几个检验批取样？

分析：

（1）见证取样和送检制度是指在建设监理单位或建设单位见证下，对进入施工现场的有关建筑材料，由施工单位专职材料试验人员在现场取样或制作试件后，送至符合资质资格管理要求的试验室进行试验的一个程序。

（2）见证取样的范围：

按规定，下列试块、试件和材料必须实施见证取样和送检：

1）用于承重结构的混凝土试块。

2）用于承重墙体的砌筑砂浆试块。

3）用于承重结构的钢筋及连接接头试件。

4）用于承重墙的砖和混凝土小型砌块。

5）用于拌制混凝土和砌筑砂浆的水泥。

6）用于承重结构的混凝土使用中的掺加剂。

7）地下、屋面、厕浴间使用的防水材料。

8）用于道路路基及面层的材料或试件。

9）市政工程中业主或监理单位项目总监认为与质量密切相关的材料或构件。

10）国家规定必须实行见证取样和送检的其他试块、试件和材料。

（3）钢筋复试：

1）检验标准：

钢筋原材试验应以同厂别、同炉号、同规格、同一交货状态、同一进场时间每 60t 为一验收批，不足 60t 时，亦按一验收批计算。

2）取样数量：

每一验收批中取试样一组（2 根拉力试件、2 根冷弯试件、1 根化学试件）。低碳钢热轧圆盘条时，1 根拉力试件。

表 6-146

某项目某批次钢筋进场验收记录

材料名称：钢筋原材

序号	材料名称	规格	生产企业名称	材料供应单位	进货日期	送货单编号	实收数量(t)	生产许可证编号	炉批号	质保书编号	产品标识	外观质量	材料检验日期	检验报告编号	材料检测结果	工程材料报审表日期	使用部位	备注
																	审核人员签名 施工 监理
1	钢筋原材	HPB300 φ8	××钢铁有限公司	××建材有限公司	3.14		14.61	TZ05-001-0029	1-B112999			√	3.25	GCN201401255	√	3.14	1号楼基础	
2	钢筋原材	HPB300 φ10	××钢铁有限公司	××建材有限公司	3.14		6.23	TZ05-001-0029	1-B21209			√	3.25	GCN201401253	√	3.14	1号楼基础	
3	钢筋原材	HRB400 φ12	××型钢有限公司	××建材有限公司	3.14		1.99	TZ05-001-0012	140130464	TT2014012803	WS	√	3.25	GCN201401257	√	3.14	1号楼基础	
4	钢筋原材	HRB400 φ14	××型钢有限公司	××建材有限公司	3.14		6.68	TZ05-001-0012	131220145	TT2013121153	WS	√	3.25	GCN201401258	√	3.14	1号楼基础	
5	钢筋原材	HRB400 φ16	××型钢有限公司	××建材有限公司	3.14		4.21	TZ05-001-0012	140120076	TT2014010953	WS	√	3.25	GCN201401261	√	3.14	1号楼基础	
6	钢筋原材	HRB400 φ18	××型钢有限公司	××建材有限公司	3.14		3.96	TZ05-001-0012	131220322	TT2013122216	WS	√	3.25	GCN201401206	√	3.14	1号楼基础	
7	钢筋原材	HRB400 φ20	××型钢有限公司	××建材有限公司	3.14		22.23	TZ05-001-0012	140210372	TT2014031027	WS	√	3.25	GCN201401205	√	3.14	1号楼基础	
8	钢筋原材	HRB400 φ22	××型钢有限公司	××建材有限公司	3.14		16.74	TZ05-001-0012	140215094	TT2014022712	WS	√	3.25	GCN201401204	√	3.14	1号楼基础	
9	钢筋原材	HRB400 φ25	××型钢有限公司	××建材有限公司	3.14		8.32	TZ05-001-0012	13121059	TT2014012803	WS	√	3.25	GCN201401203	√	3.14	1号楼基础	

3）取样方法：

① 试件应从两根钢筋中截取：每一根钢筋截取 1 根拉力试件、1 根冷弯试件，其中 1 根再截取化学试件 1 根，低碳热轧圆盘条冷弯试件应取自不同盘。

② 试件在每根钢筋距端头不小于 500mm 处截取。

③ 拉力试件长度：$7d_0 + 200$mm。

④ 冷弯试件长度：$5d_0 + 150$mm。

⑤ 化学试件取样采取方法：

A. 分析用试屑可采用刨取或钻取方法。采取试屑以前，应将表面氧化铁皮除掉。

B. 自轧材整个横截面上刨取或者自不小于截面的 1/2 对称刨取。

C. 垂直于纵轴中线钻取钢屑的，其深度应达钢材轴心处。

D. 供验证分析用钢屑必须有足够的重量。

七、材料的仓储、保管与供应

（一）材料的仓储管理

"仓储管理"是指对仓库所管全部材料的收、储、管、发业务和核算活动的总称，是按照"及时、准确、经济、安全"的原则，组织材料的收发、保管和保养，做到进出快、保管好、损耗少、费用省、保安全，为施工生产服务，促进经济效益的提高。

仓储管理是材料从流通领域进入企业的"监督关"；是材料投入施工生产消费领域的"控制关"；材料储存过程又是保质、保量、完整无缺的"监护关"。所以，仓储管理工作负有重大的经济责任。

仓库设置的基本原则是：方便生产，保证安全，便于管理，促进周转。

材料仓储管理的具体任务是：及时、准确、迅速地验收材料；妥善保管，科学维护；加强储备定额管理；发料管理；确保仓库安全；建立和健全科学的仓库管理制度。

1. 仓库的分类

（1）按储存材料的种类划分

1）综合性仓库

综合性仓库建有若干库房，储存各种各样的材料，如在同一仓库中储存钢材、电料、木料、五金、配件等。

2）专业性仓库

专业性仓库只储存某一类材料，如钢材库、木料库、电料库等。

（2）按保管条件划分

1）普通仓库

普通仓库是指储存没有特殊要求的一般性材料的仓库。

2）特种仓库

特种仓库是指某些材料对库房的温度、湿度、安全有特殊要求，需按不同要求设置的仓库，如保温库、燃料库、危险品库等。水泥由于粉尘大，防潮要求高，因而水泥库也属于特种仓库。

（3）按建筑结构划分

1）封闭式仓库

封闭式仓库指有屋顶、墙壁和门窗的仓库。

2）半封闭式仓库

半封闭式仓库指有顶无墙的仓库，如料库、料棚等。

3）露天料场

露天料场主要指储存不易受自然条件影响的大宗材料的场地。

（4）按管理权限划分

1）中心仓库

中心仓库指大中型企业（公司）设立的仓库。这类仓库材料吞吐量大，主要材料由公司集中储备，也叫做一级储备。除远离公司独立承担任务的工程处核定储备资金控制储备外，公司下属单位一般不设仓库，避免层层储备，分散资金。

2）总库

总库是指公司所属项目经理部或工程处（队）所设施工备料仓库。

3）分库

分库是指施工队及施工现场所设的施工用料准备库，业务上受项目部或工程队直接管辖，统一调度。

2. 现场材料仓储保管的基本要求

现场材料仓储保管，应根据现场材料的性能和特点，结合仓储条件进行合理的储存与保管。进入施工现场的材料，必须加强库存保管，保证材料完好，便于装卸搬运、发料及盘点。

（1）选择进场材料保管场所

应根据进场材料的性能特点和储存保管要求，合理选择进场材料保管场所。建筑施工现场储存保管材料的场所有仓库（或库房）、库棚（或货棚）和料场。

仓库（或库房）的四周有围墙、顶棚、门窗，可以完全将库内空间与室外隔离开来的封闭式建筑物。由于其具有良好的隔热、防潮、防水作用，因此通常存放不宜风吹日晒、雨淋，对空气中温度、湿度及有害气体反应较敏感的材料，如各类水泥、镀锌钢管、镀锌钢板、混凝土外加剂、五金设备、电线电料等。

库棚（或货棚）的四周有围墙、顶棚、门窗，但一般未完全封闭起来。这种库棚虽然能挡风遮雨、避免暴晒，但库棚内的温度、湿度与外界一致。通常存放不宜雨淋日晒，而对空气中温度、湿度要求不高的材料，如陶瓷、石材等。

料场即为露天仓库，是指地面经过一定处理的露天储存场所。一般要求料场的地势较高，地面经过一定处理（如夯实处理）。主要储存不怕风吹、日晒、雨淋，对空气中温度、湿度及有害气体反应不敏感的材料，如钢筋、型钢、砂石、砖等。

（2）材料的堆码

材料的合理堆码关系到材料保管的质量，材料码放形状和数量必须满足材料性能、特点、形状等要求。材料堆码应遵循"合理、牢固、定量、整齐、节约和便捷"的原则。

1）堆码的原则

① 合理

对不同的品种、规格、质量、等级、出厂批次的材料都应分开，按先后顺序堆码，以便先进先出。特别注意性能互相抵触的材料应分开码放，防止材料之间发生相互作用而降低使用性能。占用面积、垛形、间隔均要合理。

② 牢固

材料码放数量应视存放地点的负荷能力而确定，以垛基不沉陷、材料不受压变形、变质、损坏为原则，垛位必须有最大的稳定性，不偏不倒，苫盖物不怕风雨。

③ 定量

每层、每堆力求成整数，过磅材料分层、分捆计重，作出标记，自下而上累计数量。

④ 整齐

纵横成行，标志朝外，长短不齐、大小不同的材料、配件，靠通道一头齐。

⑤ 节约

一次堆好，减少重复搬运、堆码，堆码紧凑，节约占用面积。爱护苫垫材料及包装，节省费用。

⑥ 便捷

堆放位置要便于装卸搬运、收发保管、清仓盘点、消防安全。

2）定位和堆码的方法

① 四号定位

四号定位是在统一规划、合理布局的基础上，进行定位管理的一种方法。四号定位就是定仓库号、货架号、架层号、货位号（简称库号、架号、层号、位号）。料场则是区号、点号、排号和位号。固定货位、定位存放、"对号入座"。对各种材料的摆放位置作全面、系统、具体的安排，使整个仓库堆放位置有条不紊，便于清点与发料，为科学管理打下基础。

四号定位编号方法：材料定位存放，将存放位置的四号联起来编号。例如普通合页规格 50mm，放在 2 号库房、11 号货架、2 层、6 号位。材料定位编号为 2—11—2—06，由于这种编号一般仓库不超过个位数、货架不超过 5 层，为简化书写，所以只写一位数。如果写成 02—11—02—06 也可。

② 五五化堆码

五五化堆码是材料保管的堆码方法。它是根据人们计数习惯以五为基数计数的特点，如五、十、二十、…、五十、一百、一千等进行计数。将这种计数习惯用于材料堆码，使堆码与计数相结合，便于材料收发、盘点计数快速准确，这就是"五五摆放"。如果全部材料都按五五摆放，则仓库就达到了五五化。

五五化是在四号定位的基础上，即在固定货位，"对号入座"的货位上具体摆放的方法。按照材料的不同形状、体积、重量，大的五五成方，高的五五成行，矮的五五成堆，小的五五成包（捆），带眼的五五成串（如库存不多，亦需按定位堆放整齐），堆成各式各样的垛形。要求达到横看成行，竖看成线，左右对齐，方方定量，过目成数，便于清点，整齐美观。

③ 四号定位与五五化堆码的关系

四号定位与五五化堆码是全局与局部的关系。两者互为补充，互相依存，缺一不可。如果只搞四号定位，不搞五五化，对仓库全局来说，有条理、有规律，定位合理，而在具体货位上既不能过目成数，也不整齐美观。反之，如果只搞五五化，不搞四号定位，则在局部货位上能过目成数，达到整齐美观；但从库房全局看，还是堆放紊乱，没有规律。所以两者必须配合使用。

（3）材料的标识

储存保管材料应"统一规划、分区分类、统一分类编号、定位保管"，并要使其标识鲜明、整齐有序，以便于转移记录和具备可追溯性。

1）现场存放的物资标识

进场物资应进行标识，标识包括产品标识和状态标识，状态标识包括：待验，检验合格，检验不合格。

① 钢筋原材、型钢原材要挂牌标识：名称、规格、厂家、质量状态。

② 加工成型的钢筋、铁件要挂牌标识：名称、规格、数量、使用部位。

③ 水泥、外加剂要挂牌标识：名称、规格、厂家、生产日期、质量状态。

④ 砂子、石子、白灰要挂牌标识：名称、规格、产地（矿场）、质量状态。

⑤ 砖、砌块、隔墙板、保温材料、陶粒，石材、门窗、构件、装饰型材、风道、管材、建材制成品等要挂牌标识：名称、规格、厂家、质量状态。

2）库房存放的物资标识

① 五金、物料、水料、电料，土产、电器、电线、电缆、暖卫品、防水材料、焊接材料、装饰细料、墙面砖、地面砖等要挂卡标识：名称、规格、数量、合格证。

② 化工、油漆、燃料、气体缸瓶等有毒、有害、易燃、易爆物资要分别设立专业危险品库房，悬挂警示牌，各类物资分别挂卡标识：名称、规格、数量、合格证和使用说明书。

③ 入库、出库手续完备，做到账、卡、物相符。

3）标识转移记录和可追溯性

为便于可追溯，器材员填写进场时间、数量、供方名称、质量合格证编号、外观检查结果等。

① 工程物资主要材料进场要将材质单、合格证、复试报告单等质保资料的唯一编号记入材料验收记录。

商品混凝土进场要随车带有完整的质保资料，运输单要写明混凝土的出厂时间、强度等级、品种、数量、坍落度、生产厂家、工程名称和使用部位，逐项记入混凝土验收和使用记录。

② 物资进场的运输单、验收单、入库单、调拨单、耗料单都要进行可追溯性的唯一编号，确保与材料验收记录、耗料账表相吻合。耗料单要写明使用部位、材质单号。

③ 用于隐蔽工程、关键工序、特殊工序，分部分项单位工程的材料要与材料验收记录、耗用记录以及材料质保资料的唯一编号相吻合。

（4）材料的安全消防

每种进场材料的安全消防方式应视进场材料的性能而确定。液体材料燃烧时，可采用干粉灭火器或黄砂灭火，避免液体外溅，扩大火势；固体材料燃烧时，可采用高压水灭火，如果同时伴有有害气体挥发，应用黄砂灭火并覆盖。

（5）材料的维护保养

材料的维护保养，即采取一定的技术措施或手段，保证所储存保管材料的性能或使受到损坏的材料恢复其原有性能。由于材料自身的物理性能、化学成分是不断发生变化的，这种变化在不同程度上影响着材料的质量。其变化原因主要是自然因素的影响，如温度、湿度、日光、空气、雨、雪、露、霜、尘土、虫害等，为了防止或减少损失，应根据材料本身不同的性质，事前采取相应技术措施，控制仓库的温度与湿度，创造合适的条件来保管和保养。反之，如果忽视这些自然因素，就会发生变质，如霉腐、熔化、干裂、挥发、变色、渗漏、老化、虫蛀、鼠伤，甚至会发生爆炸、燃烧、中毒等恶性事故。不仅失去了储存的意义，反而造成损失。

223

材料维护保养工作，必须坚持"预防为主，防治结合"的原则。具体要求是：

1）安排适当的保管场所

根据材料的不同性能，采取不同的保管条件，如仓库、库棚、料场及特种仓库，尽可能适应储存材料性能的要求。

2）搞好堆码、苫垫及防潮防损

有的材料堆码要稀疏，以利通风；有的要防潮，有的要防晒，有的要立放，有的要平置等；对于防潮、防有害气体等要求高的，还须密封保存，并在搬码过程中，轻拿轻放，特别是仪器、仪表、易碎器材，应防止剧烈振动或撞击，杜绝损坏等事故发生。

3）严格控制温、湿度

对于温、湿度要求高的材料（如焊接材料），要做好温度、湿度的调节控制工作。高温季节要防暑降温，梅雨季节要防潮防霉，寒冷季节要防冻保温。还要做好防洪水、台风等灾害性侵害的工作。

4）强化检查

要经常检查，随时掌握和发现保管材料的变质情况，并积极采取有效的补救措施。对于已经变质或将要变质的材料，如霉腐、受潮、粘结、锈蚀、挥发、渗漏等，应采取干燥、晾晒、除锈涂油、换桶等有效措施，以挽回或减少损失。

5）严格控制材料储存期限

一般来说，材料储存时间越长，对质量影响越大。特别是规定有储存期限过期失效的材料，要特别注意分批堆码，先进先出，避免或减少损失。

6）搞好仓库卫生及库区环境卫生

经常清洁，做到无垃圾、杂草，消灭虫害、鼠害。加强安全工作，搞好消防管理，加强电源管理，搞好保卫工作，确保仓库安全。

（6）材料验收入库

材料入库由接料、验收、入库三个环节组成。材料接料时必须认真检查验收，合格后再入库，材料验收入库，是储存活动的开始，是划清企业内部与外部材料购销经济责任的界线。

1）材料验收入库工作程序

验收是对到货材料入库前的质量、数量检验，核对单据、合同，如发现问题，要划清买方、卖方、运方责任，填好相应记录，签好相应凭证，为今后的材料保管和发放提供条件。材料验收入库工作的基本要求是：准确、及时、严肃，其工作顺序如下：

① 验收准备

搜集并熟悉验收凭证及有关资料，准备相应的检验工具，计划堆放位置及苫垫材料准备，安排搬运人员和工具，特殊材料防护设施准备，有要求时要通知相关部门或单位共同验收。

② 核对凭证

认真核对每批进库材料的发票、运单、质量证明是否符合进货计划和合同的要求，无误后按照具体凭证逐个加以检验。

③ 检验实物

根据材料各种证件和凭证进行数量检验的质量检验。数量检验是按合同规定的方法或称重计量、量长计量、清点数量计量。质量检验是按各项材料检验标准进行外观质量检验，凡涉及材质的物理、化学试验，由具有检验资质的检验部门进行并作出报告。进口材料及设备还要会同商检局共同验收。所有数量、质量检验中发现的问题，均应作出详细记录，以备复验和索赔。

④ 问题处理

在材料验收中，若检查出数量不足、规格型号不符、质量不合格等问题，仓库应实事求是地办理材料验收记录，及时报送业务主管部门处理。

⑤ 办理入库手续

验收合格的材料，必须及时入库，并分别按材料的品名、规格、数量进行建卡登记和记账，从实物和价值两个方面反映入库材料的收、发、存动态，做到账、卡、实相符。

2）验收中发现问题的处理

① 再验收。危险品或贵重材料则按规定保管、进行代保管或先暂验收，待证件齐全后补办手续。

② 供方提供的质量证明书或技术标准与订货合同规定不符，应及时反映业务主管部门处理；按规定应附质量证明而到货无质量证明者，在托收承付期内有权拒付款，并将产品妥善保存，立即向供方索要，供方应即时补送，超过合同交货期补交的，即作逾期交货处理。

③ 凡规格、质量部分产品不符要求，可先将合格部分验收，不合格的单独存放，妥善保存，并部分拒付货款，作出材料验收记录，交业务部门处理。

④ 产品错发到货地点，供方应负责转运到合同所定地点外，还应承担逾期交货的违约金和需方因此多支付的一切实际费用，需方在收到错发货物时，应妥善保存，通知对方处理；由于需方错填到货地点，所造成的损失，由需方承担。

⑤ 数量不符，大于合同规定的数量，其超过部分可以拒收并拒付超过部分的货款，拒收的部分实物，应妥善保存。

⑥ 材料运输损耗，在规定损耗率以内的，仓库按数验收入库，不足数另填报运输损耗单冲销，达到账账相符。

⑦ 运输中发生损坏、变质、短少等情况，应在接运中办理运输部门的"普通记录"或"货运记录"。

所有重大验收问题，都要让供方复查确认。应保存好合同条款、验收凭证、供方或运方签认的记录作为索赔依据，在索赔期内向责任方提出索赔。验收单一式四联：A 库房存（作收入依据）；B 财务（随发票报销）；C 材料部门（计划分配）；D 采购员（存查）。

3）验收及入库

① 入库前准备

A. 仓库的交通应方便，便于材料的运输和装卸，仓库应尽量靠近路边，同时不得影响总体规划。

B. 仓库的地势应较高且地形平坦，便于排水、防洪、通风和防潮。

C. 油库、氧气、乙炔气等危险品仓库与一般仓库要保持一定距离，与民房或临时工棚也要有一定的安全距离。

D. 合理布局水电供应设施，合理确定仓库的面积及相应设施。

② 验收及入库

由申请人填写入库申请单。工地所需的材料入库前，应进行材料的验收。

材料保管员兼做材料验收员，材料验收时应以收到的材料清单所列材料名称、数量对照合同、规定、协议、技术要求、质量证明、产品技术资料、质量标准、样品等进行验收入库，验收数量超过申请数量者以退回多余数量为原则。必要时经领导核定审核批准后可以先办理入库手续，再追加相应手续。

材料的验收入库应当在材料进场时当场进行，并开具"入库单"，在材料的入库单上应详细地填写入库材料的名称、数量、型号、规格、品牌、入库时间、经手人等信息，且应在入库单上注明采购单号码，以便复核。如数量、品质、规格等有不符之处应采用暂时入库形式，开具材料暂时入库白条，待完全符合或补齐时再开具材料入库单，同时收回入库白条，不得先开具材料入库单后补货。

所有材料入库必须严格验收，在保证其质量合格的基础上实测数量，根据不同材料物件的特性，采取点数、丈量、过磅、量方等方法进行量的验收，禁止估约。

对大宗材料、高档材料、特殊材料等要及时索要有效的"三证"（产品合格证、质量保证书、出厂检测报告），产品质量检验报告必须加盖红章。对不合格材料的退货也应在入库单中用红笔进行标注，并详细地填写退货的数量、日期及原因。

入库单应一式三联。一联交于财务，以便于核查材料入库时数量和购买时数量是否一致。一联交于采购人员，并与材料的发票一起作为材料款的报销凭证。最后一联应由仓库保管人员留档备查。

因材料数量较大或因包装关系，一时无法将应验收的材料验收的，可以先将包装的个数、重量或数量及包装情形等作预备验收，待认真清理后再行正式验收，必要时在出库时进行验收。

材料入库后，公司有关部门认为有必要时，可对入库材料进行复验。

对大宗材料、高档材料、特殊材料等的进场验收必须由含保管员在内的两人及以上人员共同参与点验，并在送货单或相关票据上签字。对于不能入库的材料，如周转材料、钢材、木材、砂、石、砌块等物资进场验收时，应由仓管员和使用该材料的施工班组指定人员共同参与点验并在送货单上签字，每批供货完成后据此验收依据一次性直接由工长开出限额领料单拨料给施工班组。

验收入库的材料按先后顺序，分品种、规格、型号、材质、用途分别在仓库堆放，并进行详细的标识。

玻璃、陶瓷及易碎材料在入库时要轻拿轻放。

③ 材料入库的"六不入"原则

有送货单而没有实物的，不能办入库手续；有实物而没有送货单或发票原件的，不能办入库手续；来料与送货单数量、规格、型号不同的，不能办入库手续；质监部门不通过的，且没有领导签字同意使用的，不能办入库手续；没办入库而先领用的，不能办入库手续；送货单或发票不是原件的，不能办入库手续。

3. 仓储盘点及账务管理

（1）仓库盘点的意义

仓库所保管的材料，品种、规格繁多，计量、计算易发生差错，保管中发生的损耗、损坏、变质、丢失等种种因素，可能导致库存材料数量不符，质量下降。只有通过盘点，才能准确地掌握实际库存量，摸清质量状况，掌握材料保管中存在的各种问题，了解储备定额执行情况和呆滞、积压数量，以及利用、代用等挖潜措施的落实情况。

（2）盘点方法

1）定期盘点

定期盘点指季末或年末对仓库保管的材料进行全面、彻底盘点。达到有物有账，账物相符，账账相符，并把材料数量、规格、质量及主要用途搞清楚。由于清点规模大，应先做好组织与准备工作，主要内容有：

① 划区分块，统一安排盘点范围，防止重查或漏查。

② 校正盘点用计量工具，统一印制盘点表，确定盘点截止日期和报表日期。

③ 安排各现场、车间，已领未用的材料办理"假退料"手续，并清理成品、半成品、在线产品。

④ 尚未验收的材料，具备验收条件的，抓紧验收入库。

⑤ 代管材料，应有特殊标志，另列报表，便于查对。

2）永续盘点

永续盘点是指对库房内每日有变动（增加或减少）的材料，当日复查一次，即当天对有收入或发出的材料，核对账、卡、物是否对口。这样连续进行抽查盘点，能及时发现问题，便于清查和及时采取措施，是保证账、卡、物"三对口"的有效方法。永续盘点必须做到当天收发，当天记账和登卡。

（3）盘点中问题的账务处理

盘点时要对实际库存量和账面结存量进行逐项核对，并同时检查材料质量、有效期、安全消防及保管状况，编制盘点报告。

1）数量盈亏

盘点中数量出现盈亏，若盈亏量在企业规定的范围之内时，可在盘点报告中反映，不必编制盈亏报告，经业务主管审批后，据此调整账务；若盈亏量超过规定范围时，除在盘点报告中反映外，还应填写"材料盘点盈亏报告单"，见表7-1所列，经领导审批后再行处理。

材料盘点盈亏报告单　　　　　　　　　　　　表7-1

填报单位：　　　　　　　　　年　月　日　　　　　　　　第　号

材料名称	单　位	账存数量	实存数量	盈（＋）亏（一）数量及原因
部门意见				
领导批示				

2）库存材料发生损坏、变质、降等级等问题时，填报"材料报损报废报告单"，见表7-2所列，并通过有关部门鉴定损失金额，经领导审批后，根据批示意见处理。

材料报损报废报告单　　　　　　　　　　　表 7-2

填报单位：　　　　　　　　　　年　月　日　　　　　　　　　编号：

名　称	规格型号	单　位	数　量	单　价	金　额
质量状况					
报损报废原因					
技术鉴定处理意见	负责人签章				
领导批示	签章				

主管：　　　　　　　　　　审核：　　　　　　　　　　　　制表：

3）库房被盗或遭破坏，其丢失及损坏材料数量及相应金额，应专项报告，经保卫部门认真查核后，按上级最终批示做账务处理。

4）出现品种规格混串和单价错误，在查实的基础上，经业务主管审批后按表 7-3 的要求进行调整。

材料调整单　　　　　　　　　　　表 7-3

仓库名称：　　　　　　　　　　　　　　　　　　　　　　　　　　第　号

项　目	材料名称	规　格	单　位	数　量	单　价	金　额	差额（＋，－）
原列							
应列							
调整原因							
批示							

保管：　　　　　　　　　　记账：　　　　　　　　　　　　制表：

5）库存材料一年以上没有发出，列为积压材料。

（4）仓库账务管理

仓库材料账务是通过一系列的凭证单据、账目表册，按照一定的程序和方法，从实物和货币两个方面记录、反映、考查和监督仓库材料收、发、存的动态。账务管理是仓库的一项基本工作，也是仓库管理的重要环节，要求做到系统、严密、及时、准确。

仓库材料账务主要由材料凭证和材料账册构成。材料凭证反映材料动态的原始记录，是登记各种账目的依据。材料账册是将反映个别业务、最多、零散的材料凭证加以整理、登记，以便系统地、连续地、全面地反映企业材料动态情况的账簿。

1）记账依据

仓库账务管理的基本要求是系统、严密、及时、准确。材料保管账由仓库保管员按材料出入库凭证及耗料、盘点等凭证记账。凭证一般有以下几种：

① 材料入库凭证：如验收单、入库单、加工单等。

② 材料出库凭证：如调拨单、借用单、限额领料单、新旧转账单等。

③ 盘点、报废、调整凭证：如盘点盈亏调整单、数量规格调整单、报损报废单等。

2）记账程序

记账的程序是从审核、整理凭证开始，然后按规定登记账册、结算金额以及编制报表的全部账务处理过程。正确的记账程序能方便记账，提高记账效率，及时、准确、全面、系统地做好核算工作。

① 审核凭证

是指审核凭证的合法性、有效性。凭证必须是合法凭证，有编号，有材料收发动态的指标；能完整地反映材料经济业务从发生到结束的全过程情况。合法凭证要按规定填写，日期、名称、规格、数量、单位、单价、印章齐全，否则为无效凭证，不能据以记账。临时性借条不能作为记账的合法凭证。

② 整理凭证

记账前先将单据凭证分类（按规定的材料类别）、分档（按各本账册的材料名称排列程序分档）、排列（按本单位经济业务实际发生日期的先后排列），然后依次序逐项登记。

③ 账册登记

根据账页上的各项指标自左至右逐项登记。已记账的凭证，应加标记，防止重复。记账后，对账卡上的结存数要进行验算。即：上期结存＋本项收入－本项发出＝本项结存。

3）记账要求

① 按统一规定填写材料编号、名称、规格、单位、单价以及账卡编号。

② 按本单位经济业务发生日期记账。

③ 记好摘要，保持所记经济业务的完整性。

④ 用蓝色或黑色墨水记账，用钢笔正楷书写。红色墨水限于画线及退料冲账时使用。

⑤ 保持账页整洁、完整。记账有错误时，不得任意撕毁、涂改、刮擦、挖补或使用褪色药水更改，可在错误文字上画一条红线，上部另写正确文字，在红线处加盖记账员私章，以示负责。对活页的材料账页应作统一编号，记账人员应保证领用材料账页的数量完整无缺。

⑥ 材料账册必须依据编定页数连续登记，不得隔页和跳行。当月的最后一笔记录下面应划一条红线，红线下面记"本月合计"，然后再划一条红线。换页时，在"摘要"栏内注明"转次页"和"承上页"的字样，并作数字上的承上启下处理。

⑦ 材料账册必须按照"当日工作当日清"的要求及时登账。账册须定期经专门人员（财会部门设稽核人员）进行稽核，经核对无误时，应在账页的"结存合计栏"上加盖稽核员章。

⑧ 材料单据凭证及账册是重要的经济档案和历史资料，必须按规定期限和要求妥善保管，不能丢失或任意销毁。

4. 材料收、发、存台账

台账就是明细记录表，台账不属于会计核算中的账簿系统，不是会计核算时所记的账簿，它是企业为加强某方面的管理、更加详细地了解某方面的信息而设置的一种辅助账簿，没有固定的格式，没有固定的账页，企业根据实际需要自行设计，尽量详细，以全面反映某方面的信息，不必按凭证号记账，但能反映出记账号更好。具体在仓库管理中，台账详细记录了什么时间、什么仓库、什么货架、由谁入库了什么货物、共多少数量。台账本质就是流水账。

（1）台账的建立

1）先建立库房台账，台账的表头一般包含序号、物料代码、物料名称、物料规格型号、期初库存数量、入库数量、出库数量、经办人、领用人及备注，见表7-4。

收发存台账　　　　　　　　　　　　　　　　　　表7-4

日期	产品名称	规格型号	入库信息			出库信息			结存		备注
			批号	入库时间	入库数量	批号	出库时间	出库数量	批号	数量	

领用人：　　　　　　　　　　　　　　　　　　　　　　经办人：

2）台账记账依据，见表7-5。

记账依据　　　　　　　　　　　　　　　　　　表7-5

依据	内容
材料入库凭证	验收入库单、加工单等
材料出库凭证	调拨单、借用单、限额领料单、新旧转账单等
盘点、报废、调整凭证	盘点盈亏调整单、数量规格调整单、报损报废单等

3）每天办理入库的物料，供应商需提供送货清单，相关部门下达入库通知，如需检验入库，还要通知检验部门进行来料检验，合格后办理入库手续，填写入库单。如有办理物料出库，需领用人拿有相关领导审批过的出库单，按照领用明细，办理物料出库，相应的在台账上登记。

4）为管理库房的物料，最好对物料进行分类，按不同的物料类别建立台账，这样方便台账的管理。

5）物料分类有很多方式，有按材质分的，如金属、非金属；有按用途分类的，如原材料、半成品、产品。

6）物料在仓库摆放要整齐，并分类摆放，这样便于取用，物料上最好挂页签，便检查物料数量及物料名称。

7）不合格物料交由采购部门办理退、补料，入库物料在台账上登记。

（2）台账的管理要求

1）管理仓库要建立账、卡，卡是手工账，账可以用电脑做。

2）每次收货、发货都要点数，按数签单据，按单据记卡、记账，内容包括日期，摘要，收、发、存的数量。

3）每次收、发货记账后要进行盘点，点物品与卡、账是否一致，不一致可能是点数错，或者记账记错等，要分析，要查找原因，纠正错误。

4）做仓管员的基本职能是保证账、卡、物三者相符，包括名称、规格、数量都相同。

5）将记过账的单据按日期分类归档保存。

6）每周/每月都要对物品进行盘点，以确保账、物、卡一致。

（二）常用材料的保管

1. 水泥的现场保管及受潮水泥的处理

（1）水泥的现场仓储管理

1）进场入库验收

水泥进场入库必须附有水泥出厂合格证或水泥进场质量检测报告。进场时应检查水泥出厂合格证或水泥进场质量检测报告单上水泥品种、强度等级与水泥包装袋上印的标志是否一致，不一致的要另外码放，待进一步查清；检查水泥出厂日期是否超过规定时间，超过的要另行处理；遇有两个单位同时到货的，应详细验收，分别码放，挂牌标明，防止水泥生产厂家、出厂日期、品种、强度等级不同而混杂使用。水泥入库后应按规范要求进行复检。

2）仓储保管

水泥仓储保管时，必须注意防水防潮，应放入仓库保管。仓库地坪要高出室外地面20～30cm，四周墙面要有防潮措施。袋装水泥在存放时，应用木料垫高超出地面30cm，四周离墙30cm，码垛时一般码放10袋，最高不得超过15袋。储存散装水泥时，应将水泥储存于专用的水泥罐中，以保证既能用自卸汽车进料，又能人工出料。

3）临时存放

如遇特殊情况，水泥需在露天临时存放时，必须设有足够的遮垫措施，做到防水、防雨、防潮。

4）空间安排

水泥储存时要合理安排仓库内出入通道和堆垛位置，以使水泥能够实行先进先出的发放原则，避免部分水泥因长期积压在不易运出的角落里，从而造成水泥受潮变质。

5）储存时间

水泥的储存时间不能过长，水泥会吸收空气中的水分缓慢水化而降低强度。袋装水泥储存3个月后强度降低10%～20%；6个月后强度降低15%～30%；1年后强度降低25%～40%。水泥的储存期自出厂日期算起，通用硅酸盐水泥出厂超过3个月、铝酸盐水泥出厂超过2个月、快凝快硬硅酸盐水泥出厂超过1个月，应进行复检，并按复检结果使用。

6）水泥应避免与石灰、石膏以及其他易于飞扬的粒状材料同存，以防混杂，影响质量。包装如有损坏，应及时更换以免散失。

7）库房环境

水泥库房要经常保持清洁，落地灰及时清理、收集、灌装，并应另行收存使用。

（2）受潮水泥的处理

水泥在储存保管过程中很容易吸收空气中的水分产生水化作用，凝结成块，降低水泥强度，影响水泥的正常使用。对于受潮水泥可以根据受潮程度，按表7-6的方法做适当处理。

受潮水泥的鉴别与处理方法　　　　　　　　　　表 7-6

受潮程度	水泥外观	手　感	强度降低	处理方法
轻微受潮	水泥新鲜，有流动性，肉眼观察完全呈细粉	用手捏碾无硬粒	强度降低不超过 5%	正常使用
开始受潮	内有小球粒，但易散成粉末	用手捏碾无硬粒	强度降低 5% 以下	用于要求不严格的工程部位
受潮加重	水泥细度变粗，有大量小球粒和松块	用手捏碾，球粒可成细粉，无硬粒	强度降低 15%～20%	将松块压成粉末，降低强度等级，用于要求不严格的工程部位
受潮较重	水泥结成粒块，有少量硬块，但硬块较松，容易被击碎	用手捏碾，球粒不能变成粉末，有硬粒	强度降低 30%～50%	用筛子筛除硬粒、硬块，降低强度等级，用于要求较低的工程部位
严重受潮	水泥中有许多硬粒、硬块，难以被压碎	用手捏碾不动	强度降低 50% 以上	不能用于工程中

2. 钢材的现场保管及代换应用

（1）钢材的现场保管

建筑工程中使用的建筑钢材主要有两大类，一类是钢筋混凝土结构用钢材，如热轧钢筋、钢丝、钢绞线等；另一类则为钢结构用钢材，如各种型钢、钢板、钢管等。

1）建筑钢材应按不同的品种、规格，分别堆放。对于优质钢材、小规格钢材，如镀锌板、镀锌管、薄壁电线管、高强度钢丝等最好放入仓库储存保管。库房内要求保持干燥，地面无积水、无污物。

2）建筑钢材只能露天存放时，料场应选择在地势较高而又平坦的地面，经平整、夯实、预设排水沟、做好垛底、苫垫后方可使用。为避免因潮湿环境而导致钢材表面锈蚀，雨雪季节应用防雨材料进行覆盖。

3）施工现场堆放的建筑钢材应注明钢材生产企业名称、品种、规格、进场日期与数量等内容，并以醒目标识标明建筑钢材合格、不合格、在检、待检等产品质量状态。

4）施工现场应由专人负责建筑钢材的储存保管与发料。

5）成型钢筋

成型钢筋是指由工厂加工成型后运到现场绑扎的钢筋。一般会同生产班组按照加工计划验收规格和数量，并交班组管理使用。钢筋的存放场地要平整，没有积水，分等级、规格码放整齐，用垫木垫起，防止水浸锈蚀。

（2）选择适宜的场地和库房

1）保管钢材的场地或仓库，应选择在清洁干净、排水通畅的地方，远离产生有害气体或粉尘的厂矿。在场地上要清除杂草及一切杂物，保持钢材干净。

2）在仓库里不得与酸、碱、盐、水泥等对钢材有侵蚀性的材料堆放在一起。不同品种的钢材应分别堆放，防止混淆，防止接触腐蚀。

3）大型型钢、钢轨、薄钢板、大口径钢管、锻件等可以露天堆放。

4）中小型型钢、盘条、钢筋、中口径钢管、钢丝及钢丝绳等，可在通风良好的料棚内存放，但必须上苫下垫。

5）一些小型钢材、薄钢板、钢带、硅钢片、小口径或薄壁钢管、各种冷轧、冷拔钢材以及价格高、易腐蚀的金属制品，可存放入库。

6）库房应根据地理条件选定，一般采用普通封闭式库房，即有房顶有围墙、门窗严密、设有通风装置的库房。

7）库房要求晴天注意通风，雨天注意关闭防潮，经常保持适宜的储存环境。

8）钢材在入库前要注意防雨淋或混粘杂质，已经淋雨或弄污的钢材要将杂质清理干净。

（3）合理堆码

1）堆码的要求是在码垛稳固、确保安全的条件下，做到按品种、规格码垛，不同品种的材料要分别码垛，防止混淆和相互腐蚀。

2）禁止在垛位附近存放对钢材有腐蚀作用的物品。

3）垛底应垫高、坚固、平整，防止材料受潮或变形。

4）同种材料按入库先后分别堆码，便于执行先进先发的原则。

5）露天堆放的型钢，下面必须有木垫或条石，垛面略有倾斜，以利排水，并注意材料安放平直，防止造成弯曲变形。

6）堆垛高度，人工作业的不超过 1.2m，机械作业的不超过 1.5m，垛宽不超过 2.5m。

7）垛与垛之间应留有一定的通道，检查道一般为 0.5m，出入通道视材料大小和运输机械而定，一般为 1.5~2.0m。

8）垛底垫高，若仓库为朝阳的水泥地面，垫高 0.1m 即可；若为泥地，须垫高 0.2~0.5m。若为露天场地，水泥地面垫高 0.3~0.5m，沙泥面垫高 0.5~0.7m。

9）露天堆放角钢和槽钢应俯放，即口朝下；工字钢应立放，钢材的 I 形槽面不能朝上，以免积水生锈。

（4）保护材料的包装和保护层

钢材出厂前涂的防腐剂或其他镀覆及包装是防止材料锈蚀的重要措施，在运输装卸过程中须注意保护，不能损坏，以延长材料的保管期限。

（5）保持仓库清洁、加强材料养护

1）材料在入库前要注意防止雨淋或混入杂质，对已经淋雨或弄污的材料要按其性质采用不同的方法擦净；如硬度高的可用钢丝刷；硬度低的用布、棉等物。

2）材料入库后要经常检查；如有锈蚀，应清除锈蚀层。

3）一般钢材表面清除干净后，不必涂油，但对优质钢、合金薄钢板、薄壁管、合金钢管等，除锈后其内外表面均需涂防锈油后再存放。

4）对锈蚀较严重的钢材，除锈后不宜长期保管，应尽快使用。

（6）钢材的代换应用

在施工中，经常会遇到建筑钢材的品种或规格与设计要求不符的情况，此时可进行钢材的代换。

1）代换的原则

① 当构件受承载力控制时，建筑钢材可按强度相等原则进行代换，即等强度代换原则。

② 当构件按最小配筋率配筋时，建筑钢材可按截面面积相等原则进行代换，即等面积代换原则。

③ 当构件受裂缝宽度或挠度控制时，建筑钢材代换后应进行构件裂缝宽度或挠度验算。

2）代换方法

① 采用等面积代换时，使代换前后的钢材截面面积相等即可。

② 采用等强度代换时应满足下式要求：

$$n_2 \geqslant \frac{n_1 d_1^2 f_{y1}}{d_2^2 f_{y2}} \tag{7-1}$$

式中　n_2——代换钢筋根数；

n_1——原设计钢筋根数；

d_2——代换钢筋直径（mm）；

d_1——原设计钢筋直径（mm）；

f_{y2}——代换钢筋抗拉强度设计值（N/mm²）；

f_{y1}——原设计钢筋抗拉强度设计值（N/mm²）。

在运用式（7-1）进行钢筋代换时，有以下两种特例：

强度设计值相同、直径不同的钢筋可采用式（7-2）代换。

$$n_2 \geqslant \frac{n_1 d_1^2}{d_2^2} \tag{7-2}$$

直径相同、强度设计值不同的钢筋可采用式（7-3）代换。

$$n_2 \geqslant \frac{n_1 f_{y1}}{f_{y2}} \tag{7-3}$$

3）代换注意事项

① 建筑钢材代换时，必须充分了解结构设计意图和代换材料性能，并严格遵守《混凝土结构设计规范》GB 50010 的各项规定，凡重要结构中的钢筋代换，应征得设计单位同意。

② 对于某些重要构件，如吊车梁、桁架下弦等，不宜用光圆热轧钢筋代替 HRB335 和 HRB400 级带肋钢筋。

③ 钢筋代换后，应满足配筋构造要求，如钢筋的最小直径、间距、根数、锚固长度等。

④ 梁内纵向受力钢筋与弯起钢筋应分别代换，以保证构件正截面和斜截面承载力要求。

⑤ 偏心受压构件或偏心受拉构件进行钢筋代换时，不按整个截面配筋量计算，应按受力面分别代换。

⑥ 当构件受裂缝宽度控制时，如用细钢筋代换较大直径钢筋、低强度等级钢筋代换高强度等级钢筋时，可不进行构件裂缝宽度验算。

3. 其他材料的仓储保管

（1）木材

木材应按材种、规格、等级不同而分别码放，要便于抽取和保持通风，板、方材的垛顶部要遮盖，以防日晒雨淋。经过烘干处理的木材，应放进仓库储存保管。

木材各表面水分蒸发不一致，常常容易干裂，应避免日光直接照射。采用狭而薄的衬条或用隐头堆积，或在端头设置遮阳板等。木材存料场地要高，通风要好，清除腐木、杂草和污物。必要时用5％的漂白粉溶液喷洒。

（2）砂、石料

砂、石料均为露天存放，存放场地要砌筑围护墙，地面必须硬化；若同时存放砂和石，则砂石之间必须砌筑高度不低于1m的隔墙。

一般集中堆放在混凝土搅拌机和砂浆搅拌机旁，不宜过远。

堆放要成方成堆，避免成片。平时要经常清理，并督促班组清底使用。

（3）烧结砖

烧结砖应按现场平面布置图码放于垂直运输设备附近，便于起吊。

不同品种规格的砖，应分开码放，基础墙、底层墙的砖可沿墙周围码放。

使用中要注意清底，用一垛清一垛，断砖要充分利用。

（4）成品、半成品

成品、半成品包括混凝土构件、门窗、铁件等。除门窗用于装修外，其他都用于工程的承重结构系统。在一般的混合结构项目中，这些成品、半成品占材料费的30％左右，是建筑工程的重要材料，因此，进场的建筑材料成品、半成品必须严加保护，不得损坏。随着建筑业的发展，工厂化、机械化施工水平的提高，成品、半成品的用量会越来越多。

1）混凝土构件

混凝土构件一般在工厂生产，再运到施工现场安装。由于混凝土构件有笨重、量大和规格型号多的特点，码放时一定要对照加工计划，分层分段配套码放，码放在吊车的悬臂回转半径范围以内，以避免场内的二次搬运。要认真核对品种、规格、型号，检验外观质量，及时登记台账，掌握配套情况。构件存放场地要平整，垫木规格一致且位置上下对齐，保持平整和受力均匀。混凝土构件一般按工程进度进场，防止过早进场，阻塞施工场地。

2）铁件

铁件主要包括金属结构、预埋铁件、楼梯栏杆、垃圾斗、落水管等。铁件进场应按加工图纸验收，复杂的要会同技术部门验收。铁件一般在露天存放，精密的放入库内或棚内。露天存放的大件铁件要用垫木垫起，小件可搭设平台，分品种、规格、型号码放整齐，并挂牌标明，做好防雨、防撞、防挤压保护。由于铁件分散堆放，保管困难，要经常清点，防止散失和腐蚀。

3）门窗

门窗有钢质、木质、塑料质和铝合金质的，都是在工厂加工运到现场安装。门窗验收要详细核对加工计划，认真检查规格、型号，进场后要分品种、规格码放整齐。木门窗口及存放时间短的钢门、钢窗可露天存放，用垫木垫起，雨期时要上遮，防止雨淋日晒变形。木门、窗扇及存放时间长的钢门、钢窗要存放在仓库内或棚内，用垫木垫起。门窗验收码放后，要挂牌标明规格、型号、数量，按单位工程建立门窗及附件台账，防止错领错用。

4）装饰材料

装饰材料种类繁多、价值高，易损、易坏、易丢失。对于壁纸、瓷砖、陶瓷锦砖、油漆、五金、灯具等应入库由专人保管，防止丢失。量大笨重的装饰材料必须落实保管措

235

施，以防损坏。

4. 各类易损、易燃、易变质材料的保管

（1）易破损物品

易破损物品是指那些在搬运、存放、装卸过程中容易发生损坏的物品，如玻璃制品、陶瓷制品等。易破损物品储存保管的原则是努力降低搬运强度、减少单次装卸量、尽量保持原包装状态。为此，在储存保管过程中应注意：

1）严格执行小心轻放、文明作业制度。

2）尽可能在原包装状态下实施搬运和装卸作业。

3）不使用带有滚轮的贮物架。

4）不与其他物品混放。

5）利用平板车搬运时要对码层做适当捆绑后进行。

6）一般情况下不允许使用吊车作业。

7）严格限制摆放的高度。

8）明显标识其易损的特性。

9）严禁以滑动方式搬运。

（2）易燃易爆物品

凡具有易爆、易燃、毒害、腐蚀、放射性等危险性质，在运输、装卸、生产、使用、储存、保管过程中，在一定条件下能引起燃烧、爆炸，导致人身伤亡和财产损失等事故的物品，称之为易燃易爆物品，如燃油、有机溶剂等。

易燃易爆物品在储存保管过程中应注意：

1）施工现场内严禁存放大量的易燃易爆物品。

2）易燃易爆物品品种繁多，性能复杂，储存时，必须按照分区、分类、分段、专仓专储的原则，采取必要的防雨、防潮、防爆措施，妥善存放，专人管理。要分类堆放整齐，并挂牌标志。严格执行领退料手续。

3）保管员要详细核对产品名称、规格、牌号、质量、数量，应熟知易燃易爆物品的火灾危险性和管理贮存方法以及发生事故处理方法。

4）库房内物品堆垛不得过高、过密，堆垛之间、堆垛与墙壁之间，应保持一定的间距。库房保持通风良好，并设置明显"严禁烟火"标志。库房周围无杂草和易燃物。

5）易燃易爆物品在搬运时严防撞击、振动、摩擦、重压和倾斜。严禁用产生火花的设备敲打和启封。

6）库房内应有隔热、降温、防爆型通排风装置，应配备足够的消防器材，并由专人管理和使用，定期检查，确保处于良好状态。

7）储存易燃、易爆物品的库房等场所，严禁动用明火和带入火种，电气设备、开关、灯具、线路必须符合防爆要求。工作人员不准穿外露的钉子鞋和易产生静电的化纤衣服，禁止非工作人员进入。

8）对怕潮（如电石），怕晒（氧气瓶）等物品，不得露天存放，以防因受潮或暴晒而发生火灾、爆炸事故。

9）受阳光照射容易燃烧、爆炸或产生有毒气体的化学危险物品和桶装、罐装等易燃

液体、气体应当在阴凉、通风地点存放。

10）遇火、遇潮容易燃烧、爆炸或产生有毒气体，怕冻、怕晒的化学危险品，不得在露天、潮湿、露雨、低洼容易积水、低温和高温处存放；对可以露天存放的易燃物品，应设置在天然水源充足的地方，并宜布置在本单位或本地区全年最小频率风向的上风侧。

（3）易变质材料

易变质材料是指在施工现场成批储放过程中，由于仓储条件的缺失和不到位，易受到自然介质（水、盐分、CO_2 等）和其他共存材料的作用，材料的使用性能发生变化，影响其正常使用的材料。对于该类材料，要注意了解其化学性能的特点和对仓储条件的特殊要求，以保证在储放过程中，不发生变质情况。

如玻璃虽然化学性质很稳定，但在储放过程，若保管不慎受到雨水浸湿，同时受到空气中 CO_2 的作用，则极易发生粘片和受潮发霉现象，透光性变差，影响施工使用。故在保管玻璃时应放入仓库保管，并且玻璃木箱底下必须垫高 100mm，注意防止受潮发霉。如必须在露天堆放时，要在下面垫高，离地 200～300mm，上面用帆布盖好，储存时间不宜过长。

高铝水泥由于化学活性很高，且易受碱性物质侵蚀。故存放时，一定不要和硅酸盐水泥混放，更严禁与硅酸盐水泥混用。又如快硬水泥易受潮变质，在运输和贮存时，必须注意防潮，并应及时使用，不宜久存，出厂 1 个月后，应重新检验强度，合格后方可使用。

1）玻璃

① 玻璃应按规格、等级分类堆放，以免混淆。

② 玻璃堆放时，应使箱盖向上，立放紧靠，不得歪斜或平放，不得受重压或碰撞。小号规格的可堆高 2～3 层；大号规格的尽量单层立放，不要堆垛。各堆之间须留通道以便搬动。堆垛的木箱四角必须互相用木条钉牢。

③ 玻璃保管时应放入仓库保管，并且玻璃木箱底下必须垫高 100mm，注意防止受潮发霉。如露天堆放时，必须在下面垫高，离地 20～30cm，上面用帆布盖好，储存时间不宜过长。

④ 玻璃因保管不慎而受潮发霉后，可以用棉花蘸煤油、酒精、丙酮揩擦。

2）特性水泥

① 特性水泥应放入仓库保管，保管时必须注意防水防潮。

② 特性水泥的储存时间不能过长，应及时使用。如铝酸盐水泥储存时间不能超过 2 个月、快凝快硬硅酸盐水泥储存时间不能超过 1 个月。

③ 特性水泥存放时，应按水泥品种、强度等级单独堆放。如快凝快硬硅酸盐水泥不得与其他品种水泥混合堆放；铝酸盐水泥严禁与硅酸盐水泥或石灰相混，也不得与尚未硬化的硅酸盐水泥接触，否则将产生瞬凝现象，以至无法施工，且强度很低。

3）提高金属材料耐久性

钢材和铸铁材料储存时与空气、雨水接触，水汽和雨水会在金属表面形成溶膜并溶入 O_2 和 CO_2 而形成电解质液，导致电化学腐蚀。大气中含有的各种工业气体和微粒也能加剧腐蚀。近海地区的海盐微粒，可在金属表面形成氯盐液膜而具有很强的腐蚀性。铁锈的质地疏松，不能阻止腐蚀的发展。因此，提高金属材料耐久性，可以采用有机涂层作防护层，在钢材中加入少量磷、铜等合金元素等方法，有效地增强抗大气腐蚀性能。

4）提高高分子材料耐久性

在建筑材料中，高分子材料由于受气候、热、光、紫外线、臭氧等作用，可能变色、变脆、强度降低等。这种使材料的外观和性能随时间而变坏的现象称为老化。高分子材料最常见、破坏性最强的老化类型有热氧老化、臭氧老化、光氧老化、疲劳老化等，在建筑施工过程中不常见的老化类型有金属离子催化老化、生物老化、水解老化等。

高分子材料防老化的防护措施主要有：选用添加抗氧剂、抗疲劳剂、抗臭氧剂、金属离子钝化剂等的材料；选用聚合或成型加工工艺，或改用橡塑共混、改性材料；选用有抗老化表面涂层的材料，或者使用防护蜡、防护油；做好防潮、防雨措施，避免受潮、浸水；室内储存或密封储存，避免直接暴露于大气中或日光的照射下；避免经常搬运、折叠存放，减少疲劳老化。

5）提高木材耐久性

木材易遭到虫害或微生物的侵蚀，也属于易燃材料，提高木材耐久性，要从防腐、防虫、防火三个方面采取措施：不要直接将木料放在阳光能直射到的地方或是阴暗潮湿的地方；将木料尽量放置在通风干燥的环境中；装饰板平放放置，避免竖着或斜靠墙面摆放；木材表面涂层采用防水性好的涂料；木料存储场地和施工现场尽量远离有明火以及电源插头的地方；潮湿条件下的木材易滋生真菌寄生和繁殖，需要在刷涂层前刷好底漆。

6）提高混凝土耐久性

要提高混凝土耐久性，必须降低混凝土的孔隙率，特别是毛细管孔隙率，最主要的方法是降低混凝土的拌合用水量。但如果纯粹的降低用水量，混凝土的工作性将随之降低，又会导致捣实成型困难，同样造成混凝土结构不致密，甚至出现蜂窝等宏观缺陷，不但混凝土强度降低，而且混凝土的耐久性也同时降低。

提高混凝土耐久性基本有以下几种方法：

① 掺入高效减水剂，以降低用水量，减小水灰比，使混凝土的总孔隙，特别是毛细管孔隙率大幅度降低。

② 掺高效活性矿物掺料，达到改善水化胶凝物质的组成，消除游离石灰的目的。

③ 通过养护、覆盖等方法消除混凝土干缩裂缝和温度裂缝、抑制碱骨料反应。

④ 使用低盐原材料，限制或消除从原材料引入的碱、SO_3、Cl^-等可以引起破坏结构和侵蚀钢筋物质的含量。

⑤ 采用高性能混凝土，在大幅度提高混凝土强度的同时，也大幅度地提高了混凝土的耐久性。

5. 常用施工设备的保管

（1）制定施工设备的保管、保养方案，包括施工设备分类、保管要求、保养要求、领用制度，道路、照明、消防设施规划等。

（2）施工设备验收入库后应按品种、质量、规格、新旧残废程度的不同分库、分区、分类保管，做到"材料不混、名称不错、规格不串、账卡物相符"。

（3）对露天存放的施工设备，应根据地理环境、气候条件和施工设备的结构形态、包装状况等，合理堆码。堆码时应定量、整齐，并做好通风防潮措施，应下垫上苫。垫垛应高出地面200mm，苫盖时垛顶应平整，并适当起脊，苫盖材料不应妨碍垛底通风；同时，

238

料场要具备以下条件：

    1）地面平坦、坚实，视存料情况，每平方米承载力应达 3～5t。

    2）有固定的道路，便于装卸作业。

    3）设有排水沟，不应有积水、杂草、污物。

    （4）在储存保管过程中，应对施工设备的铭牌采取妥善防护措施，确保其完好。

    （5）对损坏的施工设备及时修复，延长施工设备的使用寿命，使之处于随时可投入使用的状态。

（三）材料的使用管理

1. 材料领发的要求、依据、程序及常用方法

（1）现场材料发放的要求、依据和程序

1）现场材料发放的要求

材料发放是材料储存保管与材料使用的界限，是仓储管理的最后一个环节。

材料发放应遵循先进先出、及时、准确、面向生产、为生产服务，保证生产正常进行的原则。

及时是指及时审核发料单据上的各项内容是否符合要求，及时核对库存材料能否满足施工要求；及时备料、安排送料、发放；及时下账改卡，并复查发料后的库存量与下账改卡后的结存数是否相符；剩余材料（包括边角废料、包装物）及时回收利用。

准确是指准确地按发料单据的品种、规格、质量、数量进行备料、复查和点交；准确计量，以免发生差错；准确地下账、改卡，确保账、卡、物相符；准确掌握送料时间，既要防止与施工活动争场地，避免材料二次转运，又要防止因材料供应不及时而使施工中断，出现停工待料现象。

节约是指有保存期限要求的材料，应在规定期限内发放；对回收利用的材料，在保证质量的前提下，先旧后新；坚持能用次料不发好料，能用小料不发大料，凡规定交旧换新的，坚持交旧发新。

2）现场材料发放依据

现场发料的依据是下达给施工班组、专业施工队的班组作业计划（任务书），根据任务书上签发的工程项目和工程量所计算的材料用量，办理材料的领发手续。由于施工班组、专业施工队伍各工种所担负的施工部位和项目有所不同，因此除任务书以外，还需根据不同的情况办理一些其他领发料手续。

① 工程用料的发放

凡属于工程用料，包括大堆材料、主要材料、成品及半成品等，必须以限额领料单作为发料依据。大堆材料如砖、砂石、石灰等；主要材料如水泥、钢材、木材等；成品及半成品如混凝土构件、门窗、金属配件等。在实际生产过程中，因各种原因变化很多，如设计变更、施工不当等造成工程量增加或减少，使用的材料也发生变更，造成限额领料单不能及时下达。此时，应凭由工长填制、项目经理审批的工程暂借用料单（表7-7），在3日内补齐限额领料单，交到材料部门作为正式发料凭证，否则停止发料。

工程暂借用料单   表 7-7

施工班组＿＿＿＿＿＿＿＿　工程名称＿＿＿＿＿＿＿＿＿＿　工程量＿＿＿＿＿＿＿＿

施工项目＿＿＿＿＿＿＿＿　　　　　　　　　　　　　＿＿＿＿＿年＿＿月＿＿日

材料名称	规　格	计量单位	应发数量	实发数量	原　因	领料人

项目经理（主管工长）＿＿＿＿＿＿＿＿　发料人＿＿＿＿＿＿＿＿　领料人＿＿＿＿＿＿＿＿

② 工程暂设用料

在施工组织设计以外的临时零星用料，属于工程暂设用料。凭由工长填制、项目经理审批的工程暂设用料申请单办理领发手续，工程暂设用料申请单见表 7-8 所列。

工程暂设用料申请单   表 7-8

单位＿＿＿＿＿＿＿＿　施工班组＿＿＿＿＿＿＿　编号＿＿＿＿＿＿＿　　　＿＿＿＿＿＿年＿＿月＿＿日

材料名称	规　格	计量单位	请发数量	实发数量	用　途

项目经理（主管工长）＿＿＿＿＿＿＿＿　发料人＿＿＿＿＿＿＿＿　领料人＿＿＿＿＿＿＿＿

③ 调拨用料

对于调出给项目外的其他部门或施工项目的，凭施工项目材料主管人签发或上级主管部门签发、项目材料主管人员批准的调拨单发料，材料调拨单见表 7-9 所列。

材料调拨单   表 7-9

收料单位＿＿＿＿＿＿＿＿　　编号＿＿＿＿＿＿　发料单位＿＿＿＿＿＿＿＿　　＿＿＿＿＿＿年＿＿月＿＿日

材料名称	规　格	单　位	请发数量	实发数量	实际价格		计划价格		备注
					单价	金额	单价	金额	
合计									

主管＿＿＿＿＿＿＿＿　收料人＿＿＿＿＿＿＿＿　发料人＿＿＿＿＿＿＿＿　制表＿＿＿＿＿＿＿＿

④ 行政及公共事务用料

对于行政及公共事务用料，包括大堆材料、主要材料及剩余材料等，主要凭项目材料主管人员或施工队主管领导批准的用料计划到材料部门领料，并且办理材料调拨手续。

3）现场材料发放程序

① 发放准备。材料发放前，应做好计量工具、装卸倒运设备、人力以及随货发出的有关证件的准备，提高材料发放效率。

② 将施工预算或定额员签发的限额领料单下达到班组。在工长对班组交代生产任务的同时，做好用料交底。

③ 核对凭证。班组料具员持限额领料单向材料员领料。限额领料单是发放材料的依据，材料员要认真审核，经核实工程量、材料品种、规格、数量等无误后限量发放。可直接记载在限额领料单上，也可开领料单（表7-10），双方签字认证。若一次开出的领料量较大且需多次发放时，应在发放记录上逐日记载实领数量，由领料人签认，发放记录见表7-11所列。

领料单　　　　　　　　　　　　　　表 7-10

工程名称＿＿＿＿＿＿　施工班组＿＿＿＿＿＿　工程项目＿＿＿＿＿＿
用途＿＿＿＿＿＿＿＿＿＿＿＿＿＿＿＿＿　＿＿＿年＿＿月＿＿日

材料编号	材料名称	规　格	单　位	数　量	单　价	金　额

材料保管员＿＿＿＿＿＿　　领料人＿＿＿＿＿＿　　材料员＿＿＿＿＿＿

材料发放记录表　　　　　　　　　　　表 7-11

楼（栋）号＿＿＿＿＿　施工班组＿＿＿＿＿　计量单位＿＿＿＿＿　＿＿＿年＿＿月＿＿日

任务书编号	日　期	工程项目	发放数量	领料人

主管＿＿＿＿＿＿　　　　材料员＿＿＿＿＿＿

④ 当领用数量达到或超过限额数量时，应立即向主管工长和材料部门主管人员说明情况，分析原因，采取措施。若限额领料单不能及时下达，应凭由工长填制并由项目经理审批的工程暂借用料单，办理因超耗及其他原因造成多用材料的领发手续。

⑤ 清理。材料发放出库后，应及时清理拆散的垛、捆、箱、盒，部分材料应恢复原包装要求，整理垛位，登卡记账。

（2）现场材料发放方法

在现场材料管理中，各种材料的发放程序基本上是相同的，而现场材料发放方法却因品种、规格不同而有所不同。

1) 大堆材料

大堆材料一般是砖、瓦、灰、砂、石等材料，多为露天存放。按照材料管理要求，大堆材料的进场、出场及现场发放都要进行计量检测。这样既保证施工的质量，也保证了材料进出场及发放数量的准确性。大堆材料的发放除按限额领料单中确定的数量发放外，还应做到在指定的料场清底使用。

对混凝土、砂浆所使用的砂、石，既可以按配合比进行计量控制发放，也可以按混凝土、砂浆不同强度等级的配合比，分盘计算发料的实际数量，并做好分盘记录和办理领发料手续。

2) 主要材料

主要材料如水泥、钢材、木材等。主要材料一般是库房发材料或是在指定的露天料场和大棚内保管存放，由专职人员办理领发手续。主要材料的发放要凭限额领料单（任务书）、有关的技术资料和使用方案办理领发料手续。

例如水泥的发放，除应根据限额领料单签发的工程量、材料的规格、型号及定额数量外，还要凭混凝土、砂浆的配合比进行发放。另外应视工程量的大小，需要分期分批发放时要做好领发记录。水泥领发料记录见表7-12所列。

水泥领发料记录 表7-12

施工班组＿＿＿＿＿＿ 楼（栋）号＿＿＿＿＿＿ ＿＿＿年＿＿月＿＿日

料单编号	工程项目	领出				回收			
		袋装		散装	领用人	日期	好袋	破袋	退还人
		好袋	破袋						

主管＿＿＿＿＿＿ 材料员＿＿＿＿＿＿

3) 成品及半成品

成品及半成品如混凝土构件、门窗、铁件及成型钢筋等材料。这些材料一般是在指定的场地和大棚内存放，由专职人员管理和发放。发放时依据限额领料单及工程进度，办理领发手续。

（3）现场材料发放中应注意的问题

针对现场材料管理的薄弱环节，应做好以下几方面工作：

1) 提高材料人员的业务素质和管理水平，熟悉工程概况、施工进度计划、材料性能及工艺要求等，便于配合施工生产。

2) 根据施工生产需要，按照国家计量法规定，配备足够的计量器具，严格执行材料进场及发放的计量检测制度。

3) 在材料发放过程中，认真执行定额用料制度，核实工程量、材料的品种、规格及定额用量，以免影响施工生产。

4) 严格执行材料管理制度，大堆材料清底使用，水泥早进早发，装修材料按计划配套发放，以免造成浪费。

5）加强施工过程中材料管理，采取各项技术措施节约材料。

2. 材料的耗用

现场材料的耗用是指材料消耗过程中，对构成工程实体的材料进行的核算活动。

（1）材料耗用的依据

现场材料耗用的依据是根据施工组织持有的限额领料单或任务书到材料部门领料时所办理的领料手续。常见的一般有两种，一种是领料单或领料小票；另一种是材料调拨单。

领料单的使用范围一般是专业施工队伍。在领发材料过程中，双方办理领发手续，并逐项填写领料单上的项目，注明单位工程、施工班组、材料名称、规格、数量及领料日期，双方签字确认。

材料调拨单的使用范围，分项目之间的材料调拨和外单位调拨。项目之间的材料调拨属于内调，是各工地的材料部门为本工程用料所办理的调拨手续。在调拨过程中，双方填制调拨单，注明调出和调入工程名称，调拨材料名称、规格、数量，实发数量，调拨日期等，并且由双方主管人员的签字确认，保证各自工程成本的真实性。在办理外单位调拨手续过程中，要有上级主管部门和项目主管领导的批示方可进行调拨。填制调拨单时注明调出和调入单位，材料名称、规格、请发数、实发数、单价、金额，调拨日期等，并且要经双方主管人员签字确认。

领料单和材料调拨单是材料耗用的原始依据，必须如实、清楚、准确地填写，不得弄虚作假、任意涂改，以保证材料耗用的准确性。

（2）材料耗用的程序

现场材料的耗用过程是材料核算的重要组成部分，要根据材料的分类和不同的使用方向采取不同的材料耗用程序。

1）工程材料耗用

工程用料，包括大堆材料、主要材料及成品、半成品等的材料耗用程序是将根据领料凭证或任务书所发出的材料，对照限额领料单进行核实；由于设计变更、工序搭接等原因造成的用料增减，按实际工程进度确定实际材料耗用量并如实记入材料耗用台账。

2）暂设材料耗用

根据施工组织设计要求搭设的临时设施也视同工程用料，要单独列项进行材料耗用。按预算收入单项开支，并且按项目经理提出的用料凭证进行核算后，与领料单核实，计算出材料耗用量。如有超耗也要计算在材料成本之内，并且记入材料耗用台账。

3）行政公共设施材料耗用

行政公共设施材料，根据工程项目主管领导或材料主管批准的用料计划进行发料，一律以外调材料形式进行材料耗用，并单独记入台账。

4）调拨材料耗用

材料的调拨，是指材料在不同部门之间的调动，标志着所属权的转移。不管内调或外调都应将材料耗用记入台账。

5）施工组织材料耗用

根据各施工组织和专业施工队的领料手续，考核施工队是否按工程项目、工程量、材料规格、品种及定额数量进行材料耗用，并且记入台账，作为当月的材料移动报告，如实反映材料的收、发、存情况，为材料核算提供依据。施工过程中发生多领材料或剩余材料情况，都要及时且如实地办理退料手续或补办手续，及时冲减账面，调整库存量，保证账物相符。

（3）材料耗用的方法

为了使工程收到较好的经济效益，使材料得到充分利用，保证施工生产，必须根据不同的材料种类、型号，分别进行材料耗用。

1）大堆材料

大堆材料一般露天存放，不便于随时计数。

大堆材料的材料耗用一般采取两种方法：一种是实行定额材料耗用，即按实际完成工程量计算出材料用量，并结合盘点，计算其他材料的用量，并按项目逐日计入材料方法记录，到月底累计结算，作为月度材料耗用数量。另一种是条件允许的现场，可以采取进料划拨方法，结合盘点进行材料耗用。

2）主要材料

主要材料一般都是库发材料，是根据工程进度计算实际材料耗用量。如水泥的材料耗用，按照月度实际进度、部位，以实际配合比为依据计算水泥需用量；然后根据实际使用量开具小票或实际使用量逐日登记的水泥发放记录累计计算，作为水泥的材料耗用量。

3）成品及半成品

成品及半成品一般采用按工程进度、工程部位进行材料耗用，也可按配料单或加工单进行计算，求得与当月进度相适应的数量，作为当月的材料耗用量。

3. 限额领料的方法

（1）限额领料的方式

限额领料是依据材料消耗定额，有限制地供应材料的一种方法。就是指工程项目在建设施工时，必须把材料的消耗量控制在操作项目的消耗定额之内。限额领料主要有以下四种方式。

1）按分项工程限额领料

按分项工程限额领料是按分项工程、分工种对工人班组实行限额领料，如按钢筋绑扎、混凝土浇筑、墙体砌筑、墙地面抹灰。其优点是实施用料限额的范围小，责任明确，利益直接，便于操作和管理。缺点是容易出现班组在操作中考虑自身利益而不顾与下道工序的衔接，以致影响整体工程或承包范围的总体用料效果。

2）按分层分段限额领料

按工程施工段或施工层对混合队或扩大的班组限定材料消耗数量，按段或层进行考核，这种方法是在分项工程限额领料的基础上进行了综合。其优点是对限额使用者直接、形象，较为简便易行，但要注意综合定额的科学性和合理性，该种方式尤其适合于工程按流水作业划分施工段的情况。

3）按工程部位限额领料

以施工部位材料总需用量为控制目标，以分承包方为对象实行限额领料。这种做法实际是扩大了的分项工程限额领料。其特点是分承包方内部易于从整体利益出发，有利于工种之间的配合和工序搭接，各班组互创条件，促进节约使用。但这种方法要求分承包方必须具有较好的内部管理能力。

4）按单位工程限额领料

这种做法是扩大了的部位限额领料方法。其限额对象是以项目经理部或分包单位为对象，以单位工程材料总消耗量为控制目标，从工程开始到完成为考核期限。其优点是工程项目材料消耗整体上得到了控制，但因考核期过长。应与其他几种限额领料方式结合起来，才能取得较好效果。

（2）限额领料的依据和实施程序

限额领料的依据主要有三个，一是材料消耗定额，二是材料使用者承担的工程量或工作量，三是施工中必须采取的技术措施。由于材料消耗定额是在一般条件下确定的，在实际操作中应根据具体的施工方法、技术措施及不同材料的试配翻样资料来确定限额领料的数量。

限额领料的实施操作程序分为以下七个步骤。

1）限额领料单的签发

采用限额领料单或其他形式，根据不同用料者所承担的工程项目和工程量，查阅相应操作项目的材料消耗定额，同时考虑该项目所需采取的技术节约措施，计算限额用料的品种和数量，填写限额领料单或其他限额凭证。

2）限额领料单的下达

将限额领料单下达到材料使用者生产班组并进行限额领料的交底，讲清楚使用部位、完成的工程量及必须采取的技术节约措施，提示相关注意事项。

3）限额领料单的应用

材料使用者凭限额领料单到指定的部门领料，材料管理部门在限额内发放材料，每次领发数量和时间都要做好记录，互相签认。材料成本管理、材料采购管理等环节，也可利用限额领料单开展本业务工作，因此限额领料单可一式多份，同时发放至相关业务环节。

4）限额领料的检查

在材料使用过程中，对影响材料使用的因素要进行检查，帮助材料使用者正确执行定额，合理使用材料。检查的内容一般包括：施工项目与限额领料要求的项目的一致性，完成的工程量与限额领料单中所要求的工程量的一致性，操作工艺是否符合工艺规程，限额领料单中所要求的技术措施是否实施，工程项目操作时和完成后作业面的材料是否余缺。

5）限额领料的验收

限额领料单中所要标明的工程项目和工程量完成后，由施工管理、质量管理等人员，对实际完成的工程量和质量情况进行测定和验收，作为核算用工、用料的依据。

6）限额领料的核算

根据实际完成的工程量，核对和调整应该消耗的材料数量，与实际材料使用量进行对比，计算出材料使用量的节约和超耗。

7）限额领料的分析

针对限额领料的核算结果，分析发生材料节约和超耗的原因，总结经验，汲取教训，

245

制定改进措施。如有约定合同，则可按约定的合同，对用料节超进行奖罚兑现。

4. 材料领用的其他方法

限额领料，是在多年的实践中不断总结出的控制现场使用材料的行之有效的方法。但是在具体工作中，它受操作者的熟练程度、材料本身的质量等因素影响，加之由于施工项目管理的方式在实践中不断改革，尤其在与国际惯例衔接和过渡过程中，许多地方已取消了施工消耗定额，给限额领料的开展带来了一定困难。随着项目法施工的不断完善，许多企业和项目开展了不同形式的控制材料消耗的方法，如：包工包料，将材料消耗控制全部交分包管理控制；与分包签订包保合同；定额供应，包干使用等。这些方法在一定时期、一定程度上也取得了较好效果。如根据不同的施工过程，可采取以下材料的供应和控制消耗的方法：

（1）结构施工阶段

1）钢筋加工。与分包或加工班组签订协议，将钢筋的加工损耗给加工班组或分包单位。加工后，根据损耗情况实行奖罚。这种办法可控制钢筋加工错误，促使操作者合理利用、综合下料，降低消耗。

2）混凝土。按图纸上算出的工程量与混凝土供应单位进行结算，这种办法可控制混凝土在供应过程的亏量。

3）模板及转料具。确定周转次数和损耗量与分包单位或班组签订包保合同。

4）其他材料。在领料时，由工程部门协助控制数量。由工程主管人员签字后，材料部门方可发料。

在施工过程中结合现场文明施工管理，采取跟踪检查。检查施工人员是否按规定的技术规范进行操作，有无大材小用等浪费现象；检查是否按技术部门制定的节约措施执行及执行效果；检查使用者是否做到了工完场清，活完脚下清，各种材料清底使用。

（2）装饰施工阶段

采取"样板间控制法"。由于现场各工程在装饰阶段都制作了样板间或样板墙。在制作样板间或样板墙时，物资管理人员可跟踪全过程，根据所测的材料实际使用数量和合理损耗，可以房间或分项工程为单位，编制装饰工程阶段的材料消耗定额。根据工程部门签发的施工任务书，进行限额领料。

5. 材料使用监督制度

材料使用监督制度，就是保证材料在使用过程中能合理地消耗，充分发挥其最大效用的制度。

（1）材料使用监督的内容

1）监督材料在使用中是否按照材料的使用说明和材料做法的规定操作；

2）监督材料在使用中是否按技术部门制定的施工方案和工艺进行；

3）监督材料在使用中操作人员有无浪费现象；

4）监督材料在使用中操作人员是否做到工完场清、活完脚下清。

（2）材料使用监督的方法

1）采用实践证明有效的供料方式，如限额领料或其他方式，控制现场消耗。

2）采用"跟踪管理"方法，将物资从出库到运输到消耗全过程跟踪管理，保证材料在各个阶段处于受控状态。

3）通过使用过程中的检查，查看操作者在使用过程中的使用效果，及时调整相应的方法和进行奖罚。

材料现场的使用监督要提倡管理监督和自我监督相结合的方式，充分调动监督对象的自我约束、自我控制，在保证质量前提下，充分发挥相关管理、操作人员降低消耗的积极性，才能取得使用监督的实效。

（四）现场机具设备和周转材料管理

1. 现场机具设备的管理

本节所指现场机具设备包括现场施工所需各类设施、仪器、工具，其管理是施工项目资源管理中重要的组成部分。通常将价值较低，操作较简单的称为机具（或称工具，如手电钻、扳子、油刷等），将价值较高，操作较复杂（操作人员需持特殊上岗资格证）的称为设备（如起重机、卷扬机等）。

（1）机具设备管理的意义

机具设备是人们用以改变劳动对象的手段，是生产力中的重要组成要素。机具管理的实质是使用过程中的管理，是在保证适用的基础上延长机具的使用寿命，使之能更长时间地发挥作用。机具管理是施工企业材料管理的组成部分，机具管理的好坏，直接影响施工能否顺利进行，影响着劳动生产率和成本的高低。

机具设备管理的主要任务是：

1）及时、齐备地向施工班组提供优良、适用的施工机具设备，积极推广和采用先进设备，保证施工生产，提高劳动效率。

2）采取有效的管理办法，加快机具设备的周转，延长其使用寿命，最大限度地发挥机具设备效能。

3）做好施工机具设备的收、发、保管和保养维修工作，防止机具设备损坏，节约机具设备费用。

（2）机具设备的分类

施工机具设备不仅品种多，而且用量大。建筑企业的机具设备消耗，一般约占工程造价的 2%。因此，搞好机具管理，对提高企业经济效益也很重要。为了便于管理，将机具设备按不同内容进行分类。

1）按机具设备的价值和使用期划分

按机具设备的价值和使用期划分，施工设备可分为固定资产设备，低值易耗机具和消耗性机具三类。

① 固定资产机具设备

固定资产设备是指使用年限 1 年以上，单价在规定限额（一般为 2000 元）以上的机具设备，如塔吊、搅拌机、测量用的水准仪等。

② 低值易耗机具

247

低值易耗机具是指使用期或价值低于固定资产标准的机具设备，如手电钻、灰槽、苫布、扳子、灰桶等。这类机具量大繁杂，约占企业生产机具总价值的60%以上。

③ 消耗性机具

消耗性机具是指价值较低，使用寿命很短，重复使用次数很少且无回收价值的设备，如扫帚、油刷、锨把、锯片等。

2）按使用范围划分

按使用范围划分，施工机具设备可分为专用机具和通用机具两类。

① 专用机具

专用机具是指为某种特殊需要或完成特定作业项目所使用的机具，如量卡具、根据需要而自制或定购的非标准机具等。

② 通用机具

通用机具是指使用广泛的定型产品，如各类扳手、钳子等。

3）按使用方式和保管范围划分

按使用方式和保管范围划分，施工机具可分为个人随手机具和班组共用机具两类。

① 个人随手机具

个人随手机具是指在施工生产中使用频繁，体积小便于携带而交由个人保管的机具，如瓦刀、抹子等。

② 班组共用机具

班组共用机具是指在一定作业范围内为一个或多个施工班组共同使用的机具。它包括两种情况：一是在班组内共同使用的机具，如胶轮车、水桶等；二是在班组之间或工种之间共同使用的机具，如水管、搅灰盘、磅秤等。前者一般固定给班组使用并由班组负责保管；后者按施工现场或单位工程配备，由现场材料人员保管；计量器具则由计量部门统管。

另外，按机具的性能分类，有电动机具、手动机具两类。按使用方向划分，有木工机具、瓦工机具、油漆机具等。按机具的产权划分有自有机具、借入机具、租赁机具。机具设备分类的目的是满足某一方面管理的需要，便于分析机具设备管理动态，提高机具设备管理水平。

（3）机具设备管理的内容

1）储存管理

机具设备验收入库后应按品种、质量、规格、新旧残废程度分开存放。同样的机具设备不得分存两处，成套的机具设备不得拆开存放，不同的机具设备不得叠压存放。制定机具设备的维护保养技术规程，如防锈、防刃口碰伤、防易燃物品自燃、防雨淋和日晒制度等。对损坏的机具设备及时修复，延长机具设备的使用寿命，使之处于随时可投入使用的状态。

2）发放管理

按机具设备费定额发出的机具设备，要根据品种、规格、数量、金额和发出日期登记入账，以便考核班组执行机具设备费定额的情况。出租或临时借出的机具设备，要做好详细记录并办理有关租赁或借用手续，以便按期、按质、按量归还。坚持"交旧领新"、"交旧换新"和"修旧利废"等行之有效的制度，做好废旧机具设备的回收、修理工作。

3）使用管理

根据不同机具设备的性能和特点制定相应的机具设备使用技术规程、机具设备维修及保养制度。监督、指导班组按照机具设备的用途和性能合理使用。

（4）机具设备管理的方法

由于施工机具设备具有多次使用、在劳动生产中能长时间发挥作用等特点，因此，机具设备管理的实质是使用过程中的管理，是在保证生产使用的基础上延长机具设备使用寿命的管理。机具设备管理的方法主要有租赁管理、定包管理、机具设备津贴管理、临时借用管理等方法。

1）设备租赁管理方法

设备租赁是在一定的期限内，设备的所有者在不改变所有权的条件下，有偿地向使用者提供设备的使用权，双方各自承担一定义务的一种经济关系。设备租赁的管理方法适合于除消耗性设备和实行设备费补贴的个人随手设备以外的所有设备品种，如塔吊、挖掘机等。

企业对生产设备实行租赁的管理方法，需进行以下几步工作：

① 建立正式的设备租赁机构。确定租赁设备的品种范围，制定有关规章制度，并设专人负责办理租赁业务。班组亦应指定专人办理租用、退租及赔偿事宜。

② 测算租赁单价。租赁单价或按照设备的日摊销费确定的日租金额，计算公式如下：

$$某种设备的日租金（元）＝\frac{该种设备的原值＋采购、维修、管理费}{使用天数} \qquad (7\text{-}4)$$

式中　采购、维修、管理费——按设备原值的一定比例计数，一般为原值的 $1\%\sim2\%$；

　　　使用天数——可按本企业的历史水平计算。

③ 设备出租者和使用者签订租赁协议或合同。协议的内容及格式，见表 7-13 所列。

设备租赁协议　　　　　　　　　　　　　　　　　　　　表 7-13

根据××××工程施工需要，租方向供方租用如下一批设备。

名　称	规　格	单　位	需用数	实租数	备　注

租用时间：自＿＿＿＿年＿＿＿＿月＿＿＿＿日起至＿＿＿＿年＿＿＿＿月＿＿＿＿日止，租金标准、结算办法、有关责任事项均按租赁管理办法执行。

本合同一式＿＿＿＿份（双方管理部门＿＿＿＿份，财务部门＿＿＿＿份），双方签字盖章生效，退租结算清楚后本租赁协议失效。

租用单位＿＿＿＿＿＿＿＿＿＿＿＿　　　　　　供应单位＿＿＿＿＿＿＿＿＿＿＿＿

负责人＿＿＿＿＿＿＿＿＿＿＿＿＿　　　　　　负责人＿＿＿＿＿＿＿＿＿＿＿＿＿

＿＿＿＿年＿＿＿＿月＿＿＿＿日　　　　　　　　＿＿＿＿年＿＿＿＿月＿＿＿＿日

④ 根据租赁协议，租赁部门应将实际出租设备的有关事项登入租金结算台账。租金结算台账见表 7-14 所列。

设备租金结算明细表   表 7-14

施工单位＿＿＿＿＿＿＿＿＿＿＿　　　　　　单位工程名称＿＿＿＿＿＿＿＿＿＿＿

| 设备名称 | 规　格 | 单　位 | 租用数量 | 计费时间 | | 计费天数 | 租金计算（元） | |
				起	止		每日	合计

租用单位＿＿＿＿＿＿＿　负责人＿＿＿＿＿＿＿　供应单位＿＿＿＿＿＿＿　负责人＿＿＿＿＿＿＿

＿＿＿＿年＿＿＿月＿＿＿日

⑤ 租赁期满后，租赁部门根据租金结算台账填写租金及赔偿结算单。如有发生设备的损坏、丢失，将丢失、损坏金额一并填入该单"赔偿栏"内。结算单中合计金额应等于租赁费和赔偿费之和。租金及赔偿结算单见表 7-15 所列。

租金及赔偿结算单   表 7-15

合同编号＿＿＿＿＿＿＿＿＿＿＿　　　　　　本单编号＿＿＿＿＿＿＿＿＿＿＿

| 设备名称 | 规格 | 单位 | 租金 | | | 赔偿费 | | | | | | 合计金额 |
			租用天数	日租金	租赁费	原值	损坏量	赔偿比例	丢失量	赔偿比例	金额	

制表＿＿＿＿＿＿＿＿　　材料主管＿＿＿＿＿＿＿＿　　财务主管＿＿＿＿＿＿＿＿

⑥ 班组用于支付租金的费用来源是定包设备费收入和固定资产设备及大型低值设备的平均占用费。公式如下：

班组租赁费收入 ＝ 定包设备费收入 ＋ 固定资产设备和大型低值设备平均占用费

(7-5)

某种固定资产设备和大型低值设备平均占用费 ＝ 该种设备分摊额 × 月利用率(％)

(7-6)

班组所付租金，从班组租赁费收入中核减，财务部门查收后，作为班组设备费支出，计入工程成本。

2）设备定包管理办法

设备定包管理是"生产设备定额管理、包干使用"的简称，是指施工企业对班组自有或个人使用的生产设备，按定额数量配给，由使用者包干使用，实行节奖超罚的管理方法。

设备定包管理，一般在瓦工组、抹灰工组、木工组、油漆组、电焊工组、架子工组、水暖工组、电工组实行。实行定包管理的设备品种范围，可包括除固定资产设备及实行个人设备费补贴的随手设备以外的所有设备。

班组设备定包管理是按各工种的设备消耗，对班组集体实行定包。实行班组设备定包管理，需进行以下几步工作：

① 实行定包的设备，所有权属于企业。企业材料部门指定专人为设备定包员，专门

负责设备定包的管理工作。

② 测定各工种的设备费定额。定额的测定，由企业材料管理部门负责，分三步进行：

A. 在向有关人员调查的基础上，查阅不少于两年的班组使用设备资料。确定各工种所需设备的品种、规格、数量，并以此作为各工种的标准定包设备。

B. 分别确定各工种设备的使用年限和月摊销费，月摊销费的公式如下：

$$某种设备的月摊销费 = \frac{该种设备的单价}{该种设备的使用期限（月）} \tag{7-7}$$

式中 设备的单价——采用企业内部不变价格，以避免因市场价格的经常波动，影响设备费定额；

设备的使用期限——可根据本企业具体情况凭经验确定。

C. 分别测定各工种的日设备费定额，公式如下：

$$某工种人均日设备费定额 = \frac{该工种全部标准定包设备月摊销费总额}{该工种班组额定人数 \times 月工作日} \tag{7-8}$$

式中 班组额定人数——由企业劳动部门核定的某工种的标准人数；

月工作日——按 22 天计算。

③ 确定班组月度定包设备费收入，公式如下：

$$某工种班组月度定包设备费收入 = 班组月度实际作业工日 \times 该工种人均日设备费定额 \tag{7-9}$$

班组设备费收入可按季或按月，以现金或转账的形式向班组发放，用于班组向企业使用定包设备的开支。

④ 企业基层材料部门，根据工种班组标准定包设备的品种、规格、数量，向有关班组发放设备。班组可按标准定包数量足量领取，也可根据实际需要少领。自领用日起，按班组实领设备数量计算摊销，使用期满后以旧换新后继续摊销。但使用期满后能延长使用时间的设备，应停止摊销收费。凡因班组责任造成的设备丢失和因非正常使用造成的损坏，由班组承担损失。

⑤ 实行设备定包的班组需设立兼职设备员，负责保管设备，督促组内成员爱护设备和记载保管手册。

零星机具设备可按定额规定使用期限，由班组交给个人保管，丢失赔偿。

班组因生产需要调动工作，小型设备自行搬运，不报销任何费用或增加工时，班组确属无法携带需要运输车辆时，由公司出车运送。

企业应参照有关设备修理价格，结合本单位各工种实际情况，制定设备修理取费标准及班组定包设备修理费收入，这笔收入可记入班组月度定包设备费收入，统一发放。

⑥ 班组定包设备费的支出与结算。此项工作分三步进行：

A. 根据班组设备定包及结算台账，按月计算班组定包设备费支出，公式如下：

$$某工种班组月度定包设备费支出 = \sum_{i=1}^{n}(第 i 种设备数 \times 该种设备的日摊销费) \times$$
$$班组月度实际作业天数 \tag{7-10}$$

$$某种设备的日摊销费 = \frac{该种设备的月摊销费}{22 天} \tag{7-11}$$

B. 按月或按季结算班组定包设备费收支额，公式如下：

某工种班组月度定包设备费收支额 ＝该工种班组月度定包设备费收入－

月度定包设备费支出－月度租赁费用－月度其他支出

(7-12)

式中　租赁费——若班组已用现金支付，则此项不计；

其他支出——包括应扣减的修理费和丢失损失费。

C. 根据设备费结算结果，填制设备定包结算单。设备定包结算单见表 7-16 所列。

设备定包结算单　　　　　　　　　　　　　　　　表 7-16

班组名称＿＿＿＿＿＿＿＿＿＿＿＿　　　　　　　　　工种＿＿＿＿＿＿＿＿＿＿

月　份	设备费收入（元）	设备费支出（元）					盈亏金额（元）	奖罚金额（元）
		小计	定包支出	租赁费	赔偿费	其他		

制表＿＿＿＿＿＿　　　　班组＿＿＿＿＿＿　　　　财务＿＿＿＿＿＿　　　　主管＿＿＿＿＿＿

⑦ 班组机具设备费结算若有盈余，为班组机具设备节约，盈余额可全部或按比例，作为机具设备节约奖，归班组所有；若有亏损，则由班组负担。企业可将各工种班组实际的定包机具设备费收入，作为企业的机具设备费开支，记入工程成本。

企业每年年终应对机具设备定包管理效果进行总结分析，找出影响因素，提出有针对性的处理意见。

⑧ 其他机具设备的定包管理方法：

A. 按分部工程的机具设备使用费，实行定额管理、包干使用的管理方法。它是实行栋号工程全面承包或分部、分项承包中机具设备费按定额包干，节约有奖、超支受罚的机具设备管理办法。

承包者的机具设备费收入按机具设备费定额和实际完成的分部工程量计算；机具设备费支出按实际消耗的机具设备摊销额计算。其中各个分部工程机具设备使用费，可根据班组机具设备定包管理方法中的人均日机具设备费定额折算。

B. 按完成百元工作量应耗机具设备费实行定额管理、包干使用的管理方法。这种方法是先由企业分工种制定万元工作量的机具设备费定额，再由工人按定额包干，并实行节奖超罚。

机具设备领发时采取计价"购买"或用"代金成本票"支付的方式，以实际完成产值与万元机具设备定额计算节约和超支。机具设备费万元定额要根据企业的具体条件而定。

3）对外包队使用机具设备的管理方法

① 凡外包队使用企业机具设备者，均不得无偿使用，一律执行购买和租赁的办法。外包队领用机具设备时，必须由企业劳资部门提供有关详细资料，包括：外包队所在地区出具的证明、人数、负责人、工种、合同期限、工程结算方式及其他情况。

② 对外包队一律按进场时申报的工种颁发机具设备费。施工期内变换工种的，必须

在新工种连续操作 25 天，方能申请按新工种发放机具设备费。

外包队机具设备费发放的数量，可参照班组机具设备定包管理中某工种班组月度定包机具设备费收入的方法确定。两者的区别是，外包队的人均日机具设备费定额，需按照机具设备的市场价格确定。

外包队的机具设备费随企业应付工程款一起发放。

③ 外包队使用企业设备的支出。采取预扣设备款的方法，并将此项内容列入设备承包合同。预扣设备款的数量，根据所使用设备的品种、数量、单价和使用时间进行预计，公式如下：

$$预扣设备款总额 = \sum_{i=1}^{n}(第\ i\ 种设备日摊销费 \times 该种设备使用数量 \times 预计租用天数)$$

(7-13)

$$某种设备的日摊销费 = \frac{该种设备的市场采购价}{使用期限（天）}$$
(7-14)

④ 外包队向施工企业租用机具设备的具体程序：

A. 外包队进场后由所在施工队工长填写机具设备租用单，经材料员审核后，一式三份（外包队、材料部门、财务部门各一份）。

B. 财务部门根据机具设备租用单签发预扣机具设备款凭证，一式三份（外包队、财务部门、劳资部门各一份）。

C. 劳资部门根据预扣机具设备款凭证按月分期扣款。

D. 工程结束后，外包队需按时归还所租用的机具设备，将材料员签发的实际机具设备租赁费凭证，与劳资部门结算。

E. 外包队领用的小型易耗机具，领用时一次性计价收费。

F. 外包队在使用机具设备期内，所发生的机具设备修理费，按现行标准付修理费，从预扣工程款中扣除。

G. 外包队丢失和损坏所租用的机具设备，一律按机具设备的现行市场价格赔偿，并从工程款中扣除。

H. 外包队退场时，如果料具手续不清，劳资部门不准结算工资，财务部门可不付款。

4）机具津贴管理法

机具津贴管理法是指对于个人使用的随手工具，由个人自备，企业按实际作业的工日发给设备管理费的管理方法。这种管理方法使工人有权自选顺手工具，有利于加强工具设备维护保养，延长工具设备的使用寿命。

① 适用范围

施工企业的瓦工、木工、抹灰工等专业工种。

② 确定设备津贴费标准

根据一定时期的施工方法和工艺要求，确定随手工具的范围和数量，然后测算分析这部分工具的历史消耗水平，在这个基础上，制定分工种的作业工日个人工具津贴费标准。再根据每月实际作业工日，发给个人工具津贴费。

凡实行个人工具津贴费的工具，单位不再发给施工中需用的这类工具，由个人负责购

253

买、维修和保管。丢失、损坏由个人负责。学徒工在学徒期不享受工具津贴，由企业一次性发给需用的生产工具。学徒期满后，将原领工具按质折价卖给个人，再享受工具津贴。

2. 周转材料的管理

（1）周转材料的概念

周转材料是指在施工生产过程中可以反复使用，并能基本保持其原有形态而逐渐转移其价值的材料。就其作用而言，周转材料应属于工具，在使用过程中不构成建筑产品实体，而是在多次反复使用中逐步磨损与消耗。因其在预算取费与财务核算上均被列入材料项目，故称之为周转材料。如浇筑混凝土构件所需的模板和配件、施工中搭设的脚手架及其附件等。

周转材料与一般建筑材料相比，价值周转方式（价值的转移方式和价值的补偿方式）不同。建筑材料的价值是一次性全部转移到建筑产品价格中，并从销售收入中得到补偿；而周转材料却不同，它能在建筑施工过程中多次反复使用，并不改变其本身的实物形态，直至完全丧失其使用价值、损坏报废时为止。它的价值转移是根据其在施工过程中损耗程度，逐步转移到产品价格中，成为建筑产品价值的组成部分，并从建筑产品的销售收入中逐步得到补偿。

在一些特殊情况下，由于受施工条件限制，有些周转材料也是一次性消耗的，其价值也就一次性地转移到工程成本中去，如大体积混凝土浇筑时所使用的钢支架等在浇筑完成后无法取出、钢板桩由于施工条件限制无法拔出、个别模板无法拆除等。也有些因工程的特殊要求而加工制作的非规格化的特殊周转材料，只能使用一次。这些情况虽然核算要求与材料性质相同，实物也做销账处理，但也必须做好残值回收，以减少损耗，降低工程成本。因此，搞好周转材料的管理，对施工企业来讲是一项至关重要的工作。

（2）周转材料的特征

在实际工程中，周转材料一般作为特殊材料归由材料部门设专库保管。周转材料种类繁多，而且具有通用性，价值转移方式与建筑材料有所不同，一般在安装后才能发挥其使用价值，未安装时形同普通材料。

周转材料的特征如下：

1）与低值易耗品相类似

周转材料与低值易耗品一样，在施工过程中起着劳动手段的作用，能多次使用而逐渐转移其价值，因此与低值易耗品相类似。

2）材料的通用性

周转材料一般都要安装后才能发挥其使用价值，未安装时形同普通材料，为了避免混淆，一般应设专库保管。

3）列入流动资产进行管理

周转材料种类繁多，用量较大，价值较低，使用期短，收发频繁，易于损耗，经常需要补充和更换，因此还得将其列入流动资产进行管理。

4）价值转移方式不同

建筑材料的价值一次性全部转移到建筑产品价格中，并从销售收入中得到补偿。周转材料及工具依据在使用中的磨损程度，逐步转移到产品价格中，从销售收入中逐步得到补偿。

垫支在周转材料及工具上的资金，一部分随着价值转移，脱离实物形态而转化成货币形态；另一部分则继续存在于实物形态中，随着周转材料及工具的磨损，最后全部转化为货币准备金而脱离实物形态。因此，周转材料及工具与一般建筑材料相比较，其价值转移方式不同。

（3）周转材料的分类

1）按材质属性划分

按材质属性的不同，周转材料可分为钢制品、木制品、竹制品及胶合板四类。

① 钢制品：如定型组合钢模板、钢管脚手架及其配件等。

② 木制品：如木模板、木脚手架及脚手板、木挡土板等。

③ 竹制品：如竹脚手架、竹跳板等。

④ 胶合板：如胶合大模板。

2）按使用对象划分

按使用对象的不同，周转材料可分为混凝土工程用周转材料、结构及装修工程用周转材料和安全防护用周转材料三类。

① 混凝土工程用周转材料：如钢模板、木模板等。

② 结构及装修工程用周转材料：如脚手架、跳板等。

③ 安全防护用周转材料：如安全网、挡土板等。

3）按施工生产过程中的用途划分

按其在施工生产过程中的用途不同，周转材料可分为模板、挡板、架料和其他四类。

① 模板：指浇筑混凝土构件所需的模板，如木模板、钢模板及其配件。

② 挡板：指土方工程中的挡板，如挡土板及其支撑材料。

③ 架料：指搭设脚手架所用材料，如木脚手架、钢管脚手架及其配件等。

④ 其他：指除以上各类之外，作为流动资产管理的其他周转材料，如塔式起重机使用的轻轨、安全网等。

（4）周转材料管理的任务

1）根据施工生产需要，及时、配套地提供适量和适用的各种周转材料。

2）根据不同种类周转材料的特点建立相应的管理制度和办法，加速周转，以较少的投入发挥最大的效能。

3）加强维修保养，延长使用寿命，提高使用的经济效果。

（5）周转材料管理的意义

1）有利于实现同一企业之间的资源共享，避免资源重复购置形成成本重复投入。周转材料的统一管理可以实现统一协调下的全企业范围的资源调剂，供需明晰，从而保证周转材料实现全企业层面上各需求单位之间的有序流动。

2）有利于实现与供应商之间的战略合作联盟，形成双赢的战略体系。可以通过集中采购的形式筛选和建立战略合作伙伴，形成彼此相互信任的、长期的合作关系，最终达到相互依赖、合作共赢的局面。

3）有利于降低企业工程成本，实现企业与项目的利润最大化。通过制定合理的奖惩办法可以发挥物资管理人员的工作热情，提高他们的工作责任感，进而提高作业人员的技术水平和操作能力，提高周转材料的周转效率，降低损耗率，实现周转材料效益的最大化。

4）有利于项目合理调配资金，降低流动资金的投入。企业内部之间周转材料的调拨调剂，可以使项目从财务管理环节避免新购置周转材料而形成大量材料成本的现金支出，从而合理地调剂生产资金，保证生产所需。

（6）周转材料管理的内容

1）使用管理：是指为了保证施工生产正常进行或有助于建筑产品的形成而对周转材料进行拼装、支搭以及拆除的作业过程管理。

2）养护管理：是指例行养护，包括除去灰垢、涂刷防锈剂或隔离剂，以使周转材料处于随时可投入使用状态的管理。

3）维修管理：是指对损坏的周转材料进行修复，使其恢复或部分恢复原有功能的管理。

4）改制管理：是指对损坏且不可修复的周转材料，按照使用和配套要求改变外形（如大改小、长改短）的管理。

5）核算管理：是指对周转材料的使用状况进行反映与监督，包括会计核算、统计核算和业务核算三种核算方式。会计核算主要反映周转材料投入和使用的经济效果及其摊销状况，它是资金（货币）的核算；统计核算主要反映数量规模、使用状况和使用趋势，它是数量的核算；业务核算是材料部门根据实际需要和业务特点而进行的核算，它既有资金的核算，也有数量的核算。

（7）周转材料的管理方法

周转材料的管理方法主要有租赁管理、费用承包管理、实物量承包管理等。

1）租赁管理

① 租赁的概念

租赁是指在一定期限内，产权的拥有方向使用方提供材料的使用权，但不改变所有权，双方各自承担一定的义务，履行契约的一种经济关系。

实行租赁制度必须将周转材料的产权集中于企业进行统一管理，这是实行租赁制度的前提条件。

② 租赁管理的内容

A. 周转材料费用测算

应根据周转材料的市场价格变化及摊销额度要求测算租金标准，并使之与工程周转材料费用收入相适应。其测量方法如下式所示：

$$日租金 ＝（月摊销费＋管理费＋保养费）÷月度日历天数 \qquad (7-15)$$

式中　管理费和保养费——均按周转材料原值的一定比例计取，一般不超过原值的 2%。

B. 签订租赁合同

在合同中应明确以下内容：

a. 租赁的品种、规格、数量，附有租用品明细表以便查核；

b. 租用的起止日期、租用费用以及租金结算方式；

c. 规定使用要求、质量验收标准和赔偿办法；

d. 双方的责任和义务；

e. 违约责任的追究和处理。

C. 考核租赁效果

租赁效果应通过考核出租率、损耗率、周转次数等指标进行评定，针对出现的问题，采取措施提高租赁管理水平。

a. 出租率：

$$某种周转材料的出租率 = \frac{期内平均出租数量}{期内平均拥有量} \times 100\% \qquad (7\text{-}16)$$

$$期内平均出租数量 = \frac{期内租金收入(元)}{期内单位租金(元)} \qquad (7\text{-}17)$$

式中　期内平均拥有量——以天数为权数的各阶段拥有量的加权平均值。

b. 损耗率：

$$某种周转材料的损耗率 = \frac{期内损耗量总金额(元)}{期内出租数量总金额(元)} \times 100\% \qquad (7\text{-}18)$$

c. 周转次数（主要考核组合钢模板）：

$$年周转次数(次／年) = \frac{期内钢模支模面积}{期内钢模平均拥有量} \qquad (7\text{-}19)$$

③ 租赁管理方法

A. 周转材料的租用

项目确定使用周转材料后，应根据使用方案制定需要计划，由专人向租赁部门签订租赁合同，并做好周转材料进入施工现场的各项准备工程中，如整理存放及拼装场地等。租赁部门必须按合同保证配套供应并登记周转材料租赁台账，周转材料租赁台账见表 7-17 所列。

周转材料租赁台账 　　　　　　　　　　　　　　　　　表 7-17

租用单位＿＿＿＿＿＿＿＿＿＿＿　　　　　　　工程名称＿＿＿＿＿＿＿＿＿＿＿

租用日期	名　称	规格型号	计量单位	租用数量	合同终止日期	合同编号

B. 周转材料的验收和赔偿

租赁部门应对退库周转材料进行数量及外观质量验收。如有丢失损坏应由租用单位按照租赁合同规定进行赔偿。赔偿标准一般按以下原则进行：对丢失或严重损坏（指不可修复的，如管体有死弯，板面严重扭曲）按原值的 50% 赔偿；一般性损坏（指可修复的，如板面打孔、开焊等）按原值的 30% 赔偿；轻微损坏（指不需使用机械，仅用手工即可修复的）按原值的 10% 赔偿。

租用单位退租前必须清理租赁物品上的灰垢，确保租赁物品干净，为验收创造条件。

C. 结算

租金的结算期限一般自提运的次日起至退租之日止，租金按日历天数考核，逐日计取，按月结算。租用单位实际支付的租赁费用包括租金和赔偿费两项。

$$租赁费用 = \sum(租用数量 \times 相应日租金 \times 租用天数 +$$
$$丢失损坏数量 \times 相应原值 \times 相应赔偿率) \qquad (7\text{-}20)$$

根据结算结果由租赁部门填制租金及赔偿结算单。

为简化核算工作也可不设周转材料租赁台账，而直接根据租赁合同进行结算。但要加强合同的管理，严防遗失，以免错算和漏算。

2）费用承包管理

① 费用承包管理的概念

周转材料的费用承包管理是指以单位工程为基础，按照预定的期限和一定的方法测定一个适当的费用额度交由承包者使用，实行节奖超罚的管理。它是适应项目管理的一种管理形式，也可以说是项目管理对周转材料管理的要求。

② 周转材料承包费用的确定

A. 周转材料承包费用的收入

承包费用的收入即承包者所接受的承包额。承包额有两种确定方法，一种是扣额法，另一种是加额法。扣额法是指按照单位工程周转材料的预算费用收入，扣除规定的成本降低额后的费用；加额法是指根据施工方案所确定的使用数量，结合额定周转次数和计划工期等因素所限定的实际使用费用，加上一定的系数额作为承包者的最终费用收入。所谓系数额是指一定历史时期的平均耗费系数与施工方案所确定的费用收入的乘积。

承包费用收入的计算公式如下：

$$扣额法费用收入 = 预算费用收入 \times (1 - 成本降低率 \%) \tag{7-21}$$

$$加额法费用收入 = 施工方案确定的费用收入 \times (1 + 平均耗费系数) \tag{7-22}$$

$$平均耗费系数 = \frac{实际耗用量 - 定额耗用量}{实际耗用量} \tag{7-23}$$

B. 周转材料承包费用的支出

承包费用的支出是在承包期限内所支付的周转材料使用费（租金）、赔偿费、运输费、二次搬运费以及支出的其他费用之和。

③ 费用承包管理的内容

A. 签订承包协议

承包协议是对承、发包双方的责、权、利进行约束的内部法律文件。一般包括工程概况、应完成的工程量、需用周转材料的品种、规格、数量及承包费用、承包期限、双方的责任与权力、不可预见问题的处理以及奖罚等内容。

B. 承包额的分析

a. 分解承包额。承包额确定之后，应进行大概的分解。以施工用量为基础将其还原为各个品种的承包费用。例如将费用分解为钢模板、焊管等品种所占的份额。

b. 分析承包额。在实际工作中，常常是不同品种的周转材料分别进行承包，或只承包某一品种的费用，这就需要对承包效果进行预测，并根据预测结果提出有针对性的管理措施。

c. 周转材料进场前的准备工作

根据承包方案和工程进度认真编制周转材料的需用计划，注意计划的配套性（如周转材料品种、规格、数量及时间的配套），要留有余地，不留缺口。

根据配套数量同企业租赁部门签订租赁合同，积极组织材料进场并做好进场前的各项准备工作，包括选择、平整存放和拼装场地、开通道路等，对现场狭窄的地方应做好分批进场的时间安排，或事先另选存放场地。

④ 费用承包效果的考核

承包期满后要对承包效果进行严肃认真的考核、结算和奖罚。

承包的考核和结算是将承包费用收、支对比，出现盈余为节约，反之为亏损。如实现节约应对参与承包的有关人员进行奖励。可以按节约额进行全额奖励，也可以扣留一定比例后再予奖励。奖励对象应包括承包班组、材料管理人员、技术人员和其他有关人员。按照各自的参与程度和贡献大小分配奖励份额。如出现亏损，则应按与奖励对等的原则对有关人员进行罚款。费用承包管理方法是目前普遍实行的项目经理责任制中较为有效的方法，企业管理人员应不断探索有效的管理措施，提高承包经济效果。

提高承包经济效果的基本途径有两条：

A. 在使用数量既定的条件下努力提高周转次数。

B. 在使用期限既定的条件下努力减少占用量。同时应减少丢失和损坏数量，积极实行和推广组合钢模的整体转移，以减少停滞、加速周转。

3）实物量承包管理

① 实物量承包管理的概念

周转材料实物量承包管理是指项目班子或施工队根据使用方案按定额数量对班组配备周转材料，规定损耗率，由班组承包使用，实行节奖超罚的管理办法。周转材料实物量承包的主体是施工班组，也称班组定包。

实物量承包是费用承包的深入和继续，是保证费用承包目标值的实现和避免费用承包出现断层的管理措施。

② 定包数量的确定

以组合钢模为例，说明定包数量的确定方法。

A. 模板用量的确定

根据费用承包协议规定的混凝土工程量编制模板配模图，据此确定模板计划用量，加上一定的损耗量即为交由班组使用的承包数量。计算公式如下：

$$模板定包数量 = 计划用量 \times (1 + 定额损耗率) \tag{7-24}$$

式中　定额损耗率——一般不超过 1%。

B. 零配件用量的确定

零配件定包数量根据模板定包数量来确定。每万平方米模板零配件的用量分别为：U 形卡：14 万件；插销：30 万件；内拉杆：1.2 万件；外拉杆：2.4 万件；三字形扣件：3.6 万件；勾头螺栓：1.2 万件；紧固螺栓：1.2 万件。

$$零配件定包数量 = 计划用量 \times (1 + 定额损耗率) \tag{7-25}$$

$$计划用量 = \frac{模板定包量}{10000} \times 相应配件用量 \tag{7-26}$$

③ 定包效果的考核和核算

定包效果的考核主要是损耗率的考核，即用定额损耗量与实际损耗量相比。如有盈余为节约，反之为亏损。如实现节约则全额奖给定包班组，如出现亏损则由班组赔偿全部亏损金额。计算公式如下：

$$奖(+)罚(-)金额 = 定包数量 \times 原值 \times (定额损耗率 - 实际损耗率) \tag{7-27}$$

$$实际损耗率 = \frac{实际损耗数量}{定包数量} \times 100\% \tag{7-28}$$

根据定包及考核结果，对定包班组兑现奖罚。

4）周转材料租赁、费用承包和实物量承包三者间的关系

周转材料的租赁、费用承包和实物量承包是三个不同层次的管理，是有机联系的统一整体。实行租赁办法是企业对工区或施工队所进行的费用控制和管理；实行费用承包是工区或施工队对单位工程或承包标段所进行的费用控制和管理；实行实物量承包是单位工程或承包标段对使用班组所进行的数量控制和管理，这样便形成了既有不同层次、不同对象的，又有费用的和数量的综合管理体系。降低企业周转的费用消耗，应该同时搞好三个层次的管理。

限于企业的管理水平和各方面的条件，作为管理初步，可于三者之间任择其一。如果实行费用承包则必须同时实行实物量承包，否则费用承包易出现断层，出现"以包代管"的状况。

（8）周转材料管理中存在的问题

建筑施工企业在周转材料管理中主要存在以下几方面的问题。

1）周转材料管理制度不健全

无专职管理机构、人员或机构不健全，供应、财务、使用单位之间互不联系，只有财务部门有账，器材和使用单位无账、无卡，无专人负责保管，造成周转材料丢失、损坏、损失严重。材料管理人员素质偏低，材料员随意报计划，收发材料把关不严，不按规定认真盘点。

2）摊销方法单一，不利于进行正确的施工成本核算

周转材料摊销是计入工程施工中的直接材料，是施工成本的一项直接费用，其摊销方法是否合理，直接影响着各项目成本的高低。在现实工作中，一些施工企业为了会计核算简便，对所有的周转材料均采用同一种摊销方法，致使各工程项目负担的周转材料摊销额不符合权责发生制以及受益与负担配比的原则。

3）价值管理与实物管理存在脱节的现象

在实物中，有些施工企业将所有的周转材料均采用一次摊销法摊销与核算，即在领用周转材料时就将其价值一次全部计入成本，账务处理为：

借：工程施工；

贷：周转材料。

采用此种摊销方法进行账务处理的结果是致使那些价值较大、使用期限较长的周转材料的价值管理与实物管理相脱节。即周转材料的价值已全部转入工程成本中，但实物仍然存在。由于这些已领用的周转材料价值已不在账上有记录了，所以使其变成了账外资产，从而使周转材料的价值管理与实物管理脱节，不利于对周转材料的管理。

4）存在闲置现象，不能充分提高使用效益

由于施工企业的生产经营属于季节性生产，受季节影响较大，因此有淡季与旺季之分。施工企业的周转材料有时紧缺不足、有时剩余闲置。有些施工企业在生产的淡季，却不能将剩余闲置的周转材料充分加以利用（如出租等），而是放入仓库储存，造成资金呆滞。有时材料信息不对称，哪里需要使用不清楚，也会造成闲置。另一方面，大型周转材料由于受项目类型所限，一旦项目施工完毕而企业同类型施工项目未有接续，易形成周转材料闲置，场地租赁、维修保管费用增加，形成项目后期二次成本。

5）周转材料积压、浪费，占用资金，工程成本上扬

施工企业的周转材料浪费现象比较常见，如有些周转材料属于专用周转材料，一项工

程用完后，在短期内可能其他工程项目不需用，所以就将其报废，或以很低的价格出售；也有一些工程项目工地上的周转材料，用完后不及时收回，或没到报废程度就随意报废等。项目管理者对保有的周转材料管理认识不够，没有从企业利益全盘考虑提高管理效率，责任意识淡薄，周转料使用过程中管理粗放、损耗率极高，造成使用寿命缩短、周转率较低，不能真正实现二次效益的产生。

6) 运费成本突出

一些大型周转材料本身体积较大、单位体积较轻，如远距离跨项目运输则运输成本较高，加上二次整修及吊装费用，接收项目成本较大，有时得不偿失。

(9) 几种常用周转材料的管理

1) 组合钢模板的管理

① 组合钢模板的组成

组合钢模板是考虑模板各种结构尺寸的使用频率和装拆效率，采用模数制设计的，能与《建筑统一模数制》和《厂房建筑统一化基本规则》的规定相适应，同时还考虑了长度和宽度的配合，能任意横竖拼装，这样既可以预先拼成大型模板，整体吊装，也可以按工程结构物的大小及其几何尺寸就地拼装。组合钢模板的特点是接缝严密，灵活性好，配备标准，通用性强，自重轻，搬运方便，在建筑业得到广泛运用。

组合钢模板主要由钢模板和配套件两部分构成，其中钢模板视其不同使用部位，又分为平面模板、转角模板、梁腋模板、搭接模板等。

平面模板用于基础、墙体、梁、柱和板等各类结构的平面部位。适用范围较广，所占比例最大，是模板中使用数量最多的基本模板。

转角模板用于柱与墙体、梁与墙体、梁与楼板及墙体之间的各个转角部位。依其同混凝土结构物接触的不同部位（内角与外角）及其发挥的不同作用，又分为阴角模板、阳角模板、连接角模三种类型。阴角模板适用于与平面模板组成结构物的直角处的内角部位，即用于墙体与墙体、柱与墙体、梁与墙体等之间的转弯凹角的部位。阳角模板适用于与平面模板组成结构物的直角处的外角部位，即用于柱的四角、梁的侧边与底部、墙体与墙体等之间的凸出部位。无论是阴角模板，还是阳角模板，都具有刚度大、不易变形的特点。连接角模（又称之为角条）能起到转角模板的连接作用，主要与平面模板连接，适用于柱模的四角、墙角和梁的侧边与底部之间的外角部位。

组合钢模的配套件分为支承件（以下简称"围图支撑"）与连接件（以下简称"零配件"）两部分。

围图支撑主要用于钢模板纵横向及底部，起支承拉结作用，用以增强钢模板的整体刚度及调整其平直度，也可将钢模板拼装成大块板，以保证在吊运过程中不致产生变形。按其作用不同，又分为围图、支撑两个系统。围图一般主要用 $\phi3.81cm$ 焊接管，能与扣件式钢管脚手架的材料通用，也有采用 $70mm\times50mm\times3mm$ 和 $60mm\times40mm\times2.5mm$ 的方钢管等。支撑主要起支承作用，应具有足够的强度和稳定性，以保证模板结构的安全可靠性。一般用 3.81cm 或 5cm 的焊接管制成，也可采用钢桁架结构。钢桁架拆装方便，自重轻，便于操作，跨度可以灵活调节。在广泛推行钢模使用的过程中，各建筑企业因地制宜地创造了不少灵活、简便、便于拆装的钢模支承件。

钢模的零配件，目前使用的有以下几种：

261

A. U 形卡

U 形卡（又称万能销或回形卡）是用 12mm 圆钢采用冷冲法加工而成，用于钢模之间的连接，具有将相邻两块钢模锁住夹紧、保证不错位、接缝严密的作用，使一块块钢模纵横向自由连接成整体。

B. L 形插销

L 形插销（又称穿销，穿钉）用于钢模板端头横肋板插销孔内，起加固平直作用，以增加横板纵向拼接刚度，保证接头处的板面平整，并可在拆除水平模板时，防止大块掉落。其制作简单，用途较多。

C. 钩头螺栓（弯钩螺栓）和紧固螺栓

钩头螺栓（弯钩螺栓）和紧固螺栓用于钢模板与围令支撑的连接，其长度应与使用的围令支撑的尺寸相适应。

D. 对拉螺栓

对拉螺栓（又称模板拉杆）用于墙板两侧的连接和内外两组模板的连接，以确保拼装的模板在承受混凝土内侧压力时，不至于引起鼓胀，保证其间距的准确和混凝土表面平整，其规格尺寸应根据设计要求与供应条件适当选用。

E. 扣件

扣件是与其他配件一起将钢模板拼成整体的连接件，用于钢模板与围令支撑之间起连接固定的作用。铸钢扣件有直角扣件、回转扣件和对接扣件三种形式。直角扣件（十字扣件），用于连接扣紧两根互相垂直相交的钢管。回转扣件（转向扣件），用于连接扣紧两根任意角度相交的钢管。对接扣件（一字扣件），用于钢管的对接使之接长。

② 组合钢模板的管理形式

组合钢模板使用时间长、磨损小，在管理和使用中通常采用租赁的方法。租赁时进行如下工作：

A. 签订租赁合同。

B. 确定管理部门：一般集中在分公司一级。

C. 核定租赁标准：按日（也可按月、旬）确定各种规格模板及其配件的租赁费。

D. 确定使用中的责任：由使用者负责清理、整修、涂油、装箱等。

E. 奖惩办法的制定。

2）木模板的管理

木模板主要用于混凝土构件的成型，是建筑企业常用的周转材料。木模板的管理形式主要有"四统一"管理法、"四包"管理法、模板专业队管理法。

① "四统一"管理法

设立模板配制车间，负责模板的"统一管理、统一配料、统一制作、统一回收"。工程使用模板时，应事先向模板车间提出计划需用量，由木工车间统一配料制作，发给使用单位。木模板可以多次使用，施工单位负责模板的安装、拆卸、整理，使用完后，由模板车间统一回收整理，计算工程的实际消耗量，正确核算模板摊销费用。

② "四包"管理法

由施工班组"包制作、包安装、包拆除、包回收"。形成制作、安装、拆除相结合的统一管理形式。各道工序互创条件，做到随拆随修，随修随用。

③ 模板专业队管理法

模板工程由专业承包队进行管理，由其负责统一制作、管理及回收，负责安装和拆除，实行节约有奖、超耗受罚的经济包干责任制。

3）脚手架料的管理

脚手架是建筑施工过程中不可缺少的周转材料。脚手架的种类很多，主要有木脚手架、竹脚手架、钢管脚手架、门式脚手架等。

为了加速周转，减少资金占用，脚手架料通常采取租赁管理方式，集中管理和发放，以提高利用率。

现场材料人员加强对使用过程中的脚手架料管理，是保证脚手架料正常使用的先决条件。严格清点进出场的数量进行质量检查、维修和保养。分规格堆放整齐，合理保管。交班组使用时，办清交接手续，设置专用台账进行管理，督促班组合理使用，随用随清，防止丢失损坏，严禁挪作他用。拆架要及时，禁止高空抛甩。拆架后要及时回收清点入库，进行维护保养。凡不需继续使用的，应及时办理退租手续，以加速周转使用。扣件与配件要注意防止在搭架或拆架时散失。使用后均需清理涂油，配件要定量装箱，入库保管，防止丢失、被盗。凡质量不符合使用要求的脚手架料及扣件，必须经检验后报废，不准混堆。

为保证脚手架工程的质量和安全，脚手架的构配件应强化进场验收和使用前的检查。

① 新钢管的检查应符合下列规定：

A. 应有产品质量合格证。

B. 应有质量检验报告，钢管材质检验方法应符合现行国家标准《金属材料 拉伸试验 第1部分：室温试验方法》GB/T 228.1—2021 的有关规定。脚手架钢管宜采用 $\phi48.3 \times 3.6$ 的 Q235 普通焊接钢管，每根钢管的最大质量不应大于 25.8kg。

C. 钢管表面应平直光滑，不应有裂缝、结疤、分层、错位、硬弯、毛刺、压痕和深的划道。

D. 钢管外径、壁厚、端面等的偏差应分别符合表 7-16 的规定。

E. 钢管应涂有防锈漆。

② 旧钢管的检查应符合下列规定：

A. 表面锈蚀深度应符合表 7-18 序号 3 的规定。锈蚀检查应每年一次。检查时，应在锈蚀严重的钢管中抽取三根，在每根锈蚀严重的部位横向截断取样检查，当锈蚀深度超过规定值时不得使用。

B. 钢管弯曲变形应符合表 7-18 序号 4 的规定。

③ 扣件的验收应符合下列规定：

A. 扣件应采用可锻铸铁或铸钢制作，其应有生产许可证、法定检测单位的测试报告和产品质量合格证。当对扣件质量有怀疑时，需按现行国家标准《钢管脚手架扣件》（GB 15831—2006）的规定抽样检测。

B. 新、旧扣件均应进行防锈处理。

C. 扣件的技术要求应符合现行国家标准《钢管脚手架扣件》（GB 15831—2006）的相关规定。

D. 扣件进入施工现场应检查产品合格证，并应进行抽样复试，技术性能应符合现行国家标准《钢管脚手架扣件》（GB 15831—2006）的规定。扣件在使用前应逐个挑选，有

263

裂缝、变形、螺栓出现滑丝的严禁使用。

脚手架钢管允许偏差

表 7-18

序 号	项 目	允许偏差 Δ(mm)	示意图	检查工具
1	焊接钢管尺寸（mm） 外径 48.3 壁厚 3.6	±0.5 ±0.36		游标卡尺
2	钢管两端面切斜偏差	1.70		塞尺、拐角尺
3	钢管外表面锈蚀深度	≤0.18		游标卡尺
4	钢管弯曲 各种杆件钢管的 端部弯曲 l≤1.5m	≤5		
5	立杆钢管弯曲 3m＜l≤4m 4m＜l≤6.5m	≤12 ≤20		钢板尺
	水平杆、斜杆的钢管 弯曲 l≤6.5m	≤30		

现场材料人员加强对使用过程中的脚手架料管理，是保证脚手架料正常使用的先决条件。应严格清点进出场的数量及质量检查、维修和保养。分规格堆放整齐，合理保管。交班组使用时，办清交接手续，设置专用台账进行管理，督促班组合理使用，随用随清，防止丢失损坏，严禁挪作他用。拆架要及时，禁止高空抛甩。拆架后要及时回收清点入库，进行维护保养。凡不需继续使用的，应及时办理退租手续，以加速周转使用。扣件与配件要注意防止在搭架或拆架时散失。使用后均需清理涂油，配件要定量装箱，入库保管，防止丢失、被盗。凡质量不符合使用要求的脚手架料及扣件，必须经检验后报废，不准混堆。

实务、示例与案例

[示例1] **施工现场周转材料管理制度**

为了保证工程质量和施工现场材料安全，减少材料耗费，充分利用资源，特制定本管理制度。

（1）周转材料进场后，现场材料保管员要与工程劳务分包单位共同按进料单进行点验。

（2）周转材料的使用一律实行指标承包管理，项目经理部应与使用单位签订指标承包合同，明确责任，实行节约奖励，丢失按原价赔偿，损失按损失价值赔偿，并负责使用后的清理和现场保养，赔偿费用从劳务费中扣除。

（3）项目经理部设专人负责现场周转材料的使用和管理，对使用过程进行监督。

（4）严禁在模板上任意打孔；严禁任意切割架子管；严禁在周转材料上焊接其他材料；严禁从高处向下抛物；严禁将周转材料垫路和挪作他用。

（5）周转材料停止使用时，立即组织退场，清点数量；对损坏、丢失的周转材料应与租赁公司共同核对确认。

（6）负责现场管理的材料人员应监督施工人员对施工垃圾的分拣，对外运的施工垃圾应进行检查，避免材料丢失。

（7）存放堆放要规范，各种周转材料都要分类按规范堆码整齐，符合现场管理要求。

（8）维护保养要得当，应随拆、随整、随保养，大模板、支撑料具、组合模板及配件要及时清理、整修、刷油。组合钢模板现场只负责板面水泥清理和整平，不得随意焊接。

[示例2]　　　　　　　　施工现场材料限额发放制度

为更有效地控制材料的领发，节约使用材料，减少材料耗费，及时掌握材料限额领用的执行情况，做到及时、保质保量供应材料，提高项目部物资成本控制水平，特制定本管理制度。

（1）限额发放制度，又称限额领料制度、定额领料制度，是按照材料消耗定额或规定限额领发生产经营所需材料的一种管理制度，也是材料消耗的重要控制形式。主要内容有：对有消耗定额的主要消耗材料，按消耗定额和一定时期的计划产量或工程量领发料；对没有消耗定额的某些辅助材料，按下达的限额指标领发料。

（2）物设部仓库保管员按照各种材料的领用限额进行材料发放。

（3）对于钢筋、水泥、砂石料、粉煤灰、外加剂等主要材料，仓库保管员应按照材料限额表中的领用限额，进行材料发放。对领发次数较多的材料，一般使用"限额领料单"和领料单在限额范围内领用。其中限额领料单作为数量控制和核算凭证，领料单作为记账凭证。对领发次数不多的材料，可将材料限额表和领料单结合使用，只使用领料单，不需要使用限额领料单。对超过限额的材料领用，必须由部位施工员说明原因，经主管领导审批后，方可领用。

（4）对于集中供料，自动计量的拌合站物设部必须派专人统计各个部位或仓位的实际用量和料场出入库数量，与制定的领用限额进行比较。如果超过限额，必须及时查明原因，寻求解决超限额的措施，把物料消耗控制在限额内。

（5）对于集中设库控制发料的钢筋，应按照钢筋配料图纸采取最佳的配料方法进行下料，将下料损耗降至最低，且做好钢筋下料日记。领用出库的成品钢筋，需按照钢筋配料图纸进行发放，不允许超额发放。

（6）用料单位对现场的材料，必须妥善保管。发生意外损耗时，应追究主要负责人责任，并向主管领导汇报，给予处罚。分项部位完工后，用料单位应及时与物设部联系，将多余材料办理退库手续。

（7）对于燃油、润滑油、机械配件、火工材料、周转材料等主要消耗材料，仓库保管员按照消耗材料定额表中的消耗定额和计划工作量进行发放。

1）对于燃油、火工材料等，仓库保管员根据单位消耗定额和当天计划工作量的乘积，计算消耗限额，以此作为依据进行发放。现场施工管理人员每天应及时将各作业队完成的工作量反馈给仓库保管员，由仓库保管员计算出材料实际消耗量，并结合下一个工作日的计划工作量，确定新工作日的材料发放量。仓库保管员必须对单台设备或单位建立消耗台账，并要求使用个人或单位签字确认，便于统计核算。如果使用单位对消耗材料没有保管条件，应每天回收仓库保管，并做好记录。

2）对于润滑油、机械配件等，仓库保管员根据设备保养和维修有关规定制定的消耗定额，定期进行发放。如果需要超额发放的，使用人员需说明原因，并经设备负责人审批后，才能另行发放。

3）对于周转材料，仓库保管员根据周转材料使用次数和损坏百分率制定的损耗定额，定期补充发放。使用单位对损坏材料必须及时回收，上交仓库。仓库根据实际情况，能够维修的，尽量维修利用；不能维修的，报废处理。

（8）对于易损易耗及劳保用品等物资，仓库保管员按照各单位制定的发放标准发放。仓库保管员应做好发放记录，建立个人或部门发放台账，避免重发、漏发。

八、材料、设备的成本核算

（一）工程费用、成本及核算

1. 工程费用的组成

工程费用是指为工程项目的生产和管理活动发生的费用支出，建筑安装工程费用分为直接费（用）、间接费（用）、利润、税金，如图 8-1 所示。直接费用，是直接为生产活动而发生的费用，如人工费、材料费、施工机械费等。间接费用一般是指为管理活动而发生的费用。如：工程施工现场各工种工人的工资支出就是直接费用，而现场保安的工资支出就是间接费用。临时设施同理，工地上直接为施工需要发生的，是直接费用；为管理需要而发生的，就是间接费用。

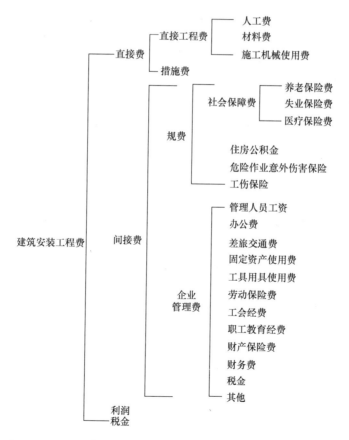

图 8-1　建筑安装工程费用组成

（1）直接费

直接费由直接工程费和措施费组成。

1）直接工程费

直接工程费是指施工过程中耗费的构成工程实体的各项费用，包括人工费、材料费、施工机械使用费。

① 人工费

人工费是指直接从事建筑安装工程施工的生产工人开支的各项费用。包括：基本工资、工资性补贴、生产工人辅助工资、职工福利费、生产工人劳动保护费、徒工服装补贴、防暑降温费、在有碍身体健康环境中施工的保健费用等。

② 材料费

材料费是指施工过程中耗用的构成工程实体的原材料、辅助材料、构配件、半成品的费用，包括以下内容：材料原价、材料运杂费、运输损耗费、采购及保管费、检验试验费。

③ 施工机械使用费

机械使用费是指施工机械作业所发生的机械使用费以及机械安拆费和场外运费。包括折旧费、大修理费、经常修理费、安拆费及场外运费、人工费、燃料动力费、养路费及车船使用税。

2）措施费

措施费是指为完成工程项目施工，发生于该工程施工前和施工过程中非工程实体项目的费用，一般包括环境保护费、文明施工费、安全施工费、临时设施费、夜间施工增加费、二次搬运费、大型机械设备进出场及安拆费、混凝土、钢筋混凝土模板及支架费、脚手架费、已完工程及设备保护费：是指竣工验收前，对已完工程及设备进行保护所需费用。

（2）间接费

1）企业管理费

企业管理费是指施工企业组织施工生产和经营管理所需费用。包括管理人员工资、办公费、差旅交通费、固定资产使用费、工具用具使用费、劳动保险费、工会经费、职工教育经费、财产保险费（施工管理用财产、车辆保险）、财务费（企业为筹集资金而发生的各种费用）、税金（企业按规定缴纳的房产税、车船使用税、土地使用税、印花税）、其他技术开发费、业务招待费、绿化费、广告费、公证费、法律顾问费、审计费、咨询费、防洪工程维护费、合同审查费及按规定支付的上级管理费等。

2）规费

规费是指政府和有关权力部门规定必须缴纳的费用。包括：

① 社会保障费：是指养老保险费、失业保险费、医疗保险费等企业按照规定标准为职工缴纳保险费。

② 住房公积金：是指企业按规定标准为职工缴纳的住房公积金。

③ 危险作业意外伤害保险费：是指按照《建筑法》规定，企业为从事危险作业的建筑施工人员支付的意外伤害保险费。

④ 工伤保险费：是指按规定由企业缴纳的工伤保险基金。

（3）利润

利润是指施工企业完成所承包工程获得的盈利。

（4）税金

税金是指国家税法规定的应计入建筑工程造价内的营业税、城市维护建设税及教育费附加。税金以税前总价为基数，纳税地点在市区的乘以 3.41% 计算，纳税地点不在市区的乘以 3.35% 计算。

2. 工程成本的分析及核算

工程成本是指可以直接对应到某一类建筑产品上的费用支出（其可以抵扣相应的税种，如增值税）。一般地说，工程成本要比工程费用的范围窄、数额小，对建筑工程项目成本的分析可以更有针对性地评价工程的经济效益和管理水平。

（1）工程成本的概念与类型

1）工程成本的概念

① 理论成本

消耗的生产资料的价值和劳动者为自身必要劳动创造的价值，构成建筑产品的理论成本。建筑产品的理论成本，又有社会成本和个别成本之分。

建筑产品的社会成本，是指社会生产一定量的建筑产品的平均消耗量。

建筑产品的个别成本，是指建筑产品的供给者生产一定量的建筑产品的实际消耗量。

② 应用成本

建筑产品的应用成本，是指按照国家现行制度和有关成本开支范围的规定，计算的建筑产品成本。

按制造成本法表示的建筑产品成本，为生产成本或工程成本。它是指生产过程中发生的各种耗费，还可称为生产成本或工程成本。

按完全成本法表示的建筑产品成本，为全部成本。它是指企业为生产、销售建筑产品所发生的各种费用的总和，亦称为完全成本。

2）成本的类型

按照成本的属性和特征，可以分为以下几种类型：

① 固定成本

固定成本又称固定费用，是相对于变动成本而言的，指在一定时期和一定的生产规模条件下，建筑产品成本中不受产量增减变化影响而能保持不变的成本。

固定成本具有如下特征：

总额不随产量/工作量变化，表现为一个固定金额；

单位产量/工作量分摊的固定成本（即单位固定成本）随产量/工作量的增减变动成反比例变动。

② 变动成本

变动成本，指建筑产品成本中随产量变化的成本，又称可变成本。

变动成本又可分为线性变动成本和非线性变动成本。

线性变动成本表明变动成本和产量之间存在按相同比例变化的关系，产量变化多少，变动成本等比例变化多少。

非线性变动成本，是指不随产量变化而等比例变化的变动成本。

③ 总成本

在一定生产规模条件下的固定成本和变动成本之和就是总成本。如果把总成本、总产量和总收入联系起来分析，就称为量、本、利分析。量、本、利分析的主要目的是寻求总收入等于总成本时的产量，即盈亏平衡点，也称为保本点。

④ 边际成本

所谓边际成本是指在一定产量的基础上每增加一单位产量所引起总成本的增加值，还可以理解为在一定量的基础上每减少一单位产量所引起总成本的减少值。

假设 M_c 为边际成本、ΔQ 为产量的增加值、ΔT 为总成本的增加值，则有下式：

$$M_c = \Delta T_c / \Delta Q$$

（2）工程成本核算的依据

1）会计核算

会计核算主要是价值核算。会计是对一定单位的经济业务进行计量、记录、分析和检查，作出预测，参与决策，实行监督，旨在实现最优经济效益的一种管理活动。它通过设置账户、复式记账、填制和审核凭证、登记账簿、成本计算、财产清查和编制会计报表等一系列有组织有系统的方法，来记录企业的一切生产经营活动，然后据以提出一些用货币来反映的各种有关综合性经济指标的数据。资产、负债、所有者权益、营业收入、成本、利润等会计六要素指标，主要是通过会计来核算。由于会计记录具有连续性、系统性、综合性等特点，所以它是施工成本分析的重要依据。

2）业务核算

业务核算是各业务部门根据业务工作的需要而建立的核算制度，它包括原始记录和计算登记表，如单位工程及分部分项工程进度登记，质量登记，工效、定额计算登记，物资消耗定额记录，测试记录等。业务核算的范围比会计、统计核算要广，不但可以对已经发生的，而且还可以对尚未发生或正在发生的经济活动进行核算，看是否可以做，是否有经济效果。它的特点是，对个别的经济业务进行单项核算。例如各种技术措施、新工艺等项目，可以核算已经完成的项目是否达到原定的目的，取得预期的效果，也可以对准备采取措施的项目进行核算和审查，看是否有效果，值不值得采纳，随时都可以进行。业务核算的目的，在于迅速取得资料，在经济活动中及时采取措施进行调整。

3）统计核算

统计核算是利用会计核算资料和业务核算资料，把企业生产经营活动中客观现状的大量数据，按统计方法加以系统整理，表明其规律性。它的计量尺度比会计宽，可以用货币计算，也可以用实物或劳动量计量。它通过全面调查和抽样调查等特有的方法，不仅能提供绝对数指标，还能提供相对数和平均数指标，可以计算当前的实际水平，确定变动速度，可以预测发展的趋势。

（3）工程成本的核算方法

工程成本核算是指对已完工程的成本水平、执行成本计划的情况进行比较，是一种既全面而又概略的分析。工程成本按其在成本管理中的作用有三种表现形式：

1）预算成本。是根据构成工程成本的各个要素，按编制施工图预算的方法确定的工程成本，是考核企业成本水平的主要标尺，也是结算工程价款、计算工程收入的重要依据。

2）计划成本。企业为了加强成本管理，在施工生产过程中有效地控制生产耗费，所确定的工程成本目标值。计划成本应根据施工图预算，结合单位工程的施工组织设计和技术组织措施计划、管理费用计划确定。它是结合企业实际情况确定的工程成本控制额，是企业降低消耗的奋斗目标，是控制和检查成本计划执行情况的依据。

3）实际成本。即企业完成工程实际应计入工程成本的各项费用之和。它是企业生产耗费在工程上的综合反映，是影响企业经济效益高低的重要因素。

工程成本核算，首先是将工程的实际成本同预算成本比较，检查工程成本是节约还是超支。其次是将工程实际成本同计划成本比较，检查企业执行成本计划的情况，考察实际成本是否控制在计划成本之内。无论是预算成本还是计划成本，都要从工程成本总额和成本项目两个方面进行考核。

在考核成本变动时，要借助成本降低额（预算成本降低额和计划成本降低额）和成本降低率（预算成本降低率、计划成本降低率）两个指标。前者用以反映成本节超的绝对额，后者反映成本节超的幅度。

（4）工程成本核算的分析

工程成本核算的分析，就是根据会计核算、业务核算和统计核算提供的资料，在工程成本核算的基础上进一步对形成过程和影响成本升降的因素进行分析，以及时纠偏和寻求进一步降低成本的途径；另一方面，通过成本分析，可从账簿、报表反映的成本现象看清成本的实质，从而增强工程项目成本的透明度和可控性，为加强成本控制，实现项目成本目标创造条件。

工程成本核算的分析方法一般有比较法、因素分析法、差额计算法、比率法等。其中比较法和因素分析法是常用的两种方法。

比较法，又称"指标对比分析法"，就是通过技术经济指标的对比，检查目标的完成情况，分析产生差异的原因，进而挖掘内部潜力的方法。这种方法，具有通俗易懂、简单易行、便于掌握的特点，因而得到了广泛的应用，但在应用时必须注意各技术经济指标的可比性。比较法的应用，通常有下列形式。

1）将实际指标与目标指标对比

以此检查目标完成情况，分析影响目标完成的积极因素和消极因素，以便及时采取措施，保证成本目标的实现。在进行实际指标与目标指标（一般取计划指标）对比时，还应注意目标本身有无问题。如果目标本身出现问题，则应调整目标，重新正确评价实际工作的成绩。

2）本期实际指标与上期实际指标对比

通过本期实际指标与上期实际指标对比，可以看出各项技术经济指标的变动情况，反映施工管理水平的提高程度。

3）与本行业平均水平、先进水平对比

通过这种对比，可以反映本项目的技术管理和经济管理与行业的平均水平和先进水平的差距，进而采取措施赶超先进水平。

因素分析法又称连环置换法。这种方法可用来分析各种因素对成本的影响程度。在进行分析时，首先要假定众多因素中的一个因素发生了变化，而其他因素则不变，然后逐个替换，分别比较其计算结果，以确定各个因素的变化对成本的影响程度。因素分析法的计算步骤如下：

1）确定分析对象，并计算出实际与目标数的差异。

2）确定该指标是由哪几个因素组成的，并按其相互关系进行排序（排序规则是：先实物量，后价值量；先绝对值，后相对值）。

3）以目标数为基础，将各因素的目标数相乘，作为分析替代的基数。

4）将各个因素的实际数按照上面的排列顺序进行替换计算，并将替换后的实际数保留下来。

5）将每次替换计算所得的结果，与前一次的计算结果相比较，两者的差异即为该因素对成本的影响程度。

6）各个因素的影响程度之和，应与分析对象的总差异相等。

具体的分析示例见本章的实务、示例与案例。

3. 工程材料费的核算

工程材料费的核算，主要依据是建筑安装工程（概）预算定额和地区材料预算价格。因而在工程材料费的核算管理上，也反映在这两个方面：一是建筑安装工程（概）预算定额规定的材料定额消耗量与施工生产过程中材料实际消耗量之间的"量差"；二是地区材料预算价格规定的材料价格与实际采购供应材料价格之间的"价差"。工程材料成本的盈亏主要核算这两个方面。

（1）材料的量差

材料部门应按照定额供料，分单位工程记账，分析节约与超支，促进材料的合理使用，降低材料消耗水平。做到对工程用料、临时设施用料和非生产性其他用料，区别对象划清成本项目。对于属于费用性开支的非生产性用料，要按规定掌握，不得记入工程成本。对供应两个以上工程同时使用的大宗材料，可按定额及完成的工程量进行比例分配，分别记入单位工程成本。

为了抓住重点，简化基层实物量的核算，根据各类工程用料特点，结合班组核算情况，可选定占工程材料费用比重较大的主要材料，如建筑和市政工程中的钢材、木材、水泥、砖瓦、砂、石、石灰等品种核算分析，施工项目应建立实物台账，一般材料则按类核算，掌握队、组用料节超情况，从而找出定额与实耗的量差，为企业和项目进行经济活动分析提供资料。

（2）材料的价差

材料价差的发生，与供料方式有关，供料方式不同，价差的处理方法也不同。由建设单位供料，按地区预算价格向施工单位结算，价格差异则发生在建设单位，由建设单位负责核算。施工单位包料、按施工图预算包干的，价格差异发生在施工单位，由施工单位材料部门进行核算，所发生的材料价格差异，按合同的规定记入工程成本。其他耗用材料，如属机械使用费、施工管理费、其他直接费开支用料，也由材料部门负责采购、供应、管理和核算。

（二）材料、设备核算的内容及方法

1. 材料、设备的采购核算

材料核算是以材料采购预算成本为基础，与实际采购成本相比较，核算其成本，降低或超耗程度。

（1）材料采购实际价格

材料采购实际成本是材料在采购和保管过程中所发生的各项费用的总和。它由材料原价、供销部门手续费、包装费、运杂费、采购保管费构成。

通常市场供应的材料由于产地不同，造成产品成本不一致，运输距离不等，质量也不同。因此，在材料采购或加工订货时，要注意材料实际成本的核算，做到在采购材料时作各种比较，即同样的材料比质量，同样的质量比价格，同样的价格比运距，最后核算材料成本。尤其是地方大宗材料的价格组成，运费占较大比重，尽量做到就地取材，以减少运输费用和管理费。

材料实际价格，是按采购（或委托加工、自制）过程中所发生的实际成本计算的单价。通常按实际成本计算价格可采用以下两种方法：

1）先进先出法

指同一种材料每批进货的实际成本如各不相同时，按各批不同的数量及价格分别记入账册。在发生领用时，以先购入的材料数量及价格先计价核算工程成本，按先后顺序依次类推。

2）加权平均法

指同一种材料在发生不同实际成本时，按加权平均法求得平均单价。当下批进货时，又以余额的数量与价格与新购入材料的数量与价格作新的加权平均计算，得出新的平均价格。

（2）材料预算价格

材料预算价格是由地区建筑主管部门颁布的，以历史水平为基础，并考虑当前和今后的变动因素，预先编制的一种计划价格。

材料预算价格是地区性的，是根据本地区工程分布、投资数额、材料用量、材料来源地、运输方法等因素综合考虑，采用加权平均的计算方法确定的。同时对其使用范围也有明确规定，在地区范围以外的工程，则应按规定增加远距离的运费差价。材料预算价格由五项费用组成：材料原价、供销部门手续费、包装费、运杂费、采购及保管费。

（3）材料采购成本的核算

材料采购成本可以从实物量和价值量两方面进行考核。单项品种的材料在考核材料采购成本时，可以从实物量形态考核其数量上的差异。但企业实际进行采购成本考核时，往往是分类或按品种综合考核"节"与"超"。通常有如下两项考核指标：

1）材料采购成本降低（超耗）额

材料采购成本降低（超耗）额＝材料采购预算成本－材料采购实际成本

式中材料采购预算成本为按预算价格事先计算的计划成本支出；材料采购实际成本是按实际价格事后计算的实际成本支出。

2）材料采购成本降低（超耗）率

$$材料采购成本降低（超耗）率 = \frac{材料采购成本降低（超耗）额}{材料采购预算成本} \times 100\%$$

2. 材料、设备的供应核算

材料供应计划是组织材料供应的依据。它是根据施工生产进度计划、材料消耗定额等编制的。施工生产进度计划确定了一定时间内应完成的工作量，而材料供应量是根据工程量乘以材料消耗定额，并考虑库存、合理储备、综合利用等因素，经平衡后确定的。因此，按质、按量、按时、配套供应各种材料，是保证施工生产正常进行的基本条件之一。所以，检查考核材料供应计划的执行情况，主要是检查材料的收入执行情况，它反映了材料对生产的保证程度。

（1）检查材料收入量是否充足

这是用于考核材料在某一时期供应计划的完成情况，计算公式如下：

$$材料供应计划完成率 = \frac{实际收入量}{计划收入量} \times 100\%$$

检查材料的供应量是保证生产完成和施工顺利进行的重要条件，如果供应量不足，就会在一定程度上造成施工生产的中断，影响施工生产的正常进行。

（2）检查材料供应的及时性

在检查考核材料供应计划执行情况时，还可能出现材料供应数量充足，而因材料供应不及时而影响施工生产正常进行的情况。所以还应检查材料供应的及时性，需要把时间、数量、平均每天需用量和期初库存量等资料联系起来考查。

3. 材料的储备核算

为了防止材料积压或不足，保证生产的需要，加速资金周转，企业必须经常检查材料储备定额的执行情况，分析是否超储或不足。

（1）储备实物量的核算

储备实物量的核算是对实物周转速度的核算。核算材料储备对生产的保证天数及在规定期限的周转次数和每周转一次所需天数。计算公式如下：

$$材料储备对生产的保证天数 = \frac{期末库存量}{每日平均材料消耗量}$$

$$材料周转次数 = \frac{某种材料年度消耗量}{平均库存量} \times 100\%$$

$$材料周转天数（储备天数） = \frac{平均库存量 \times 全年日历天数}{材料年度消耗量}$$

（2）储备价值量的核算

价值形态检查的考核，是把实物数量乘以材料单价，用货币单位进行综合计算。其优点是能将不同质量、不同价格的各类材料进行最大限度地综合，它的计算方法除上述的有关周转速度（周转次数、周转天数）均适用外，还可以从百万元产值占用材料储备资金情况及节约使用材料资金方面进行计算考核。计算公式如下：

274

$$百万元产值占用材料储备资金 = \frac{定额流动资金中材料储备资金平均数}{年度建安工作量} \times 100\%$$

$$流动资金中材料资金节约使用额 = (计划周转天数 - 实际周转天数) \times \frac{年度材料耗用总额}{360}$$

4. 材料的消耗量核算

检查材料消耗情况，主要用材料的实际消耗量与定额消耗量进行对比，反映材料节约或浪费情况。

（1）核算某项工程某种材料的定额消耗量与实际消耗量，按如下公式计算材料节约（超耗量）：

某种材料节约（超耗量）＝某种材料定额耗用量－该项材料实际耗用量

上式计算结果为正数时，表示节约；反之，计算结果为负数时，则表示超耗。

$$某种材料节约（超耗）率 = \frac{某种材料节约（超耗）量}{该种材料定额耗用量} \times 100\%$$

同样，式中正百分数为节约率；负百分数为超耗率。

（2）核算多项工程某种材料节约或超耗的计算式同前。某种材料的定额耗用量的计算式为：

$$某种材料定额耗用量 = \sum(材料消耗定额 \times 实际完成的工程量)$$

核算一项工程使用多种材料的消耗情况时，由于使用价值不同，计量单位各异，不能直接相加进行考核。因此，需要利用材料价格作同步计量，用消耗量乘以材料价格，然后求和对比。公式如下：

$$材料节约（+）或超支（-）额 = \sum 材料价格 \times (材料定额耗量 - 材料实耗量)$$

5. 周转材料的核算

由于周转材料可多次反复使用于施工过程，因此其价值的转移方式也不同于材料一次转移，而是分多次转移，通常称摊销。周转材料的核算是以价值量核算为主要内容，核算其周转材料的费用收入与支出的差异。

（1）费用收入

周转材料的费用收入是以施工图为基础，以概（预）算定额为标准，随工程款结算而取得的资金收入。

在概算定额中，周转材料的取费标准是根据不同材质综合编制的，在施工生产中无论实际使用何种材质，取费标准均不予调整（主要指模板）。

（2）费用支出

周转材料的费用支出是根据施工工程的实际投入量计算的。在对周转材料实行租赁的企业，费用支出表现为实际支付的租赁费用；在不实行租赁制度的企业，费用支出表现为按照上级规定的摊销率所提取的摊销额。计算摊销额的基数为全部拥有量。

（3）费用摊销

费用摊销有如下几种方法：

一次摊销法：指一经使用，其价值即全部转入工程成本的摊销方法。它适用于与主件配套使用并独立计价的零配件等。

"五五"摊销法：指投入使用时，先将其价值的一半摊入工程成本，待报废后再将另一半价值摊入工程成本的摊销方法。它适用于价值偏高，不宜一次摊销的周转材料。

期限摊销法：是根据使用期限和单价来确定摊销额度的摊销方法。它适用于价值较高、使用期限较长的材料。计算方法如下：

先计算各种周转材料的月摊销额：

$$某种周转材料月摊销额 = \frac{该种周转材料采购原价 - 预计残余价值}{该种周转材料预计使用年限 \times 12}$$

然后计算各种周转材料月摊销率：

$$某种周转材料月摊销率 = \frac{该种周转材料月摊销额}{该种周转材料采购价} \times 100\%$$

最后计算月度周转材料总摊销额：

$$周转材料月摊销额 = \sum(周转材料采购原价 \times 该种周转材料摊销率)$$

6. 工具的核算

在施工生产中，生产工具费用约占工程直接费的2%左右。工具费用摊销常用以下三种方法：

一次性摊销法：指工具一经使用其价值即全部转入工程成本，并通过工程款收入得到一次性补偿的核算方法。它适用于消耗性工具。

"五五"摊销法：与周转材料核算中的"五五"摊销法一样。

期限摊销法：指按工具使用年限和单价确定每次摊销额度，多次摊销的核算方法。在每个核算期内，工具的价值只是部分地进入工程成本并得到部分补偿。它适用于固定资产工具及价值较高的低值易耗工具。

7. 财务部门对材料核算的职责

（1）财务部门对材料采购人员送交的供货方发票、购物清单、材料材料验收单、物资采购申请表等原始凭证，经审核无误后，及时记账。如供货方材料为分批发出的，即材料先到，发票后到，则由材料采购负责部门提供材料的清单和市场价（或已有材料的单价），财务部门根据市场价（或已有材料单价）暂估入账，等收到发票时，再进行账务调整。

（2）财务部门对必须发生的材料采购预付款，要根据审批后的订货合同、签订的协议，办理支付业务。

（3）企业内部材料的发出成本，财务部门要依据"材料出库单"按成本项目分配材料费用；施工单位领用材料的发出成本，财务部先挂往来账，待工程竣工决算之后，由施工单位编制工程决算书，报企业责任部门审核，之后财务部进行再次审核，最后根据项目结转固定资产或分配成本费用。

（4）若施工单位领用材料有剩余的情况，必须先办理退库手续（即用红字填写"材料出库单"进行冲销），财务部门根据其办理退库后的实际使用材料办理材料核销。应杜绝其将所剩材料挪用到另一工程，如出现此情况，财务部有权拒绝办理材料核销手续。

（三）材料、设备核算的分析与计算

1. 按实际成本计价的核算

（1）外购材料的核算

1）钱货两清

【例 8-1】 某企业购入主要材料钢材 10t，单价 2800 元/t，买价 28000 元，运杂费 2000 元，款项以银行存款支付。则其会计分录为：

借：原材料——主要材料　　30000

贷：银行存款　　30000

2）先付款后收料

①预付款业务

【例 8-2】

a. 某企业按合同规定，先预付购买预制板价款的 30% 款项共计 15000 元给预制板厂。

b. 对方发票到达，价款为 50000 元，另我方应负担对方垫付的运杂费 3000 元，款项均以银行存款支付，同时材料验收入库。

则其会计分录分别为：

a. 借：预付账款——某预制板厂　　15000

　　贷：银行存款　　15000

b. 借：原材料——结构件　　53000

　　贷：预付账款——某预制板厂　　15000

　　　　银行存款　　38000

② 正常结算引起的先付款后收料业务

【例 8-3】 某企业购入水泥 10t，每吨 200 元，另支付运杂费 500 元，对方发票已到，企业开出现金支票付款。材料尚未到达，则付款时的会计分录和以后材料到达验收入库的会计分录为：

借：在途物资——某单位（水泥）　　2500

贷：银行存款　　2500

以后材料到达验收入库则会计分录为：

借：原材料——主要材料　　2500

贷：在途物资　　2500

3）先收料后付款

① 赊购业务

【例 8-4】 某企业赊购黄砂 10 车，每车 200 元，共计 2000 元。黄砂已入场验收，对方发票已到，但单位未支付货款。则其会计分录为：

借：原材料——主要材料　　2000

贷：应付账款　　2000

以后付款，则其会计分录为：

借：应付账款　　　2000

贷：银行存款　　　2000

② 暂估料款入账

【例 8-5】　某企业采购黄砂 10 车，已入场验收，对方发票未到，在月中，会计部门只需将验收单单独存放，不用作账，但对方发票账单如果月末仍未到达，则按现行企业会计制度的规定，于月末对该批黄砂应暂估料款入账，暂估单价一般以预算价确定即可，假定预算价格为 190 元/车，则其会计分录为：

借：原材料——主要材料　　　1900

贷：应付账款　　　1900

下月初即用红字将该笔账用红字冲销：

借：原材料——主要材料　　　－1900

贷：应付账款　　　－1900

以后对方发票到达并付款后，按实际付款金额入账，借记"原材料"，贷记"银行存款"。

（2）自制材料的核算

自制材料的核算要使用的账户主要有"生产成本——辅助生产"和"原材料"账户。

【例 8-6】　某企业一专门生产预制板的辅助生产部门，本月领用钢筋、水泥、石子等主要材料，价值共 100000 元，用于生产预制板，在生产过程支付生产人员工资 10000 元，按此工资计提职工福利费 1400 元，另发生修理人员工资、办公费、折旧等制造费用共计 8000 元，则根据有关凭证作会计分录。假设本月完工验收入库预制板 2000m²，每平方米的实际成本为 50 元，则其会计分录为：

借：生产成本——辅助生产成本　　　119400

贷：原材料——主要材料　　　100000

　　应付职工薪酬——应付工资　　　10000

　　　　　　　——应付福利费　　　1400

制造费用8000

假设本月完工验收入库预制板 2000m²，每平方米的实际成本为 50 元，则其会计分录为：

借：原材料——结构件（预制板）　　　100000

贷：生产成本——辅助生产成本　　　100000

（3）委托加工物资的核算

委托加工物资业务是指由企业提供材料，由加工单位加工成企业所需的另一种材料，企业只支付加工费给受托单位的一种业务。

【例 8-7】　某企业委托铝合金加工厂加工铝合金窗户，领用铝材和玻璃价值共 60000 元，由本企业负担的往返运杂费 2000 元，加工费 3000 元，以银行存款支付。加工完毕，验收入库。则其会计分录为：

借：委托加工物资——材料费　　　60000

　　　　　　　　——运杂费　　　2000

　　　　　　　　——加工费　　　3000

贷：原材料——主要材料　　　60000

　　银行存款　　5000

验收入库时：

借：原材料——结构件（铝合金窗户）　　　65000

贷：委托加工物资　　　65000

（4）材料发出单位成本的确定

1）先进先出法

先进先出法是假定先入库的材料先发出，并按该假定的材料实物流转顺序确定发出材料成本和计算结存材料成本的方法。材料明细分类账见表 8-1。

材料明细分类账（按先进先出法计价）　　　表 8-1

材料编号：×××

材料类别：　钢筋

材料名称规格：×××

最低存量：5

最高存量：50

计量单位：t

2015 年		凭证号数	摘要	收入			发出			结存		
月	日			数量	单价	金额	数量	单价	金额	数量	单价	金额
6	1		期初结存							20	2500	50000
	5		领用				10	2500	25000	10	2500	25000
	10		收入	30	2800	84000				10 30	2500 2800	25000 84000
	15		领用				10 25	2500 2800	25000 70000	5	2800	14000
	20		收入	20	3000	60000				5 20	2800 3000	14000 60000
	23		领用				5 10	2800 3000	14000 30000	10	3000	30000
	30		收入	10	2900	29000				10 10	3000 2900	30000 29000
			本月合计	60		173000	60		164000	10 10	3000 2900	30000 29000

从所示材料明细分类账可知：在采用"先进先出法"计算出的发出材料成本为 164000 元，结存 20t 钢筋应负担的材料成本为 59000 元。

材料明细分类账（按加权平均法计价）　　　表 8-2

材料编号：×××

材料类别：钢筋

材料名称规格：×××

最低存量：5

最高存量：50

计量单位：t

2015 年		数量	凭证号数	摘要	收入		数量	发出		数量	结存	
月	日				单价	金额		单价	金额		单价	金额
6	1			期初结存						20	2500	50000
	5			领用				10		10		
	10	30		收入	2800	84000				40		

2015年			凭证号数	摘要	收入		发出			结存		
月	日	数量			单价	金额	数量	单价	金额	数量	单价	金额
	15			领用			35			5		
	20	30		收入	3000	60000				25		
	23			领用			15			10		
	30	10		收入	2900	29000				20		
		60		本月合计		173000	60	2787.5	167250	20	2787.5	55750

如表 8-2 所示，钢筋 6 月份内的加权平均单价为：（50000＋173000）÷（20＋60）＝ 2787.5 元/t。发出材料厂成本为 167250 元，结存材料成本为 55750 元。

2）个别计价法

也叫直接认定法，即是假定能够分清发出材料是哪一次购进的，就直接用该批材料的购进单价作为发出材料的单价，并以此计算发出材料的成本。

该种方法只适合单价大，进出批次少的材料使用。如施工企业要使用的电梯一般不会很多，每一台电梯的购进地点和单价都容易分清，就可以采用这种方法计算发出材料成本和结存材料成本。

（5）发出材料的总分类核算

1）成本费用分配的原则

成本费用分配的原则是"谁领用、谁受益、谁承担"。

2）发出材料汇总表的编制及发出材料的总分类核算

为了简化核算手续，减少核算工作量，平时根据发料凭证只登记材料明细账，不直接根据每一张领料凭证编制记账凭证，发出材料的核算集中在月末进行。月末，财会部门对已标价的领料凭证，按材料类别和用途，编制发出材料汇总表，作为发出材料总分类核算的依据。

月末根据发出材料的核算原则及编制的发出材料汇总表即可作会计分录：

借：生产成本——××产品
　　制造费用
　　管理费用
　　销售费用
　　在建工程
贷：原材料——××材料

2. 材料按计划成本计价的核算

计划成本计价法下的账户设置

1）"材料采购"。

2）"原材料"。

3）"材料成本差异"。

（1）计划成本计价法对材料收入的核算

【例 8-8】 某企业购入主要材料钢材 10t，单价 2800 元/t，买价 28000 元，运杂费 2000 元。该类钢材的计划单价为 3100 元/t。款项以银行存款支付。则其会计分录为：

借：材料采购——主要材料　　30000
贷：银行存款　　30000
同时，
借：原材料　31000
贷：材料采购　31000

材料成本差异并不需要每笔都进行结转。至月末，将外购材料按材料核算的要求，分品种、类别或全部材料将其应负担的材料成本差异一次性结转。

【例 8-9】 某企业本月外购入库材料的实际成本为 200000 元，入库材料的计划成本为 210000 元，则其材料成本差异为节约差异 10000 元，则月末一次性结转分录为：

借：材料成本差异　　10000（红字）
贷：材料采购　　10000（红字）

如果是自制材料和委托加工材料，其在自制和委托加工阶段的核算与实际成本计价时的核算一样，只是在入库时，要按照计划价格入库。一般可以随时结转其材料成本差异。

【例 8-10】 假设前例中委托加工的铝合金窗户计划成本为 62000 元，则其入库时的分录为：

借：原材料——结构件　　62000
贷：委托加工物资　　62000
同时结转入库材料的超支差异：
借：材料成本差异——结构件　　3000
贷：委托加工物资　　3000

（2）计划成本计价法下材料发出的核算

领用材料实际成本的计算

$$材料成本差异率=\frac{月初结存材料成本差异+本月收入材料成本差异}{月初结存材料计划成本+本月收入材料计划成本}\times100\%$$

领用材料应负担的成本差异＝领用材料的计划成本×材料成本差异率

领用材料的实际成本＝领用材料的计划成本±领用材料应负担的材料成本差异

【例 8-11】 某企业的材料按主要材料、结构件、机械配件和其他材料进行明细核算。期初结存主要材料的计划成本为 100000 元，本期入库主要材料的计划成本为 900000 元。"材料成本差异——主要材料"账户记录，月初借方余额 11000 元，本月结转的材料成本差异为节约差异 21000 元，则主要材料的材料成本差异分摊率为：

$$主要材料成本差异率=\frac{11000+(-21000)}{100000+900000}\times100\%=-1\%$$

3. 成本核算中的材料费用归集与分配

（1）材料费用的归集

1）凡直接用于产品生产构成产品实体的原材料，一般分产品领用，直接计入"直接材料成本项目"；

2）若是几种产品共同耗用，则用适当的方法分配后计入"直接材料"项目；

3）用于产品生产且有助于实体形成的辅助材料比照上述原则计入"直接材料"，如果余额较少，也可简化核算直接计入"制造费用"；

4）燃料费用的分配程序和方法与原材料费用的分配程序与方法基本相同，计入"直接材料"成本项目，在有些企业，燃料费用占产品成本比重较大时也可设"燃料与动力"这一成本项目，单独反映其消耗情况，其他部门使用燃料，按其用途计入"直接材料"成本项目；

5）分配标准可以按产品重量、产品体积、产品产量、材料定额耗用量比例或定额成本（定额费用）比例进行分配：

$$通用费用分配率＝待分配费用总额/分配标准之和$$

（2）材料费用的分配

1）产量、重量、体积比例分配法

【例8-12】 甲、乙两种材料总计耗用运输费2000元（按体积进行分配），甲材料总体积50m³，乙材料总体积15m³。则分配甲、乙产品各自应负担的运输费为：

① 运输费用分配率＝2000÷（50＋15）＝30.77

② 甲材料应分配的运输费＝50×30.77＝1538.5（元）

③ 乙材料应分配的运输费＝15×30.77＝461.5（元）

【例8-13】 某企业购甲材料2000kg，计20万元；购乙材料1000kg，计10万元，共产生运费2500元（按重量进行分配），则甲、乙两种材料的实际成本为：

每公斤材料应分配的采购费用：2500/（2000＋1000）＝0.833333（元）

甲材料应分配的运费：0.833333×2000＝1666.67（元）

乙材料应分配的运费：0.833333×1000＝833.33（元）

甲材料的实际成本：201666.67元

乙材料的实际成本：100833.33元

2）定额消耗量比例分配法

【例8-14】 某企业生产甲、乙两种构件，共同耗用某种材料1200kg，每公斤4元。甲构件的实际产量为140件。单个构件材料消耗定额为4kg，乙构件的实际产量为80件，单个产品材料消耗定额为5.5kg。则分配甲、乙构件各自应负担的材料费为：

① 甲构件材料定额消耗量＝140×4＝560（kg）

乙构件材料定额消耗量＝80×5.5＝41.40（kg）

② 材料费用分配率＝（1200×4）÷（560＋440）＝4.8

③ 甲构件应分配的材料费＝560×4.8＝2688（元）

乙构件应分配的材料费＝440×4.8＝2112（元）

合计4800（元）

3）材料定额费用比例法

【例8-15】 企业生产甲、乙两种产品，共同领用A、B两种主要材料，共计37620元。本月投产甲产品150件，乙产品120件。甲产品材料消耗定额为：A材料6kg，B材料8kg。乙产品材料消耗定额为：A材料9kg，B材料5kg。A材料单价10元，B材料单价8元。则分配甲、乙产品各自应负担的材料费为：

  ①甲产品A材料定额费用＝150×6×10＝9000（元）

     B材料定额费用＝150×8×8＝9600（元）

    合计：   18600（元）

   乙产品A材料定额费用＝120×9×10＝10800（元）

     B材料定额费用＝120×5×8＝4800（元）

    合计：   15600（元）

  ② 材料费用分配率＝37620/（18600＋15600）＝1.1

  ③ 甲产品分配材料实际费用＝18600×1.1＝20460（元）

   乙产品分配材料实际费用＝15600×1.1＝17160（元）

4. 材料成本差异的核算

"材料成本差异"用于核算企业各种材料的实际成本与计划成本的差异，借方登记实际成本大于计划成本的差异额（超支额），贷方登记实际成本小于计划成本的差异额（节约额）以及已分配的差异额（实际登记时节约用红字，超支用蓝字）。

借方	材料成本差异	贷方
购入： 实际＞计划（超支差异）		
		实际＜计划（节约差异）

由于在计划成本核算下面，原材料的收入和发出是按计划成本结转的，所以需要将发出材料的计划成本调整成实际成本，通常通过计算材料成本差异率来计算发出材料应承担的成本差异。

（1）材料成本差异率的计算：

计算公式为：

1)

$$材料成本差异率＝\frac{期初结存材料成本差异＋本期收入材料成本差异}{期初结存材料计划成本＋本月收入材料计划成本}×100\%$$

2）发出材料应承担的成本差异＝发出材料的计划成本×材料成本差异率

3）发出材料的实际成本＝发出材料的计划成本＋发出材料的成本差异

4）期末结存材料的实际成本＝期初结存材料的实际成本＋本期收入材料的实际成本－本期发出材料的实际成本

【例8-16】 某建筑企业2015年7月月初结存B材料的计划成本为100000元，材料成本差异的月初数1500元（超支），本月收入B材料的计划成本为150000元，材料成本差异为4750元（超支），本月发出B材料的计划成本为80000元。则B材料期末结存的实际成本为：

① 原材料的成本差异率 $=\dfrac{1500+4750}{100000+150000}\times100\%=2.5\%$

② 发出材料应承担的成本差异 $=80000\times2.5\%=2000$（元）

③ 发出材料的实际成本 $=80000+2000=82000$（元）

④ 期末结存材料的实际成本 $=100000+150000+4750-82000=174250$（元）

（2）材料成本差异的计量和核算

1）计量

材料成本差异的计量，主要反映在材料的收入入库和发出领用等环节。材料的收入入库环节发生的材料成本差异，通过"材料成本差异"科目进行归集。材料发出领用环节是对材料成本差异在库存材料和发出领用材料之间进行分配，并结转调整发出领用材料为实际成本。

① 材料收入入库的成本差异计量

材料采购时，按照新准则规定的实际成本在"材料采购"科目核算。材料入库时，按照核定的材料计划成本借记"原材料"等科目，按照材料实际成本贷记"材料采购"科目，材料计划成本与实际成本之间差额借记或贷记"材料成本差异"科目，材料的计划成本所包括的内容应与其实际成本相一致，除特殊情况外，计划成本在年度内不得随意变更。

② 材料发出领用的成本差异计量

发出领用材料应负担的成本差异应当按月分摊，不得在季末或年末一次计算。发出领用材料应负担的成本差异，除委托外部加工发出材料可按期初成本差异率计算外，应当使用当期的实际差异率。期初成本差异率与本期成本差异率相差不大的，也可以按期初成本差异率计算。计算方法一经确定，不得随意变更。

2）核算

材料成本差异的核算，应设置"材料成本差异"科目进行总分类核算，并按照类别或品种进行明细分类核算。该科目为材料科目的调整科目。

结转发出领用材料应负担的成本差异，按如下规则：实际成本大于计划成本的超支额，借记"生产成本""管理费用""其他业务成本"等科目，贷记"材料成本差异"科目；实际成本小于计划成本的节约额做相反的会计分录。

材料成本差异的核算主要分为材料成本差异的归集、分配和结转等环节。

① 材料成本差异归集的核算

指材料验收入库时发生的实际成本与计划成本之间的成本差异，应在"材料成本差异"科目下，按照原材料、辅助材料、低值易耗品等分别进行明细核算。

【例8-17】 企业对材料采用计划成本核算。2015年5月购入钢材100t，增值税专用发票注明每吨单价4000元。进项税额68000元。双方商定采用商业承兑汇票结算方式支付货款，付款期限三个月。以银行存款支付运费40000元，增值税抵扣率为7%。该批钢材材料已运到并验收入库。

已知钢材的计划成本每吨4100元，计算该批钢材材料成本差异，则相关会计分录为：

$$钢材材料成本差异=(100\times4000+40000-40000\times7\%)-100\times4100$$
$$=437200-410000=27200\ 元$$

a. 结算货款及支付运费时：

　借：材料采购　　　437200

　　　应交税费——应交增值税（进项税额）　　70800

　贷：应付票据　　　468000

　　　银行存款　　　0000

b. 钢材运到验收入库时

　借：原材料——钢材　　　410000

　　　材料成本差异——原材料　　　27200

　贷：材料采购 437200

② 材料成本差异分配的核算

指在月末先按照规定的计算公式计算出材料成本差异率，然后将发出领用材料按照发出领用对象分别以计划成本乘以材料成本差异率得出各对象应负担的材料成本差异，再经过结转将发出领用材料调整为实际成本。

③ 材料成本差异结转的核算

【例8-18】　某企业于2013年2月委托构件加工厂加工构配件，发出钢材10t，计划成本为41000元，月初材料成本差异率为2%。计算委托加工厂加工发出钢材应负担的材料成本差异，则相关会计分录为：

发出钢材应负担的材料成本差异：$41000 \times 2\% = 820$ 元

会计分录为：

　借：委托加工构配件　　　820

　贷：材料成本差异——原材料　　　820

（四）材料、设备采购的经济结算

1. 材料、设备采购的资金管理

采购过程伴随着企业材料、设备流动资金的运动全过程。材料、设备流动资金运用情况决定着企业经济效益的优劣，材料、设备采购资金管理是充分发挥现有资金的作用、挖掘资金的最大潜力、获得较好的经济效益的重要途径。

材料、设备采购资金管理办法，根据企业采购分工不同、资金管理手段不同而有以下几种方法：

（1）品种采购量管理法

品种采购量管理法适用于分工明确、采购任务量确定的企业或部门，按照每个采购员的业务分工，分别确定一个时期内其采购材料实物数量指标及相应的资金指标，用于考核其完成情况。对于实行项目自行采购资金的管理和专业材料采购资金的管理，使用这种方法可以有效地控制项目采购支出，管好用好专业用材料。

（2）采购金额管理法

采购金额管理法是确定一定时期内采购总金额和各阶段采购所需资金，采购部门根据资金情况安排采购项目及采购量。对于资金紧张的项目或部门可以合理安排采购任务，按照企业资金总体计划分期采购。综合性采购部门可以采取这种方法。

（3）费用指标管理法

费用指标管理法是确定一定时期内材料采购资金中成本费用指标，如采购成本降低额或降低率，用于考核和控制采购资金使用。鼓励采购人员负责完成采购业务的同时，应注意采购资金使用，降低采购成本，提高经济效益。

上述几种方法都可以在确定指标的基础上按一定时间期限实行经济责任制，将指标落实到部门、落实到人，充分调动部门和个人的积极性，达到提高资金使用效率的目的。

2. 材料、设备采购经济结算

（1）经济结算的概念

针对建筑企业，经济结算是建筑企业对采购的材料，用货币偿付给供货单位价款的清算，采购材料的价款，称为货款；加工的费用，称为加工费，除应付货款和加工费外，还有应付委托供货和加工单位代付的运输费、装卸费、保管费和其他杂费。

（2）经济结算的原则

1）恪守信用、履约付款原则

恪守信用、履约付款是指购销双方进行商品交易时，除实行当即交款发货的情况以外，双方事先约定的预付货款或分期支付，延期支付的货款，必须按交易合同规定，到期结清。不得随意破坏协议，拖欠货款。

2）谁的钱进谁的账、由谁支配原则

谁的钱进谁的账，由谁支配是指必须正确处理收、付双方的经济关系，迅速、及时地办理资金清算，是谁收入的钱记入谁的账户，保证安全完整，并确保户主对本账户存款的自主支配权。

3）银行不垫款原则

银行办理转账结算时，只负责把资金从付款单位账户转入收款单位账户，不承担垫付资金责任，不出任何信用担保人，也不允许客户套取银行信贷资金。

（3）经济结算的分类

1）按照其是否使用现金，可以分为现金结算和转账结算。

现金结算是指利用现钞进行的货币收付行为。

转账结算是不使用现钞，而是通过银行或非银行金融机构将款项由付款人账户转到收款人账户的货币收付行为。

2）按其是否通过银行来办理，分为银行结算和非银行结算。

所谓银行结算是指通过银行来办理的结算业务，它包括通过银行办理的现金结算和通过银行办理的转账结算。

非银行结算是指不通过银行来办理的结算，包括现金结算和通过非银行金融机构办理的转账结算。

3）按照收款人和付款人是否在同一城镇或同一规定区域，分为同城结算和异地结算。

同城结算是指处于同一城镇或同一地区的收款人和付款人之间的货币收付行为。同城结算方式有：现金支票、转账支票、定额支票、定额银行本票、商业汇票和不定额银行本票等方式。同城结算方式均规定金额起点，不足起点的收付，银行不予受理，由各单位使用现金结算。

异地结算是指处于不同城镇或不同地区的收款人和付款人之间的货币收付行为。异地结算方式主要有：银行汇票、商业汇票、托收承付结算、委托收款结算、汇兑结算。

货款和费用的结算，应按照中国人民银行的规定，在成交或签订合同时具体明确结算方式和具体要求。

3. 经济结算具体要求和内容

（1）结算的具体要求

1）明确结算方式。

2）明确收、付款凭证；一般凭发票、收据和附件（如发货凭证、收货凭证等）。

3）明确结算单位，如通过当地建材公司向需方结算货款。

（2）建筑企业审核付货和费用的主要内容

1）材料名称、品种、规格和数量是否与实际收料的材料验收单相符。

2）单价是否符合国家或地方规定的价格，如无规定的，应按合同规定的价格结算。

3）委托采购和加工单位的运输费用和其他费用，应按照合同规定核付，自交货地点装运到指定目的地运费，一般由委托单位负担。

4）收、付款凭证和手续是否齐全。

5）总金额经审核无误，才能通知财务部门付款。

如发现数量和单价不符、凭证不齐、手续不全等情况，应退回收款单位更正、补齐凭证，补办手续后，才能付款；如托收承付结算的，可以采取部分或全部拒付货款。

实务、示例与案例

[示例1]   "三材"节约指标的分析（比较法）

某施工项目 2010 年度节约"三材"［钢材、木材、水泥（商品混凝土）］的目标为 120 万元。实际节约 130 万元，而 2009 年节约 100 万元。本企业先进水平节约 150 万元，用比较法编制分析表。

根据所给资料，目标指标分别取 2010 年计划节约数、2009 年实际节约数和本企业先进水平节约数，编制分析表见表 8-3 所示。

实际指标与目标指标、上期指标、先进水平对比分析表（万元）   表 8-3

指　　标	2010 年计划数	2009 年实际数	企业先进水平	2010 年实际数	差异数		
					2010 年与计划比	2010 年与 2009 年比	2010 年与先进比
"三材"节约额	120	100	150	130	10	30	−20

[示例2]   **商品混凝土的成本分析（因素分析法）**

某钢筋混凝土框剪结构工程施工，采用 C40 商品混凝土，标准层一层目标成本（取计划成本）为 166860 元，实际成本为 176715 元，比目标成本增加了 9855 元，其他有关资料见表 8-4 所列。用因素分析法分析其成本增加的原因。

287

目标成本与实际成本对比表　　　　　　　　表 8-4

项　目	单　位	计　划	实　际	
产量	m²	600	630	＋30
单位	元/m²	270	275	＋5
损耗率	％	3	2	−1
成本	元	166860	176715	9855

分析过程：

（1）分析对象是一层结构浇筑商品混凝土的成本，实际成本与目标成本的差额为 9855 元。

（2）该指标是由产量、单价、损耗率三个因素组成的，其排序见表 8-4 所列。

（3）目标数 166860（600×270×1.03）为分析替代的基础。

（4）替换：

第一次替换：产量因素，以 630 替代 600，得 630×270×1.03＝175203 元。

第二次替换：单价因素，以 275 替代 270，并保留上次替换后的值，得 630×275×1.03＝178447.5 元。

第三次替换：损耗率因素，以 1.02 替代 1.03。并保留上两次替换后的值，得 630×275×1.02＝176715 元。

（5）计算差额

第一次替换与目标数的差额＝175203−166860＝8343 元。

第二次替换与第一次替换的差额＝178447.5−175293＝3244.5 元。

第三次替换与第二次替换的差额＝176715−178447.5＝−1732.5 元。

产量增加使成本增加了 8343 元，单价提高使成本增加了 3244.5 元，损耗率下降使成本减少了 1732.5 元。

（6）各因素和影响程度之和：8343＋3244.5−1732.5＝9855 元，与实际成本和目标成本的总差额相等。

为了使用方便，也可以通过运用因素分析表求出各因素的变动对实际成本的影响度，其具体形式见表 8-5 所列。

商品混凝土成本变动因素分析（元）　　　　　　表 8-5

顺　序	循环替换计算	差　异	因素分析
计划数	600×270×1.03＝166860		
第一次替换	630×270×1.03＝175203	8343	由于产量增 30m²，成本增加 8343 元
第二次替换	630×275×1.03＝178447.5	3244.5	由于单价提高 5 元/m²，成本增加 3244.5 元
第三次替换	630×275×1.02＝1756715	−1732.5	由于损耗率下降1%，成本减少了 1732.5 元
合计	8343＋3244.5−1732.5＝9855	9855	

[案例 1]　　　　　**中小型机械设备的折旧和成本核算**

工程使用的某种机械设备，原值为 400 万元，折旧年限为 15 年，净残值为设备原值的 5%。在机械使用过程中，平均支付操作人员工资 60000 元/年，福利费 7000 元/年，分摊的管理费用 15000 元/年，该设备投入施工使用时消耗燃油等支出 200 元/天，每月按使用 30 天计。

试分析：（1）不考虑利率，按平均年限法计算年折旧额。

（2）该种设备月实际使用成本是多少？

分析如下：

1. 平均年限法

平均年限法是指按固定资产的使用年限平均计提折旧的一种方法，是将固定资产的折旧均衡地分摊到各期的一种方法。它是最简单、最普遍的折旧方法，又称"直线法"或"平均法"，采用这种方法计算的每期折旧额均是等额的。平均年限法适用于各个时期，使用情况大致相同、各期应分摊相同的折旧费的固定资产折旧。

（1）个别折旧

项目上通常按个别折旧来计算折旧率，计算公式为：

年折旧率 ＝（1 － 预计净利残值率）/ 预计使用年限×100%

月折旧率 ＝ 年折旧率 ÷ 12

月折旧额 ＝ 固定资产原价 × 月折旧率

上述计算的折旧率是按个别固定资产单独计算的，称为个别折旧率，即某项固定资产在一定期间的折旧额与该固定资产原价的比率。

（2）分类折旧

企业通常按分类折旧来计算折旧率。计算公式见式如下：

某类固定资产年折旧额 ＝（某类固定资产原值 － 预计残值 ＋ 清理费用）/ 该类固定资产的使用年限

某类固定资产月折旧额 ＝ 某类固定资产年折旧额 /12

某类固定资产年折旧率 ＝ 该类固定资产年折旧额 / 该类固定资产原价×100%

采用分类折旧率计算固定资产折旧，计算方法简单，但准确性不如个别折旧率。

2. 年数总和法

年数总和法也称为合计年限法，是将固定资产的原值减去净残值后的净额和以一个逐年递减的分数计算每年的折旧额，这个分数的分子代表固定资产尚可使用的年数，分母代表使用年数的逐年数字总和。计算公式如下：

年折旧率＝尚可使用年限/预计使用年限折数总和

或：年折旧率＝（预计使用年限－已使用年限）/

[预计使用年限×（预计使用年限＋1）÷2]×100%

月折旧率＝年折旧率÷12

月折旧额＝（固定资产原值－预计净残值）×月折旧率

对于本案例。分析结果为：

（1）年折旧额＝400×（1－5%）/15＝25.3（万元）

（2）月实际使用成本＝（25.3＋6＋0.7＋1.5）/12＋0.02×30＝33.5/12＋0.6＝3.4（万元）

[案例2]　　　　　××工程项目主体工程9月份成本分析报告

一、工程概况

1. 工程名称：×××××工程

2. 工程地点：×××××

3. 结构类型：×××××

4. 建筑面积：××××m²

5. 分析人：×××

二、项目主体工程成本计划与实际成本

（一）人工费（表8-6）

人工费分析表　　　　　　　　　　　　　　　　　　　　　表8-6

序号	名称	计划			实际支出		盈亏
		工日/天	单价（元）	合价（元）	实际工程量	综合单价（元）	
1	管理员	289	60.00	17340.00	320	20800	−3460
2	技工	847	40.00	33880.00	960	41280	−7400
3	力工	1050	30.00	31500.00	1450	44950	−13450
4	合计			82720.00		107030	−24310

（二）材料费（表8-7）

主要材料费分析表　　　　　　　　　　　　　　　　　　表8-7

序号	材料名称	单位	计划			实际			盈亏
			用量	单价	合价（元）	实际工程量	综合单价（元）	合价（元）	
1	水泥	t	25	300.00	7500.00				−2687412.42
2	钢筋	t	2.6	960.00	2496.00				−2590238.50
3	砂	t	35.9	84.00	3015.6.00				359831.33
4	组合钢模	kg	5127.66	3.3	16921.28.00				−1457145.38
5	支撑钢管及扣件	kg	4054.53	2.79.00	11312.14				−75145.15
6	碎石	t	5.2	48.00	249.6				−65025.45
7	镀锌铁丝	kg	2.5	5.25.00	13.125				1140310.73
8	电焊条	kg	2	6.3	12.6				
9	锯材	M³	1345.15	850.00	1143377.5				
10	铁钉	kg	6.5	4.73.00	30.745				
11	铁件	kg	12.8	4.24	54.272				

从表中反映人工费超支332.73万元（人工费单价内包含小型机械、铁丝、铁钉、墙面涂料底层腻子等）。主要超支原因：该地区人工单价较高，而定额人工单价低于实际与劳务公司签订合同单价，故造成人工费亏损。

注：人工费内含钢筋加工机械费（37367.78元），在人工费内扣除，直接进入机械费。

从表中反映：收入2720.17万元，实际支出3095.76万元，亏损375.59万元。

材料费主要超支原因：

1. 周转材料摊销费

定额周转材料摊销费 158.57 万元，而实际发生 427.31 万元，亏损 268.74 万元。其原因为工期拖延造成周转材料费、租赁费增加。

2. 水泥：收入 357.26 万元，实际支出 455.04 万元，亏损 97.78 万元；

砂：收入 47.67 万元，实际支出 62.12 万元，亏损 14.45 万元；

碎石：收入 113.21 万元，实际支出 126.38 万元，亏损 13.17 万元；

水泥、砂、石子亏损主要原因：

1）原材料供应时有一定的量差亏损。

2）项目管理造成材料浪费亏损。

3. 砌体：收入 170.45 万元，实际支出 123.16 万元，盈利 49.29 万元；

盈利原因：主要是预算材料单价比实际采购单价高，故盈利 47.23 万元。

4. 钢筋：收入 1472.50 万元，实际支出 1479.16 万元，亏损 6.66 万元；

亏损原因：主要亏损原因是 2003 年年底至 2004 年上半年钢材涨价造成，由于钢材补差减少亏损，但仍承担了市场风险的 3%。

5. 装饰墙砖及地砖：收入 95.40 万元，实际支出 88.21 万元，盈利 7.19 万元；

6. 商品混凝土：收入 165.57 万元，实际支出 163.07 万元，盈利 2.50 万元；

（三）机械费（表 8-8）

机械费分析表 表 8-8

序号	名称	单位	计划			实际支出			盈亏
			定额含量	单价	合价（元）	实际工程量	综合单价	合价（元）	
1	混凝土搅拌机	台	2	37	2220			1339118.62	307847.00
2	砂浆搅拌机	台	1	16	480				
3	钢筋切割机	台	2	5.6	336				
4	钢筋对焊机	台	1	4.76	142.8				
5	交流弧焊机	台	5	4.73	690				
6	钢筋弯曲机	台	2	9.5	570				
7	插入式振动器	支	7	9.28	1848.8				
8	塔式起重机	台	2	478	28680				
9	运输车辆	辆	6	120	21600				
	合计				1889.57.00			1339118.62	307847.00

从表中反映：机械费预算收入 164.70 万元，实际支出 133.91 万元，节约 30.79 万元。

注：钢筋加工机械费（37367.78 元），直接机械费。

（四）成本分析及结论

1. 造成盈亏原因

（1）人工费上涨。

（2）材料费上涨。

（3）管理组织不当，造成材料浪费。

291

（4）施工机械老化，维修费用大。

（5）材料使用损失控制措施落实不足。

2. 补救措施

加强施工管理，提高施工组织水平。

加强技术管理，提高工程质量。

加强劳动者工资管理，提高劳动生产率。

加强机械设备管理，提高机械使用率。

加强材料管理，节约材料费用。

加强费用管理，节约施工措施费。

九、现场危险物品及施工余料、废弃物的管理

（一）危险物品的管理

1. 材料、设备的安全管理责任制

（1）凡购置的各种机电设备、脚手架、新型建筑装饰、防水等料具或直接用于安全防护的料具及设备，必须执行国家、市有关规定，必须有产品介绍或说明的资料，严格审查其产品合格证明材料，必要时做抽样试验，回收的必须检修。

（2）做好各类施工现场料具管理，保证安全。

1）安全网、安全带、安全绳必须进行张拉、冲击试验，合格后方可入库验收使用。

2）钢材、水泥、商品混凝土等重要物资，一定要送交有关部门验收合格后方可购进。

（3）对进入施工现场的料具做好交验工作，凡是不合格的料具要坚决退场，不准使用。

（4）材料保管人员负责对入库料具进行验收和签认。

（5）采购的劳动保护用品，必须符合国家标准及市有关规定，并向主管部门提供情况，接受对劳动保护用品的质量监督检查。

（6）认真执行《建筑工程施工现场管理基本标准》的规定及施工现场平面布置图要求，做好材料堆放和物品储存，对物品运输应加强管理，保证安全。

（7）对设备的租赁，要建立安全管理制度，确保租赁设备完好、安全可靠。

（8）对新购进的机械、锅炉、压力容器及大修、维修、外租回厂后的设备必须严格检查和把关，新购进的要有出厂合格证及完整的技术资料，使用前制定安全操作规程，组织专业技术培训，向有关人员交底，并进行鉴定验收。

（9）组织机械操作人员的安全技术培训，坚持持证上岗，机械操作人员必须按规定戴好防护用品。

（10）参加施工组织设计、施工方案的会审，提出设备材料涉及安全的具体意见和措施，同时负责督促岗位落实，保证实施。

（11）对涉及设备材料相关特种作业人员定期培训、考核。

（12）参加因工伤亡及重大未遂事故的调查，从事故设备材料方面认真分析事故原因，提出处理意见，制定防范措施。

2. 现场危险源的辨识和评价

（1）危险源及分类

危险源是指可能导致人员伤害或疾病、物质财产损失、工作环境破坏或这些情况组合的根源或状态的因素。虽然危险源的表现形式不同，但从本质上说，能够造成危害后果的

（如伤亡事故、人身健康受损害、物体受破坏和环境污染等），均可归结为能量的意外释放或约束、限制能量和危险物质措施失控的结果。

根据危险源在事故发生发展中的作用，把危险源分为两大类，即第一类危险源和第二类危险源。

第一类危险源是指可能发生意外释放的能量（能源或能量载体）或危险物质。其危险性的大小主要取决于能量或危险物质的量、释放的强度或影响范围。如现场易爆材料（如雷管、氧气瓶）属于第一类危险源。

第二类危险源是指造成约束、限制能量和危险物质措施失控的各种不安全因素的危险源。第二类危险源主要体现在设备故障或缺陷（物的不安全状态）、人为失误（人的不安全行为）和管理缺陷等几个方面。这是导致事故的必要条件，决定事故发生的可能性。如现场材料堆放过高或易发生剧烈化学反应的材料混存都属于第二类危险源。

（2）危险源与事故

事故的发生是两类危险源共同作用的结果，第一类危险源是事故发生的前提，第二类危险源的出现是第一类危险源导致事故的必要条件。在事故的发生和发展过程中两类危险源相互依存，相辅相成。第一类危险源是事故的主体，决定事故的严重程度，第二类危险源出现的难易，决定事故发生的可能性大小。

危险源造成的安全事故的主要诱因可分为以下几类：

1）人的因素：主要指人的不安全行为因素，包括身体缺陷、错误行为、违纪违章等。

2）物的因素：包括材料和设备装置的缺陷。

3）环境因素：主要包括现场杂乱无章、视线不畅、交通阻塞、材料工具乱堆乱放、粉尘飞扬、机械无防护装置等。

4）管理因素：主要指各种管理上的缺陷，包括对物的管理、对人的管理、对工作过程（作业程序、操作规程、工艺过程等）的管理以及对采购、安全的监控、事故防范措施的管理失误。

根据危险可能会对人员、设备及环境造成的伤害，一般将其严重程度划分为四个等级：

Ⅰ类，灾难性的。由于人为失误、设计误差或设备缺陷等，导致严重降低系统性能，进而造成系统损失，或者造成人员伤亡或严重伤害。

Ⅱ类，危险的。由于人为失误、设计缺陷或设备故障，造成人员伤害或严重的设备破坏，需要立即采取措施来控制。

Ⅲ类，临界的。由于人为失误、设计缺陷或设备故障使系统性能降低，或设备出现故障。但能控制住严重危险的产生，或者说还没有产生有效的破坏。

Ⅳ类，安全的。由于人为失误、设备缺陷、设备故障，不会导致人员伤害和设备损坏。

（3）危险源的辨识

危险源辨识应全面、系统、多角度、无漏项。应充分考虑正常、异常、紧急三种状态以及过去、现在、将来三种时态。重点放在能量主体、危险物资及其控制和影响因素上，应考虑以下范围：

1）常规活动，如正常的生产活动和非常规的活动（如临时的抢修）。

2）所有进入作业场所的人员，包括正式员工、合同方人员、来访者。

3）所有的生产设施，如建筑物、设备、设施（含自有、租赁或分包商自带）。

4）具有易燃易爆特性的作业活动和情况。

5）具有职业性健康伤害的作业活动和情况。

6）曾经发生和行业内经常发生事故的作业和情况。

7）认为有单独进行评估需要的活动和情况。

危险源识别是安全管理的基础工作，主要目的是要找出每项工作活动有关的所有危险源，并考虑这些危险源可能会对什么人造成什么样的伤害，或导致什么设备设施损坏等。

危险源常用的识别方法有现场调查法、工作任务分析法、专家调查法、安全检查表法、危险与可操作性研究法、事件或故障树分析法等。

现场实地调查法是应用客观的态度和科学的方法，在确定的范围内进行实地考察，并搜集大量资料以统计分析，从而得到结果的一种方法。实地调查法包括现场观察法和询问、交谈法两种。

现场观察法是到施工现场观察各类设施、场地、材料使用，分析操作行为、材料和设备安全使用、安全管理状况等，获取危险源资料。

询问、交谈法是与生产现场的管理、施工人员和技术人员交流讨论，获取危险源资料。

其中专家调查法是通过向有经验的专家咨询、调查，识别、分析和评价危险源的一类方法，其优点是简便、易行，其缺点是受专家的知识、经验和占有资料的限制，可能出现遗漏。

安全检查表实际上就是实施安全检查和诊断项目的明细表。运用已编制好的安全检查表，进行系统的安全检查，识别工程项目存在的危险源。检查表的内容一般包括分类项目、检查内容及要求、检查以后处理意见等。可以用"是""否"作回答或"√""×"符号作标记，同时注明检查日期，并由检查人员和被检单位同时签字。安全检查表法的优点是：简单易做、容易掌握，可以事先组织专家编制检查项目，使安全、检查做到系统化、完整化；缺点是只能作出定性评价。

进行危险源辨识时，应注意以下步骤：

1）确定危险、危害因素的分布

对各种危险、危害因素进行归纳总结，确定施工现场中有哪些危险、危害因素及其分布状况等综合资料。

2）确定危险、危害因素的内容

为了便于危险、危害因素的分析，防止遗漏，宜按外部环境、平面布局、建（构）筑物、物质、技术与方案、设备、辅助生产设施、作业环境危险几部分，分别分析其存在的危险、危害因素，列表登记。

3）确定伤害（危害）方式

伤害（危害）方式指对人体造成伤害、对人体健康造成损坏的方式。例如，机械伤害（如机械撞击等）、生理结构损伤形式（如窒息等），粉尘伤害（如尘肺等）。

4）确定伤害（危害）途径和范围

大部分危险、危害因素是通过人体直接接触造成伤害。如，爆炸是通过冲击波、火焰、飞溅物体在一定空间范围内造成伤害；毒物是通过直接接触（呼吸道、食道、皮肤黏膜等）

295

或一定区域内通过呼吸带的空气作用于人体；噪声是通过一定距离的空气损伤听觉。

5）确定主要危险、危害因素

对导致事故发生的直接原因、诱导原因进行重点分析，从而为确定评价目标、评价重点、划分评价单元、选择评价方法和采取控制措施计划提供基础。

6）确定重大危险、危害因素

分析时要防止遗漏，特别是对可能导致重大事故的危险、危害因素要给予特别的关注，不得忽略。不仅要分析正常的生产运转，操作时的危险、危害因素，更重要的是要分析设备、装置破坏及操作失误可能产生严重后果的危险、危害因素。

危险源的辨识方法各有其特点和局限性，往往采用两种或两种以上的方法识别危险源。

危险源风险评价可按以下方法进行：

1）风险分级评价

根据后果的严重程度和发生事故的可能性来进行评价，危险源的风险评价结果从高至低分为1级、2级、3级、4级、5级。分级标准见表9-1。

风险分级表　　　　　　　　　　　　　　　表 9-1

风险级别	风险名称	风险说明
1	不可容许风险	事故潜在的危险性很大，并难以控制，发生事故的可能性极大，一旦发生事故将会造成多人伤亡
2	重大风险	事故潜在的危险性较大。较难控制，发生事故的频率较高或可能性较大，容易发生重伤或多人伤害，或会造成多人伤亡。 粉尘、噪声、毒物作业危害程度分级达Ⅲ、Ⅳ级别者
3	中度风险	虽然导致重大事故的可能性小，但经常发生事故或未遂过失。潜伏有伤亡事故发生的风险粉尘、噪声、毒物作业危害程度分级达Ⅰ、Ⅱ级别者，高温作业危害程度达Ⅲ、Ⅳ级
4	可容许风险	具有一定的危险性，虽然重伤的可能性较小，但有可能发生一般伤害事故的风险高温作业危害程度达Ⅰ、Ⅱ级者；粉尘、噪声、毒物作业危害程度分级为安全作业，但对职工休息和健康有影响者
5	可忽视风险	危险性小，不会伤人的风险

2）风险伤害评价

根据事故的后果与可能性的综合评价结果判断伤害程度，得到表9-2。

风险伤害评价表　　　　　　　　　　　　　　表 9-2

后果	可能性		
	极不可能	可能	不可能
轻微伤害	5	4	3
一般伤害	4	3	2
严重伤害	3	2	1

在危险源辨识中尤其要加大对危险物品的检查。

危险物品是对具有杀伤、燃烧、爆炸、腐蚀、毒害以及放射性等物理、化学特性，容易造成财物损毁、人员伤亡等社会危害的物品的通称。

经过危险源辨识环节，工程中可能涉及的危险物品分类如下：

1）爆炸品，这类物质具有猛烈的爆炸性。当受到高热摩擦、撞击、震动等外来因素的作用或与其他性能相抵触的物质接触，就会发生剧烈的化学反应，产生大量的气体和高热，引起爆炸。爆炸性物质如储存量大，爆炸时威力更大。

2）氧化剂，具有强烈的氧化性，按其不同的性质遇酸、碱、受潮、强热或与易燃物、有机物、还原剂等性质有抵触的物质混存能发生分解，引起燃烧和爆炸。对这类物质可以分为：

① 一级无机氧化剂；性质不稳定，容易引起燃烧爆炸。如碱金属和碱土金属的氯酸盐、硝酸盐、过氧化物、高氯酸及其盐、高锰酸盐等。

② 一级有机氧化剂；既具有强烈的氧化性，又具有易燃性。如过氧化二苯甲酰。

③ 二级无机氧化剂；性质较一级氧化剂稳定。如重铬酸盐，亚硝酸盐等。

④ 二级有机氧化剂；如过乙酸。

3）压缩气体和液化气体，气体压缩后贮于耐压钢瓶内，使其具有危险性。钢瓶如果在太阳下曝晒或受热，当瓶内压力升至大于容器耐压限度时，即能引起爆炸。钢瓶内气体按性质分为四类：剧毒气体，如液氯、液氨等；易燃气体，如乙炔、氢气等；助燃气体，如氧气等；不燃气体，如氮、氩、氦等。

4）自燃物品，此类物质暴露在空气中，依靠自身的分解、氧化产生热量，使其温度升高到自燃点即能发生燃烧。如白磷等。

5）遇水燃烧物品，此类物质遇水或在潮湿空气中能迅速分解，产生高热，并放出易燃易爆气体，引起燃烧爆炸。如金属钾、钠、电石等。

6）易燃液体，这类液体极易挥发成气体，遇明火即燃烧。可燃液体以闪点作为评定液体火灾危险性的主要根据，闪点越低，危险性越大。闪点在45℃以下的称为易燃液体，45℃以上的称为可燃液体（可燃液体不纳入危险品管理）。易燃液体根据其危险程度分为两级：

① 一级易燃液体闪点在28℃以下（包括28℃）。如乙醚、汽油、甲醇、苯、甲苯等。

② 二级易燃液体闪点在29~45℃（包括45℃）。如煤油等。

7）易燃固体，此类物品着火点低、如受热、遇火星、受撞击、摩擦或氧化剂作用等能引起急剧的燃烧或爆炸，同时放出大量毒害气体。如硫磺、硝化纤维素等。

8）毒害品，这类物品具有强烈的毒害性，少量进入人体或接触皮肤即能造成中毒甚至死亡。毒品分为剧毒品和有毒品。剧毒品如氰化物、硫酸二甲酯等。有毒品如氟化钠、一氧化铅、四氯化碳、三氯甲烷等。

9）腐蚀物品，这类物品具有强腐蚀性，与其他物质如木材、铁等接触，使其因受腐蚀作用引起破坏，与人体接触引起化学烧伤。有的腐蚀物品有双重性和多重性。如苯酚既有腐蚀性还有毒性和燃烧性。腐蚀物品有硫酸、盐酸、硝酸、氢氧化钠、氯氧化钾、氨水、甲醛等。

10）放射性物品，此类物品具有反射性。人体受到过量照射或吸入放射性粉尘能引起放射病。如放射性矿物等。

（4）危险源风险控制方法

1）第一类危险源控制方法

可以采取消除危险源、限制能量和隔离危险物质、个体防护、应急救援等方法。建设工程可能遇到不可预测的各种自然灾害引发的风险，只能采取预测、预防、应急计划和应急救援等措施，以尽量消除或减少人员伤亡和财产损失。

2）第二类危险源控制方法

提高各类设施的可靠性以消除或减少故障、增加安全系数、设置安全监控系统、改善作业环境等。最重要的是要加强员工的安全意识培养和教育，克服不良的操作习惯，严格按章办事，并帮助其在生产过程中保持良好的生理和心理状态。

3. 现场危险物品的管理

施工现场设备材料中若有危险物品，则其储存、发放领用和使用监督应符合现场统一的安全管理规定。易燃易爆物品在储存保管环节的措施见本书第七章"易燃易爆物品"所述，以下是针对几种现场设备材料常见的危险源管理上应采取的措施。

（1）化学品类材料的安全管理

1）危险化学品管理人员应掌握其性能、保管方法、应急措施等相关知识。

2）危险化学品的运输应选择具有相应资质的供方，并保存其资质或准运证的复印件。

3）碰撞、相互接触容易引起燃烧、爆炸或造成其他危险的物品，以及化学性质或防护、灭火方法互相抵触的物品，不得混合装运；遇热、遇潮容易引起燃烧、爆炸或产生有毒有害气体的物品，在装运时应当采取隔热、防潮措施。

4）危险化学品应储存在通风良好的专用仓库，定期检查，采取有效的防火措施和防泄漏、防挥发措施，并配置防毒、防腐用具。保管区域应严格管理火种及火源，在明显的地方设立醒目的"严禁烟火"标志。应按规定配足消防器材和设施。严格控制进入特殊库房油库、炸药库等的人员，入库口应设明显警示标牌，标明入库须知和作业注意事项。

5）危险化学品应分类存放，堆垛之间的主要通道应有安全距离，不得超量储存。与化学性质或防护、灭火方法相抵触的，不得储存在一起。受阳光照射容易燃烧、爆炸或产生有毒有害气体的物品和桶装、罐装等易燃液体、气体应在阴凉通风地点存放。各种气瓶的存放，要距离明火10m以上。氧气瓶、乙炔瓶必须套有垫圈、盖有瓶盖，并分库直立存放，两库间距不小于5m，设灭火器和严禁烟火标识牌，保持通风和有防砸、防晒措施。氧气瓶、乙炔瓶要定期进行压力检验，不合格气瓶严禁使用。

6）使用人员应严格执行操作规程或产品使用说明。在使用过程中应使用必要的安全防护措施和用具；场地狭窄时，要注意通风。

7）各种气瓶在使用时，应距离明火10m以上，搬动时不得碰撞；氧气瓶、乙炔瓶必须套有垫圈和瓶盖，氧气的减压器上应有安全阀，严禁沾染油脂，不得暴晒、倒放，与乙炔瓶工作间距不小于5m。

（2）从事爆破作业人员应持有公安机关颁发的爆破作业人员许可证。

危险品仓库内不准设办公室、休息室、不准住人。

储存易燃、易爆物料的库房、货场区的附近，不准进行封焊、维修、动用明火等可能引起火灾的作业。如因特殊需要进行这些作业，必须经批准，采取安全措施，派人员进行现场监护，备好足够的灭火器材。作业结束后，应当对现场认真进行检查，切实查明未留火种后，方可离开现场。

受阳光照射容易燃烧、爆炸的化学易燃物品，不得露天存放。

装卸危险物品严禁使用明火灯具照明。

（3）夏季、雨季的危险源

1）油库、易燃易燃物品库房、塔式起重机、卷扬机架、脚手架、在施工的高层建筑工程等部位及设施都应安装避雷设施。

2）易燃液体、电石、乙炔气瓶、氧气瓶等，禁止露天存放，防止受雷雨、日晒发生起火事故。

3）生石灰、石灰粉的堆放应远离可燃材料，防止因受潮或雨淋产生高热，引起周围可燃材料起火。

（4）现场火灾易发危险源

1）一般临时设施区，每 $100m^2$ 配备两个 10L 灭火器，大型临时设施总面积超过 $1200m^2$ 的，应备有专供消防用的太平桶、积水桶（池）、黄砂池等器材设施。

2）木工间、油漆间、机具间等每 $25m^2$ 应配置一个合适的灭火器；油库、危险品仓库应配备足够数量、种类的灭火器。

3）仓库或堆料场内，应根据灭火对象的特性，分组布置酸碱、泡沫、清水、二氧化碳等灭火器。每组灭火器不少于 4 个，每组灭火器之间的距离不大于 30m。

（二）施工余料的管理

施工余料是指已进入现场，由于种种原因而不再使用的材料。这些材料有新有旧，有的完好无损，有的已经损坏。由于不再使用，往往导致管理上容易忽略，造成材料的丢失、损坏、变质。

1. 施工余料产生的原因及对策

（1）因设计变更，造成材料的剩余积压

在设计阶段，应加强设计变更管理。设计图纸不完善和频繁的设计变更是大量施工余料产生的原因。因此，项目业主在选择设计单位时应经过充分的市场调查，选择合适的设计单位，确保施工图纸质量，尽量避免施工过程中的设计变更。

（2）由于施工单位技术原因，导致材料用量变化

1）谨慎编制施工组织设计

在施工组织设计的编制中应做到合理的施工进度安排、科学合理的施工方案、建筑垃圾处置计划以及处置设备。施工进度安排是否合理是施工过程能否有条不紊进行的前提，合理的施工进度有利于有效利用建筑资源，减少材料损耗；可以同时考虑施工方案的选择和建筑垃圾处置计划的制定，即在作施工方案选择时，分析考虑各种材料的消耗情况，在自身条件允许下，因地制宜，优先选择无污染、少污染的施工设计方案并制定合适的材料使用方案。如通过选择填挖平衡的施工设计方案，来减少建筑垃圾的外运量等。

2）应该重视施工图纸会审工作

在建筑工程领域，经常因为设计图纸与实际施工的脱节，而产生不必要的材料剩余。

施工企业的技术人员应加强施工图纸会审工作，就图纸中与施工脱节和易导致材料用量变更的部位和做法向建设单位和设计单位提出建议和解决方案，避免产生不必要的材料剩余。例如，在设计当中有时对门窗洞口留设位置安排不合理，稍作调整后，可以明显减少砌墙时的砍砖数量。在会审时就提出这些问题可以避免这部分建筑材料的剩余；另外，在图纸会审时，加强各专业分包和总承包商之间的交流沟通工作，可以使各专业分包明确各自的施工范围，前后的专业施工衔接流畅，预埋件和预留空洞的位置布置合理，达到有效避免返工重做的情况。

3）应加强技术交底工作

技术交底对保证工程质量至关重要，它是一项技术性很强的工作。工程中经常因为工程质量低劣和不合格而导致不必要的返工或补救，从而导致材料用量出现较大变动。要做好技术交底工作，施工图设计单位应使参与施工的相关技术人员对设计的意图、技术要求、施工工艺等有一定的了解，从而避免因质量不合格导致不必要的返工和补救。

4）做好施工的预检工作

预检是防止质量事故发生的技术工作之一，做好这项工作可以避免因发生质量事故而产生的建筑材料的结余或超支。工程预检主要是要控制轴线位置尺寸、标高、模板尺寸及墙体洞口留设等方面，从而防止因施工偏差而返工。另外，做好隐蔽工程的检查和验收及制订相关技术措施，也是控制材料用量变动的技术手段和措施。应重点检查对建筑质量影响重大的结构部位的施工，杜绝施工过程中偷工减料、以次充好，降低工程质量的现象，避免因质量问题而修补处理时产生不必要的用量变动。

5）提高施工水平和改善施工工艺

通过提高施工水平和改善施工工艺来达到减少建筑施工垃圾目的的事例较多。比如使用可循环利用的钢模代替木模，可减少废木料的产生。采用装配式替代传统的现场制作，也可以控制剩余材料的数量。又如，提高建筑业机械化施工程度，可以避免人为的建材浪费，提高建材的利用率。

由于施工单位备料计划或现场发料控制的原因，造成材料余料的多余。在材料的采购管理中，要按照合同和图纸规定的要求进行材料采购，并通过严格的计量和验收，确保材料采购的渠道正规，严把建材质量关，加强对建材运输和装卸过程中的监管工作。认真核算材料消耗水平，严格执行限额领料制度。施工材料限额领料制度是对施工材料进行控制的有效手段，是降低物资消耗、减少建筑施工材料浪费的重要措施。施工单位应根据编制的材料消耗计划和施工进度计划中确定的材料量，严格执行限额领料制度。

2. 施工余料的管理与处理

施工现场余料的处理，直接影响项目的成本核算，所以必须加强施工余料的管理。

（1）施工余料管理的内容

施工过程中，应加强现场巡视，现场巡视监督有利于及时发现现场存在的剩余材料，便于及时更正和处理，并做好现场材料的退料工作。几种退料单见表9-3、表9-4。

退 料 单 表 9-3

编号：×××

退料部门	××项目部	原领料批号	××××	退料日期	××年×月×日
序号	退料名称	料号	退料量	实收量	退料原因
1 2 3 —	水泥	×××	2t	5t	工程量变更

主管：×××　　　点收人：×××　　　登账人：×××　　　退料人：×××

材料退料单 表 9-4

编号：×××

品名	规格	材料编号	退回数额	单价	金额	原领料价格	该批实际材料价格	退料原因说明

审核人：×××　　　制表人：×××　　　　　　　　日期：××年×月×日

各项目部材料人员、在工程接近收尾阶段，要经常掌握现场余料情况，预测未完工程所需材料数量，严格控制现场进料，避免工程结束材料积压。现场余料能否内部调拨利用，往往取决于企业的管理。企业或工程项目部应建立统一的管理方法，合理确定材料调拨价格及费用核算方法，促进剩余材料的流通及合理应用。

施工余料应由项目材料部门负责。做好回收、退库和处理。

（2）施工余料的处置措施

因建设单位设计变更，造成材料的剩余，应由监理工程师审核签字，由项目物资部会同合同部与业主商谈，余料退回建设单位，收回料款或向建设单位提出相应索赔。

施工现场的余料如有后续工程尽可能用到新开的工程项目上，由公司物资部负责调剂，冲减原项目工程成本。

为鼓励新开项目在保证工程质量的前提下，积极使用其他项目的剩余物资和加工设备，将所使用其他工程的剩余、废旧物资作为积压、账外物资核算，给予所使用项目奖励。

项目经理部在本项目竣工期内，或竣工后承接新的工程，剩余材料需列出清单，经稽核后，办理转库手续后方可进入新的工程使用，此费用冲减原项目成本。

当项目竣工，又无后续工程，剩余物资由公司物资部与项目协商处理，当不具备调拨使用条件，可以按以下方法处理：

1）与供货商协商，由供货商进行回收；

2）变卖处理。

处理后的费用冲减原项目工程成本。

工程竣工后的废旧物资，由公司物资部负责处理。公司物资部有关人员严格按照国家和地方的有关规定进行办理。办理过程中，须会同项目经理部有关人员进行定价、定量处理后，所得费用冲减项目材料成本。

（3）常见剩余材料处理方式

1）施工过程中产生的钢筋、模板、木方、混凝土、砂浆、砌块等余料分为有可利用价值和无可利用价值两种，对于有可利用价值的余料应按规格、型号分类堆放；

2）对于有可利用价值的余料应进行回收利用，对于无可利用价值的余料应按规定进行变卖、清理。

3）余料的处理应满足职业健康安全、环境保护等方面要求。

4）施工方案编制和优化过程中应充分考虑余料的回收利用。

5）钢筋余料可用作楼板钢筋的马凳筋、端体模板支顶钢筋、安全防护预埋钢筋、各类预埋件锚固筋等。

6）模板、木方余料加工后可用作预留洞口模板、小型材料存放箱、简易木桌、木凳等。模板、木方余料应及时进行回收或清理，避免造成火灾。

7）混凝土浇筑过程中应严格控制混凝土量，尽量减少混凝土余料的产生，对产生的混凝土余料，严禁随意倾倒，混凝土余料可用于制作混凝土垫块、混凝土预制梁或用于施工。

8）砂浆应随拌随用，砂浆余料应及时清理。

9）在进行砌筑前应进行试摆，避免因砌块排布不合理造成砌块的浪费，砌块余料应放到指定位置。

10）建筑余料的变卖应向项目部提出书面申请，项目经理批准后才可进行。变卖应在商务部、财务部有关人员共同监督下进行，所得收入应按财务流程入账。

11）施工过程中应加强材料管控，尽量减少建筑余料的产生。

（三）施工废弃物的管理

1. 施工废弃物的界定

住房和城乡建设部于 2012 年 5 月颁布了《工程施工废弃物再生利用技术规范》GB/T 50743—2012 规定，工程施工废弃物是指工程施工中，因开挖、旧建筑物拆除、建筑施工和建材生产而产生的直接利用价值不高的混凝土、废竹木、废模板、废砂浆、砖瓦碎块、渣土、碎石块、沥青块、废塑料、废金属、废防水材料、废保温材料和各类玻璃碎块等。

在建筑施工中，不同结构类型建筑物所产生的建筑施工废弃物各种成分的含量有所不同，主要有散落的砂浆和混凝土、剔凿产生的砖石和混凝碎块、打桩截下的钢筋混凝土桩头、废金属料、竹木材、各种包装材料，约占此类建筑废弃物总量的 80%，其他废弃物成分约占 20%。

旧建筑拆除废弃物相对建筑施工单位面积产生废弃物量更大，旧建筑物拆除废弃物的组成与建筑物的结构有关。旧砖混结构建筑中，砖块、瓦砾约占 80%，其余为木料、碎玻璃、石灰、渣土等，现阶段拆除的旧建筑多属砖混结构的民居；废弃框架、剪力墙结构的建筑，混凝土块约占 50%~60%，其余为金属、砖块、砌块、塑料制品等旧工业厂房、楼宇建筑是此类建筑的代表。随着时间的推移，建筑水平的越来越高，旧建筑拆除废弃物的组成会发生变化，主要成分由砖块、瓦砾向混凝土块转变。

在建材生产过程中也会产生少量建筑废弃物，主要是指为生产各种建筑材料所产生的废料、废渣，也包括建材成品在加工和搬运过程中所产生的碎块、碎片等。如在生产混凝土过程中难免产生的多余混凝土以及因质量问题不能使用的废弃混凝土。

施工废弃物的分类:

按照来源分类,施工废弃物可分为土地开挖、道路开挖、旧建筑物拆除、建筑施工和建材生产五类。

按照可再生和可利用价值,施工废弃物分成三类:可直接利用的材料,可作为材料再生或可以用于回收的材料以及没有利用价值的废料。

还有其他一些分类方法,如将建筑废弃物按成分分为金属类和非金属类;按能否燃烧分为可燃物和不可燃物。

2. 施工废弃物的危害

施工废弃物主要有以下几方面的危害:一是占用土地存放;二是对水体、大气和土壤造成污染;三是严重影响了市容和环境卫生等。

(1) 建筑垃圾的管理水平比较落后

大部分建筑垃圾不做任何处理直接运往郊外堆放。这种方式不仅占用了大量的土地资源,而且加剧了我国人多地少的矛盾。据统计我国建筑施工场所排放的建筑废弃物每年达1亿吨以上,旧建筑拆除每年产生超过5亿吨建筑废弃物,我国建筑垃圾的数量已占到城市垃圾总量的30%~40%。据对砖混结构、全现浇结构和框架结构等建筑的施工材料损耗的粗略统计,在每万平方米建筑的施工过程中,将产生500~600t的建筑垃圾;每万平方米旧建筑的拆除过程中,将产生7000~12000t建筑垃圾。随着我国城市化进程的加快,建筑垃圾产量的增加,土地资源紧缺的矛盾会更加严重。另外,建筑垃圾的堆放也会对土壤造成污染,垃圾及其渗滤水中包含了大量有害物质,它会改变土壤的物理结构和化学性质,影响植物生长和微生物活动。

(2) 污染水体和空气

建筑垃圾在堆放场放置的过程中,经受雨水淋湿和渗透,会渗滤出大量的污水,严重污染周边的地表水和地下水,如不采取任何措施任其流入江河或渗入地下,受污染的区域就扩散到其他地方。水体受到污染后会对水生生物的生存和水资源的利用造成不利影响和危害。

建筑垃圾在堆放过程亦会对空气造成污染,一方面,建筑垃圾长期在温度、水分等作用下,其中的有机物质会发生分解而产生某些有害气体;另一方面,建筑垃圾在运输和堆放过程中,其中的细菌和粉尘等随风吹散,也会对空气造成污染,另外,少量建筑垃圾中的可燃性物质经过焚烧会产生有毒的致癌物质,对空气造成二次污染。

(3) 影响市容

建筑垃圾的露天堆放或简易填埋处理也严重影响了城市的市容市貌和环境卫生,大多数建筑垃圾采用非封闭式运输车,所以在运送的过程中容易引起垃圾撒落、尘土飞扬等问题。从而破坏城市的容貌和卫生。

3. 施工废弃物的处理

(1) 施工废弃物处理原则

工程施工单位在施工组织管理中对废弃物处理应遵循减量化、资源化和再生利用原则。在保证工程安全与质量的前提下,制定节材措施,进行施工方案的节材优化、工程施工废弃物减量化，尽量利用可循环处理等。

工程施工废弃物应按分类回收，根据废弃物类型、使用环境以及老化程度等进行分选。工程施工废弃物回收可划分为混凝土及其制品、模板、砂浆、砖瓦等分项工程，各分项工程应遵守与施工方式一致且便于控制废弃物回收质量的原则。

工程施工废弃物循环利用主要有三大原则，即"减量化、循环利用、再生利用"原则，即"3R原则"。减量化是废弃物处置和管理的基本原则，按照循环经济理论中废弃物管理的"3R原则"，减量化排在最优先位置。住房和城乡建设部颁布的《城市建筑垃圾管理规定》也提出建筑废弃物处置实行减量化、资源化、无害化和谁产生谁承担处置责任的原则。

减量化原则要求用较少的原料和能源投入来达到既定的生产目的或消费目的，进而达到从经济活动的源头就注意节约资源和减少污染。它是一种以预防为主的方法，旨在减少资源的投入量，从源头上开始节约资源，减少废弃物的产生。针对产业链的输入端——资源，尽可能地以可再生资源作为生产活动的投入主体，从而达到减少对不可再生资源的开采与利用的目的。在生产过程中，通过减少产品原料的使用和改造制造工艺来实现清洁生产。

循环利用原则，即回收利用，要求延长产品的使用周期，属于过程性方法，以最大限度地延长产品的使用寿命为目的。它通过多次或以多种方式来使用产品来避免产品过早地成为垃圾。在生产过程中，制造商可以采用标准尺寸进行设计，以便拆除、修理和再利用使用过的产品，从而提高资源的利用率；在消费过程中，人们可以持久利用产品以延缓产品的使用寿命，减缓资源的流动速度，或者将可维修的物品返回市场体系来降低资源消耗和废物产生。施工废弃物回收利用过程包括下列4个连续阶段：

1）现场废弃物的收集、运输及储存。

2）不同类别的建筑废弃物分类拣选。

3）把拣选后的建筑废弃物运输到工地外的回收处理厂。

4）建筑废弃物重量计算和回收处理厂的准入许可。

再生利用原则，要求生产出来的产品在完成其使用功能后能重新成为可以利用的资源，而不是不可恢复的废弃物。属于输出端方法，旨在尽可能多地减少最终的污染排放量。它通过对废弃物的回收和综合利用，把废弃物再次变成资源，重新投入到生产环节，以减少最终的处理量。在生产过程中，厂商应提升资源化技术水平，在经济和技术可行的条件下对废弃物进行回收再造，实现废弃物的最少排放；在消费过程中，应提倡和鼓励购买再生产品，来促进整个循环经济的实现。按照循环经济思想，再循环有两种情况，一种是原级再循环，即废品被循环用来生产同类型的新产品；另一种是次级再循环，即将废弃物资源转化成其他产品的原料。以施工废弃物再生利用所产生的成本主要包含以下几个阶段：

1）现场废弃物的收集、运输及储存。

2）不同类别的建筑废弃物分类拣选。

3）把拣选后的建筑废弃物运输到工地场外或放置现场根据需要近一步加工（现场资源化）。

4）加工材料的再生利用。

其中"源头削减"处在废弃物管理策略的最顶层，其优先级别最高，对施工废弃物的减量化成效最为显著；"回收再用"则是对提高建筑材料利用率的补充，能有效节约能源和资源，因此它也具有较高的优先级；"废物回收处理"可以通过加工为其他产品提供原料以变废为宝。但是在这过程中需要消耗较多的能量；"废物弃置"处于管理策略的最底层，往往针对那些极少量不能回收的废弃物，通过焚烧等处理手段，对其残渣进行有效处理后再填埋，确保其对环境影响达到最小。

（2）施工废弃物的减量化

施工废弃物的减量化指的是减少建筑废弃物的产生量和排放量，是对建筑垃圾的数量、体积、种类、有害物质的全面管理。它要求不仅从数量、体积上减少建筑废弃物，而且要尽可能地减少其种类、降低其有害物质的成分，并消除或减弱其对环境的危害性。在我国，长期以来施行的是末端治理政策，就是先污染、后治理。这种事后处理的方式不仅对环境的污染大，并且会产生更多的处理成本。相比而言，源头减量控制这种方式更为有效，它可以减少对资源开采、节约制造成本、减少运输和对环境的破坏。施工废弃物的减量化管理实际上是对建筑业整个生产领域实现全过程管理，即从建筑设计、施工到拆除的各个阶段进行减量化控制管理。

1）建筑设计阶段的建筑垃圾减量化管理

施工废弃物的产生贯穿于建筑施工、建筑维修、设施更新。建筑解体和建筑垃圾再生利用等各个环节。所以对施工废弃物的减量化管理应从建筑设计、施工管理和建筑拆除等各个环节做起。施工废弃物减量化设计指的是通过建筑设计本身，运用减量化设计理念和方法，尽可能减少垃圾在建造过程中的产生量，并且对已产生的垃圾进行再利用。目前，在实践过程中施工废弃物减量化设计策略主要有：

① 推广预制装配式结构体系设计

首先，装配式建筑结构设计采用工厂生产的预制标准、通用的建筑构配件或预制组件，它有利于节省建材资源，减小建材损耗，消除建材和构件因尺寸不符二次切割而产生的废料，减少施工废弃物量。其次，在施工过程中摒除了传统的湿作业和现浇混凝土浇捣方式，更多地使用机械化作业和干作业。抑制了湿作业过程中产生的大量废水和废浆污染以及避免了垃圾源的产生，同时各类构配件按施工顺序设计安放，有利于施工废弃物现场回收利用，且符合清洁生产的要求。最后，在设计阶段可预先考虑建筑未来拆除，为未来的建筑物选择性拆除或结构拆除做好准备，可以有效避免传统施工旧建筑物的破坏性拆除，减少拆除过程中产生的垃圾量。

② 优先使用绿色建材

绿色建材也可称为生态建材、健康建材和环保建材。绿色建材指的是在生产过程中采用清洁生产技术，大量使用废弃物，使用的天然资源和能源较少，生产的无毒害、无污染、有益人体健康的建筑材料。绿色建材与传统建材相比，在生产原料上，节约天然资源，大量使用废渣、废料等废弃物；在生产过程中，采用低能耗制造工艺和无污染生产技术；在使用过程中，有利于改善生态环境、不损害人体健康；同时在建筑拆除时绿色建材也可以再循环或回收再利用，对生态环境的污染较小。

③ 为拆解而设计

"为拆解而设计"指的是设计出来的产品可以拆卸、分解，零部件可以翻新和重复使用，这样既保护环境，又减少了资源的浪费。"拆解"是实现有效回收策略的重要手段，要实现产品最终的高效回收，就必须在产品设计的初始阶段就考虑报废后的拆解问题。"为拆解而设计"，着眼于产品的再利用、再制造和再循环，旨在以尽可能少的代价获取可再循环利用的原材料。建筑拆解设计可以使建筑材料的再循环率从20%左右提高到70%以上。

④ 其他建筑垃圾减量化的设计要求

设计要求包括：第一，加强设计变更管理，确保设计质量。第二，杜绝"三边"工程。目前，我国建筑施工中存在着许多边设计、边施工、边修改的"三边"工程，此类工程不仅存在着严重的质量隐患，影响建筑物的耐久性，而且必然会造成人力、物力资源的浪费和建筑垃圾的大量产生。第三，保证建筑物的质量和耐久性。保证建筑物的质量和耐久性，可以减少本来不该有的维修和重建工作，也就是减少建筑垃圾产生的可能性。同时，建筑物的质量越好，在拆除时产生的建筑废料资源化质量越高。

2）建筑施工阶段的建筑垃圾减量化管理

建筑施工过程是产生施工废弃物的直接过程。在施工阶段影响施工垃圾产量的因素很多，比如在实际操作中往往会由于工程承包商管理不当或者缺乏节约意识，没有准确核算所需材料数量，造成边角料增多；或者由于工人施工方法不当、操作不合理，导致施工中建筑垃圾增多；或者由于承包商对材料采购缺乏精细化管理，采购的建材不符合设计要求，超量订购或少订以及材料在进场后管理不到位而造成的材料浪费等都是产生施工废弃物的原因。施工阶段的各个方面都会对施工废弃物的产量造成直接影响，因此加强施工阶段建筑施工废弃物减量化管理尤为重要。

① 从技术管理方面控制施工废弃物。

包括：在施工组织设计的编制中体现建筑垃圾减量化的思想；重视施工图纸会审工作；加强技术交底工作；做好施工的预检工作；提高施工水平和改善施工工艺。

② 从成本管理方面来控制施工废弃物。

包括：严把采购关；正确核算材料消耗水平，坚持余料回收；加强材料现场管理；施行班组承包制度。

③ 从制度管理方面控制施工废弃物。

包括：建立限额领料制度；加强现场巡视制度。

④ 实行严格的奖惩制度。

⑤ 开展不定期的教育培训制度。

3）建筑拆除阶段的建筑垃圾减量化管理

"大拆大建""短命建筑"是促使建筑垃圾产量增加的影响因素之一，尤其是在近几年来，此类问题不断出现。它不仅造成了社会财富的极大浪费，并引起了生态环境、社会、资源浪费等方面诸多问题。目前，在我国为了加快拆除速度，很多大型、高层建筑都采用了破坏性的建筑拆除技术，比如：爆破拆除、推土机或重锤锤击的机械拆除等。这种破坏性的拆除方式会严重降低旧建筑的再生利用率。相比之下，采用优化的拆除方法，如选择性拆除等方法能够有效提高建材拆除再生利用率。

4）工程废弃物减量措施

① 制定工程使用废弃物减量化计划。

包括：加强工程施工废弃物的回收再利用，工程施工废弃物的再生利用率应达到30%，建筑物拆除产生的废弃物的再生利用率应大于40%。对于碎石类、土石类工程施工废弃物，可采用地基处理、铺路等方式提高再利用率，其再生利用率应大于50%；施工现场应设密闭式废弃物中转站，施工废弃物应进行分类存放，集中运出；危险性废弃物必须设置统一的标识进行分类存放，收集到一定量后统一处理。

② 工程施工废弃物减量化宜采取的措施。

包括：避免图纸变更引起返工；减少砌筑用砖在运输、砌筑过程的报废；减少砌筑过程中砂浆落地灰；避免施工过程中因混凝土质量问题引起返工；避免抹灰工程因质量问题引起砂浆浪费；泵送混凝土量计算准确。

（3）常见施工废弃物的再生利用

工程施工废弃物的再生利用应符合国家现行有关安全和环境保护方面的标准和规定。工程施工废弃物处理应满足资源节约和环境保护的要求。施工单位宜在施工现场回收利用工程施工废弃物。施工之前，施工单位应编制施工废弃物再生利用方案，并经监理单位审查批准。建设单位、施工单位、监理单位依据设计文件中的环境保护要求，在招投标文件和施工合同中明确各方在工程施工废弃物再生利用的职责。设计单位应优化设计，减少建筑材料的消耗和工程施工废弃物的产生。优先选用工程施工废弃物再生产品以及可以循环利用的建筑材料。工程施工废弃物回收应有相应的废弃物处理技术预案、健全的施工废弃物回收管理体系、回收质量控制和质量检验制度。

1）废混凝土再生利用

废混凝土按回收方式可分为现场分类回收和场外分类回收。废混凝土经过破碎加工，成为再生骨料。

① 再生骨料根据国家标准分为Ⅰ类、Ⅱ类和Ⅲ类。Ⅰ类再生粗骨料可用于配制各强度等级的混凝土；Ⅱ类再生粗骨料宜用于 C40 及以下强度等级的混凝土；Ⅲ类再生粗骨料可用于 C25 及以下强度等级的混凝土，但不得用于有抗冻性要求的混凝土。

② Ⅰ类再生细骨料可用于 C40 及以下强度等级的混凝土；Ⅱ类再生细骨料宜用于 C25 及以下强度等级的混凝土；Ⅲ类再生细骨料不宜用于配制混凝土。

③ 对不满足国家现行标准规定要求的再生骨料，经试验试配合格后，可用于垫层混凝土等非承重结构以及道路基层渣料中。

④ 再生骨料可用于生产相应强度等级的混凝土、砂浆或制备砌块、墙板、地砖等混凝土制品。再生骨料混凝土构件包括再生骨料混凝土梁、板、柱、剪力墙等。

⑤ 再生骨料添加固化类材料后也可用于公路路面基层。

⑥ 再生细骨料可配制成砌筑砂浆、抹灰砂浆和地面砂浆。再生骨料地面砂浆宜用于找平层，不宜用于面层。

⑦ 根据规范，下列情况下混凝土不宜回收利用：

包括：废混凝土来自于轻骨料混凝土；废混凝土来自于沿海港口工程、核电站、医院放射间等具有特殊使用要求的混凝土；废混凝土受硫酸盐腐蚀严重；废混凝土已被重金属污染；废混凝土存在碱—骨料反应；

废混凝土中含有大量不易分离的木屑、污泥、沥青等杂质；废混凝土受氯盐腐蚀严重；废混凝土已受有机物污染；废混凝土碳化严重，质地酥松。

2）废模板再生利用

废模板按材料不同，可分为废木模板、废塑料模板、废钢模板、废铝合金模板、废复合模板。

① 大型钢模板生产过程中产生的边角料，可直接回收利用；对无法直接回收利用的，

可回炉重新冶炼。

② 工程施工中发生变形扭曲的钢模板，经过修复、整形后可重复使用。

③ 塑料模板施工使用报废后可全部回收，经处理后可制成再生塑料模板或其他产品。

④ 废木模板、废竹模板、废塑料模板等可加工成木塑复合材料、水泥人造板、石膏、人造板的原料。

⑤ 废木竹模板经过修复、加工处理后可生成再生模板。废木楞、废木方经过接长修复后可循环使用。

3）废砖瓦再生利用

废砖瓦破碎后应进行筛分，按所需土石方级配要求混合均匀。废砖瓦可用作工程回填材料。

① 废砖瓦可用作桩基填料，加固软土地基，碎砖瓦粒径不应大于120mm。

② 废砖瓦可用于生产再生骨料砖。再生骨料砖包括多孔砖和实心砖。

③ 废砖瓦可用于生产再生骨料砌块。

④ 废砖瓦可作为泥结碎砖路面的骨料，粒径控制在40~60mm。

4）工程渣土再生利用

工程渣土按工作性能分为工程产出土和工程垃圾土两类。工程渣土应分类堆放。

工程产出土可堆放于采土场、采沙场的开采坑；可作为天然沟谷的填埋；可作为农地及住宅地的填高工程等。当具备条件时工程产出土可直接作为土工材料使用。

工程垃圾土宜在垃圾填埋场或抛泥区进行废弃处理，工程垃圾土作为填方材料进行使用，必须改良其高含水量、低强度的性质。

5）废塑料、废金属再生利用

废塑料、废金属应按材质分类、储运。

作为原料再生利用的废塑料、废金属，其有害物质的含量不得超过国家现行有关标准的规定。

废塑料可用于生产墙、顶板和防水卷材的原材料。

6）其他废木质材料再生利用

工程建设过程中产生的废木质材应分类回收。

工程建设过程产生的废木质包装物、废木脚手架和废竹脚手架宜再生利用。

废木质再生利用过程中产生的剩余物，可作为生产木陶瓷的原材料。

废木质材料中尺寸较大的原木、方木、板材等，回收后作为生产细木工板的原料。

在利用废木材料时，应采取节约材料和综合利用的方式，优先选择对环境更有利的途径和方法。废木质材料的利用应按照复用、素材利用、原料利用、能源利用、特殊利用的顺序进行。对尚未明显破坏的木材可直接再利用；对破损严重的木质构件可作为木质再生板材的原材料或造纸等。

7）其他工程施工废弃物再生利用

工程施工过程中产生的废瓷砖、废面砖宜再生利用。废瓷砖、废面砖颗粒可作为瓷质地砖的耐磨防滑原料。

工程施工过程中产生的废保温材料宜再生利用。废保温材料可作为复合隔热保温产品的原料。

再生骨料可用于再生沥青混凝土，为了保证再生沥青混凝土的稳定性，再生骨料用量宜小于骨料的 20％，废路面沥青混合料可按适当比例直接用于再生沥青混凝土。

（4）固体废物的主要处理方法

1）回收利用

回收利用是对固体废物进行资源化的重要手段之一。粉煤灰在建设工程领域的广泛应用就是对固体废弃物进行资源化利用的典型范例。又如发达国家炼钢原料中有 70％是利用回收的废钢铁。

2）减量化处理

减量化处理是对已经产生的固体废物进行分选、破碎、压实浓缩、脱水等，减少其最终处置量，减低处理成本，减少对环境的污染。在减量化处理的过程中，也包括和其他处理技术相关的工艺方法，如焚烧、热解、堆肥等。

3）焚烧

焚烧用于不适合再利用且不宜直接予以填埋处置的废物。除有符合规定的装置外，不得在施工现场熔化沥青和焚烧油毡、油漆，亦不得焚烧其他可产生有毒有害和恶臭气体的废弃物。垃圾焚烧处理应使用符合环境要求的处理装置，避免对大气的二次污染。

4）稳定和固化处理

稳定和固化处理是利用水泥、沥青等胶结材料，将松散的废物胶结包裹起来，减少有害物质从废物中向外迁移、扩散，使得废物对环境的污染减少。

5）填埋

填埋是固体废物经过无害化、减量化处理的废物残渣集中到填埋场进行处置。禁止将有毒有害废弃物现场填埋，填埋场应利用天然或人工屏障。尽量使需处置的废物与环境隔离，并注意废物的稳定性和长期安全性。

实务、示例与案例

［示例］　　　　　　　　施工现场固体废弃物管理规程

一、环境因素

固体废弃物。

二、目的

对施工过程中产生的固体废弃物进行有效处理，包括最大限度地回收利用、分类存放和分类处理等，以节约资源，减少对环境的污染和人体的伤害。

三、产生的作业

项目部在施工活动中（施工现场）的所有固体废弃物。

四、采取的措施

根据《中华人民共和国固体废弃物污染环境防治法》，结合公司实际对固体废弃物进行管理，按照"分类回收，集中存放，统一处理"的原则进行。

（1）项目部各施工班组负责自己工作场地的整理和清扫，以及垃圾的收集和分类存放。

（2）项目部指定专门场所和容器分类堆放或存放固体废弃物。

（3）项目部负责处理固体废弃物。

（4）工地现场产生的固体废弃物按表 9-5 进行分类。

固体废弃物的分类　　　　　　　　　　　　　　表 9-5

固体废弃物	有毒有害类，如：油漆渣、涂料渣、废灯管、废油漆桶等	
	可回收类	可重复使用类，如：较大的边角料、拆旧的木材和砖、较好的包装和保护料
		可再生类，如：废金属、废木料、废油桶、废塑料、碎玻璃、碎布料等
	不可回收类，如：拆旧垃圾、废砂浆渣、边角余料、墙土、碎砖瓦、破布碎棉、旧砂纸和砂轮及施工过程中产生的其他无害物质	
	生活垃圾	

（5）收集和存放

现场各施工班组至少每班清理一次场地，分类收集固体废弃物，并存放至项目部指定的存放区域。生活垃圾由个人收集并存放至指定区域。不得随意乱丢和倾倒垃圾，不能随便存放垃圾。

项目部在工地现场指定专门的垃圾存放点，并分区标识。垃圾分区一般分为三类，即有毒有害区、不可回收区和生活垃圾区。对有毒有害的垃圾，只要可行，就用容器存放，或堆放在其他可堆放地面，清理运走时再统一用麻袋打包。

项目部还应在现场指定区域，最好是室内，作为可回收固体废弃物的存放点，其中包括可重复利用类和可再生类，且也要分开存放并适当标识。

（6）处理

项目部应有专门的垃圾处理人员负责垃圾的定期处理，针对不同类别，其处理方式为：

① 可重复利用的固体废弃物，由项目部及时安排利用，只要不影响产品质量，施工人员不得拒绝使用回收料。

② 可再生类固体废弃物，由项目部安排转卖至有经营资质的废旧回收公司。

③ 不可回收的固体废弃物，由垃圾处理人员定期送至政府指定的垃圾处理站。

④ 有毒有害的固体废弃物，由垃圾处理人员分类打包，送至政府指定的专业处理点。

五、监督、检查及跟踪

项目部一年两次进行检查，工程部和安质部每年全面抽查一次，在工地巡查和安全检查时，都应将废弃物的管理作为一个检查项目，并记录在安质大检查综合评定表中。发现不符合规定的应通知项目部及施工班组立即进行整改，必要时发出纠正/预防措施要求。

十、现场材料的计算机管理

以下介绍的施工项目材料管理软件在施工项目中使用，可以对材料整个使用过程进行统计和分析，完成从收料到领用过程中的单据管理、材料的库存统计；材料的报表的统计；以及工程预算数据与实际数据的对比等功能。是一套适合于施工项目部使用的、操作简便、减轻材料管理人员工作强度的施工项目材料管理软件。

（一）管理系统的主要功能

材料管理系统分七个功能：系统设置、基础信息管理、材料计划管理、材料收发管理、材料账表管理、单据查询打印、废旧材料管理。

（1）系统设置功能：包括系统维护、数据清空、日志查询、单价设置、备份、数据上传。

（2）基础信息管理：包括人员信息、权限设置、材料编码、用途信息、供货商信息、人员职务信息。

（3）材料计划管理：编制施工现场的材料需用计划。

（4）材料收发管理：先进先出原则。包括收料管理、验收管理、领用管理、调拨管理、退料管理。在软件的材料验收过程中有两种材料验收方式，一种为先收料，填写收料单，然后在验收中选择收料单，统计进行验收；另一种为直接在验收单中填写验收单。收料管理，收料填写收料单；验收管理，验收材料，确定材料价格（计划单价和采购单价）；领用管理，材料使用时填写领用单；调拨管理，材料的调拨使用填写调拨单；退料管理，材料未使用完填写退料单。

（5）材料账表管理：包括台账管理、报表管理、库存盘点、竣工工程节超。台账管理，查询收发材料各个账表；报表管理，材料的月报表处理；库存盘点，对材料的库存进行盘点；竣工工程节超，工程结束时与预算数据的比较。甲方供材工程结算，分析甲供材的材料的用量及使用的情况。

（6）单据查询打印：查询修改软件中各种单据和打印单据。

（7）废旧材料管理：工程竣工后，对现场材料的回收编制成表，方便查询。

其中主要功能为"材料收发管理"和"材料账表管理"两部分，在这两部分中完成了项目材料管理中的收料领料以及每月的报表的统计，用户可以使用这两部分的功能得到所需的报表，查询得到所需要的信息。

（二）配置与基本操作

1. 系统配置

硬件环境：最低配置为 Pentium 200、32M 内存，磁盘剩余空间不小于 40M 的 PC 计算机。

软件环境：Windows 2000、Windows XP 等系列操作系统。

执行光盘上的"材料管理软件 ＊＊＊＊.exe"文件，按照屏幕提示操作，完成安装后桌面出现"材料管理"图标，同时，在"开始"菜单里建立"施工项目材料管理软件"的文件夹。

双击桌面图标或开始菜单的条目，系统开始运行。

加密锁分为 LPT 加密锁和 USB 加密锁。将 LPT 加密锁插在计算机的打印机接口（LPT）上或者 USB 加密锁插在计算机的 USB 口上。在 Windows 2000 及 Windows XP 操作系统下，需安装加密锁的驱动程序。

2. 基本操作

（1）系统程序中的所有表格在修改时均可进行如下操作：

增加：移动光标到最后一行，按下箭头↓键。

删除：按 Ctrl＋Delete 键。

修改：移动光标到对应的单元格上，直接输入文字，以回车结束。

（2）系统中所有的弹出式对话框均可以用 Esc 键直接关闭。

（3）大部分窗口均包含右键菜单，便于操作。

3. 注意事项

（1）日期格式首先要设置为 YYYY-MM-DD，Windows2000 具体做法是在"控制面板"中的"区域选项"中，点击"日期"选项卡，选择日期格式为 YYYY-MM-DD，点击"确定"即可；在 WindowsXP 中，是在"控制面板"中的"区域选项"中，点击"日期"选项卡，点击"用户自定义日期"，设置日期为 YYYY-MM-DD 格式。

（2）打印机格式设置。对于针式打印机，打印固定的压感纸（宽 215mm、高 95mm）。在"控制面板"中的"打印机"中，选择所要用的针式打印机，在"文件"菜单中点"服务器属性"，创建新格式，单位是公制，宽度是 21.5cm，高度是 9.5cm，设置好后保存。在软件中打印单据时选择此纸张格式。

（3）加密锁的使用。在用户安装完软件后，请安装加密锁驱动，完成之后，把加密锁安装在计算机的相应位置上。对于 LPT 锁，请勿在有电时插拔加密锁。

（4）软件中的清空数据功能，在初次使用软件时使用，如果软件已经在使用过程中请勿使用清空数据功能，如果使用并且用户没有备份，则会造成所有数据的丢失，不能恢复。

（5）在各个单据的填写中，请勿使用组合键（Ctrl＋Delete）来删除；如果有材料没有删除，则重新选择一条材料信息，然后点击删除按钮。

（6）软件数据的备份。请使用软件中的备份功能定期备份数据。

（7）在本软件中，材料编码模块中的材料信息，如用户在本软件中已经使用，就不能删除或者修改，也不能删除以后再添加，这样只会造成查询材料信息的数据不一致或者材料不显示；只有当用户确定一条材料没有在本软件中使用时，才能选中材料删除或者修改。

（8）在软件初次使用时，无密码，用户只要选择用户名即可登录。

（9）一旦正式使用软件，就不要再换材料库模板，否则数据可能出错。

（10）不要随便删除材料库里的条目。由于收发存月报表、台账等账表以及查询时的数据统计是建立在材料库基础上的，若随意删除材料库里的条目，有可能造成统计数据出错。所以，必须能确定某条材料没有发生过任何业务，方可删除该条目。

（11）慎用单据删除。单据删除的适用情况及删除方法请按后面的说明执行，否则可能造成数据错误以及账、表、单不一致。

（12）材料验收：在做收料或验收单据的过程中，选择"供货单位名称"或"来源"时，属于上级供应、业主供应、同级调入这三种情况的，必须在可选框里选相应的"上级供应""业主供应""同级调入"项目，否则软件将按"自购"这个收入类别统计、列入台账和报表。

（三）基础信息管理

选择"开始"菜单中的"施工项目材料管理软件1.0"或者点击桌面上的"施工项目材料管理软件"就可以运行本软件，弹出登录窗口，如图10-1所示。

点击向下的箭头选择"用户名"，输入进入的密码，然后点击"确定"，系统自动地检测"用户名"和"密码"是不是匹配，如果匹配就进入软件；不匹配就会提示"用户名用户口令不相符"，然后要你重新输入，否则点击"取消"退出（图10-2）。

图 10-1　登录窗口

"系统设置"功能菜单中有"系统维护""清空数据""查看日志""设置单价""备份"。

第一次用时，系统会提示输入11位项目编号的后4位和项目名称。11位项目编号（801-20××-××××）的组成及其含义："801"为公司代号；"20××"为年度号；"××××"是公司为各项目指定的顺序号。

"基础信息管理"功能如图10-3所示。

有人员信息、权限设置、材料编码、用途信息、供货商信息、人员职务信息六个小的模块。

1. 人员信息

建立进入软件的用户名和密码。"人员信息"的操作，点击"人员信息"菜单，进入"人

图 10-2　输入"用户名"和"密码"

图 10-3　基础信息管理

员信息"操作界面，如图 10-4 所示。

　　右边的按钮完成对软件操作人员的管理，"汇总"显示所有操作员的信息，"个人信息"查看单个人的信息，在表格中显示所有的操作人员的列表，在列表中选中一个人可以查看个人的详细信息，在此操作中完成人员的添加、删除、修改以及人员登录的密码设置。注意删除操作，当删除这个人之前，请先删除这个人的操作权限。如果是当前登录人员，则无法删除。

2. 权限设置

建立了进入软件的不同用户后，为不同的用户限定权限用。

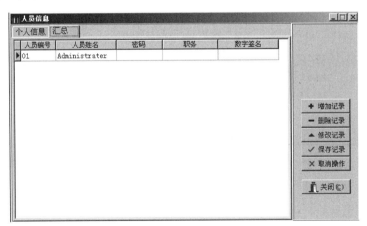

图 10-4　人员信息

点击"权限设置"菜单，进入"权限设置"操作界面，如图 10-5 所示。

图 10-5　权限设置

图 10-5 中左边为"权限设置"操作员列表，右边为功能列表，中间一部分为操作按钮。在"人员列表"中不能删除人员，不能添加人员，它与"人员信息"对应显示的是人员信息中的操作人员。

"功能列表"是当前在"人员列表"中所选中的操作员的所有使用的软件功能，当前操作员有这项功能时，在"功能列表"中"权限"中显示"√"；如果没有这项功能，用鼠标左键点击"√"，取消此操作员的这项功能。设置此操作员所有的权限点击"全权"按钮，此用户得到本软件的所有的权限；点击"全无权"按钮，取消此操作员软件所有的权限。在此权限设置中，加入了对于打印的设置，可以由系统用户设置其他用户的打印的权限，加以区别。要新添加操作员，点击"添加功能"按钮，添加权限列表，然后设置此操作员所具有的权限。要删除操作员时，首先删除此操作员的所有权限，这时点击"删除功能"按钮，即可。操作完毕，点击"返回"按钮，退出"权限设置"操作界面。

（1）取消权限时请注意：菜单、工具条（即主菜单下面那一行）和导航条（点工具条里的"导航"后出现在屏幕右侧的选项）里的条目，是为了方便操作而设计的三条使用途径。例如，做验收单，你可以从主菜单的"材料收发管理"里进入，也可以从工具条里进入，还可以从导航条里进入。因此，进行权限设置时，若要取消某一权限，请把权限列表中菜单、工具条和导航条里的所有相关条目的权限都取消。否则，只取消菜单、工具条和导航条三项里的一项或者两项的权限，还可以从另外两项或一项里进入使用，相当于没有取消相应权限。

（2）权限设置里"刷新"和"添加"的区别："刷新"主要是为便于程序开发人员进行版本更新用，用户使用"添加"功能即可。

（3）权限列表里"单据查询/打印"和单个单据的打印权限的关系：单个单据的打印权限优先。取消某单项单据的打印权限后，即使赋予"单据查询/打印"权限也只能进行查询而不能打印某单项单据。

（4）日期设置、软件安装完毕后，若不是一人操作软件，请材料主管在人员信息里建立其他人员的用户名和密码，然后分别设置好权限。

请注意：材料主管的权限要设置成全权的，便于维护软件；最好取消其他人员的"权限设置""清空数据""单据删除"等重要权限。为确保数据安全，建议一个项目只由一人专门负责使用、管理软件。其他人可以另建安装目录熟悉使用。

3. 材料编码

在"材料编码"中存放项目工程中所使用到的材料，可以方便地添加、删除、修改、复制、粘贴，而且"材料编码"中对于材料的编号对用户是不可见的，用户不必使用材料编号，软件本身自动添加材料编号，用户可以使用"拖动"功能，方便对材料进行排列、移动，减少了用户对材料编号的工作量。点击"材料编码"菜单，进入"材料编码"界面，如图 10-6 所示。

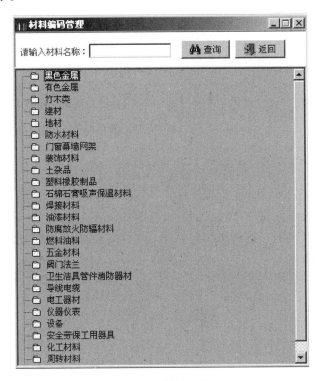

图 10-6　材料编码

上部为材料查询，方便快速地查到所需要的材料；下部为材料数据库树形显示，材料库中分为三类：总称、名称、型号规格。"材料编码"中基本功能的操作，如图 10-7 所示。

"添加"：添加材料，可以添加"同级""下级"，用户可以添加总称、名称、型号规格这三项，用户要添加哪一项，用鼠标左键点击相同的类别，然后点击鼠标右键弹出菜单选择"同级"，完成同级项目的添加。当用户点击"同级"后，会出现如图 10-8 所示的界面。

图 10-7 材料编码中的基本功能

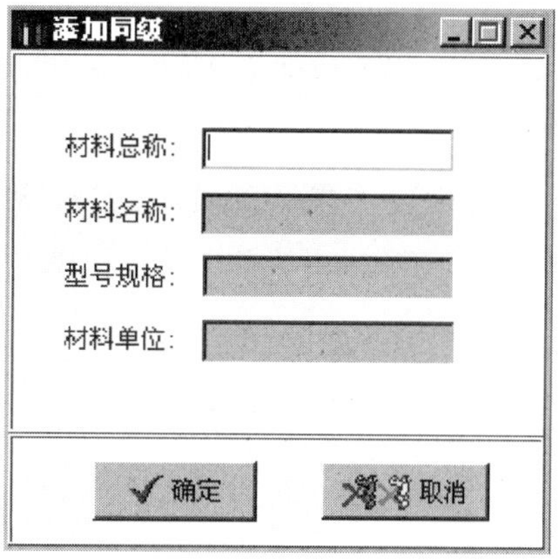

图 10-8 添加同级

这样，将你要添加的项目填入光标处，点击"确定"，则这个项目就保存好了，这是添加的材料类别；不想保存就点击"取消"，就退出了这个界面。同样，添加其他项目和添加"下级"也是如此。

"删除"：即为删除材料项目，材料项目在其他的数据库中没有使用，则可对此材料项目进行删除；否则，将是材料项目出错。在删除时要注意，一定要先用鼠标左键选中，再删除。当用户点击"删除"按钮后，将弹出提示框，如图 10-9 所示，以便让用户不致出现错误的操作。

图 10-9 删除对话框

"修改"：对材料列表树中的材料类别、材料名称、型号规格进行修改，点击"修改"按钮，则出现如图 10-10 所示的界面。

这样就可以修改你要修改的内容，修改完成后，点击"确定"按钮，保存；否则，点击"取消"按钮，不保存。

"复制""粘贴"：在一类别中复制材料项目到另一类别中粘贴，不能在不同级别中进行粘贴。

"打印"：打印当前材料库。点击"打印"按钮，出现如图 10-11 所示的界面。在此界

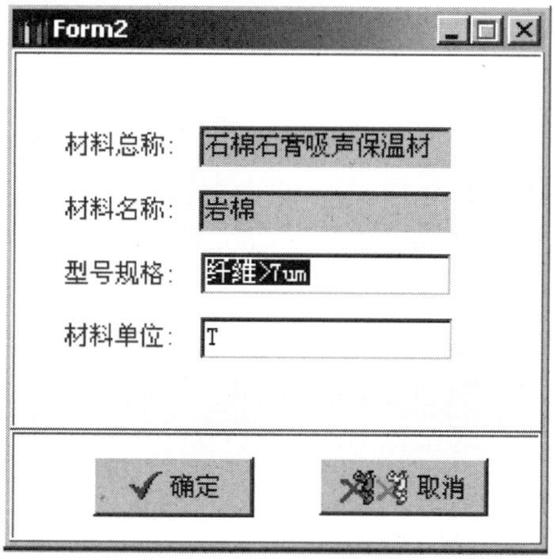

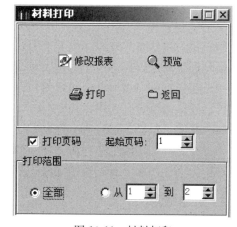

图 10-10 修改对话框

图 10-11 材料打印

面中完成"修改报表""预览""打印"功能。先看"修改报表"，进入"材料报表"界面，如图 10-12 所示。在此界面中设置"材料报表标题""材料字段设置""报表页面设置"，当设置完成后点击"保存"；否则，点击"取消"。

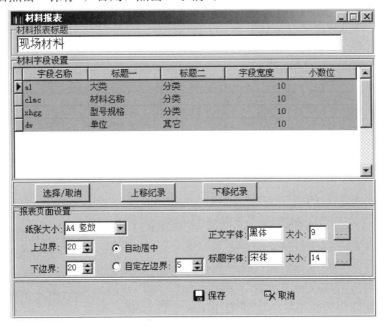

图 10-12　材料报表

"预览"：对打印材料数据库的效果进行浏览。

"打印"：设置图中"页码"和"打印范围"，点击"打印"，打印材料数据库。

"模板"：允许建立多个材料数据库，并加以管理。点击"模板"在本界面的上方会出现：

在此界面中，通过下拉框选择用户要使用的数据库，可以新建自己的数据库，删除不用的数据库，重命名数据库，来对多个数据库进行管理。

注意：

（1）系统默认的材料库是上一次用户选择的，如果是第一次进入，系统默认材料库为 clbh0。

（2）建立与已有品种规格重复的条目时，将给予该条目已经存在的提示。不同品种间的规格允许重复，不提示。

（3）在材料库中添加材料条目时，部分计量单位、规格所涉及的特殊字符已在程序中做成可选项，请留意、选用。

（4）删除材料库条目时会有提示，确认后方可删除。

（5）在材料库中添加材料时，请注意使用规范的型号规格和标准的、易于换算对比的计量单位，不能用盒、袋、箱等无法识别、换算的计量单位。

4. 用途信息

记录材料的使用和领用单位的情况，界面如图 10-13 所示。

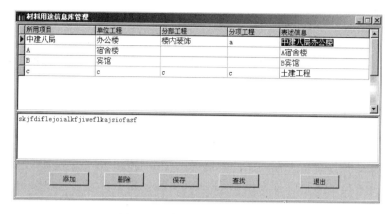

图 10-13　材料用途信息库管理

在此界面中记录所使用材料的各工程项目的情况以及领用单位的情况，表格中"表述信息"则是显示给用户看的。

5. 供货商信息

存放各供货单位的信息，如图 10-14 所示。

图 10-14　供货商信息

在此界面中对材料的供货单位的信息进行管理。在这个模块中用户可以添加供货商的详细信息如：地址、联系人、联系电话、经营范围、信用以及传真等，方便用户对各供货商的查看联系。"单个供应商信息"里的"材料类别"，是让用户根据该供应商的经营范围按照软件材料库的分类方式归类输入的，以后办理收料单、验单时，系统则会根据单据中的材料类别有选择地提示相应供应商，否则将显示所有供应商。下方的"经营范围"，根据营业执照相关内容原样填写即可。

6. 人员职务信息

人员职务信息包括材料收发各岗位的人员管理及在材料收发管理中的数据的支持。增加记录：鼠标点增加记录按钮后，就会在人员名称表中增加一条空记录，输入要增加的姓名即可。删除记录：鼠标点删除记录按钮后，就将光标当前所在的人员记录删除。修改记录：鼠标点修改记录按钮后，就可以修改光标当前所在的人员记录。保存记录：当进行了增加、修改记录的操作后，就应该用鼠标点保存记录。取消操作：不做任何操作时点取消操作按钮。关闭：关闭人员信息表单。

7. 选择项目工程

适用于一个人负责两个以上项目材料软件的情况。

当前工程是指程序正在工作的文件，选择工程是指用户需要更换的文件，点击右方的按钮选择已经保存好的项目工程文件 clglk. mmm 后，单击确定，程序会自动装载选定的项目，如果装载成功后，请到人员设置中，设定管理员密码为空，退出后重新进入软件就可以了。同理如果想返回当前的工程，同样的操作选定当前的 clglk. mmm。此功能可以让一个用户操作 N 个工程。

8. 项目备份

备份数据库，方法有三种：

（1）点软件"系统设置"的"备份"，指定一个安全的路径后点"确定"。数据库就备份到指定路径上了。

为防止因微机故障等意外造成数据丢失、无法恢复，建议一周一次将数据库备份到系统盘之外的其他位置。最好在优盘或移动硬盘上也定期备份。备份资料保留最新的一份即可。

（2）选"我的电脑"，右键打开"资源管理器"，找到名为 c:\ProgramFiles\Bandway \ 施工项目材料管理软件 \ data\clglk. mmm 的文件，将其复制到安全位置。注意：⋯ \ data 下名为 clglk 的文件可能不止一个，而我们要复制的是后缀为 mmm 的那个 clglk 文件。

（3）选中桌面上的软件图标，右键选"属性"，选"查找目标"，打开"data"文件夹，找到 clglk. mmm 文件，将其复制到安全位置。

备份整个安装目录（含数据库及安装程序，可以在备份位置直接运行程序）：

（1）选"我的电脑"，右键打开"资源管理器"，找到名为 c:\ProgramFiles\Bandway \ 施工项目材料管理软件的文件夹，将其复制到安全位置即可。

（2）选中桌面上的软件图标，右键选"属性"，选"查找目标"，找到"施工项目材料管理软件"文件夹，将其复制到安全位置。

（四）材料计划管理

材料计划管理主要功能是在施工现场编制现场的材料需用计划。

在此界面中有两页，一为编制材料计划，二为材料计划汇总与查询。在编制材料计划中输入各项内容，输入数字型的序号，选择制表日期，然后点材料名称项后的按钮，出现材料库，选择材料之后，材料名称、型号规格、计量单位信息就自动添加进来了，然后输入数量，然后依次把其他项都填上，都填好之后，点击"存盘继续"按钮；如果不保存则点击"全部清空"，重新输入。退出时，点击"不保存退出"即可。当用户填好材料计划信息后，就可以查看汇总的信息，如图 10-15、图 10-16 所示。

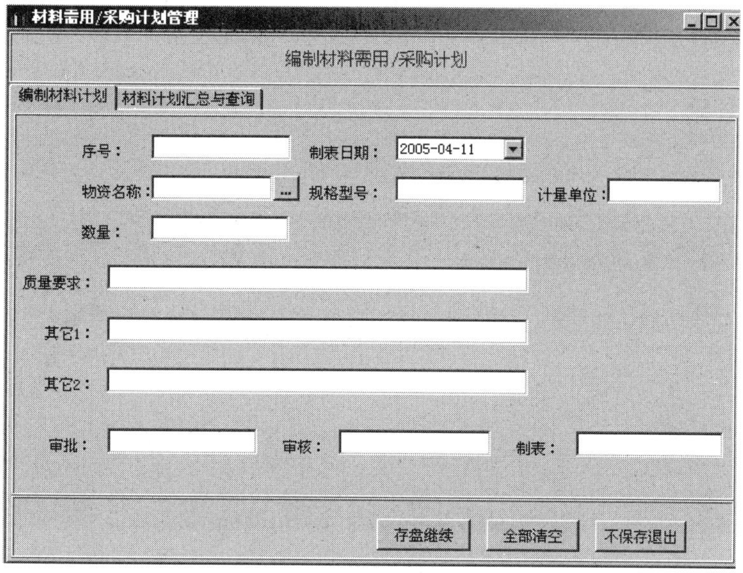

图 10-15　材料需用/采购计划管理第 1 页

图 10-16　材料需用/采购计划管理第 2 页

在此界面中，在上部可以选择日期，查询编制日期所需计划，打印出此时的材料计划，或者打印出全部的材料计划。另外，在表格中点击鼠标右键，弹出"修改打印字段"，可点击进入"修改材料计划报表字段"，修改表头内容，或取消或显示每个字段。

（五）材料收发管理

材料收发管理主要功能是对日常的材料的出入库进行管理。

菜单中有："材料收发管理"，包括"收料管理""验收管理""领用管理""退料管理""调拨管理"五部分。

1. 收料管理

当供货商提供材料后，这时要填写收料单，如图 10-17 所示

图 10-17　收料单

在"收料单"中首先选择项目部，然后选择日期，再填写编号，在这个编号中，用户只要填入自己定义的一个任意数字编号，当单据保存时，在其后面的括号中就会显示用户输入的上一条编号，系统会自动加上字母"A"，用户不必管，只要根据用户输入的编号，确定下一条编号，注意这里只能输入数字型的内容；当数据库中没有数据时，其后的括号中会显示"当前没有记录"。

选择"供货单位名称""供料人"和"收料人"，当选项中没有要选的项目时，可手工输入，当保存表单时，系统会自动添加，再次输入时，可直接选择。

然后是选择收料的材料，点击"选择材料"按钮，就会弹出"材料编号"界面，在"材料编号"中选择你所需要的材料，有两种方式选择材料，一种是在"材料编号"界面中手工查找所需材料，找到后在最后一级双击鼠标左键，则这条材料就可加入"物资收料单"的表格中；另一种是使用查找功能，在上部的空格中填入用户所需要的材料名称，然后点击"查询"按钮，就会将查询的内容放在表格中以供选择，选中所需要的双击鼠标左键，则这条材料就可加入"物资收料单"的表格中，如果查询不到你所需要的材料，可根据"材料编号"中所讲操作，添加材料。这样添加好所需要的材料后，在"收料单"的表格中"数量"一栏填入收料的数量，然后回车填入材料的单价，再回车计算得到金额，在"备注"中填入备注信息，在这里也可以选择备注信息，系统会自动检测辅助数据库中有无这条信息，没有就自动添加。这些都做好以后，这张"收料单"就完成了，这样就可点击"保存继续"按钮，将这张物资收料单保存起来。其中"删除"是删除选中的一条材料，用户如需要打印本单据可点击"打印/预览"按钮，打印和预览"收料单"。材料收料完毕后，点击"退出"按钮，退出此界面进行其他的操作。注意在表格中不能输入材料名称、型号规格、单位；如果输入材料信息则无法保存此信息。

2. 验收管理

验收材料确定材料的单价，填写"物资验收单"（图 10-18）。

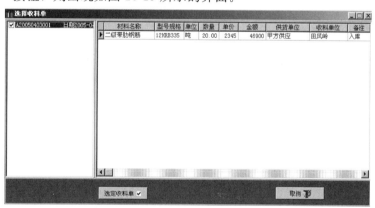

图 10-18　物资验收单

在"物资验收单"中,"收料单位""编号""日期""来源""验收时间""交验说明"
"材料负责人""验收人""经办人"以及"选择材料""删除""打印/预览""存盘继续"
按钮与"收料管理"中的操作是相同的,在填入编号时,用户只要填入自己定义的一个任
意编号,当单据保存时,在其后面的括号中就会显示用户输入的上一条编号,系统会自动
加上字母"B",在这个表格中要输入"数量",确定"单价",然后在单价这栏中回车,
系统自动计算金额。"选择收料单"按钮的功能是选择已有收料单进行统计、验收。点击
"选择收料单"按钮,则出现如图 10-19 所示的界面。

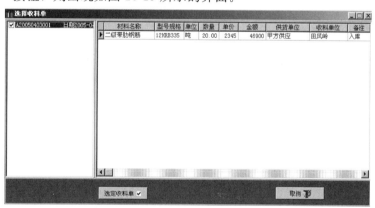

图 10-19　选择收料单

在此界面中用户选择需要的收料单,将左侧的收料单列表前打对号,表示选中了此收
料单,右侧是显示收料单的内容,当用户选中收料单后,点击"选定收料单"按钮或者点
击"选择全部收料单"按钮,就将用户所选中的收料单中的内容全部统计到"物资验收
单"中的表格中了。这是按照"物资收料单"中的操作将"物资验收单"保存起来,再进
行其他的操作,用户如需要打印本单据可点击"打印/预览"按钮,打印和预览"物资验
收单"。"验收管理"中的日期、编号没有填入时,则本条单据不能保存。注意在表格中不
能输入材料名称、型号规格、单位。

（1）验收单是唯一的材料入库手续,是财务核算材料成本收入的依据。无论是项目部
自购、上级供应、业主供料还是从其他单位调入的,都必须办理验收单入库,然后方可领

用或调出。

（2）从收料单验收时，某条收料单被打钩选进验收单后，验收单一经保存，收料单列表里就不再显示。若需查找，请到程序里"单据查询/打印"版块中查找。

（3）"来源"目前增至四类：即在原来"自购""上供""业主供料"基础上增加了"同级调入"。字眼变更分别为"项目自购""上级供应""业主供应""同级调入"。

3. 领用管理

材料的使用的统计与记录。出库手续之一，是财务核算材料成本支出的依据。包清工的工程中，分包队伍领用材料时，用领用单出库，如图 10-20 所示。

图 10-20　领用单

如同"物资收料单"中的操作，填入"编号""日期""领用单位""单位工程名称""支出类别""签发""发料""领料"。在填入编号时，用户只要填入自己定义的一个任意编号，当单据保存时，在其后面的括号中就会显示用户输入的上一条编号，系统会自动加上字母"C"。在支出类别栏，选择类别如工程耗用、临建耗用、修补耗用、外调，以便在月报表中按类别统计各个材料的耗用情况。在此界面中选择某个单价的材料，然后点"确定"即可。

选择材料进入此表格，点击"选择材料"按钮，这时会出现选择对话框。

是从大材料库中选择材料还是从已验收的材料中选择材料，选择"是"则是从已验收的材料库中选择材料，选择"否"则是从所有的材料中选择材料，从所有的材料库中选择材料如同前面所讲的选择材料的操作；从已验收的材料中选择材料，如图 10-21 所示。

在顶部的空中填入要查找材料的名称，然后点击后面的"查询"按钮可以快速地查到所要的材料，选中所要的材料，然后点击"选择"按钮；或者直接在材料列表中找所要的材料，然后点击"选择"按钮，这样可以把材料选择进来，然后按这种方法选择其他的材料；在这个表中所列的材料默认是按照材料大类的顺序排列的，用户可以点击"按材料名称排序"按钮重新排序，以方便更快地找到所需的材料。在此表中用户只要填入数量，系统会自动根据各个单价的库存情况自动的取各个单价的数量，用户不需要知道这些过程，当把这些信息调整好后，然后用户点击"存盘继续"按钮，继续输入其他的物资领用单，用户如需要打印本单据可点击"打印/预览"按钮，打印和预览"物资领用单"。注意在表

图 10-21　选择材料

格中不能输入材料名称、型号规格、单位。在领用的时候，有一个支出类别的选项，如果用户在支出类别上面点击鼠标右键则出现： 设置支出类别信息(Z)

　　"设置支出类别信息"的菜单，此菜单的功能是，用户可以自定义在收发存月报表中支出的内容，这个信息用户只能在使用本软件前设置好，并且在软件的使用过程中不能再更改。下面是详细的解释，如图 10-22 所示。

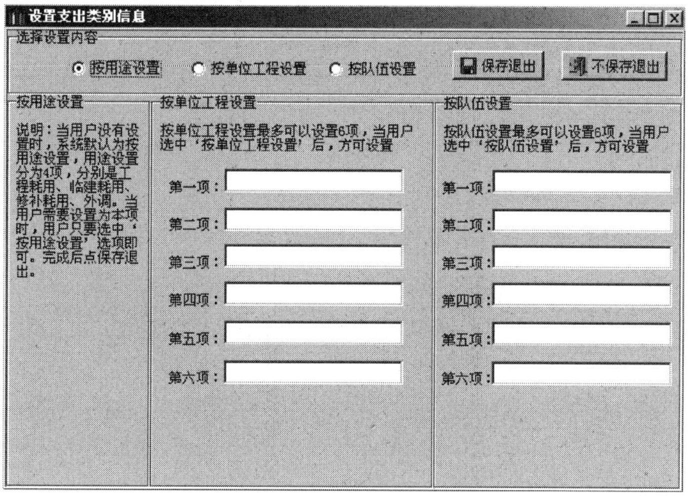

图 10-22　设置支出类别信息

　　在这一界面中，用户可以按三种不同的类别设置，"按用途设置""按单位工程设置""按队伍设置"。上面所显示的单选钮是显示当前的用户设置，默认为按用途设置，按用途设置分为 4 项：工程耗用、临建耗用、修补耗用、外调，这些是软件中设置好的。当选择"按单位工程设置"时，用户需要在中间一栏中设置好每一项的内容，最多可以设置 6 项，如果没有则是空白；用户选中的是"按队伍设置"，则如同"按单位工程设置"。当用户设置好后，点击按钮"保存退出"，否则点击"不保存退出"。这样支出类别的信息就设置好了。在报表管理中，系统会根据这里设置的信息进行相应的取数。

4. 退料管理

将未用完的材料填写退料单（图 10-23）。

图 10-23　退料单

"退料单"与前面的单据的操作方法是相同的，填上单据的"编号""日期"以及"退料人""收料人""验收人"，在填入编号时，用户只要填入自己定义的一个任意编号，当单据保存时，在其后面的括号中就会显示用户输入的上一条编号，系统会自动加上字母"E"，然后选择材料，点击"选择材料"按钮，这时会出现选择对话框，提示选择从大材料库中选择材料还是从已验收的材料中选择材料，选择"是"则是从已验收的材料库中选择材料，选择"否"则是从所有的材料中选择材料，从所有的材料库中选择材料如同前面所讲的选择材料的操作；从已验收的材料中选择材料如前面领用单中选择材料的操作。设置好以上信息后点击"存盘继续"按钮；继续输入其他的物资退料单，用户如需要打印本单据可点击"打印/预览"按钮，打印和预览"物资验收单"。

5. 调拨管理

调拨材料时填写调拨单（图 10-24）。

图 10-24　调拨单

"调拨单"与前面的单据的操作方法是相同的，填上单据的"编号""日期""发料单位""调入单位""备注""合计（大写）"以及"单位领导""会计""材料主管""发料""收料"，在填入编号时，用户只要填入自己定义的一个任意编号，当单据保存时，在其后面的括号中就会显示用户输入的上一条编号,系统会自动加上字母"D",然后选择材料,点击"选择材料"按钮,这时会出现选择对话框,提示选择从所有材料库中选择材料还是从已验收的材料中选择材料,选择"是"则是从已验收的材料库中选择材料,选择"否"则是从所有材料中选择材料,从所有的材料库中选择材料如同前面所讲的选择材料的操作。在本界面的右上角显示"单价提示",在选择材料的同时,如果是选中了"单价提示"则会有如图 10-25 所示的提示。

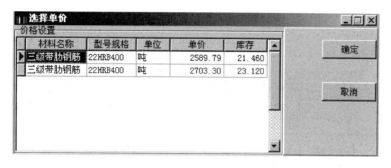

图 10-25　选择单价

在这个表中提示的是本条材料的不同单价的各个库存,方便用户填写调拨的数量和单价,如果从其中选择则用户只要选中,然后点击"确定"即可。在"实拨数量"栏中按回车键则系统会自动计算金额。

这样设置好以上信息后,点击"计算"按钮得到合计金额大写,然后点击"存盘继续"按钮继续输入其他的物资调拨单,用户如需要打印本单据可点击"打印/预览"按钮,打印和预览"物资验收单"。

材料的收料、验收、领用、调拨、退料这几部分构成了材料的收发管理。

6. 进场验证记录

按日期查询打印时,系统将自动以品种为单位逐项提示是否打印。需打印进场验证记录时请执行此操作(图 10-26)。

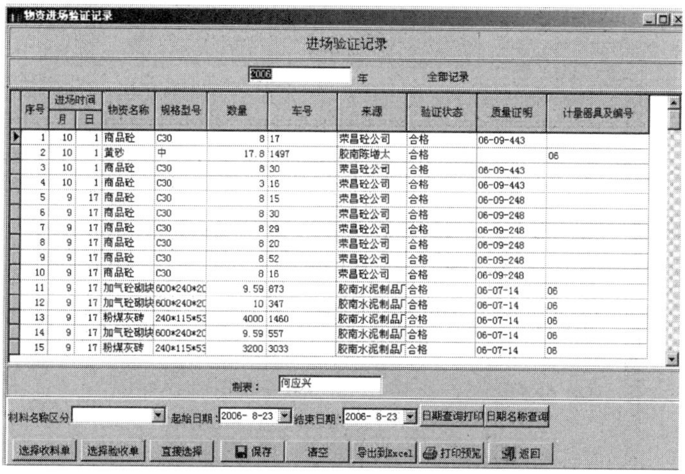

图 10-26　物资进场验证记录

（六）材料账表管理

对材料的所用的单据以及库存的信息进行分类汇总统计。分为四部分：有"台账管理""报表管理""库存管理""竣工工程结算表"，下面详细说明这四部分的功能及详细的使用。

1. 台账管理

保存了材料的所有的出库和入库的信息，如图 10-27 所示。

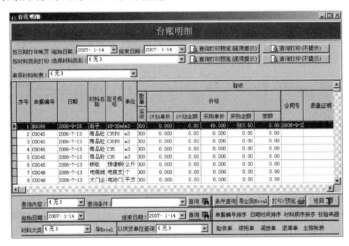

图 10-27　台账明细

台账明细包括材料的验收、材料的领用、材料的调拨、材料的退料这四部分，在表格的表头中都加入了具体的分类名称，在此表格中用户可以自己定义所要显示的项目，在表格中点击鼠标右键，则出现两个菜单"修改报表"和"生成报表" 修改报表(Y) 生成表头(Z)。点击"修改报表"，则进入如图 10-28 所示的窗口。

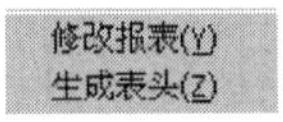

图 10-28　修改台账信息标题

在这个表中，左边的选择一栏中的"√"表示显示此字段，"空"表示不显示此字段，在这一栏中可以点击鼠标左键来选择"√"，或者是点击鼠标左键取消"√"；同样的其他栏目中内容用户也可自行修改，表头说明是表格标题的总说明，表头总共分三级，每级用"|"分开，第一项为一层表头，第二项为二层表头，第三项为三层表头；只有一层表头则只在三层表头中填写；其后有"类型"，只要在是数字型的字段中填写"数字"即可；其后还有字段宽度、打印宽度、小数点位数可根据用户实际需要来填写；修改完毕后保存，退出此窗口。点击"生成报表"，则生成所设置的表格。在此窗口的底部，设置了台账信息的简单查询和复杂条件查询：

其中：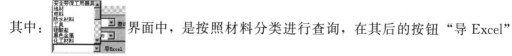 是对"材料名称""型号规格""材料用途""支出类别""单据标志"的简单查询，在"查询内容"后的选项中选择"材料名称"或者"型号规格"等内容，然后在"查询条件"后的空格中填入用户要查询的内容，设置好后点击"查询"按钮，可以在查询的表格中看到查询的内容。注意在此查询"材料用途"这项时，它可以查询到验收单中的领用单位的情况，也可以查询到领用单中的领用单位及用途的情况。其中：

起始日期：2004-02-19 结束日期：2004-02-19 查询 是对单据时间的查询，将查询"起始日期"到"结束日期"之间的所有的单据进行查询，首先设置好两个时间，然后点击"查询"按钮，可以在查询的表格中看到查询的内容。

其中：单据编号排序 日期时间排序 材料顺序排序 这三个按钮是对整个的表格进行的排序，将按照单据编号、日期时间、材料类别的顺序进行排序。

其中：以供货单位查询 是单独对材料的供货单位进行查询，选择下拉列表中的一项，则可以在查询的表格中看到查询的内容。

其中：验收单 领用单 调拨单 全部账表 是对本账表分类显示，"验收单"按钮是只显示验收的字段及内容，"领用单"按钮是只显示领用的字段及内容，"调拨单"按钮是只显示调拨的字段及内容，"全部账表"按钮是只显示全部账表的字段及内容，这样设置后用户可以单独打印出验收、领用、调拨、退料的信息。

其中： 界面中，是按照材料分类进行查询，在其后的按钮"导 Excel"可以把查询的内容导入 Excel 的表格中。

"导出到 Excel"按钮是对本账表的所有项目导出到 Excel 表格中，其后的下拉列表则是对本表按照材料的大类进行分类显示并且导出到 Excel 表格中，以方便用户设置、修改。

点击"条件查询" 条件查询 按钮，则会出现条件的复杂查询：

 它是用户设置单条或者多条的查询。它的格式是（列条件值）并且/或者（列条件值）……并且为必要条件，或者为非

必要条件。

其中：是设置条件，其中"列"是用户所要查询的字段，它包括"日期时间""材料名称""型号规格""来源/用途"这四项内容。"条件"是指查询字段与查询内容的关系，它包括"等于""大于""小于""不等于""包含字符串"这几种关系；"值"是用户要查询的内容，用户手工输入。

其中：井且 或者 ( ) 表示用户所查询的多个条件的关系，"并且"是表示必要条件，"或者"是表示非必要条件。设置好一个条件后点击 ↓添加条件 按钮，将这个条件添加到"条件预览"框中，设置好多个条件后，点击"查询/确定"按钮，完成查询，显示查询结果并且系统会提示用户是否保存本次查询条件，点击"是"则保存查询语句，这样用户可以用已有的查询语句对本表进行查询。这样的操作就完成了一个复杂条件的查询。

再来看 打印/预览 🖨 按钮，用户设置好本表的样式后，可以点击"打印/预览"按钮对本表进行打印（图 10-29）。

施工项目材料台账明细

材料名称	型号规格	单位	验收			领用			调拨			退料
			数量	价格		数量	价格		数量	金额		数量
			实收	采购单价	采购金额	实领	单价	金额	实际	单价	合计	
竹胶合板	12×1220×2440	m2	20	23	460							
竹胶合板	12×1220×2440	m2	30	32	960							

第 1 页

图 10-29 台账明细打印

以上为所有的台账信息，在此表格中双击其中的一条材料，则会出现"料具保管账"，如图 10-30 所示。

以上为"料具保管账"界面，它统计了单一材料的所有进出库存的情况，默认的表格是对整个工程的这项材料的统计，如果用户想看哪个月的，可以用上部的查询，选择好起始日期和结束日期进行查询。其中"类别""名称""型号规格""计量单位"是根据材料自动添加的，如果用编号，用户手工输入。在表格中的"盈亏"一栏中的"数量"也需要用户自己填入，当填好这些后，用户点击"计算盈亏"和"计算结存"两个按钮，这样这个表格就生成完成了。这时用户可以通过"打印预览"来打印这个表。或者用户可以在表格上面点击右键弹出"修改报表标题"和"生成报表标题"，点击"修改报表标题"，用户可以自行设置显示和打印的表头内容以及字段的宽度，这样方便用户的打印。

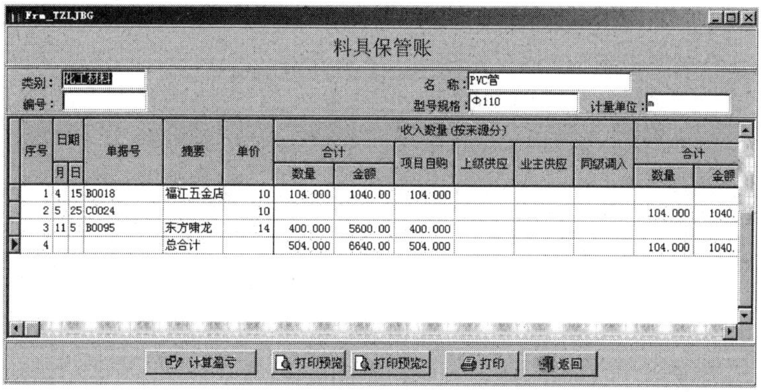

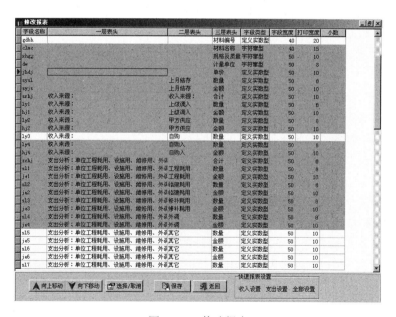

图 10-30　料具保管账

2. 报表管理

报表管理包括报表管理-固定时间和报表管理-任意时间。

任意时间报表操作基本同固定时间，区别在于任意时间报表可以自由选择时间段创建报表，更为灵活，缺点是同时只能创建一个时间段的报表数据。软件可对所有的报表进行管理，可以删除、新建报表，这些可以通过点击鼠标右键的功能 添加(X) 删除(Y) 刷新(Z) 来完成。

设置好日期，当用户第一次建报表时，首先创建报表，则会进入如图 10-31 所示的界面。

图 10-31　修改报表

"向上移动""向下移动"可以将字段的位置进行调整，"选择取消"可以调整字段的显示与取消，深色为选中的内容，浅色为没有选中的内容。"收入设置"可以直接设置好收入字段内容；"支出设置"可以直接设置好支出字段内容；"全部设置"可以直接设置好全部收入与支出字段内容。字段的内容可直接在表格中修改。

报表修改窗口：当用户设置好报表后，点击"保存"按钮则创建报表，当创建完成时，系统会提示"创建报表成功"。如图10-32所示。

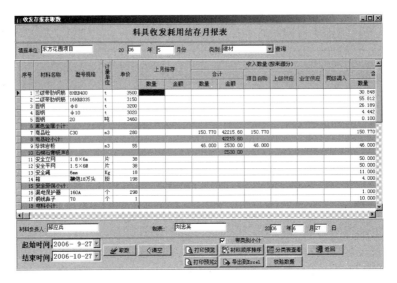

图10-32　收发存报表取数

然后系统自动退出，用后再次点击"确定"，则进入所创建的报表（此过程时间长短会依据用户所输入的单据记录多少而不同），则此报表中系统会自动统计"上月结算"，收入数量、金额，支出数量、金额，以及"本月结算"的数量、金额。

修改报表 按钮如上面的介绍操作。

带类别小计 若选择，报表中在各个类别后面会自动计算类别小计（浅蓝色）；若不选择，只有总计。

取数 统计当月的材料的收入和支出。

清空 清空表中所有的数据。

打印预览 和 打印预览2 是两种不同格式的打印方式。

材料顺序排序 是对本表中的材料按照材料库中的类别的顺序排列。

导出到Excel 的功能是将本表格中的内容导入Excel表格中，方便修改设置。

分类表查看 是查看本表按照类别的分类汇总合计。

点击 分类表查看 按钮，则出现如图10-33所示的窗口，它是统计本月中所有材料的消耗情况并且按照材料的类别分类统计并计算合计信息。

其中"导出到Excel"可将表格导出到Excel表格中。其中"打印预览"按钮是对本表进行打印。

3. 库存管理

对截止到任意时期的库存的统计，如图10-34所示。

截止日期：2004-02-19 查询 在"截止日期"栏中设置好日期，然后点击"查询"按钮，则系统自动把在这个日期之前的所有的出入库的情况统计，计算每条材料的库存情况，然

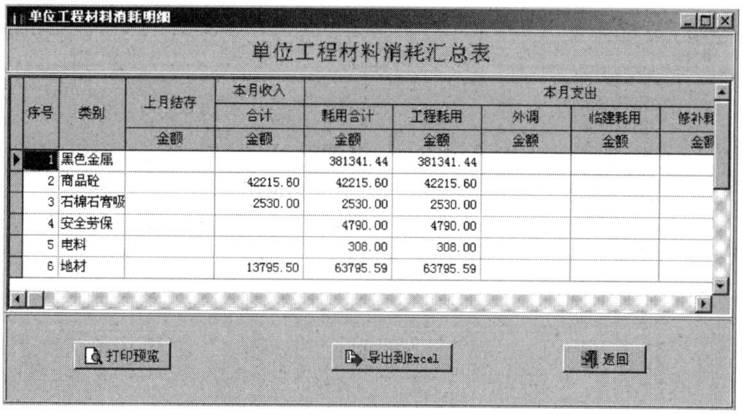

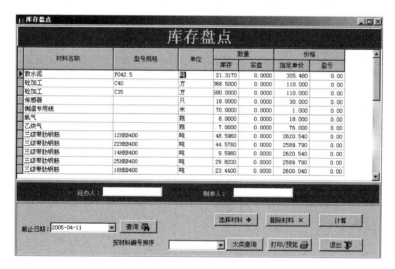

序号	类别	上月结存	本月收入	本月支出				
			合计	耗用合计	工程耗用	外调	临建耗用	修补料
		金额	金额	金额	金额	金额	金额	金额
1	黑色金属			381341.44	381341.44			
2	商品砼		42215.60	42215.60	42215.60			
3	石棉石膏吸		2530.00	2530.00	2530.00			
4	安全劳保			4790.00	4790.00			
5	电料			308.00	308.00			
6	地材		13795.50	63795.59	63795.59			

图 10-33　单位工程材料消耗明细

材料名称	型号规格	单位	数量		价格	
			库存	实盘	指定单价	盈亏
散水泥	P042.5	[illegible]	21.3170	0.0000	305.480	0.00
砼加工	C40	方	368.5000	0.0000	110.000	0.00
砼加工	C35	方	580.0000	0.0000	110.000	0.00
传感器		只	18.0000	0.0000	30.000	0.00
侧温专用线		米	70.0000	0.0000	1.000	0.00
氧气		瓶	8.0000	0.0000	18.000	0.00
乙炔气		瓶	7.0000	0.0000	76.000	0.00
三级带肋钢筋	12HRB400	吨	48.5960	0.0000	2620.540	0.00
三级带肋钢筋	22HRB400	吨	44.5760	0.0000	2589.790	0.00
三级带肋钢筋	14HRB400	吨	9.5980	0.0000	2620.540	0.00
三级带肋钢筋	25HRB400	吨	29.8200	0.0000	2589.790	0.00
三级带肋钢筋	18HRB400	吨	23.4400	0.0000	2600.040	0.00

图 10-34　库存盘点

后填入“实盘”的数量与实际的库存作一比较，点击“计算”，则系统会把盈亏的金额计算出来；在本表中允许用户添加临时材料、删除不存在的材料。这里的操作方法如同“物资收料单”中材料的选择。在此界面中还可以按照大类查询，用户在下拉条中选择大类，然后点击“大类查询”，即可查询各大类的库存。

4. 竣工工程结算表

汇总整个工程的材料使用情况。

点击“竣工工程结算表”菜单，则会出现要求用户选择本工程主要材料的窗口，如图 10-35 所示。

如果是主要材料则在这条材料的前面选择“√”，不是主要材料则去掉“√”，或者点击“全部选择”按钮或者点击“全部取消”按钮进行操作，选择完毕后，点击“确定”按钮，则出现了“竣工工程节超表”窗口，如图 10-36 所示。

图 10-35　选择主要材料

材料名称	型号规格	单位	决算数量	实际数量	量差	单价	金额	节超	单价	金额
			数量			采购			结算	
三级带肋钢筋	12HRB400	吨		11.32		2620.54	29664.5128			
三级带肋钢筋	14HRB400	吨		2.36		2620.54	6184.4744			
三级带肋钢筋	16HRB400	吨		2.3		2600.04	5980.092			
三级带肋钢筋	22HRB400	吨		0		2648.66	0			
三级带肋钢筋	25HRB400	吨		1.365		2589.79	3535.06335			
散水泥	PO42.5	吨		5		305.48	1527.4			
砼加工	C40	方		30		110	3300			
砼加工	C35	方		20		110	2200			
马牙卡	18加长	个		0		1.5	0			
传感器		只		2		30	60			
侧温专用线		米		10		1	10			
铝塑管	15	根		0		5.8	0			
乙炔气		瓶		1		76	76			
氧气		瓶		1		18	18			
机油	普通	千克		50		2.25	112.5			
安全立网	1.8×6m	片		30		40	1200			
安全平网	6m×6m	块		0		68	0			
振动棒	50×8m	根		2		260	520			
三角带		根		0		4.6	0			
钢丝绳	16	米		50		2.6	130			
客筒	28	个		0		7.2	0			

项目经理：　　　　经办员：　　　　材料员：

图 10-36　竣工工程节超表

这个表是工程所用的材料与预算的材料的数量的对比，以及计算节超的金额。在表格中的"决算数据"一栏中输入材料的预算数据，在表格中的"结算单价"一栏中输入材料的结算单价，然后点击"计算"按钮，则系统会自动计算出节超的量差和价差。点击打印/预览按钮则会预览本表，用户可以点击打印本表。当用户在此点击"计算"之前，用户先用组合键"Ctrl＋Delete"来删除最下面的合计。

5. 甲方供材工程结算

点击"甲方供材工程结算"菜单，进入选择主要的甲供材料，选择方式同"竣工工程结算"功能的操作，其界面如图 10-37 所示。

甲方供材工程结算-选择甲方供材

选择甲方供材

材料名称	型号规格	单位	单价	选择
线材	Q235Φ6.5	吨	2500	√
二级带肋钢筋	12HRB335①	吨	3200	
二级带肋钢筋	12HRB335②	吨	3520	
二级带肋钢筋	12HRB335①	吨	3250	
蓝色吸热玻璃	3mm	m²	36	
热水器软管	15 30cm	根	5	√
铝合金烤漆冲孔		m²	12	
氯化聚乙烯防水		m²	25	√
电壶	1500KW	把	3	
纤维素		Kg	6	
无纺布	35g/m²	m²	3.2	√
布手套		付	6	
弯曲机挡板		套	230	√
铝合金烤漆冲孔		m²	32	
抗磨液压油	30#	t	52	
棉手套		付	5	√
管钳	600	把	7	√
红蓝绿布	宽0.8	m	20	
电锤		把	3	√
活动板房		栋	500	√
草苫子		个	20	

确定　　　　返回

图 10-37　选择甲方供材

选择好主要材料后，在此界面中点击"确定"就进入了"甲方供材工程结算转账明细表"，如图 10-38 所示。

甲方供材工程结算

工程名称:影片名称　　　　　　　　结算项目:影片名称

甲方供材工程结算转账明细表

施工单位:影片名称　　2005 年1 月10 日　　单位:元

材料名称	型号规格	单位	结算数量	结算单价	结算金额	实际数量	实际单价	实际金额	标志	超欠数量	欠单
线材	Q235Φ6.5	吨			0	50	2500	125000	+	-50	
二级带肋钢筋	12HRB335①	吨			0	30	3200	96000	+	-30	
二级带肋钢筋	12HRB335②	吨			0	50	3520	176000	+	-50	
二级带肋钢筋	12HRB335①	吨			0	32	3250	104000	+	-32	
蓝色吸热玻璃	3mm	m²			0	50	36	1800	+	-50	
热水器软管	15 30cm	根			0	60	5	300	+	-60	
铝合金烤漆冲孔		m²			0	100	12	1200	+	-100	
氯化聚乙烯防水		m²			0	120	25	3000	+	-120	
电壶	1500KW	把			0	10	3	30	+	-10	
纤维素		Kg			0	50	6	300	+	-50	
无纺布	35g/m²	m²			0	250	3.2	800	+	-250	
布手套		付			0	60	6	360	+	-60	
弯曲机挡板		套			0	5	230	1150	+	-5	

供应部:影片名称　预算部:影片名称　财务部:影片名称　施工单位:影片名称　制表:影片名称

清空数据　　取数　　　计算　　　打印　　　返回

图 10-38　甲方供材工程结算

其中表里的"结算数量""结算单价"需要用户输入，输入完成后，点击"计算"按钮，便完成了计算，这时用户可以选择"打印"按钮，打印出数据。

（七）单据查询打印

单据查询打印的功能是方便用户查询和打印用户所输入的原始的单据。它包括了材料收发管理的收料单、验收单、领用单、调拨单、退料单五部分。每一部分都分为"单一单据"和"所有单据"两部分。

在所有单据中可以打印全部单据，在下面的表格中用户可以对原始单据的内容进行修改，在这里修改后，台账信息中的内容也会随之修改。用户如果想要查看哪一条单据，用户在所有单据表格中双击鼠标左键，这张单据的所有内容就会在单一单据表格中显示。在单一单据中，用户首先要选择"选择单据编号"项，这样这条单据的内容才会出现，"打印本条单据"在这里是打印的一条单据（图10-39）。

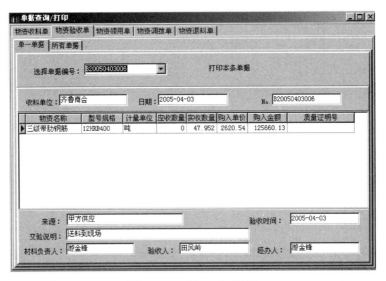

图 10-39　单据查询/打印

如上所讲，收料单、领用单、调拨单、退料单的操作方法都如验收单一样，用户可根据上面所讲来操作。

（八）废旧材料管理

废旧材料管理是对现场的回收材料以及破碎的材料进行统计，以便及时了解现场的材料使用状况。它的界面如图 10-40 所示。

在此界面中的操作请用户看一下材料计划管理中的操作。在"废旧材料查询与打印"中，如图 10-41 所示。

在其中的表格中点击右键，弹出"修改报表字段"和"打印"两项，可以在"修改报表字段"中修改表头字段，其操作如台账管理中的修改报表字段一样，用户请参考前面，

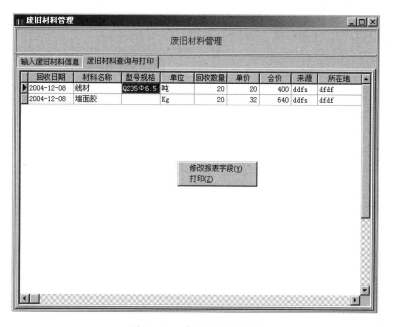

图 10-40　废旧材料管理 1

图 10-41　废旧材料管理 2

需要打印则直接点击"打印"即可。

（九）数据通信

数据通信分为两部分，一是服务端（数据接收模块），一是客户端（本程序也是客户端）。

总部的服务器需要能接入 Internet，并且有固定的 IP 地址才可以作为服务端，在服务器上安装服务端程序：

最小化后计算机右下角会出现![标志]标志。当启动服务端后，客户端的上传模块才能准确地将数据上报到总部。客户端只需要接入 Internet，同时配置好总部的 IP 地址，这样就可以把分散在各地的项目数据统一传输到总部进行分析。软件设计原则：客户端软件可以单击运行，因为软件的使用对象多为项目经理或材料管理人员，大部分时间会在项目上，不能保证实时连通 Internet，当进行收发存的处理时，完全可以单机操作，如果总部有需要，便可以回到家中进行上传，因为项目数据仅是一个数据库文件，一个 U 盘即可轻松解决，非常方便，因此现场材料管理软件深受项目工地上的好评。

总部服务器端还需要配置一些 ASP 页面进行数据下载汇总。其分散到各地的项目端定期进行数据上报。软件非常恰当地解决了当前施工项目工地信息化面临的困难，也非常灵活和方便地对每个项目进行了管理。

十一、施工材料、设备的资料管理
和统计台账的编制、收集

（一）施工材料、设备的资料管理

1. 施工材料、设备资料管理的意义

（1）建筑工程技术资料是工程质量和工作质量的重要表现。工程的建设过程，就是质量形成的过程，工程质量在形成过程中应有相应的技术资料作为见证，而施工材料、设备的技术资料是其中的重要组成部分，故材料员的资料管理职责和任务极为重要。

（2）材料、设备的资料是工程施工过程的真实记录。工程施工过程中所采用的材料、技术、方法、工期安排、成本控制、管理方法等不同时期的资料成为这些内容的载体，反映了整个建筑形成过程的每个细节。

（3）材料、设备的资料可为日后工程的维修、扩建、改造、更新提供重要的基础信息。建筑竣工验收交付使用一段时间后，工程各种原因可能出现质量缺陷，为了保证施工质量，延长工程使用寿命，必须进行维修和补强。这就必须查阅该工程的技术资料档案，以便采取合适、有效的措施。

（4）材料、设备技术资料是合理使用、保证结构安全的重要依据。为了合理使用、保证结构安全，若建筑出现隐患时，必须进行维修和补强，技术资料可作为采取相应补强措施的原始、真实、有效的重要依据。

（5）是评定工程质量等级、竣工验收的技术文件。原始的施工技术资料，反映整个工程建设过程的质量控制情况，可作为工程质量等级评定的依据。

（6）是工程决算、结账的重要根据之一。建筑资料体现不同时期，投入与产出的情况，不同的建筑过程、不同的经济控制，产生不同的经济成本。工程决算，结账时可以此为依据。

（7）是申报示范工程、优质工程等必不可缺少的依据。工程资料是质量的最直观显示，除建筑实体外，工程建设资料作为文字的载体，真实、有效、及时、全面地记录了质量控制的各种情况。

2. 资料管理应遵循的原则

（1）技术资料应具有真实性。真实性是资料的生命。资料是工程质量评定验收备案的依据之一，也是工程建设和管理的依据，尤其是建筑单位进行维修、管理、使用、改建和扩建的依据。虚假的资料不仅给建筑施工单位质量的评价带来错误的结论，而且也给工程的改建和扩建带来麻烦，甚至会造成难以想象的严重后果。

（2）资料应具有规范性。应认真、全面地整理、填写资料，表式统一，归档及时，保

证资料的标准化和规范化。

（3）资料应符合信息化要求。它是在城市基本建设和基本设施管理的过程中形成的，是对建设单位建设过程的真实记录和实际反映，是工程建设、维护、管理、规划的可靠依据，是工程建设不可缺少的信息帮手，是具有实际社会价值和经济价值的信息源。

3. 工程资料整理顺序

（1）土建部分资料

1）开工前（具备开工条件的资料）：施工许可证（建设单位提供），施工组织设计（包括报审表、审批表），开工报告（开工报审），工程地质勘查报告，施工现场质量管理检查记录（报审），质量人员从业资格证书（收集报审），特殊工种上岗证（收集报审），测量放线（报审）。

2）基础施工阶段：钢筋进场取样、送样（图纸上规定的各种规格钢筋），土方开挖（土方开挖方案、技术交底，地基验槽记录、隐蔽、检验批报验），垫层（隐蔽、混凝土施工检验批、放线记录、放线技术复核），基础（钢筋原材料、检测报告报审，钢筋、模板、混凝土施工方案、技术交底，钢筋隐蔽、钢筋、模板检验批、放线记录、技术复核，混凝土隐蔽、混凝土施工检验批，标养、同条件和拆模试块），基础砖墙（方案、技术交底，提前做砂浆配合比，隐蔽、检验批、砂浆试块），模板拆除（拆模试块报告报审，隐蔽、检验批），土方回填（方案、技术交底，隐蔽、检验批，土方密实度试验）。

3）主体施工阶段：一层结构（方案、技术交底、钢筋原材料、检测报告报审，闪光对焊、电渣压力焊取样、送样，钢筋隐蔽、钢筋、模板检验批、模板技术复核）。

4）装饰装修阶段：地砖、吊顶材料、门窗、涂料等装饰应提前进行复试，待检验报告出来报监理审查通过后方可施工（方案、技术交底，隐蔽、检验批）。

5）屋面施工阶段：防水卷材等主要材料应提前复试，待复试报告出来报监理审查通过后方可进入屋面施工阶段（方案、技术交底，隐蔽、检验批）。

6）质保资料的收集：材料进场应要求供应商提供齐全的质保资料，钢筋进场资料（全国工业生产许可证、产品质量证明书），水泥（生产许可证，水泥合格证，3d、28d出厂检验报告，备案证，交易凭现场材料使用验收证明单），砖（生产许可证、砖合格证、备案证明、出厂检验报告、交易凭证、现场材料使用验收证明单），砂（生产许可证、质量证明书、交易凭证现场材料使用验收证明单）、石子（生产许可证、质量证明书、交易凭证现场材料使用验收证明单）、门窗（生产许可证、质量证明书、四性试验报告，交易凭证现场材料使用验收证明单）、防水材料（生产许可证、质量证明书、出厂检测报告）、焊材（质量证明书）、玻璃（玻璃质量证明书）、饰面材料（质量证明书），材料进场后设计、规范要求须进行复试的材料应及时进行复试检测，其资料要与进场的材料相符并与设计要求相符。

7）应做复试的常见材料：钢筋（拉伸、弯曲试验，代表数量：60t/批），水泥（3d、28d复试，代表数量：200t/批），砖（复试，代表数量：15万/批），砂（复试，600t/批），石子（复试，代表数量：600t/批），门窗（复试），防水材料（复试），饰面材料（复试）。

8）回填土应做密实度试验，室内环境应做检测并出具报告。

9）混凝土试块：混凝土试块应每浇筑 100m³ 留置一组（不足 100m³ 为一组）。当一次连续浇筑超过 1000m³ 时，取样组数可减变。每一浇筑部位应相应留置标养、同条件和拆模试块。标养是指将试块放置在标准温度和湿度的条件下（温度 20±3℃、相对湿度不低于 90％）养护 28d 送试；同条件是指将试块放置在现场自然养护。当累计室外有效温度达到 600℃时送检；拆模试块是指在自然养护的条件下养护 7d，用于判定混凝土什么时间能达到拆模强度。标养试块和同条件试块在浇筑混凝土时都要留置。拆模试块根据构件情况留设，有时可不留，如垫层、柱等。

10）砂浆试块：每天、每一楼层、每个部位应分别留置一组。标准养护条件下 28d 送试。

11）检验批：建筑工程质量验收一般划分为单位［子单位工程、分部（子分部）工程、分项工程和检验批］。在首道工序报验前应进行检验批的划分（可按轴线等进行划分）。

（2）节能部分资料

1）根据《建筑节能工程施工质量验收标准》GB 50411—2019 要求，建筑工程节能保温资料应独立组卷。保温材料（如保温砂浆、抗裂砂浆、网格布、挤塑板等材料）除提供质保书、出厂检验报告外还应按批量进行复验，待复验报告出来报监理审查通过后再进行节能保温的施工。

2）保温砂浆按规范要求应留置同条件试块（检测保温浆料干密度、抗压强度、导热系数）。保温浆料的同条件养护试件亦应见证取样。

3）保温板与基层的粘结强度应做现场拉拔试验，厚度必须符合设计要求。

工程资料管理工作应自始至终贯穿于工程施工全过程。材料员可参考常见工程资料整理顺序，在日常工作过程中对材料、设备资料及时收集整理，对资料进行分类保管，规范有序地进行保存。

以下是《建筑工程资料管理规程》JGJ/T 185—2009 中列出的建设工程物资（建筑材料、设备）资料表部分（表 11-1）。

建设工程物资（建筑材料、设备）资料表　　　　　　　　表 11-1

工程资料类别		工程资料名称	工程资料来源	工程资料保存			
				施工单位	监理单位	建设单位	城建档案馆
C4类	施工物资物料	出厂质量证明文件及检测报告					
		砂、石、砖、水泥、钢筋、隔热保温、防腐材料、轻集料出厂质量证明文件	施工单位	●	●	●	●
		其他物资出厂合格证、质量保证书、检测报告和报关单或商检证等	施工单位	●	○	○	
		材料、设备的相关检验报告、型式检测报告、3C强制认证合格证书或3C标志	采购单位	●	○	○	
		主要设备、器具的安装使用说明书	采购单位	●	○	○	
		进口的主要材料设备的商检证明文件	采购单位	●	○	●	●
		涉及消防、安全、卫生、环保、节能的材料。设备的检测报告或法定机构出具的有效证明文件	采购单位	●	●	●	●

工程资料类别		工程资料名称	工程资料来源	工程资料保存			
				施工单位	监理单位	建设单位	城建档案馆
C4类	施工物资资料	进场检验通用表格					
		材料、构配件进场检验记录（表C.4.1）	施工单位	○	○		
		设备开箱检验记录（表C.4.2）	施工单位	○	○		
		设备及管道附件试验记录（表C.4.3）	施工单位	●	○	●	
		进场复试报告					
		钢材试验报告	检测单位	●	●	●	●
		水泥试验报告	检测单位	●	●	●	●
		砂试验报告	检测单位	●	●	●	●
		碎（卵）石试验报告	检测单位	●	●	●	●
		外加剂试验报告	检测单位	●	●	○	●
		防水涂料试验报告	检测单位	●	○	●	
		防水卷材试验报告	检测单位	●	○	●	
		砖（砌块）试验报告	检测单位	●	●	●	●
		预应力筋复试报告	检测单位	●	●	●	
		预应力锚具、夹具和连接器复试报告	检测单位	●	●	●	
		装饰装修用门窗复试报告	检测单位	●	○	●	
		装饰装修用人造木板复试报告	检测单位	●	○	●	
		装饰装修用花岗石复试报告	检测单位	●	○	●	
		装饰装修用安全玻璃复试报告	检测单位	●	○	●	
		装饰装修用外墙面砖复试报告	检测单位	●	○	●	
		钢结构用钢材复试报告	检测单位	●	●	●	●
		钢结构用防火材料复试报告	检测单位	●	●	●	
		钢结构用焊接材料复试报告	检测单位	●	●	●	
		钢结构用高强度大六角头螺栓连接副复试报告	检测单位	●	●	●	
		钢结构用扭剪型高强度螺栓连接副复试报告	检测单位	●	●	●	
		幕墙用铝塑板、石材、玻璃、结构胶复试报告	检测单位	●	●	●	●
		散热器、采暖系统保温材料、通风与空调工程绝热材料、风机盘管机组、低压配电系统电缆的见证取样复试报告	检测单位	●	○	●	
		节能工程材料复试报告	检测单位	●	●	●	

4. 工程竣工资料整理

工程项目的竣工验收是施工全过程的最后一道程序，也是工程项目管理的最后一项工作，工程竣工资料通常以组卷的方式分册整理。

以下是某工程的竣工资料目录，资料员收据该目录完成物资管理相关资料的收集、整理和归档工作（表 11-2）。

某工程竣工验收资料目录

表 11-2

分册名称	分册内容
第一册 施工管理	一、开工报告 二、图纸会审记录、设计变更、洽商记录 三、施工组织设计 四、施工技术交底 五、施工日记 六、施工合同 七、企业资质证明 八、项目组织构成及上岗人员证件（包括项目管理人员操作工、特种工等） 九、进场施工机械进出场报验及调试验收记录 十、其他
第二册 材料试验	进场材料证明文件及复试报告： 1. 砂（材料进场统计表、复试报告、见证取样单） 2. 碎石、毛石（材料进场统计表、复试报告、见证取样单） 3. 水泥（材料进场统计，合格证，7d、28d 出厂报告，复试报告，见证取样单） 4. 钢筋（材料进场统计、质量证明文件、复试报告、见证取样单） 5. 砌块（材料进场统计、质量证明文件、复试报告、见证取样单） 6. 防水材料（材料进场统计、质量证明文件、复试报告、见证取样单） 7. 钢材（材料进场统计、质量证明文件） 8. 连接、焊接材料（材料进场统计、质量证明文件、试验报告） 9. 预制构件（材料进场统计、质量证明文件、复试报告、见证取样单） 10. 隔热保温材料（材料进场统计、质量证明文件、试验报告） 11. 门、窗及其五金玻璃配件（材料进场统计、质量证明文件、复试报告、见证取样单） 12. 木材（材料进场统计、质量证明文件、试验报告） 13. 面砖、地砖、静电地板（材料进场统计、质量证明文件、试验报告） 14. 吊杆、龙骨、面层材料及其他吊顶配件（材料进场统计、质量证明文件、试验报告） 15. 油漆、涂料、防腐材料（材料进场统计、质量证明文件、试验报告） 16. 其他材料（材料进场统计、质量证明文件、试验报告）
第三册 施工试验及施工测量	一、回填土实验 1. 密实度实验（取点分布图、见证取样单） 2. 击实实验报告 二、砂浆 1. 配合比（见证取样单） 2. 基础汇总表、评定表、试块报告（包括抽样报告、见证取样单） 3. 主体汇总表、评定表、试块报告（包括抽样报告、见证取样单） 三、混凝土 1. 配合比（见证取样单） 2. 基础汇总表、评定表、试块报告（包括抽样报告、见证取样单） 3. 主体汇总表、评定表、试块报告（包括抽样报告、见证取样单） 四、钢筋连接（见证取样单） 汇总表、钢筋连接报告 五、钢筋连接试验（汇总表、试验报告） 六、防水试水试验（地下、屋面、卫生间、水池等） 七、工程定位测量及复核记录 八、钎探记录（分布图、试验记录） 九、沉降观测记录（观测点安装详图、分布图、观测记录） 十、其他试验

分册名称	分册内容
第四册 隐蔽验收记录	一、基础隐蔽记录 二、主体隐蔽记录 三、装饰隐蔽记录 四、其他隐蔽记录
第五册 工程质量验收记录	一、地基与基础（分部、分项、检验批）验收记录 二、主体结构（分部、分项、检验批）验收记录 三、建筑装饰装修（分部、分项、检验批）验收记录 四、建筑屋面（分部、分项、检验批）验收记录
第六册 给水、排水及采暖	一、图纸会审记录、设计变更、洽商记录等 二、施工组织设计（方案） 三、施工技术交底 四、施工日记 五、隐蔽验收记录 六、试验记录（管道、阀门、采暖散热器强度、密闭性试验、管道灌水、通水、吹洗、漏风、试压等试验） 七、工程质量验收记录（分部、分项、检验批验收记录） 八、材料验收记录（材料汇总表2、质量证明文件、合格证） 九、其他
第七册 电气安装	一、图纸会审记录、设计变更、洽商记录等 二、施工组织设计（方案） 三、施工技术交底 四、施工日记 五、隐蔽验收记录 六、试验记录（接地电阻、绝缘电阻、系统调试、试运转等试验） 七、工程质量验收记录（分部、分项、检验批验收记录） 八、材料验收记录（1. 材料汇总表2. 质量证明文件、合格证） 九、其他
第八册 智能建筑	顺序参考水电安装
第九册 竣工图	必须符合《建设工程文件归档规范（2019年版）》GB/T 50328—2014规定
第十册 消防工程	顺序参考水电安装
其他	其他工程组卷另行规定
竣工验收手续	竣工验收手续作为最后一册，单独装订

（二）物资管理台账

台账就是明细记录表，台账不同于会计核算中的账簿系统，不是会计核算时所记的账簿，它是企业为加强某方面的管理、更加详细地了解某方面的信息而设置的一种辅助账簿，没有固定的格式，没有固定的账页，企业根据实际需要自行设计，尽量详细，以全面反映某方面的信息，不必按凭证号记账，但能反映出记账号更好。具体在仓库管理中，台账详细记录了什么时间、什么仓库、什么货架、由谁人入库了什么货物、共多少数量。台账本质就是流水账。

1. 台账的建立

（1）先建立库房台账，台账的表头一般包含序号、物料代码、物料名称、物料规格型号、期初库存数量、入库数量、出库数量、经办人、领用人及备注，见表11-3。

收发存台账　　　　　　　　　　　　　　　　　表 11-3

日期	产品名称	规格型号	入库信息			出库信息			结存		备注
			批号	入库时间	入库数量	批号	出库时间	出库数量	批号	数量	

制表人：　　　　　　　　　　　　　　经办人

（2）台账记账依据，见表11-4。

记账依据　　　　　　　　　　　　　　　　　表 11-4

依据	内容
材料入库凭证	验收入库单、加工单等
材料出库凭证	调拨单、借用单、限额领料单、新旧转账单等
盘点、报废、调整凭证	盘点盈亏调整单、数量规格调整单、报损报废单等

（3）每天办理入库的物料，供应商需提供送货清单，相关部门下达入库通知（表11-5）如需检验入库，还要通知检验部门进行来料检验，合格后办理入库手续，填写入库单（表11-6）。每天如有办理物料出库，需领用人持有相关领导审批过的出库单（表11-7）按照领用明细办理物料出库，相应的在台账上登记。

（4）为管理库房的物料，最好对物料进行分类，按不同的物料类别建立台账，以方便台账的管理。

（5）物料分类有很多方式。按材质分类，如金属、非金属；按用途分类，如原材料、半成品、产品等。

（6）物料在仓库摆放要整齐、分类摆放，便于取用，物料上最好挂页签，检查物料数量及物料名称方便。

（7）不合格物料交由采购部门办理退、换料，入库物料在台账上登记。

入库通知　　　　　　　　　　　　　　　　　表 11-5

项目名称：　　　　　　　　　　　　　　　　　　　　　　　NO：

序号	名称	规格型号	数量	随机资料	厂家	单价	总价	签收人	签收时间	收货地点	备注

入　库　单
表 11-6

年　　月　　日　　　　　供应商：　　　　　　　NO：

编码	品名	品牌、型号、规格	单位	数量	单价	金额	附注
采购员	验货员	负责人	仓管员	合计			

注：第一联存根，第二联财务，第三联仓库。

出　库　单
表 11-7

年　　月　　日　　　　　供应商：　　　　　　　NO：

编码	品名	品牌、型号、规格	单位	数量	单价	金额	附注
采购员	验货员	负责人	仓管员	合计			

注：第一联存根，第二联财务，第三联仓库。

2. 台账的管理要求

（1）管理仓库要建立账、卡，卡是手工账，账可以用电脑做。

（2）每次收货、发货都要点数，按数签单据，按单据记卡、记账，内容包括日期，摘要，收、发、存的数量。

（3）每次收、发货记账后要进行盘点，点物品与卡、账是否一致，不一致可能是点数错，或者记账记错等，要分析、查找原因，纠正错误。

（4）做仓管员的基本职能是保证账、卡、物三者相符，包括名称、规格、数量都相同。

（5）将记过账的单据按日期分类归档保存。

（6）每周、每月都要对物品进行盘点，以确保账、物、卡一致。

（三）台账管理相关的表格

施工现场材料台账管理的相关表格在本书前述各相关章节都有所表述，以下列述的仅为常用的部分，其余可参考相应章节。

1. 计划与采购（表 11-8～表 11-11）

物资需用计划表
表 11-8

编制单位：　　　　　　　　　　　　　　　　　　　　　　　　　　　　　　编号：

核算单元	物资编号	物资名称	规格材质型号	执行标准或型号	单位	数量	损耗率（%）	使用部位	使用时间	备注

核算单元	物资编号	物资名称	规格材质型号	执行标准或型号	单位	数量	损耗率（%）	使用部位	使用时间	备注

项目总工：　　　技术主任：　　　编报：　　　接收人：　　　编报日期：

各种材料计划表（以承台为例）　　　　　　　　　　　表 11-9

承台混凝土计划表

编号	承台长（m）	承台宽（m）	承台高（m）	承台方量（m³）	加台长（m）	加台宽（m）	加台长（m）	加台方量（m³）	合计方量（m³）	损耗率（%）	总方量（m³）	备注

承台钢筋计划表

墩位号	数量	编号	直径（mm）	每根长（m）	根数	总长（m）	米重（kg/m）	合计重（kg）	损耗率（%）	总重（kg）	小计（kg）	备注
合计												

物资需用总计划表（表 4-5）；物资申请计划表（表 4-8）；物资采购计划表（表 4-9）；物资供应商预审、评价、合格名册表（表 5-1～表 5-3）。

供应商定期复评表　　　　　　　　　　　表 11-10

供方名称　　　　　　　　　　　　编号：

评价内容	采购批次	
	采购数量	
	产品质报情况	
	及时交货情况	
	单据齐全情况	
	服务质量	
	环保、职业安全健康情况	

续表

初（复）评记录		主持人	
参加部门	评价意见		签名
评价结论		领导签字	

填写人：　　　　　　　　　　　　　　　　　填写日期：

物资采购开标记录表

表 11-11

地点：　　　　　　　　　　　日期：

　　　　　　　　　　　　　　时间：

物资名称	包件	递标编号	投标人名称	投标报价	投标保函 有（√） 无（×）	投标人 代表签字

评委：　　　　　　　　　　　　　　　　　监委：

物资采购比价会审表（表 5-4）。

2. 验收入库与出库

入库通知单（表 11-5）；入库单（表 11-6）；出库单（表 11-7）。

3. 物资使用和处置

领料单（表 7-10）；材料发放记录表（表 7-11）。

4. 物资盘点（表 11-12～表 11-13）

物资收发存台账 表 11-12

材料编号		材料名称		规格型号		计量单位		账面价			
日期	凭证名称及编号	摘要	收入		发出		调拨		结存		生产厂商出厂日期	炉号、批号强度等级
			数量	金额	数量	金额	数量	金额	数量	金额		
	合计											

存货盘点表 表 11-13

单位名称：　　　　　　　　　　　　　　　　　　　编制：　　日期：
会计期间或截止日：　　　　　　　　　　　　　　　复核：　　日期：

序号	存货名称	计盈单位	截止日账面库存数量	单价	截止日账面金额	实际盘点数量	单价	实际盘点金额	盘赢或盘亏金额	调整后资产	备注
1											
2											
3											
4											
5											
6											
7											
8											
9											
10											
11											
12											
合计											

企业参与盘点人员签名：
盘点日期：

5. 材料消耗分析（表 11-14）

材料三量对比分析表 表 11-14

序号	材料名称	材料规格	单位	单价	班组名称		领用量	额定消耗量	现场消耗量	实耗与额定差	损耗率（定额损耗以外的损耗）	原因分析

（四）设备管理台账

具体详见表 11-15 和表 11-6。

建筑设备管理台账 表 11-15

序号	设备名称	数量	规格型号	出厂日期	出厂编号	购入日期	企业编号	产地	功率	备注
1										
2										
3										
4										
5										
6										
7										
8										
9										
10										
11										
12										

特种设备管理台账 表 11-16

特种设备使用单位（盖章）： 管理员： 电话： 日期：

序号	注册登记号	发证日期	设备名称	设备型号	制造单位	出厂编号	设备类别	安装单位	安装地点	维保单位	产权归属	安全自查情况	下次定检日期

序号	注册登记号	发证日期	设备名称	设备型号	制造单位	出厂编号	设备类别	安装单位	安装地点	维保单位	产权归属	安全自查情况	下次定检日期

备注：设备类别，参照特种设备目录中的类别项填写；产权归属，分为自有和租用两种；安全自查情况，分为状态良好和存在隐患两类。

参 考 文 献

［1］ 张国印. 施工企业项目管理法律实务［M］. 北京：中国建筑工业出版社，2016.

［2］ 吴涛，丛培经. 建设工程项目管理规范实施手册［M］. 北京：中国建筑工业出版社，2006.

［3］ 湖南大学等. 土木工程材料［M］. 北京：中国建筑工业出版社，2011.

［4］ 冉云凤，吕鲁峰. 工程材料采购全过程管理初探［J］. 铁道物资科学管理，2002，1：23-24.

［5］ 魏鸿汉. 建筑材料（第四版）［M］. 北京：中国建筑工业出版社，2012.

［6］ 陈川生，朱晋华. 招标代理与企业招标指南［M］. 北京：中国建筑工业出版社，2016.

［7］ 池巧珠. 成本核算岗位实务［M］. 重庆：重庆大学出版社，2013.

［8］ 全国一级建造师执业资格考试用书编写委员会. 建设工程项目管理［M］. 北京：中国建筑工业出版社，2016.

［9］ 宋春岩. 建设工程招投标与合同管理［M］. 北京：北京大学出版社，2014.

［10］ 全国二级建造师执业资格考试用书编写委员会. 建设工程施工管理［M］. 北京：中国建筑工业出版社，2016.